理解他者　理解自己

也人

―――

The Other

共域世界史
王献华 主编

Rewriting the Soul

Multiple Personality and the Sciences of Memory

Ian Hacking

重写灵魂

多重人格与记忆科学

[加拿大] 伊恩·哈金 著
邹翔 王毅恒 译

上海书店出版社
SHANGHAI BOOKSTORE PUBLISHING HOUSE

本书出版
获上海外国语大学全球文明史研究所高水平学术研究资助。

致谢

很多人帮助过我,但现在,我想代表多重人格研讨会的所有成员发言。1992年和1993年的冬季,研讨会都在周一的夜晚如期举行,我就是在这个场合中与他们相识的。我要感谢这些研讨会的来宾,他们出于对这一主题的热爱,在无数个寒冷的黑夜里,不求回报地分享自己的经验、知识和想法,其中包括:约克大学医学人类学家保罗·安策(Paul Antze)、精神病学家约翰·贝雷斯福德(John Beresford)、临床心理学家亚当·克拉布特里(Adam Crabtree)、渥太华大学汉纳医学史教授托比·盖尔芬德(Toby Gelfand)、多伦多克拉克精神病学研究所和西奈山医院的精神病学家彼得·基夫(Peter Keefe)、西蒙·弗雷泽大学人类学家迈克尔·肯尼(Michael Kenny)、社区头部伤害康复服务者丹尼·卡普兰(Danny Kaplan)与斯坦利·克莱因(Stanley Klein)、多伦多大学人类学家迈克尔·兰贝克(Michael Lambek)、约翰·霍普金斯大学人文科学中心的露丝·利斯(Ruth Leys)、伦敦精神病院精神病学家兼西安大略大学精神病学教授哈罗德·默斯基(Harold Merskey)、临床心理学家兼教育/分离性障碍部门主任马戈·里韦拉(Margo Rivera)。我尤其要感谢的是保罗·安策,1992年的冬天,他一直与我们一起工作；还有斯坦利·克莱因，他在1993年的冬天也一直与我们一起工作。

另外，我必须感谢加拿大社会科学和人文研究理事会为我提供的一笔小额资助，这足以覆盖我的研究费用，也使我获得了安德烈·勒布朗（André Leblanc）的鼎力相助。

最后，我要特别感谢我的编辑安·希默尔贝格尔·沃尔德（Ann Himmelberger Wald）。

序言

记忆是寻求理解、公平和知识的有力工具。我们的意识便建立于记忆之上。记忆能够治愈某些创伤,恢复尊严,激起反抗。在魁北克,还有比"Je me souviens"更适合做汽车车牌箴言的话吗?这句话的意思是——"我记得"。对于大屠杀和奴隶制的记忆必须传递到新一代人的身上。据说,恶劣且反复出现的虐待儿童是多重人格的病因,而治疗这种疾病的方法就是恢复已经遗忘的痛苦记忆。老年人都害怕阿尔茨海默病,人们认为阿尔茨海默病就是一种记忆疾病。脑科学是一场通过生物化学进入大脑的冒险之旅,这场"旅行"探索的焦点便是记忆。令人惊讶的是,在记忆这个标题之下,潜藏着人们各式各样的担忧。

当有些事情不可避免地发生时,我对此的好奇心也被激发了出来。为什么大家的兴趣都聚焦在记忆上?纳尔逊·古德曼(Nelson Goodman)是美国的一位资深哲学家,他对艺术和科学都很着迷,自称是怀疑论者、分析论者和建构主义者。我和他一样,也有类似的倾向。我很怀疑也很好奇:为什么我们必须以记忆为基础,将现在的一些主题组织起来?经过分析之后,我想知道:从抚养孩子到爱国主义,从衰老到焦虑,既然记忆是解决生活中诸多问题的方法,那么将我们锁定在其中的主要原则是什么？我想知道：这些原则的基础是什么？我要寻找的不是有关记忆的各种陈词滥调。我想知道：为什么会有"记忆"这个东西，而且它还分很多种类？

现在，我不想深刻反思记忆或与之相关的恐惧（如种族灭绝和虐待儿童）。怀疑论者对系统和一切理论都缺乏热情。我打算研究一个关乎记忆思维的具体案例，多重人格正合适。这种在二十五年前似乎还寂寂无名的疾病，现在在整个北美都很流行。记忆缺失已被纳入多重人格的官方诊断标准，不过该病症已被重新命名为分离性身份识别障碍。（根据目前的理论）人格分裂成碎片是缘于童年时期遭受虐待，而这种事情早已被当事人遗忘。多重人格虽然主题很小，但它是一个关乎记忆的典型概念。

我们可以获得一些观察记忆如何发挥作用的视角，因为多重人格虽然现在势头正盛，但它并不新鲜。多重人格的前一个化身始于 1876 年，那时，一个关乎记忆的全新话语体系开启了。一直以来，人们对记忆这个话题非常着迷。在古希腊时期和中世纪晚期，掌握记忆技艺是最令人钦佩的本领之一。但记忆科学直到 19 世纪下半叶才兴起。记忆科学中的一个分支（尤其是在法国发展起来的记忆科学）专注于记忆的病理学研究，多重人格是这门新兴科学的一部分。我认为，记忆科学的发展方式与当今记忆领域中出现的争论有很大关系。

在研究策略方面，我一直被米歇尔·福柯的知识考古学深深吸引。我认为，观念体系有时会发生相当剧烈的变化，而由变化导致的观念的再分则确立了后来看似必然、切实且必要的内容。我认为，无论怎样变化，多重人格领域新近发生的事件都与 19

世纪下半叶出现的关乎记忆的基础、长期的重要知识密切相关。我时常将多重人格当作一个思考和谈论记忆的缩微世界。因此，在本书的中间部分，我开启了一扇眺望很久以前的记忆和多重人格问题的狭小窗户。这扇窗户就是1874—1886年的法国。我之所以选择考察那一时期的法国，是因为它是现代记忆科学确立阶段的中心。

正是在那一时期，"创伤"一词获得了新的含义，这绝非偶然。"创伤"一直有损伤和伤口的意思，这一层含义仅限于生理上的创伤。然后，这个词突然有了它最司空见惯和最令人信服的含义，即一种心理伤害，一种精神损害，一种心灵创伤。一些历史辞典指出，弗洛伊德在19世纪90年代早期首次使用这种意义的"创伤"。对此，我们还要往更早的历史追溯，因为弗洛伊德只不过是将已经定型的东西呈现在了世人的面前。他这样做的目的与记忆有关，正是关乎精神创伤的记忆让我们震惊不已。创伤的概念早已与多重人格密切相连。在我选择时间段的这十多年中，观念领域发生了惊人的变化。我能确信，对于记忆这一观念来说，这十多年正是它完全成形的阶段。事实上，我们从未考虑过这些变化。毕竟，谁会好奇创伤的含义是如何变成灵魂的损伤的？这表明，我们还是认为相关含义的变化是必然的、无形的，并且是先验的。

在筹备本书的过程中，我感到疯狂的触手围绕着我。位于加利福尼亚州伯克利市的一家名为"音乐的奉献"的咖啡馆深深地触动了我，它展示了一幅巨大而漂亮的雨天巴黎街道的海报——"印象派的世界，1874—1886"。由于执着于本书的主题，我陷入了各种奇异的故事之中，忘了所有人对那个时期和地点的认识。我们或至少些许人对那个世界是抱有自己的憧憬的。那些憧憬应该成为我的起点。你可将我谈论的世界想象成一个新闻记者的世界。从视觉上看，那个时期的法国是一个新世界，它不仅由艺术家创造，也由新闻记者的相机创造。相机的记录才是真正客观的，因为在被记录的对象和记录之间，没有观察者介入其中。所以，我们不仅要有用颜料绘制的印象派作品，也要有用镜头记录的可复制的图像。在我所选的十多年即将结束时，神经学专家让-马丁·沙尔科（Jean-Martin Charcot）开始着迷于癔症的新老图像。他和学生把这种疾病视觉化了。癔症患者的某些痛苦能通过拍照记录下来。多重人格被认为是癔症的一种奇特形式。第一个多重（多重意味着多于两个）人格患者的十种状态，都被照片记录了下来。我手头就有这些照片，它们被印在一本书中。拍摄于1885年的照片和今天的照片一样，都如实地将被拍摄者的姿态反映在底片之上。

多重人格在诸多方面都成了知识的客体。摄影是描述多重人格最初的一种手段。如今，对于分离性障碍的定量检测起着类似的作用。在本书的结尾处，读者会看到，我所讲的主题成了一门科学，一种所谓的关乎记忆的知识。它以非常刻意的方式被创造出来，目的是让灵魂世俗化。在那段时期之前，科学一直被排除在针对灵魂的研究之外。为了攻克西方思想和实践的坚韧核心，新的记忆科学应运而生。这就是我提到的所有不同类型的知识和表述在记忆这一条目之下的联系。当家庭分崩离析，父母虐待孩子，乱伦问题困扰媒体，一个人试图摧毁另一个人时，我们关注的问题就变成了灵魂的缺陷。但我们已经学会了如何用知识和科学取代灵魂。因此,精神上的斗争不是在灵魂坦诚的基础上进行的,而是在关乎记忆的基础上进行的,当然,我们假定后者存在一种近乎知识的东西。

说到灵魂,人们肯定感觉这一话题很老套,但我是认真的。被科学化的灵魂是先验的,也许还是不朽的。像我这样的哲学家谈论灵魂,并不是为了说明什么是永恒的事物,而是为了提出关乎性格、反思性选择、自我理解、价值观(包括对自己和他人坦诚)以及各种类型的自由与责任的理论。爱、激情、嫉妒、无聊、遗憾和平静的满足,都是属于灵魂的东西。这可能就是前苏格拉底时代古老的灵魂概念。我不认为灵魂是单一的,甚至不认为它是单个事物。它并不意味着个人同一性的核心不会改变。一个人,一个灵魂,可能包含很多方面,使用很多表达方式。对灵魂的思考并不意味着只有一个本质,一个精神支点,所有的声音都从这里发出。在我看来,灵魂是一个更包容的概念。它代表了一个人各方面(有时是内在各方面)的奇异混合——这与维特根斯坦的格言并不矛盾,即身体是灵魂的最佳写照。

在读到一本讲述多重人格的书籍时,你可能会有所期待,但我并没有像你设想的那样书写灵魂。我专注于人们通过记忆研究使灵魂科学化的尝试。一些哲学家而不是临床医生,则试图用一种完全不同的方式观察多重人格。他们认为多重人格可以表明人格是什么,或者说个人同一性的限制是什么。有些人认为这种精神障碍为我们了解大脑和心灵的关系打开了一扇窗户,甚至有助于解决人类的身心问题。我没有这方面的幻想、意图,也没有这方面的问题。

我在思考各色人等如何形成时,想到了这个主题。关于各色人等的知识体系是如何与被认知的人类进行互动的?从很多不同的方面来看,多重人格的故事都关乎我口中的"人之构成"。[1]我对被认识者、关于他们的知识、认识者之间的动态关系非常感兴趣。这是一种公开的动态关系。还有一种私密的动态关系。如今,多重人格的理论和治疗与童年的记忆紧密相连,相关记忆不仅会被恢复,还会被重写。新的意义将改变过去。过去得到重新诠释,确实是这样,更被重新组合、填充。其中满是新的行为、新的意图、新的事件,这些共同造就了现在的我们。我不仅要讨论人是如何被塑造的,还要讨论人如何通过塑造记忆来塑造自己。

我在本书的结尾详细地讨论了这些复杂的问题。在本书的中间部分,我深挖了记忆科学的内容,试图为当前人们关心的许多问题提供思路。在本书的开头,我首先介绍了最新的一些动态。我讲述了在过去的数年中,多重人格患者、多重人格理论与相关病症专家是如何相互作用的。当然,我所讲的内容只限于我要讨论的问题。整个多重人格领域已臻成熟,足以进行参与式观察、社会学分析。但这是他人的任务。我会审慎地将自己限定在公开记录的事项之上。

目录

致谢 i
序言 iii

01 它是真的吗？ 001
02 它是什么样子的？ 021
03 这场运动 052
04 虐待儿童 077
05 性别 097
06 病因 115
07 测量 137
08 记忆中的真实 162
09 精神分裂症 184
10 记忆科学出现之前 205
11 人格的双重化 229
12 第一个多重人格患者 246
13 创伤 264
14 记忆科学 286
15 记忆政治 303

16	心灵与身体	318
17	过去的不确定性	336
18	虚假意识	369

注释	382
参考文献	416
索引	457

01

它是真的吗?

早在1982年,精神病学家就已经开始讨论"多重人格流行病"[1]。然而,在更早一些时候,也就是1980年,多重人格——"其基本特征是在个人身上存在两个或两个以上截然不同的人格,每一个人格在特定时期内对该人起支配作用"——已经成为美国精神病学协会的一种官方诊断。[2]那时候,临床医生还只是报告治疗过程中偶然发现的一些病例。不久之后,病人的数量剧增,只有借助统计学才能获悉这一领域的大致情况。

十年前,也就是1972年,多重人格似乎还很稀奇。"在最近的五十年中,报告病例只有十几个。"[3]即使专家们对真实病例的确切数字没有达成一致意见,你也能够罗列出西方医学史中记录的每一个多重人格病例。零例?八十四例?自1791年一位德意志医生首次给出清晰的描述以来,已经出现一百多例了?[4]不管你认为以上哪一个数字是正确的,关于这种疾病的信息确实很少。

十年后,也就是1992年,在北美的每一个具有一定规模的城镇中,都有几百个正在接受治疗的多重人格病人。甚至有人认为,到1986年为止,被诊断出来的病人已有六千。[5]此后,人们便不再报数,而是更多地谈论自1980年以来多重人格确诊率的飞速增长。专门治疗多重人格的诊所、病房、科室以及私立医院开始遍布北美。也许一个人从二十岁起就要遭受这种分离性身份识别障碍的折磨。[6]

究竟发生了什么?这是一种悄然降临在北美大陆,但我们迄今尚不清楚的新型精神失常吗?或者多重人格其实一直存在,只不过我们没有发现?当患者需要帮助时,之前却被归入其他疾病?也许临床医生直到最近才知道如何做出正确的诊断。他们说,既然已经知道这种分离性身份识别障碍最常见的成因——早年在儿童阶段反复受到性虐待,那诊断它就简单多了。只有当一个社会准备好承认家庭暴力无处不在时,才能发现多重人格也无处不在。

或者说,实际情况依然像大多数精神病学家认为的那样,多重人格障碍并不存在?这种流行病会不会是一撮较真的精神治疗专家无意间受到了一些八卦小报和电视访谈节目里耸人听闻的故事的诱导和煽动,人为制造出来的呢?

我们会立刻面临一个听起来十分重要的问题:它是真的吗?这也是很多人在听说我对多重人格很感兴趣时提出的第一个问题。1988年,在美国精神病学协会的年会上,精神病学家进行了一场"旨在弄清多重人格是不是疾病实体"的辩论。正方有理查德·克鲁夫特(Richard Kluft)[1]和戴维·施皮格尔(David

---

[1] 理查德·克鲁夫特(1943—),美国精神病学家。

Spiegel)[1]。反方有弗雷德·弗兰克尔（Fred Frankel）[2]和马丁·奥恩（Martin Orne）[3]。辩论的双方都是业界领军人物，时至今日，他们还在激烈地争辩。一旦见识了这两个阵营的专家们如何激烈地反对对方，我们剩下的这些人就会变得非常困惑。多重人格已经成了精神病学里最具争议的诊断。我们作为旁观者，只能非常无助地再次追问道：它是真的吗？

"它"是什么？这个备受争议的多重人格是什么？它不是精神分裂症。精神分裂通常也被称作人格分裂，于是我们会这样推理，多重人格＝人格分裂＝精神分裂。事实并非如此。精神分裂这个说法是在20世纪初被采用的。它从希腊语演变而来，意为"大脑的分裂"。目前已经出现了多种分裂喻意——例如，弗洛伊德在他职业生涯的不同阶段就使用过三种不同的分裂喻意。[7]精神分裂背后的概念是，一个人的思维反应、情感反应和身体反应两两之间相互分离，以至于情感反应和思维反应之间，身体反应和情感反应之间不相匹配或者极不协调。精神分裂症患者会出现幻觉，思维混乱，并遭受一系列痛苦的折磨。目前尚不清楚精神分裂症属于一种疾病还是多种疾病。精神分裂症的一个表现是患者会在青少年晚期或二十岁出头发病，因此这种疾病也曾被称为早发性痴呆或智力衰退。精神分裂症可能是由神经化学因素所致，也可能是由基因所致。从20世纪60年代开始，已有越来越多的药物可以极大改善不少精神分裂症患者的生活质量。

---

[1] 戴维·施皮格尔（1945— ），美国斯坦福大学精神病学教授。
[2] 弗雷德·弗兰克尔（1924—2021），美国精神病学家。
[3] 马丁·奥恩（1927—2000），美国宾夕法尼亚大学精神病学和心理学教授。

我刚才所说的精神分裂症的问题与多重人格毫不相干。虽然一些转换情绪类的药物可以像抑制其他异常行为一样阻断人格改变，但没有药物能对多重人格产生特定疗效。被首次诊断出多重人格的患者最常见于三十岁以上的人群，而不是处于青春期的群体。多重人格的特征也不是思维反应、情感反应和身体反应的分离。多重人格可能会伴有短暂的"精神分裂"，但这种症状并不会持续太久。我还会再讨论精神分裂症，但现在我们得先把它放在一边。

10　　那么，多重人格是什么？为了正式起见，我将以官方的指南作为标准。目前广泛使用的精神疾病分类标准有两套。一套是由位于日内瓦的世界卫生组织发布的《国际疾病分类》（*International Classification of Diseases*）。《分类》于 1992 年发布了第十版，简称 ICD-10。虽然该版本中有一个分离性疾病的扩展分类，但并没有为多重人格设置独立的细目。[8]《分类》第十版主要应用于欧洲，而该地区的大部分精神疾病治疗机构都对多重人格的诊断不屑一顾。另一套分类系统是由美国精神病学协会授权发布的《精神障碍诊断与统计手册》（*Diagnostic and Statistical Manual of Mental Disorders*），它是为北美地区设定的标准。虽然在国际上已经有《分类》第十版这套标准，但《手册》也被广泛应用于北美以外的地区。1980 年，《手册》发布了第三版，简称 *DSM-III*，其中对多重人格障碍设定的诊断标准如下：

1. 个人存在两个或两个以上截然不同的人格，每一个人格在特定时期内对该人起支配作用。

2. 在任何特定时期内，起支配作用的人格都能主导该人的行为。

3. 每一个单独的人格都十分复杂，拥有自身独特的行为模式和社交关系。[9]

这些标准虽然很抽象，但对于医学研究和实践来说却非常重要。美国重量级的精神病学期刊都要求依据现行《手册》的分类标准认定书面成果。保险公司及公费医疗体系中的医生、医院和诊所参考的报销明细表也是根据现行《手册》编制的。

在1987年发布的第三版《手册》修订版（即 DSM-III-R）中，官方对多重人格的诊断标准有所放松，删除了第三条。单独的人格不再需要具备复杂性，或者拥有独立的社交关系。[10]因此，可能会有更多人被诊断出多重人格。但是在美国国家精神健康研究所（National Institute of Mental Health）从事研究工作的弗兰克·帕特南（Frank Putnam）却坚持使用比第三版《手册》更严格而非更宽松的诊断标准。"进行诊断的临床医生必须：（1）见证两种不同人格状态的转换；（2）至少在三个不同的场合接触完成切换的特定人格，以评估该人格状态的独特性和稳定性；（3）通过目击失忆行为或患者的报告来确定记忆缺失。"[11]我们将会看到，这种记忆缺失的情况被收录到1994年发布的第四版《手册》中。

对于是否存在多重人格这样一个亟待解决的问题来说，这些变化似乎有些无关紧要。最坦率的回答是：多重人格确实存在。有些患者符合1980年《手册》中的诊断标准。有更多的患者符合1987年修订版《手册》中的诊断标准。也有患者符合帕特南更为严格的标准。不论使用哪一套标准，多重人格的确诊率都在快速增长。目前,已经有太多问题关乎多重人格是什么及如何定义它,但如果要下一个简单的结论,那就是:确实存在多重人格这样一种精神障碍。

那么,这就是问题的答案吗?就因为这本或那本制定规则的书中罗列了一些症状,又有一些患者符合这些症状,我们就能认为多重人格真的存在吗?对于这个问题,我们应该更加谨慎一些才行。首先,"它是真的吗?"本身就不是一个清晰的问题。对"真的"这个词的经典拷问源自日常语言哲学泰斗 J. L. 奥斯汀[1](J. L. Austin)。正如他所强调的,你必须要问"真的是什么?",而且,需要在含义明确的情况下才能断言"一件事物是真的",只有考虑到特定的方面,才能说出某一事物是真的或者不是真的。¹² 一种奶油可能不是真奶油,因为它的乳脂含量太低了,或者因为它是人工合成的植脂末。一个警察可能不是真警察,因为他是冒充的,因为他还没宣誓就职,或者因为他是一个军警而不是民警。康斯太勃尔(John Constable)[2]的一幅画作可能不是真品,因为它是一幅赝品,因为它是一幅复制品,或者因为它是约翰·康斯太勃尔学生的作品,再或者因为它仅仅是这位大师名下的一件次品。其中的道理是,如果你问"它是真的吗?",那你必须提供一个名词。你必须要这么问:"它是一个真的 N 吗?"(或者,它是真的 N 吗?)然后,你必须指出它如何不是一个真的 N,"一个真的 N 又是什么"。即使是这样,我们也无法保证"什么是真的"这种问题能说得通。就算你能提供一个名词或者

---

[1] 约翰·朗肖·奥斯汀(1911—1960),英国哲学家,专长语言哲学。
[2] 约翰·康斯太勃尔(1776—1837),又译约翰·康斯特勃,英国著名的风景画家。

该名词的替代物,它也不一定是真的:例如,世间从来不存在深海鱼的"真的"颜色。

在美国精神病学协会的争论中,精神病学家提出了这样一个问题:多重人格是不是"一个真正的疾病实体"?科林·罗斯[1](Colin Ross)是多重人格存在说的主要支持者,他说:"APA(美国精神病学协会)设定的论题是错误的,因为MPD(多重人格障碍)不是一种真正的生物医学意义上的实体。它是一种真正的精神病学实体,一种真正的精神障碍,而不是一种生物医学疾病。"13 美国精神病学协会提供了一个名词短语("疾病实体"),罗斯提出了两个术语("精神病学实体"和"精神障碍")。他们这么做对我们理解问题有帮助吗?我们需要弄清什么是真正的或真实的精神病学实体。那么,什么不是真正的或真实的精神障碍?

第一个问题:多重人格是一种真实的精神障碍,不是医生与患者"通力合作"的产物?如果我们必须回答"是"或者"不是",那么答案为"是"。多重人格是一种真实的精神障碍,它通常不是由医生的治疗诱发的。14 当然,你可以对此表示怀疑,因为很多多重人格患者的行为就像是人为制造出来的一样,十分夸张,依然存在治疗诱发的可能性。

第二个问题:多重人格是一种真实的精神障碍,而不是某种社会环境的产物,某种文化上容许的表达悲伤与不幸的方式?在该问题中蕴含着一个我们无法接受的假设:一种真实的精神障碍和一种社会环境的产物之间是存在重大差异的。事实上,一种特

---

[1] 科林·罗斯(1950—),加拿大精神病学家。

定的精神疾病只在特定的历史时期和特定的地理范围内出现，并不意味着它就是人为制造出来的，或者从其他维度来看就是不真实的。本书的所有内容都在讲述人格的多重性、记忆、话语、知识还有历史这几个因素之间的关系。我们必须给历史构成性疾病（historically constituted illness）一个容身之地。

纵观精神病学的历史，自 1800 年起，就存在两种相互竞争的疾病分类模式。一种模式的划分依据是症状聚类（symptom clusters），即各种精神障碍根据症状表现进行分类；另一种模式的划分依据是潜在成因（underlying causes），即各种精神障碍根据理论成因进行分类。美国精神病学界存在众多理论各异的学说，因此权宜之计似乎是建立一套仅以症状表现为依据的分类系统。这样做的思路是，即使各学派对各种精神障碍的成因和治疗意见不一，他们也能够在症状表现方面达成一致。这是各学派的争论基本不会涉及多重人格是否真实这一问题的原因之一。然而，仅凭症状对精神障碍进行分类可能会给人们留下这样一种印象：很多精神障碍的临床表现相同，但它们的成因却不相同。

因此，我们需要越过症状的层面，即越过《手册》，从真实性的维度解决多重人格的争论。在所有的自然科学领域中，当我们了解某件事物的成因后，就会对它的真实性抱有极大的信心。同样地，当我们能干预和改变它时，会更加相信其真实性。一如所有学科，我们可以把论证多重人格真实性的问题归结到两点：干预和成因。

干预确实非常重要。如果很多人是因为符合症状标准而被确诊出多重人格，那么使用干预疗法会对他们起作用吗？目前，干预疗法通常是这样的：详细了解患者的各个人格状态，然后针对每一个人格状态进行干预，最后在一定程度上整合各个不同的人格。或者干预治疗其实是一种非常糟糕的策略——即使有人从大街上直接走进诊所，对你说他自己一直被三个不同的人格接连控制？对此持怀疑态度的人们认为从一开始就不应该采用这种分裂式的治疗方法。相比于从患者身上诱导出所有人格进而导致他们的人格状态更加分裂，我们更应该将关注的重点集中在患者人格的整体性之上，帮助他们有力地应对眼前的危机、功能性障碍、混乱与绝望。然而，干预疗法的支持者称反对者的方法只是一种"善意的忽视"，这种方法从长远来看起不了多大的作用。但是，还有更多谨慎的临床医生也反对分裂式的治疗方法，即使从长期来看他们确实愿意对多重人格做出诊断。[15]

学界争论的焦点并不仅仅在于如何同患者交流沟通。在所有在职的临床医生中，很少有人完全凭经验行事，医生对很多疾病和障碍的识别会依据人们对健康、人性、自我认知及自我缺陷的潜在设想而定。正如我们所看到的，这也是多重人格领域充满了各种分离模式的原因。我们想治愈这种障碍，也希望从根本上理解它：实践催生了对理论的需求。有一种多重人格的理论，把我们从干预疗法带到了多重人格的成因上。在多重人格领域，人们对其成因的看法是比较一致的。大家都认为多重人格是一种应对机制，它是患者对早年反复经历的创伤（通常是性创伤）的一种反应。

当大家把致病成因与虐待儿童联系在一起时，多重人格便会激起人们对家庭、父权制和暴力的强烈反对。很多多重人格的治疗专家同时也是女权主义者，他们坚信患者的痛苦源于家庭，源于被忽视，源于残暴的行为，源于公然受到性侵，源于男性的冷漠，源于这个倾向于支持男性的社会体系带来的压抑感。他们认为大多数多重人格患者都是女性并非偶然，因为女性有可能从婴儿时期起就首当其冲地受到家庭暴力的侵害。自婴儿和童年时期受到虐待，患者的分离行为便出现了。致力于改善多重人格患者处境的承诺需要全社会共同努力才能兑现。你想要成为什么样的医生？这个问题不仅与你如何治疗患者有关，还与你想要怎样生活有关。

我们听到了各方的道德观念。很多人指责对多重人格持反对态度的精神病学家是在用一种满不在乎的态度蔑视受害者——那些遭受虐待的女性和儿童。事实真是如此吗？大部分医生需要提高一下自己的道德意识吗？其实，他们反对多重人格的真实性没什么好让人气愤的。一个医生对多重人格的态度与他所处的机制、所受的训练和所享的权力有关。多重人格的这场运动已经平民化和草根化了。很多临床医生并不是医学博士或者心理学博士，不过他们有别的资质——从高到低包括社会工作硕士文凭、护理资格证书、几期记忆衰退周末课程的结业证书（严格意义上来说，根本不算行医资格）。在美国，已经泛滥成灾的电击疗法依然还有五花八门的信奉者。因此，很多怀疑多重人格的精神病学家不相信那些女权主义者、平民主义者及新纪元[1]（New-Age）主义者喋喋不休的言论。这些精神病学家大都为男性，他

---

[1] 新纪元运动是一种去中心化的社会现象，起源于 1970—1980 年西方的社会与宗教运动。

们身处这一职业的权力顶端，同时也把自己视为科学家，认为应致力于揭示客观的事实，而不是投身于社会运动。他们痛恨媒体对多重人格肆意夸张的宣传，怀疑这种流行病肆虐的范围。一种精神障碍怎么可能只在某一地区或某一时期流行呢？它怎么会在消失之后又重新出现呢？在传教士、临床医生决意在欧洲和大洋洲也建立多重人格运动的前沿阵地之前，这种精神障碍为什么只在北美地区肆虐？此前，在北美以外的地区，荷兰是唯一出现大量多重人格患者的国家。怀疑者认为多重人格在这里肆虐也是美国多重人格运动的领导人频繁造访所致。[16]

当然，我们有更充分的理由要求精神病学家在专业领域保持谨慎。在某些治疗过程中，医生鼓励多重人格患者回忆多年前的可怕场景，这让患者再次陷入痛苦之中。有人认为，每一个被创造出来的人格都是为了应对一些可怕的事件，这些事件通常发生在童年时期，与父亲、继父、叔伯、兄弟以及看管者对患者的性侵有关。很多抱有支持态度的专家认为，至少在治疗过程中可以让患者恢复一些记忆。但这种做法却令多重人格患者回想起越来越多的离奇场景：邪教、仪式、撒旦、食人；让单纯的孩子受训，日后做一些可怕的事情；让处于青春期的女孩产下婴儿，并用这些婴儿献祭。这些记忆中包含着患者对他们身边一些真实人物（如亲属和邻居）的指控。但这些指控往往难以立案，或者到了庭审阶段就被撤销了。身处治疗过程中的患者的记忆可信度遭到怀疑，有人认为这种回忆更像是患者自导自演的幻想。

1992年成立的虚假记忆综合征基金会（FMSF）[1]把这种怀

---

[1] 虚假记忆综合征基金会是一个非营利性组织，成立于1992年，并于2019年底解散。

疑制度化了。这个行动组织致力于为受到指控的父母提供司法援助,并揭露各种不负责任的精神病治疗方法中的潜在危险。该组织指责那些容易偏听偏信的医生,其中就包括诱导患者生出虚假的童年受虐记忆的医生。一些站在该基金会对立面的活动家指出,它实际上是一个为虐待儿童者提供帮助的组织。

日复一日,不断有新的情况出现。但长久以来,多重人格始终有一点令人不满,这是我们不应该忽视的。多重人格一直都与催眠和催眠疗法相关。有些人更易被催眠,而多重人格患者正是其中最明显的群体,他们极易受到他人影响。会不会是采用催眠或者相关疗法的专家无意地(或者情况更糟糕,他们是有意地)催生了复杂的人格结构?治疗时使用催眠术在精神病学领域一直令人诟病。支持使用催眠术的医生大都已经被业界边缘化了。支持者再来宣称多重人格跟是否使用催眠术没有关系已毫无用处,因为多重人格已经不可避免地受到催眠的影响。于是,支持者反驳道:患者易受影响本身就是精神障碍的一个强烈征兆;多重人格只是分离性精神障碍的线性连续谱中比较极端的类型。但有一些研究催眠的科学家对此提出了反对意见,他们认为催眠太过复杂,无法用线性尺度进行衡量,也没有合适的分离性精神障碍连续谱能加以匹配。[17]

这一争论愈演愈烈。我们并不是纯医学领域出身的专业人士。我们深深地卷入了道德之中。苏珊·桑塔格(Susan Sontag)生动地描述了结核病及后来的癌症和艾滋病是如何被不断重新定义的,定义的改变源自诊断标准的不断改变,而诊断标准又是以患者的症状特征为依据的。童年的创伤则为我们从道德层面审视多重人格提供了一个全新的维度。在当代社会,最令世人哗然的事情就是虐待儿童。虐待造成的创伤,已经嵌入了道德和医学的体系之中。这一体系可能会为施虐者开脱,也可能会让施虐者毫无罪恶感。这不但涉及多重人格是否真实存在的问题,也涉及那些应该为多重人格的出现负责的人士。为了避免让你觉得我对道德层面的强调过于夸张,请参考一下1993年多重人格年度大会的开幕词:"艾滋病是一种攻击个人的传染病。而虐待儿童不仅伤害个人,也是整个社会的癌症。不知不觉间,它已经开始肆虐,并在家庭和代际之间转移。"[18]艾滋病、瘟疫、癌症、病灶转移,我相信不需要苏珊·桑塔格的提醒,我们就能意识到这种多重人格的道德隐喻绝非夸大其词。

我们已经兜了一个大圈,现在让我们从道德层面再转回到成因。在精神病学的医疗实践中,一个患者被诊断出《手册》中判定的多种不同的精神障碍是十分正常的。如果我们的疾病分类标准是以成因为依据的,那就意味着一个患者的病症可能有两个或两个以上截然不同且逻辑上毫无联系的成因。但《手册》是以症状为分类依据的,所以患者在生活和行为中表现出多种不同的症状聚类(如抑郁、滥用药物及惊恐症)不足为奇。如今,临床医生认为,在患者表现出来的症状聚类中,某个症状可能是核心症状。例如,一位传统的精神病学家可能认为一个患者的主要病症是精神分裂症,他的其他问题——可能包括多重人格的症状——则从属于这个深层的核心原因。因此,医生会给患者开一些有助于安定的混合药物。他可能会断定病人所患的真实的精神障碍就是精神分裂症。这种处于主导地位的疾病有时也被称为主导障碍，其他症状从属于它。对患者的治疗往往围绕主导障碍展开，医生希望在治愈主导障碍的过程中，能在某种程度上消除从属疾病。多重人格障碍也会被诊断为一种主导障碍吗？一些其他的症状，如抑郁、神经性厌食及惊恐症都从属于它吗？在治疗多重人格障碍的同时，这些症状也能得到缓解吗？支持者对此表示肯定。[19]但怀疑者却不同意这一观点。在他们看来，多重人格患者确实存在诸多问题，但彼此毫无记忆的不同人格只是其他深层精神障碍的症状。"多重人格诊断的努力方向是错误的，这么做会阻碍人们解决一些严重的精神问题。"[20]

当有人告知我患有多重人格时，我可能会认为自己只是有两套思想，只是有些分裂而已。上一刻，我还在勾勒专家们提出的一般性理论，他们想当然地认为多重人格是一种真实的障碍。下一刻，我又对多重人格生出怀疑。我到底该怎么想？是真的，还是假的？

我并不是要回答这个问题。我希望本书的读者也不要纠结于对这个问题的精确回答。这并不是因为我在阐述"真实"和"真实"概念方面有什么障碍。当前，在后现代主义知识分子中有一种风尚，他们对"真实"一词提出了大量颇具讽刺意味的质疑。但我本人并不是这种风格，我不会使用吓人的引文，也不会讽刺真实。我知道，无论是多重人格存在说的支持者还是反对者，都会反感我讨论的问题，因为我无意选边站队。我关心的不是能否用最直接的方式揭示多重人格最基本的不破理论，弄清人格的真相或人格分裂和精神痛苦之间的关系。我只想知道"多重人格"这一概念是如何构建的，又是如何形塑我们的生活、习俗和科学的。

因为要保持中立的态度，所以我必须时刻保持谨慎，甚至在选择讨论主题的名称时都是如此。名称可以组织我们的思想。在1980年到1994年之间，"多重人格障碍"是官方给出的诊断名称。大多数与这一领域有关的人士在口头称呼或书面表达中会直接使用"多重人格障碍"的英文首字母缩写"MPD"。除了引文，我不会使用缩写——因为没有任何一种将缩略词作为名称的事物能够长久存续且不受质疑。（我在本书中只会系统地使用两个缩略词，它们都指代非常真实的实体。一个是DSM，指《精神障碍诊断与统计手册》；另一个是ISSMP&D，指多重人格与分离性状态国际研究协会，为多重人格运动专业学会。）我会讨论多重人格，但我很少使用"多重人格障碍"这个称呼。这部分是因为我对"障碍"一词心存芥蒂。"障碍"是《手册》的通用词汇，它固然是一个很好的选择，但不可避免地会承载一些价值标准。"障碍"这个词背后潜藏着人类的一种愿景：这个世界应该是没有障碍的，应该是井然有序的。大家都希望精神障碍不存在，因为这样就代表人人都健康，这是所有人都想达成的目标。但事实是，真的有人会被障碍所扰乱。我必须对病理学描绘的景象持谨慎的态度。很多人十分反感用"障碍"一词来界定多重人格，一些激进的人甚至认为每一个人都或多或少地带有多重人格。很多著名的临床医生已经基本认同了这种激进的观点，有些援助多重人格患者的组织也表达了相同的看法。[21]

另一个词遭到了比"障碍"更强烈的批评——"人格"。事实上，多重人格障碍刚刚退出了历史舞台。1994年，在第四版

《手册》中，官方给出的正式名称为"分离性身份识别障碍（原多重人格障碍）"。"人格"一词在新的名称中被删除了。那么，究竟发生了什么？

1984年，菲利普·孔斯（Philip Coons）在他的一篇可以说是近十年里对这一话题讨论最细致的文章中发出警告："有人认为每一个人格都是独立的、完整的或具备自主权的，这是不对的。最恰当的方式可能是将其他的人格描述为人格状态、另一些自我或人格碎片。"[22] 起初，这一观点并未被大家接受。1986年，B. G. 布朗（B. G. Braun）提出多重人格的命名应区分"人格切换"与"人格碎片"。[23] 他的意思是，的确存在人格碎片，但也存在人格切换。[24]

有一本与我们讨论的主题有关的教材，名为《多重人格障碍的诊断与治疗》，作者是弗兰克·帕特南。该书颇具人道主义色彩且清晰易懂；它于1989年问世，是当时最前沿的作品。有时，我会对帕特南的某些观点提出异议，但这正是我尊重他的一种表现，因为他是相关领域中头脑最清晰、态度最谨慎的权威人士。帕特南在教材中强调，治疗会涉及与患者人格系统中所有人格的频繁互动。根据他的描述，患者的每一个人格都有截然不同的特征和行为。你可以从中观察到相当丰满的"人格"图景。不过，帕特南对我们发出了一个善意的警告：

> 过于强调人格的多重性是刚刚接触这种精神障碍的医生常犯的错误。多重人格障碍是一个十分吸引人的病症，它让人们重新审视关于人类大脑的大部分知识。如果读一下最初到现在的病例，你就会发现，试图捕捉患

者各种人格之间的差异是促使医生们留下记录的最普遍的原因。患者们也明白,正是他们各种人格间的差异产生了吸引力,让医生和其他人充满兴趣。[25]

在1992年的一次访谈中,帕特南坦言道:"我们对于各种变换的人格及这些人格都代表什么知之甚少。"[26]帕特南对人格切换的说法愈发谨慎,多重人格运动中的一批颇具影响力的精神病学家也深有同感。他们一直认为强调人格的多重性是一种执迷不悟的表现。1993年,戴维·施皮格尔当选为分离性精神障碍委员会的主席,在着手制定1994年的第四版《手册》(即DSM-IV)时,他写道:"大家对分离性精神障碍的基本病理学存在广泛的误解,它令患者无法整合不同的身份、记忆及意识。所以,这个问题的关键不是患者体内存在多个人格,而是缺少一个完整的人格。"[27]施皮格尔问道:有谁知道究竟是何人最先说过缺少一个完整的人格?有人会想到爱丽丝(《爱丽丝梦游仙境》中的主人公),"因为这个小女孩十分奇特,她总喜欢假扮成两个人。'但现在还装作自己是两个人,'可怜的爱丽丝想到,'已经没用了!我身体里剩下的自己连让我成为一个受到尊敬的人都不够!'"[28]

然而,把每一个人格都当作独立个体的论调并没有消失。1993年,也就是施皮格尔发表我刚才引用的讲话的那年,一位临床医生和一位教士描述了一个信教患者的问题。患者是虔诚的基督徒,但她的其他人格却不是。"因为某些人格缺乏信仰宗教的经历,所以问题就是这些人格没有获得最基本的宗教教育。"[29]虽然换成人格碎片也说得通,但仅仅给人格碎片提供宗教教育,还是让人难以想象。

强调各个人格碎片而非各个人格,这一观点已经产生影响。用"分离性身份识别障碍"取代原有的名称,也是为了让人们抛弃"多重人格"背后传递的一种简化概念。正如施皮格尔所说:

> 我想让大家在某种意义上接受这种精神障碍——我不希望大家像看马戏杂耍一样看待它。我希望大家能像对待其他精神障碍一样严肃认真地对待它。我们费了好大的力气才把描述它的术语同描述其他精神障碍的术语统一起来。但我认为最需要强调的是,分离性身份识别障碍最主要的问题不是人格的增加,而是患者很难把自身不同的记忆、身份和意识等要素整合在一起。[30]

施皮格尔因修改名称受到了激烈的批评。"分离性精神障碍领域主要涉及受到虐待的男性、女性、儿童及专业的治疗人员。"[31]这些人士没有参加商讨。那会不会存在这样一个问题:美国精神病学协会的一些成员本身就带有性别歧视或政治歧视?多重人格运动的领导者很快承认了这种形势。现在,已经不存在"多重人格"这个名称,对它的研究也就无从谈起了,因此多重人格与分离性状态国际研究协会不得不改名。在1994年5月举行的春季会议上,支持者以压倒性优势通过了改名的决议,于是就有了现在的分离性状态国际研究协会。

根据施皮格尔的说法,"名称的改变并不意味着诊断标准也会发生相应的改变"。[32]然而,他的说法不完全正确。1994年,分离性身份识别障碍的诊断标准如下:

1. 个人出现两个或两个以上截然不同的身份、人格或者人格状态(且每一个都有相应的持续感知、了解、思考周围环境和自身的模式)。

2. 在这些身份或人格状态中,至少有两个能够反复控制该人的行为。

3. 个人无法回忆不同人格的重要个人信息,且记忆缺失的严重程度无法用一般性的健忘来解释。

4. 个人的混乱不是缘于物质对生理的直接影响(例如,酒精中毒引发的暂时性意识丧失或慢性失忆)或者一般的医学状况(例如,复杂性局灶癫痫)。注意:在儿童群体中,这些症状不是缘于假想的玩伴或其他幻想游戏。[33]

最后的"注意"中包含了一个潜台词。很多人希望为儿童设立单独的多重人格障碍诊断分类。虽然这一目标尚未达成,但已经近在咫尺,他们希望能在制定第五版《手册》(即 DSM-V)时取得更大的进展。

有时,仅仅是定义上的细微差别就会大大帮助你理解这种障碍的诊断是如何变化的。[34]第三版《手册》的诊断标准要求个人存在两个或两个以上的人格或人格状态,而 1994 年的标准则只要求出现即可。那么,存在和出现有什么不同呢?施皮格尔解释道:"我们认为'存在'一词想要传递的信息是患者体内真的有多个独立的人格存在,但我们真正想强调的只是患者的感觉。"[35]用词上的细微变化让我们把关注的重点从多重人格转移到了患者的感受。另外,"出现"一词多用来形容精神分裂症的幻觉特征。多重人格和精神分裂症的这种相似性是有意构建出来的。虽然只是换了一个词,却让人格切换看起来更像是一种幻觉。实际上,施皮格尔是在说，多重人格并不是问题的关键，重点是患者体内的各种身份无法整合。我们发现多重人格是一个不断变化的对象，到最后可能会消失在人们的视野之中。

然而，还有两件事情一直在我们的视野范围之内，那就是患者的记忆和精神的痛苦。无论这种精神障碍是患者体内有多个人格还是缺乏一个完整的人格，是人格分离还是无法整合，我们始终认为它是患者对童年创伤的反应。童年残酷经历的记忆已经被患者深深地埋藏，只有通过回想才能整合人格并治愈精神障碍。对于多重人格的治疗基于这样一种设想：只要不断获得关乎记忆本质的知识，我们就可以了解混乱大脑的问题所在。我无意质疑多重人格的可信性，但我认为与其弄清支持和反对多重人格存在的正反双方为何想当然地认为自己是正确的，不如把关注的重点放在对记忆的研究之上，因为记忆是灵魂的关键所在。

02

它是什么样子的？

多重人格患者是什么样子的？手册中的正式诊断标准给出的描述显得太没人情味了。19世纪有一种具备"双重意识"的患者，他们的症状表现与多重人格的诊断标准相符，但是他们的生活经历、认知方式、各自组建的家庭以及一般的社会交往（这所有的一切）又与现代多重人格患者的情况大不相同。起初，多重人格患者通常只有一个明显的次人格，但如今，一个患者体内有十六个次人格都属于正常现象。在大约一个世纪之前的法国，双重意识患者的症状表现都比较激烈。这种病症常和癔症联系在一起，通常表现为部分身体部位瘫痪和麻木、肠道出血及视力功能受限等。英国双重意识患者的症状更温和一些，但他们也会不时陷入两种人格之间的出神状态，这是介于无意识状态和意识混乱状态的阶段。此外，即使双重意识患者的第二种人格状态在外人看来十分正常，但医生还是常常把它称为出神状态。

时代在变，人也在变。陷入困境的患者同样如此，但他们生活方式的改变堪称巨大。我们或多或少都会倾向于按照别人的期望,尤其是权威人士的期望行事。例如,患者会按医生的医嘱行事。早在19世纪40年代,在一些医生诊治的病人中,已经存在多重人格患者了,但那时的医生对这种精神障碍的看法与当代医生不同。这是因为不同时代患者的表现有所不同。但患者之所以有不同的表现,是因为不同时代的医生对他们的预期也不相同。这个例子向我们证明了一个在人类社会中普遍存在的现象:人类循环效应。[1]如果按照特定的方式对人进行分类,那么被分类的人就会按照他们所属类别的特征发展。但人类同时还保有独立于其分类的进化方式,因此这些分类及分类的特征又会在人类独立进化方式的影响下不断发生改变。多重人格的演化过程就是这种反馈效应的绝佳例证。

我还会在后面的内容中描述过去的双重意识,但我们首先要看一下如今的多重人格患者都是什么样子的,因为答案本身就能说明很多问题。患者在接受治疗的过程中会经历不同的阶段,有些阶段会让患者十分痛苦。相信没有哪个医疗机构会比治疗分离性精神障碍的医疗机构更引人注目,因为只有在治疗的过程中,患者身上最独特的症状才能充分显现。因此,已经发布的多重人格患者的特征描述大都源于他们在治疗过程中呈现出来的症状。近年来,归功于学界经常公布多重人格领域的各种信息,很多人已经可以坦然走进医生的办公室,告知自己有很多人格。但是在20世纪80年代,情况还不是这样,那时只有最敏锐的临床医生才能识别多重人格患者。很多临床医生喜欢主动出击,诱导患者的次人格。有些从业者则更谨慎,他们希望先任由次人格潜伏一段时间,直到患者有能力应对自身的状况时,再将其诱导出来。

我会向你们呈现20世纪80年代的多重人格患者群体。不过需要注意的是,我描绘的景象仅限于多重人格运动内部的情况,怀疑者对此的描述会大大不同,甚至患者在确诊前后对自己的描述也不一样。在试图描述多重人格患者是什么样子之前,我们还需要做一些逻辑层面的前期准备。即使自己的文笔很难与小说家、天赋异禀的传记作者及敏锐的记者媲美,我们至少也知道应该如何描绘个人。但当我们从一个抽象的层面出发,试图刻画某一类人而不仅仅是某一个人的特征时,思路可能就没那么清晰了。世人通常认为,如果某一类人都患有某种共同的疾病,那么要给这一类人下一个恰当的定义,就必须符合充要条件。这就意味着如果一个人是某一类疾病的患者,那么该人就一定满足该疾病的患病条件(必要条件);任何人只要满足该疾病的患病条件,就必然是这一类疾病的患者(充分条件)。《手册》就试图按照充要条件的标准给疾病下定义,但并非每次都能成功。《手册》对精神分裂症的定义就十分混乱,虽然这也是为了尽量贴合这种异常复杂且令人痛苦的精神疾病的特征。精神分裂症的定义读起来像菜单一样,你必须有所筛选,而且其中没有哪一条标准是严格符合必要条件的。当然,我们不必太担心多重人格的诊断标准,因为《手册》给出的条目看上去符合充要条件。

但是诊断标准并不总是有用。例如,第四版《手册》在多重人格的诊断标准中添加了"患者需要表现出明显的记忆缺失"这一条件。然而,很多参与制定标准的人不得不承认很多患者并没有表现出明显的记忆缺失,虽然在症状最夸张、复杂的多重人格患者身上总能发现记忆缺失的症状。[2]据说90%的确诊病例都伴有记忆缺失，但90%不等于100%，因而它并不能作为诊断多重人格的必要条件。那么，临床医生在参考诊断指南时应该更严谨一些吗？弗兰克·帕特南担心《手册》为多重人格制定的诊断标准的门槛过低，这样会大大增加确诊率。帕特南认为即使第四版《手册》已经制定了更为严格的诊断标准，但它仍然做得不到位，还是达不到他的要求。"近来，学界为了提高第四版《手册》中多重人格诊断标准所做的努力，只能说取得了部分成效。"[3]他认为在一切尚未明确时就采用过低的标准，会导致过度诊断的情况，这对我们来说是一种切实的危害。我之前提到过帕特南在美国国家精神健康研究所相关部门使用的多重人格诊断标准。该标准规定：医生在给多重人格患者做出诊断之前，必须亲眼见证患者在两种人格之间转换；必须接触患者的某一特定次人格超过两次；患者必须表现出记忆缺失的症状。帕特南的要求更加细致严格，诊断标准必须符合充要条件。他的严谨态度和多重人格与分离性状态国际研究协会主席科林·罗斯的声明形成了鲜明对比。科林·罗斯说："我从没碰到过哪个医生判定的多重人格病例是误诊，所以也没听说过制定更严格的诊断标准的要求。"[4]还有别的医学专家协会的主席说过这样的话吗？他们是不是也从未遇到过医生误诊的情况？

帕特南之所以采用了更为严格的诊断补充标准，是因为这属于他研究协议的一部分。他的团队需要测试、评估某一治疗程序，为了保证效果，他们必须采用更为严格的标准。因为诊断出来的患者都要为研究目标服务。虽然我非常能够理解帕特南的用意,但在临床实践中也执行如此严格的诊断标准,似乎并非完全合理。例如,可能会有这样的患者:虽然她并没有出现记忆缺失的症状,但将她作为多重人格患者予以治疗,对她来说或许会大有帮助,这种情况也是符合逻辑的。总的来说,精神障碍是由多种症状聚类而不是刻板的充要条件构成的。对于大部分事物来说,这个道理都能成立。正如英国伟大的科学哲学家威廉·休厄尔(William Whewell)在1840年写下的一句话:"面对一只狗,任何人都能做出一个正确的断言,说这是一只狗,但谁能够给一只狗下一个定义呢?"[5] 所以,有时候,即使我们无法给某一类事物下一个严格符合充要条件的定义,仅仅给这类事物贴上一个标签也是行得通的。最近,语言学家和认知心理学家针对上述现象给出了一种解释方式,他们从维特根斯坦那里得到了启示。维特根斯坦认为,很多名词是通过"家族相似性"[6]把事物联系在一起的。在一个家族之中,没有任何一个身体特征是整个家族成员共有的。父亲、女儿和侄女都有朝天鼻,侄女、儿子和两个表亲都有一头沙茶色的头发,母亲和一个表亲都有一双小脚,等等。只有侄女一个人同时拥有朝天鼻和沙茶色的头发,没有一个家族成员可以同时拥有全部的家族特征。维特根斯坦还把事物种类的名称同老式麻绳的制作原理相比:麻绳非常结实,但在编制麻绳的过程中,没有任何一根纤维能从头贯穿到尾。所以,对于某一类拥有通用名称的事物来说("狗"或者"多重人格"),其中的个体并不一定需要完全满足充要条件的标准,拥有所有的共同特征。

语言学家发现事物的分类结构还有很多,并非仅限于"家族相似性"。每一类事物都有一个最典型的例子（无论是狗还是多重人格），其他个体则会根据自己的典型程度，以最典型的例子为中心，呈放射状分布在其周围。因此，当有人让你举一个鸟类的例子时，很明显你会提知更鸟，很少有人会提鸵鸟或者鹈鹕。这里的知更鸟就是语言心理学家埃莉诺·罗施（Eleanor Rosch）[1]所说的原型（prototype）[7]。鸵鸟在某些特征上与知更鸟有所不同，鹈鹕则在另一些方面与知更鸟存在差异。我们不能仅仅按照单一的线性维度来给鸟类排序，简单地认为鹈鹕比鸵鸟更像鸟类，知更鸟比鹈鹕更像鸟类。如果要画一幅鸟类分布示意图，那么它应该是环状或球状的。在这个示意图中，老鹰和麻雀的位置比鸵鸟和鹈鹕更接近知更鸟，但老鹰和麻雀跟鸵鸟和鹈鹕并不是排列在同一条直线上。你可以把鸟类的内部分类结构视为围绕着一个中心放射出来的各种链条，不同的鸟根据不同的家族相似性分布在不同的链条上，而这些放射状链条的发起端（即分类结构的中心）就是鸟类中的原型[8]。同样地，对于精神疾病来说，我们也不能简单地用距离原型的远近来划分不同的患者，因为患者与标准病例的差异可能存在不同的结构（即不在同一个放射状链条上）。如果一个患者没有记忆缺失的症状，那么她的不同人格的经历之间就没有明显的空白，或者没有她意识不到的空白。如果患者的某个人格是蓄意破坏型的，那么她有可能试图自我毁灭或自我伤害。不具有记忆缺失症状的患者和拥有自我毁灭想法的患者之间，并不存在谁比谁更接近原型的问题。多重人格

---

[1] 埃莉诺·罗施（1938— ），美国心理学家，专门从事认知心理学的研究，她的原型理论深刻地影响了认知心理学领域。

患者的身上都具有一系列家族相似性特征，只不过有些患者具有的特征，让他们更典型、更适合做原型例证而已。

精神病学中也有原型的概念。例如，《手册》还有一本名为《案例集》（Casebook）的配套出版物。[9]《案例集》针对每一种精神障碍提供了通俗易懂的病例，以配合诊断标准作出说明。《案例集》的病历信息能够让《手册》的诊断标准更加翔实。当然，不管是《手册》给出的诊断标准还是《案例集》提供的例子，都无法替代医生的临床经验。不过与《手册》相比，《案例集》更容易让读者理解某种精神障碍是什么。无论是对于鸟类还是精神疾病来说，原型和放射型分类结构不只是定义上的补充，更是不可或缺的部分。有人可能会对此提出强烈的异议。然而，从语言哲学的角度来看，人类并不是通过定义，而是通过原型及呈放射状分布在原型周围的例子来理解一个词汇的。之前我提到过，按照患者轻重不同的症状，分离性精神障碍可以被看作一种线性连续谱。在本书的第七个章节中，我还会检验这个说法。不过，现在我们要弄明白这种线性连续谱指的是什么。它意指每个人或轻或重都患有某种分离性精神障碍，按照不同的程度，这些精神障碍以线性方式依次排列，形成了一个连续的整体。多重人格是这个连续谱中最为严重的一种情况。但如果我们从放射状分类结构的角度再来看分离性精神障碍，线性连续谱的假设就没那么令人信服了。鹈鹕比鸵鸟更像鸟完全说不通，一个患者比另一个患者更分离也是如此。

掌握相关的研究和文献后，我们可以很容易地提炼出20世纪80年代多重人格患者的原型。但这样做并不是为了提供鲜明的患者案例,而是为了展示在这十多年中,多重人格对圈内人来说到底意味着什么。一开始,很多多重人格患者去看医生是因为他们患有重度抑郁。但不幸的是,他们身上除了抑郁之外,还伴有很多其他病症。当我们开始探查患者身上呈现出的具体症状时,会发现他们有一种需要留意的时间缺失感——患者对前一日下午几个小时里自己都做过什么毫无印象。贾尼丝(Janice)是一个牙医诊所的接待员,有一天中午她和朋友在餐馆吃了一些点心,然后她就溜达着回诊所了。但当她到诊所时,时间已经过了下午三点半。贾尼丝被狠狠地训斥了一番,可是她完全不记得从吃完饭到三点半返回诊所之间发生了什么。在此期间,患者的主人格被某个次人格替代了,而主人格对这一人格的活动没有印象。因此,刚刚发生的事情在患者主人格的记忆中会是一片空白(情况也确实如此)。

患者的时间线不甚明晰。在对患者的日常生活进行记录之后,临床医生发现患者的描述和自己的记录并不相符。患者可能会觉得过去某段时间的记忆很模糊,不记得其间发生了什么事情,或者难以弄清事情发生的先后顺序。也许这是因为某个未知的次人格会不时地跑出来控制患者,而主人格则对该人格的所作所为毫不知情。有时候我们甚至认为某个次人格控制患者的时间长达一年之久。一年过后,当这个人格不再控制该患者时,他的表现会与之前有很大的不同。例如,有一个叫史蒂夫(Steve)的学生,学校记录显示他在七年级结束前常有异常行为,各方面表现都不稳定。在上七年级的这一年中,史蒂夫的表现尤为不正常,除了"美食"(学校开设的一种家政科目或传统烹饪课程)

科目成绩是"A"以外,他的其他科目成绩全都是"D"。上了八年级以后,史蒂夫的各科成绩又回到了正常水平。这会不会是因为他在上七年级时被一个偏女性化的人格控制了呢?史蒂夫现在就职于世界银行,有证据显示他在七年级时曾说过:"我讨厌数学。"这种抱怨就像是从一个会说话的芭比娃娃嘴里冒出来的一样。于是,临床医生开始着重关注史蒂夫在生活中展现出的两面。最终,医生发现史蒂夫体内有两个人格,它们一直在互相切换,至今仍然如此。

显然,患者时间的遗失与他们记忆的缺失密切相关,这一点医生已经十分清楚了。而且,记忆缺失已经被纳入多重人格的诊断标准之中。但无论是什么原因,记忆缺失都非常容易让人陷入十分尴尬的境地。例如,你在某个聚会上遇到一个声称认识你的人,但你对他却毫无印象。有些患者说经常有人指责他们撒谎,因为这些人亲眼看到他们做过一些自己不承认的事情。就这种情况来说,也许患者体内的某个次人格才是罪魁祸首。

在多重人格患者身上表现出来的很多症状,在别的精神障碍患者的身上也常出现:剧烈的头痛、梦游、做噩梦、脑海中不时浮现出一些模糊的记忆(这些记忆都关乎很久之前的苦恼之事)。有些患者还抱怨自己的脑海中会突然不受控制地闪现出童年时期的可怕记忆。患者每天的情绪都有可能产生剧烈的波动,他会在入睡前的漫漫长夜或者清晨醒来前的昏昏沉沉中产生幻觉,但这种幻觉既不是梦也不是幻想(在精神病学中,这种类似于催眠的半醒半睡状态很常见)。

多重人格患者往往有酗酒和药物成瘾的经历,虽然很有可能只是某个人格的所作所为。据说,有些患者的某一个人格酒量不佳,因此很容易喝醉;另一个人格却酒量惊人,喝完一整瓶,仍然彬彬有礼。当然,这只是坊间的一种传言,就像有些人声称次人格能使用主人格不了解的语言一样,我们不能全然相信。双语患者的情况与之不同——在某种角色之下,会用第一语言,而在另一种角色之下,会用第二语言。多重人格患者容易被某事困住或缠住,有人推测这是他们对童年时所受虐待的反应,或者说是虐待导致的结果。例如,伴有进食障碍的患者抗拒治疗,因为患者的某个次人格告诫主人格不要进食,而另一个次人格则鼓动主人格暴饮暴食;患者深受进食困扰,因为童年时曾被迫为别人口交。[10]

风风雨雨是生活中常有的事,风流韵事也并不稀奇,但很多人因为一些琐事变得抑郁,药物成瘾,甚至连婚姻都破裂了。那么,当这些人第一次鼓足勇气踏进医院的大门,向医生寻求帮助的时候,医生会看到什么呢?有些患者的情况比较夸张,她来就诊是因为自己被吓坏了——她某天醒来之后惊讶地发现自己身处一个陌生的地方,在某个宾馆的房间里或者在地铁里,完全不知道自己是怎么来到这里的,也不知道自己之前做过什么。她可能会告诉医生,她听到了某种声音,这种声音并非来自外界,也不是来自上帝,而是来自她的脑海。有一份冗长的报告列举了多重人格的各种常见症状,把患者听到声音归为幻听,类似于精神分裂症。因此,多重人格患者的圈子里也流行这样一种说法:"千万别跟医生说你听到了什么声音,不然医生会说你得了精神分裂症。如果非要跟医生说,那你一定要讲清楚,这个声音是从你脑袋里传出来的!"

在《手册》对多重人格患者的描述中,有这样一条特别的说明:"在被确诊出多重人格之前的很长一段时间里,患者可能曾被诊断出多种其他类型的精神疾病。"20世纪80年代末,有调查者发现,患者在被确诊出多重人格之前,接受系统精神治疗的平均时长为七年。即使到了今天,也只有那些非常有把握的临床医生才有信心做出多重人格的诊断。在此之前,医生必须辨认出患者的次人格,并与这些人格充分接触。正如帕特南的标准所示,你必须亲眼见到次人格切换了出来并且控制了患者。

那么,这些次人格都是什么样子的呢?1980年的《手册》第三版是这样形容的:"患者的各种人格之间存在明显的差异,甚至经常出现完全相反的情况。"某个患者的主人格比较保守谨慎,甚至特别容易害羞,次人格却可能非常活泼,举止轻浮甚至粗鄙。《手册》在描述一个上述类型的患者时是这样说明的:"一个安静腼腆的老姑娘和一个浮夸且滥交的酒吧常客(同一个患者的两个截然相反的人格)。"如今的多重人格与一个世纪之前的双重意识的最大共同点是,原型患者的主人格比较内向拘谨,次人格或另一个意识却十分活泼热情。但除此之外,两者之间存在诸多差异。不同于过去的双重意识,如今的多重人格患者体内的人格大多超过两个。一个患者有十几个次人格都是常见现象;在某些病例样本中,患者体内人格的平均数量能达到二十五个,虽然其中拥有控制权(即完全控制患者)的人格可能不超过二十个。患者的人格数量越多,难免就越像人格碎片。

多重人格有一套独特的表述。《手册》第三版称"患者从一个人格转变到另一个人格是突然发生的",但相关圈子把这个过程称为"切换"。如果把人格的切换说成是某个人格取得了控制权,听起来就有一股强烈的商学意味;在现实生活中患者只会说某个人格跑出来了,或者快要跑出来了。有时候,患者的某个次人格会独自到"另一个地方"待着。随着整个社会对多重人格的接纳度提升,很多患者开始称自己为"我们",至少他们在和医生、家人还有病友交流的时候会这样表述。

很多患者的各个人格可能不知道,自身并不是这个身体里唯一的人格。这一点对于主人格来说尤为明显。在接受治疗之初,患者的主人格大多会否认自己患有多重人格。不过,也有些患者的人格不仅知道其他人格的存在,相互之间甚至还十分熟悉。这种情况被称为意识共通。患者的各个人格可能会相互争吵、咆哮或者安慰。有时,患者的某个人格已经跑出来了,但上一个人格却还在不停地抱怨:"你真是个大笨蛋。"很多医生会尝试让患者的不同人格相互认识,他们认为让各个人格的意识彻底共通是实现人格融合的必要步骤。当然,我不应该给读者留下这样一种印象,好像一旦被确诊为多重人格,患者的次人格就会立刻跑出来似的。有一位临床医生做了一个比喻:这就像观察几只在地毯下面打架的猫,它们把动静闹得很大,打得很激烈,但你根本分不清哪个是哪个,因为已经乱作一团了。当医生与患者建立起相互信任的关系之后,医生会鼓励、教导患者的次人格。

治疗多重人格的第一步是要让患者的各个人格相互尊重。因为某些人格非常邪恶和残暴,甚至会以自杀为要挟来铲除其讨厌的人格。医生会同迫害型的人格定下契约,让他们同意不做任何出格之举。这些人格往往照本宣科,却喜欢争论。他们可以遵守承诺,但契约必须无懈可击。一旦找到漏洞,他们就会加以利用。[11]

为了保持平衡,患者体内也存在帮助型人格。很多医生会找出患者身上的这种人格,并鼓励他们在治疗过程中充当助手。最有价值的一种帮助型人格被称为内在救助自我者(Inner Self-Helper)。这种人格了解患者体内所有的人格,他们会鼓励其他人格配合医生的治疗,还会鼓励各人格进行相互合作。当然,发挥帮助和保护作用的人格种类还有很多。科妮莉亚·威尔伯[1](Cornelia Wilbur)是当代多重人格运动的开创者之一,她治疗病人的过程被记录在著名的多重人格患者传记《西碧尔》(Sybil)之中。[12]威尔伯治疗过一个叫乔纳(Jonah)的病人,他是生活在肯塔基州列克星敦的非裔美国人,体内有三个次人格:萨米(Sammy)、金·扬(King Young)及乌索法·阿卜杜拉(Usoffa Abdulla)。萨米是在乔纳六岁时形成的,当时他的母亲捅死了他的父亲。金·扬是在乔纳的母亲把他打扮成小女孩时形成的。乔纳的第四个人格是保护型人格。在乔纳九岁或十岁的时候,曾有一群白人男孩殴打他,乌索法突然跑了出来,并打败了那帮小孩,从此之后他便一直存在。乌索法与萨米和金·扬都不太一样。萨米和金·扬作为人格而言是比较丰满的,但乌索法更像是一个人格碎片,他没有过多的个人情感,同外界的接触也不多。乌索法就像超人一样,对异性不感兴趣。他的出现似乎就

---

[1] 科妮莉亚·威尔伯(1908—1992),美国精神病医生。记者 F. R. 施莱伯(Flora Rheta Schreiber)根据她的口述写成了《西碧尔》。该书讲述了威尔伯对一名分离性精神障碍患者的治疗。

为了帮助和保护他人，如同文学作品中"最高尚、良善的人物"。[13]

在乔纳生活的20世纪60年代末期，黑人寻求着自豪感，黑豹党[1]盛行一时。乔纳的体内只有四个人格，但他的情况足以预示如下趋势：之后原型患者身上次人格的形成，大都可以追溯到童年时期发生的事件。次人格的出现是为了帮助患者应对他们受到的侮辱和暴力。有一种理论认为次人格实际上就是患者的应对装置。这种理论之所以出现，一方面是因为威尔伯所做的工作，另一方面是因为世界对各色事情的感受发生了变化。这种变化源于社会活动家在妇女运动中的不懈努力。20世纪70年代，公众的注意力从虐待、忽视儿童转移到了性虐待和乱伦。这一时期多重人格的相关理论也赶上了潮流。1986年，研究人员在治疗多重人格的医生中做了一次问卷调查，并凭此制作了一百个患者的数据样本。结果显示，97%的患者在童年时经历过巨大的创伤，其中大部分与性有关。[14]到了1990年，有一种理论似乎已经是板上钉钉的事情了，即多重人格是由童年时期的创伤（通常为反复的性虐待）引起的。到目前为止，还没有更可靠的理论能颠覆它。其中包含可以相互印证的两面：一方面，几乎所有正在接受治疗的患者体内都有一个儿童人格；另一方面，在治疗过程中，这些儿童人格的陈述证明了童年时遭受的性虐待是不幸之源。

大致来说，患者在童年时期就产生的次人格会有两种不同的发展轨迹。有些人格会一直停留在儿童的状态，年龄对于他们来

---

[1] 黑豹党，是由非裔美国人组成的黑人民族主义、社会主义政党。

说已经永远定格了。另一些人格则会慢慢长大,帮助患者应对生活中的一些特殊事件,这些事件往往会勾起他们对童年的可怕回忆。除了在年龄上有差别以外,患者的各个人格在种族、性取向甚至是性别方面也会有差别。例如,某个患者有确定的生理性别,但是次人格的心理性别却与之相反,而且不接受任何反驳。有些专家认为渴望成为异性是患者出现这种问题的根源,但我对此却有不同看法,也许患者的某个次人格就是异性。男医生也许会问:"但是,你上厕所的时候该怎么办?"他们如此提问是为了搞清楚这种情况是否为患者的错觉。患者则会回答:"跟你一样啊,笨蛋!"在接受治疗的患者中,性别混乱的情况不少。事实证明,患者的这种情况与其早年遭遇乱伦、强奸和鸡奸有关。此外,这些次人格还会出现轻度的癔症症状。这种症状现在也被称为转化症状,表现为患者身体的某些部位对疼痛无感,但这种无感不是由神经问题引起的。有些患者甚至还会出现暂时性的肢体麻痹。以上这些身体反应通常可以追溯到患者的童年时期,他们身体的某些部位在早年受过伤害。

不管从什么角度看,多重人格患者都算循规蹈矩,他们远未达到疯狂的程度。次人格看起来大多与正常人无异,只是相互之间类型有别罢了。通过观察多重人格患者的生活,我们可以了解到他们所处时代文化层面的很多东西。比如,我之前提到的乔纳和黑豹党。在另一个更早的案例中,社会文化层面的东西也有体现。患者主人格的穿衣风格较为保守,按当时的社会观念来看是非常得体的,但她有一个次人格却"不守妇道",因此她成了所在的艾奥瓦州小镇上第一个穿超短裙的人。最近流行一句话,叫

"买到手软"。这不是一句简单的讽刺，其中还蕴含着深刻的社会学道理。比如，患者的主人格有可能十分节俭，甚至十分吝啬，但某个次人格却有可能无休止地肆意购物。再比如，某位新晋高管的行政助理平时看起来冷静干练，总是穿着一身恰到好处的定制职业装。她衣柜里的衣服不仅十分得体，而且全部会用衣架整整齐齐地挂好。但是，她还有一个基本不打开的衣柜，里面乱糟糟地堆满了带亮片的衣服，人们只有在午夜电视台重播的老版B级片中才能见到同款。就在上一次，她刚打开这个衣柜就立马把它关上了，因为她觉得里面的衣服太令人讨厌了，看起来很轻浮，甚至有些猥琐。她发现自己总是莫名其妙地多出很多信用卡。即使她每次都把不想要的卡注销了，还是不断有新卡出现。她总是会收到一些账单，都是在城市另一端的一些奇怪的商店里消费的。因此，她不得不买单。

很多已经确诊的多重人格患者都来自服务行业，包括教学、护理、法律咨询、参观接待、驾照办理和商场销售等。次人格在工作中突然出现是一件麻烦事。当你在跟老板和顾客谈话时，如果某个完全不同的人格突然跑了出来并控制了你，就会带来很多问题。在这种情况下，患者会制定策略来为不端人格造成的失态寻找借口。这和喝醉酒的人会掩饰和硬撑有点像。玛丽（Marie）是一个体形壮硕的女人，她在渥太华经营着一个路边摊，专卖热狗和肉汁乳酪薯条。肉汁乳酪薯条是魁北克的一种地方小吃，它的做法是在炸薯条上放肉汁和干酪。有一次，两个男人开着车来买热狗。这两个男人拿的香肠让玛丽想起了她的叔叔及其总是喝得醉醺醺的朋友。小时候，这两个人常常带她出去，然后侵犯她。想到这里,她悄悄地哭了起来,像一个四岁的孩子一样蹲了下去,缩成了一团。也许在外人看来,蹲在餐台下面呜咽的女人还是玛丽,但她其实是玛丽体内的一个叫埃丝特(Esther)的人格。不过埃丝特很快就离开了,然后玛丽又站了起来,她笑着说:"我把肉汁弄洒了,得把它弄干净。"

但是,以上所讲的故事只是一个方面。在另一个方面,很多患者会利用自己的次人格去做不同的工作或者完成不同的任务。比如,某一个人格会按照患者的意思承担听写工作,乖乖地记录一封又一封口述信件。此时,患者的主人格会跑到别的"地方"独自待着。再比如,如果一个妻子不想跟丈夫同房,她可能会让体内的另一个人格代替她。有个母亲从不做任何伤害孩子的事情,但孩子却说母亲会打他们,而且身上有伤疤为证。这其实是她的某个次人格把怒气撒到了孩子身上。在南卡罗来纳州的哥伦比亚有一起离婚抚养费的官司。这起官司打了很久。该州的法律规定,如果丈夫能够证明妻子有通奸行为,她在离婚诉讼中就争取不到任何抚养费。女方委托她的女心理医生拉里·纳尔逊(Larry Nelson)出庭,证明自己是忠于丈夫的,出轨的只是她的一个次人格。[15]

不同人格的字迹也可能有所不同。[16]有一些上了年纪的多重人格患者需要戴眼镜。据他们反映,不同人格可能需要戴不同的处方眼镜,因此他们需要随身携带好几副眼镜。有临床医生认为患者的某些生理层面或生物化学层面的反应与人格的切换有关。这是一个很好的研究课题,但是目前还没有足够的实验数据能证明患者因人格切换出现的身体变化大于正常人因情绪变化出现的身体变化。[17] 自主神经系统（autonomic nervous system）会对各种有害刺激做出反应。这种反应在患者完成人格切换后依然存在，不会中断。[18] 不过，世人总是觉得不同的次人格之间会有各种所谓的客观差异。我们都知道人生气的时候血压会升高，害怕的时候会出汗。但如果我说某个破坏型人格或者粗鲁的人格突然切换成一个受到惊吓的儿童人格，患者却没有明显的生理变化，你肯定会感到吃惊。

多重人格患者很容易受他人影响，也很容易被催眠。在治疗过程中患者通常都处于出神状态，他们的各种记忆会反复在脑海中闪现，他们的各种人格也会迅速切换。尤金·布利斯（Eugene Bliss）是多重人格运动的另一位开创者。他在1980年曾写道："想迈进多重人格患者世界的大门非常简单，钥匙就是催眠，多重人格患者也是接受催眠的绝佳对象。这简直就是为催眠而生的世界。通过催眠，患者隐藏了几十年的人格得以重见天日，与人交流。也许接受催眠的患者还会回想起一些早已遗忘的记忆。这些被重新唤起的记忆历历在目，就像刚刚发生的一样。"[19] 如今，因为种种关于受到暗示和虚假记忆的讨论，很少有人再像布利斯一样轻率了。但与此同时，我们也不能忽视布利斯那种近乎天真的热情。从过去两百多年的情况来看，出神状态是患者们为数不多的共同特征之一，这一点也与《手册》中多重人格的诊断标准相符。

观察人员在报告中经常提到，不同的次人格有不同的"样子"。有时为了表现出差异，研究人员会在报告中附加一组不同人格的图像或者照片。这种做法已经持续了一百多年。我们现在还能看到历史上最早的一组多重人格患者照片,据说第一例病人体内存在两个以上稳定且迥异的人格。这位患者叫路易·维韦(Louis Vivet),他于1885年被确诊,我会在本书的第十二个章节中详细地介绍。阿尔贝·达达(Albert Dad.)也在最早的患者之列。他还有分离性神游症(dissociative fugues)的症状,医生对他的这种情况进行了仔细的研究。1887年,医生通过摄影技术将他的三种状态记录了下来:正常状态、催眠状态及神游症发作时的状态。[20]多重人格从一开始就被可视化了,而且其影像随着技术的发展日益明晰。电影技术发明以后,也被用来记录患者人格切换时的景象。[21]因此,现在多重人格领域有大量的影像资料。然而,业余的观察者远远没有经验丰富的医生敏锐,所以即便是观看影像,也看不出多少门道。为了消解门槛,一些专家会让我们观看变化明显的案例视频。有好几次,当我看完视频以后,播放者会对我说:"你看,患者的人格切换来得太突然了,即使让最具天赋的演员扮演,也无法表现得如此到位。"但我的真实感受却是,最蹩脚的演员可能都比这强。我并不是说视频中的患者"演"得很假,只是他们的"角色"转变并不自然。他们的转变为什么会不自然呢?我们为什么认定患者的次人格之间总是有明显的差异呢?比如,有一个来自芝加哥的女人患有厌食症,她常常心情烦躁,行为也总是有些夸张。我们想当然地认为,她的人格在上一刻还是从亚拉巴马来的体重200磅的卡车司机,下一刻就有可能突然变成一个被暴风雨吓坏了的三岁小孩。其实,我们不应该这么认为。之所以这样想,是因为我们听了太多人格之间存在明显差异的描述。我们清楚这一点:患者的次人格如果处于不同的年龄、属于不同的种族、拥有不同的地位或者不同的声音,更能表现出差异。

有一些机能失调的多重人格患者在遭遇困境时会迅速切换人格。每次切换之后,刚出现的人格都会显露模式化的特征。这种情况和你看电视时不停地切换频道有点像。当患者体内存在多个人格时,他们经常会从情景剧、肥皂剧和犯罪剧中为自己的人格挑选名字。这一点也让切换频道的比喻更加形象了。巧合的是,电视遥控器普及的时间和多重人格开始流行的时间差不多。我并不是说多重人格患者有根据电视剧中的情景进行刻意的自我表演之嫌,但无论怎么说,他们生活中包含的"表演"成分确实比我们多一些。当然,我们在生活中也会不断地模仿别人。比如,我们会模仿艺术作品中的人物。这些人物无论是高雅还是粗俗,都能提供一些可借鉴的风格。我们可以从中吸取有用的信息,发展自身的人格,也可以在借鉴的基础上塑造自身的风格。有一点我认为非常重要,那就是我们不能总想当然地认为每一个次人格都非常特别。我们常觉得每个次人格都能揭示一个隐秘的灵魂,这个灵魂从童年时起就藏在患者的身体之中,以此逃避残酷且严重的事件。然而,事实并非如此。虽然次人格大多深陷于自身的感受之中,但是他们和我们一样,也会对周围的环境、遇到的人群及听到的故事作出回应。

我必须再重申一下,这里描述的一般都是原型患者。很多患者的症状可能跟原型患者的症状相去甚远。大家还记得我举的鸟类的例子吗?我们不能因为鸵鸟有些怪异,不像典型的鸟,就说鸵鸟不是鸟。同样,我们也不能因为某个患者的症状不够典型,就说他不是多重人格患者。最近有一个患者发表了这样一段话："对我来说，多重人格并不是很多人住在我的身体里，而是意味着我会用不同的语气和腔调跟自己盘算、说话。我脑袋中有很多声音，有些听起来就像小孩。但当我让这些'孩子'跟别人交流时，情况不会显得突兀。作为一个成年人，有些话我说不出口……如果不用小孩子的声音，后果可想而知。毕竟，那些话配以成年人特有的低沉嗓音，会异常刻薄。当这些'孩子'说话的时候，我的内心总是感到非常痛苦，因为我能从他们的言语中感受到冷漠和算计。"[22]作者在文中表示自己是极端宗教仪式的受害者，遭到过性虐待。如你所见，这位作者在大部分时间里都控制得很不错，不会表现出异常。当然，她也允许身体里的儿童说话。但是，一旦涉及邪教崇拜的话题，她脑袋里的其他声音就会控制不住地从嘴里跑出来。显然，这位患者的情况和我之前提到过的原型患者不太一样，尤其是主要症状。她的主要症状体现在说话或者表达方式上，但并没有表现出明显的行为失调和记忆缺失。这种例外并不代表我们对原型患者的描述有所偏差，恰恰相反，这证明多重人格的案例呈放射状分布，中心为原型。非典型性案例与原型案例存在差异，还各有各的特点。

到此为止，再让我们总结描述一下20世纪80年代多重人格的原型患者就不那么困难了。这位原型患者是一个三十多岁的白人中产女性，她的理念与预期符合所属的社会阶层。她体内人格的数量惊人，多达十六个。在生活中的绝大多数时间里，她都否认自己的身体里有其他人格存在。其中有儿童人格、迫害型人格和保护型人格，还有一个男性人格。年轻时，她曾多次被一个全家都非常信任的人性侵。此外，她身边本该给予她关爱的人却给她带来了不少伤害。她需要关爱，这是她所属阶层价值观念的一部分，但这种需求却被侵犯她的人利用了。之前，她曾在精神健康医疗体系中的多个部门就诊，它们对她做出了不同的诊断。但是从长期来看，这些治疗都不起作用。直到之后她向一位对多重人格非常敏感的医生求助，情况才有了改观。她对自己过去的一部分经历毫无印象，有时完全不知道自己为何会突然出现在一个很奇怪的地方。她还患有严重的抑郁症，经常想自杀。

这就是多重人格的原型案例。整个北美地区的精神病专家在解释和说明多重人格时都会向人们展示这个案例，它渐渐成为临床医师教学训练中的常规内容。官方发布的诊断手册中并没有收录这个案例，但它俨然已成为多重人格文化的一部分，是描述多重人格的独特话语。每一类专门的知识都有这样的原型案例。就多重人格而言，原型案例没有被具体收录到哪一本教材之中，也不是什么严重的问题。因为在被收入教材或被充分理解之前，原型案例已经起到了承载多重人格实际含义的作用。只有通过临床经验的积累，我们才能够完全理解多重人格。多重人格需要在实践中识别，并非因为精神病学是一种"软"科学或者模糊科学，物理学中也会出现类似情况。T. S. 库恩[1]（T. S. Kuhn）在他的著作《科学革命的结构》（*The Structure of Scientific Revolution*）中坚称：你不能仅通过教材学习物理——你必须在实践中解决书本之外的问题。

---

[1] T. S. 库恩（1922—1996），美国物理学家、科学史学家和科学哲学家，代表作为《哥白尼革命》和《科学革命的结构》。

那么，我们怎样才能知道原型案例的样子呢？答案是通过观察和倾听。我之前提及的多重人格患者的案例会在各种文献中反复出现，但原型案例更为普遍。专家指出，当他们试图解释某一概念时，原型案例是其中的一环，有助于人们理解相关内容。有一次，我不经意间碰到一个人，他正在接受某种电击疗法的培训。他对我说："我们上周有一节多重人格的课程。"询问之后，我得知这节课讲了一些原型案例，我之前提到过的故事正是来源于此。

毫无疑问，人们在借助原型案例的过程中，肯定会滥用它们。有些人为了更好地感染听众，会用戏剧化的手段呈现原型案例。在本书的第八个章节中，读者们将读到这样的内容：多重人格运动中的一个较为激进的派别认为，很多多重人格患者已经被邪教的仪式驯化了。然而，你会发现在多重人格领域内部也有一些类似于邪教仪式的可疑圈套。这种圈套大多用一种"引人入胜"的方式将原型案例呈现给听众，然后再鼓动听众用心体悟患者的感受，最后唤醒听众心中类似的感受。1994年7月北卡罗来纳州的一篇简讯为我们提供了一个绝佳的例子。这篇通讯的作者是格雷·彼得森（Gray Peterson）。他是一位精神病学家，在儿童多重人格这个前沿领域颇具影响力。他督促当地分离性精神疾病领域的同行传播原型患者的案例，以此灌输多重人格的概念。他认为有太多外行人依然通过《夏娃》（*Eve*）、《西碧尔》或者奥普拉·温弗瑞[1]（Oprah Winfrey）的节目来了解多重人格。

---

[1] 奥普拉·温弗瑞（1954— ），美国电视脱口秀主持人、制作人、投资家、慈善家及演员，美国最具影响力的非裔名人之一，《时代》百大人物之一。

在什么地方可以找到这些外行人？太多地方了。

我们可以在教堂或者其他礼拜场所找到他们；在男士和女士的活动中心找到他们；在应对强奸危机的机构中找到他们；在心理健康中心找到他们；在学校找到他们；在当地的自助组织和商业组织中找到他们；在很多其他的机构中找到他们。

彼得森告诫自己的追随者，不要放过任何一个向以上机构或组织中的外行人宣传的机会。他建议以展示"人生历程中的故事"为开端。这种宣传的第一步是热身，请听众想象自己回归到了出生时的状态。然后再请听众思考，如果自己的人生如同"人生历程中的故事"一样，那将是怎样的景象。接下来彼得森会拿出一份文稿，要求助手"从容且有感情地朗读，在适当的位置加以停顿，好让听众理解内容，受到影响"。刚才听众想象自己回到了出生时的状态，现在他们可以让自己的时间线随着助手的朗读发展了：从出生开始，然后一年一年地长大。在这个过程中，原型患者的各种情况都被逐一展现了出来，其中包括我之前介绍过的多重人格的所有特征，还包括大量患者受到虐待和处于混乱的生活经历。文稿中的内容讲到患者二十八岁时就结束了。到此为止，文稿编排的这个可怜女人的人生历程——同时也是彼得森让听众体会的一段人生历程——已经包含了两次离婚、大量记忆缺失及多次治疗。[23]彼得森要求听众切身感受这段人生历程，想象自己就是患者。这种做法威力巨大，很多容易受到影响的听众甚至可能患上精神疾病。在本书中，我通常只会就事论事，分析文本，尽量避免指责个人。但如果我不指出上述宣传是一种彻头彻尾的错误的话,我就犯下了错误。

不过,我们借用原型患者的案例来描述某种疾病特征是没有问题的。在这里我需要重申一遍,并不是每一个患者都会像原型一样典型。很多患者就如同鸵鸟。我已经举过乔纳(那个美国非裔男子)的例子,还举过玛丽(那个住在魁北克的低收入者)的例子——她每天从赫尔[1](Hull)一个讲法语的贫民区出发,穿过一条河,来到渥太华(安大略省)的一条一尘不染的街道卖肉汁乳酪薯条。不论是乔纳还是玛丽,又或是我之前提到的遭受邪教虐待的患者,他们在分类中都属于边缘案例。每一个这样的案例与原型之间的差异各不相同。在放射状的分类结构中,根本没有线性排列方式。

在传达定义时,使用原型案例是一种可靠且必要的科学手段,它可以帮助我们理清内容。但也正是这个原因,让我们感觉原型案例中的患者和真实的人物有所不同。即使我们接触到的典型案例中的患者已经被描述得十分丰满甚至十分鲜活,他们依然只是传达概念的媒介。他们无法告诉我们身为多重人格患者的心境。这种感觉如何?这是世人很自然就会想到的问题,但是在对待这种问题时,我们要谨慎一些才好。当被问及拥有多个人格是何感觉的时候,患者的回答往往非常完美、无懈可击。在描述自己的感受时,他们倾向于使用行业内流行的术语,因此他们的描述和别人的描述差不多。术语就是这样的。如果不强调患者的次人格,那么除了抑郁之外,他们最显著的表现可能是对往昔的事情感到混乱茫然和模糊不清,无法把过去的记忆与当下的忧愁

---

[1] 加拿大魁北克省西南部城镇,与渥太华隔河相望。

联系起来。以上这些情况对他们来说是什么感觉呢?可能是痛苦和惊恐。那茫然是什么感觉呢?忘乎所以是什么感觉呢?迷失在思绪之中又是什么感觉呢?如果不使用特定词汇,你可以把以上的这些感觉都描述清楚吗?我们大部分人是做不到的,唯有使用特定的词汇。滴酒不沾的人永远不知道喝醉了是一种什么样的感觉;四肢健全的人无法体会摔断了胳膊是一种什么样的感觉。但是,当我们去体会别人的精神状态时,不会出现上面这些问题。很多治疗师认为让患者倾诉自己的感受大有益处,而且你会发现,当患者倾诉自己的感受时,他们说的话不难理解。

现在有些医生已上升到哲学的高度,去探寻心灵的问题。[24]我们可以称他们为"常识的见证者"(commonsense witness),但不能认为他们达到了维特根斯坦那样的水准。科妮莉亚·威尔伯就属于这种情况。在《西碧尔》出版之后,市面上又陆续出现了很多多重人格患者的传记,最新的一本是《群体:多重人格患者的自传》(The Flock: The Autobiography of a Multiple Personality)[25]。同《西碧尔》一样,该书并不是真正意义上的自传,而是由专业人士撰写的多重人格患者的真实故事。威尔伯在去世前夕曾允许出版社引用她的话为《群体》做宣传:"《群体》中包含着作者对多重人格的理解,对于多重人格是什么样子的,作者也给出了清晰的说明。"[26]事实确实如此。虽然我们没有其他途径去了解多重人格是什么样子的,但在弄清这一问题时也不存在什么特别的困难。

然而,把人类当作样本是有问题的。如果从医生、课堂教学者及医学人类学家的角度来看,多重人格患者都围绕原型分布,似乎大差不差。但是,每一个患者都是不同的,每个人羞耻、痛苦和混乱的经历都是独一无二的。他们也能意识到一些生命中的美好,比如,温馨愉悦的时光、大大小小的希望及令人幸福的成就。在这里,我想表达一下歉意,因为我总是用一种缺乏人情味且带有距离感的方式来描述多重人格患者。如果不加以注意,我们对多重人格的描述就有可能出问题,最终让他们沦为马戏团中的怪物。P. T. 巴纳姆[1](P. T. Barnum)没准会让一个疑似多重人格患者的人加入马戏表演。27 很多多重人格患者曾参加过杰拉尔德·里韦拉[2](Geraldo Rivera)和奥普拉·温弗瑞的节目。这些节目深刻影响着现代美国人的生活,但是它们总喜欢耸人听闻,往往令人产生刻板印象。它们就是现代社会中的马戏表演。我见过很多临床医生在著作、演说或是讲座中表达了对这类节目的不屑,他们不会为刻意强调怪异的访谈说一句好话。但我对此却有不同的看法。这一类的很多电视节目给人留下的印象其实挺深的,它们为普通人提供了讨论的平台。虽然参与者只是平日里不大受到关注的普通人,但是他们却可以将自己的看法表达得非常清楚。多重人格患者也是普通人,他们是遭遇不幸乃至痛苦的普通人。我们现在讨论的是他们应该如何应对这个充满敌意的世界,他们应该如何在这个世界中生存下去,为什么爱无法在人与人之间传递,为什么患者的背景如此悲惨,为什么他们的家庭充满暴力,他们应该如何面对并战胜恐惧、罪恶和冷漠。有些患者

---

[1] P. T. 巴纳姆(1810—1891),美国马戏团经纪人兼演出者。
[2] 杰拉尔德·里韦拉(1943—),美国记者、律师、作家、政治评论员和电视主持人。

能够感受到自己的人格碎裂了,但他们不希望被当成样本。无论他们身处何方,我都要致以歉意。时常有一些专家(无论他们怀疑多重人格与否)批评或无视我的观点。有些女演员小时候遭受过虐待,然后产生了多重人格。她们可能会以此为噱头,宣传自己,甚至享受在公众面前展示这一切的感觉。我和其他人一样,对这样的行为不满。我理解、尊重普通患者适当的感情表达,但这并不代表上述情况可以被姑息和纵容。

多重人格患者已经成立了自助组织。但是这种尝试在早期往往不太稳定。一旦有成员在集会时切换出攻击性的人格,在场的其他人就会感受到威胁。因此,在举行这种集会的时候,必须有正常人士在场充当引导。当大量成员同时切换人格导致现场一片混乱时,引导人员可以帮助患者并控制局面。在北卡罗来纳州的阿什维尔高地医院设有分离性精神障碍科,这里的患者试图建立自己的组织。1993 年 1 月,他们成立了多重人格公会。该公会如今已经成为一个合法的非营利性组织。成立之初,公会只有三十几个成员,但等到年终,成员数量已经达到了一百三十多个。戴比·戴维斯(Debbie Davis)是公会的会长,也是商人和多重人格患者。与此同时,她还是多重人格与分离性状态国际研究协会患者联络委员会的主席。[28] 戴维斯希望把患者联络委员会的名号改为当事人联络委员会:"我们觉得这样做意味着患者被赋予了更多权利。"她说公会设有转换室,患者可以在其中先切换回正常人格,然后再回到正常的世界。公会成立了一个包含十一至二十位多重人格患者的互助小组,也会安排一些旅行活动,例如去佐治亚的六旗乐园(Six Flags)。此外,公会还会定期召开病友主导的集会，各种社交聚会格外受欢迎，因为它们为成员提供了释放儿童人格的机会。今天晚上是为四岁的儿童人格准备的手指画活动，到了明天晚上又换成了讲《如此故事》（*Just So Stories*）的活动。有一点我们十分清楚，无论多重人格的名称怎样变化（是"多重人格障碍"也好，还是"分离性身份识别障碍"也罢），戴维斯及其组织都对"障碍"一词不满。

现在，无论戴维斯是否会告知公会的所有事情（这种组织由于自身的性质，运作都会出现问题），我们手头的材料已经足以证明，多重人格正在向新的阶段衍化。那么，多重人格最终是会仅仅作为一种精神障碍存在，还是会彻底成为一种生活方式呢？很多患者认为医生采取的人格整合疗法是一种威胁，因为它会让他们失去应对困难的"同伴"。还有一些患者认为他们体内的诸人格实际上与自己志同道合。如今，多重人格的互助组织已经遍布北美地区。到目前为止，它们都在以各自的方式不断发展。戴维斯希望把这些组织连成一个相互沟通的网络。几年前，还有人建立了一个多重人格电子公告系统。总之，这些人希望获得越来越多的权利。以此为开端，一个多重人格患者的亚文化圈应运而生。这个亚文化圈甚至会扩展为更大的网络，比如，整个美洲地区的多重人格亚文化圈。但不是每个人都支持这种亚文化圈的发展。1993年11月，理查德·克鲁夫特在芝加哥的一个同行会议上做了总结发言，他挑战了所谓的"多重人格亚文化"。

在这个社会中，有一部分人被我们诊断为某种疾病的患者，他们努力让自己康复，就是为了摆脱我们口中的疾病。可是，很多多重人格患者甚至是我们自己都不记得这一点了。我们自以为是地指导身边的多重人格患者，教他们如何应对多重人格障碍，如何与别的患者交友，终日与他们讨论这一话题……我认为这是在向多重人格患者传递一种明确的信息：多重人格障碍将会永远存在。患者想要得到认同，不希望自己是唯一得这种疾病的人。他们的心情是可以理解的……我们都知道组织的凝聚力有多么强大，也明白成员的身份对患者来说意味着什么。然而，有一点很重要，也是大家都要明白的：这种组织的成员的共同点不应该是患有多重人格障碍，而应该是希望尽快摆脱疾病，继续过正常的生活。

在本章的开始，我们讨论了反馈效应，即分类的方式会对被分类的人产生影响，反之亦然。在医学领域，认知者（即医生）属于权威，他们可以主导被认知者（即病人）。被认知者往往会按照认知者的预期行事，但这种情况也不绝对，被认知者有时也会掌控事态的发展。在这种情况中，最有名的一个例子就是同性恋的解放。"同性恋"一词及其医学、法学分类出现于19世纪下半叶。同性恋者的分类一度由医学主导，归医生和精神病学家负责。至少在表面上，认知者决定了何谓同性恋，但随后，被认知者（同性恋者）掌控了局面。不过，即便到了现在，我依然不认为多重人格患者会这样行事。在1983年的秋天，我曾说过："虽然有冒犯之嫌，但我认为要了解多重人格患者与同性恋者的差异，最快的方法就是想象一下多重人格酒吧（对比同性恋酒吧）。正如多重人格患者所言，到目前为止他们一直都是由别人诊断、治疗。他们的症状表现和行为模式是什么样子，这些症状表现和行为模式能反映出什么问题，通通由专家说了算。医学专家都想在自己所处的医学分类中有所作为。同性恋者能够从专家手中夺过贴标签的自主权，但多重人格患者依然只能由医生摆布。"[29]也许在将来的某一天，我会收回自己说过的这些话。

03

这场运动

自从疯狂或者说精神失常被纳入医学的范畴之后，尤其是自精神分析诞生以来，我们对于精神或心理方面的各种"运动"已经非常熟悉。由西格蒙德·弗洛伊德发起和主导的那场运动更是无人不知、无人不晓。多重人格领域并没有明确的发起者和主导者，如果非要说有的话，他们也并不是创造了多重人格，而是发起了一场围绕多重人格展开的运动。这场运动带有明显的美国特征。它对乡村的民众颇有吸引力。与城市里的居民相比，乡村居民对奇异的事情更加宽容。虽然多重人格与分离性状态国际研究协会是由一些专业的（获得了硕士学位的）精神病医生和（获得了博士学位的）心理学家建立的，但这场运动看上去人人平等。医生和病人可以在同一个平台上分享、交流信息。1994年5月，在国际研究协会的第四届春季年会上，会员的全额注册费用为250美元。但协会为参会的患者设置了单独的优惠条目：可以享受25美元的减免。一开始，在大会演讲台上发言的主要人员是康妮（Connie）、巴迪（Buddy）、里克（Rick）和凯茜（Cathy），不是某位专业人士（医生）。对那些经历过许多痛苦的患者来说，在这种场合公开展示自己的多重人格不失为一种解脱。因此，这场运动既能利用新时代人们渴求解放（例如，同性恋解放）的特性，又能利用基要主义[1]复兴布道会[2]（revival meetings）的形式。多重人格运动没有严格的数据统计，可能压根就没有此类东西，但很多医生说他们自己也遭受了这种分离性精神障碍的折磨，在治疗患者的过程中记起了自己童年时受虐的经历。

粗略地来看，多重人格运动萌发于20世纪60年代，兴起于70年代，成熟于80年代，并且在90年代适应了新的环境。不知道我这么说会不会显得阴阳怪气，当我订阅《分离》（*Dissociation*，多重人格与分离性状态国际研究协会的官方期刊）并成了协会的成员后，他们给我发来了一封设计得很正式的文件，看起来像医学院的毕业文凭。附带的传单对我提出了如下的要求："请展现您的专业性。我们为您对多重人格障碍和分离性精神障碍的贡献感到骄傲。请把证书放置在彰显您尊贵的成员身份的牌匾上展示（收费18美元，包括制作和运输的费用）。"一项成功的运动需要具备偶然、必然和机构三方面的要素。它可能始于几个志同道合的人在某个走廊中的不期而遇，也有可能始于深夜里某个小型会议中充满活力的谈话。它的成功既需要一些人的不懈努力，也需要另一些人的非凡领导。但不管怎样，一项运动只有在社会大环境接受它时，才能成功。多重人

---

[1] 基要主义强调回归宗教的原初信仰和教义，并对这些教义进行严格的字面解释。
[2] 复兴布道会是基督教的一种仪式，旨在谋求宗教的复兴，着重鼓动宗教狂热。

格运动兴起的必不可少的条件就是美国人异常关注虐待儿童的问题，其中混杂着惊讶、厌恶、愤怒和恐惧。我会在接下来的一章中描述这个问题。在本章的尾声，我会提及机构的作用。现在，我会先讲述三个独立的早期事件，它们都在多重人格运动中留下了印记。在多重人格的系统化思想出现以前，有三个人已经脱颖而出，他们分别是：科妮莉亚·威尔伯、亨利·埃伦贝格尔[1]（Henri Ellenberger，1900—1993）及下一代学者中的代表拉尔夫·艾利森（Ralph Allison）[2]。

威尔伯是一位精神病学家和精神分析学家，但她的影响力主要来自一本与她的病人西碧尔有关的著作。大家对"多重人格"这一概念其实并不陌生，19世纪的小说和诗歌里明显带有大量人格双重性的内容。《化身博士》[3]（*Dr. Jekyll and Mr. Hyde*）无疑是其中最有名的作品；陀思妥耶夫斯基的《双重人格》[4]中的戈利亚德金先生（Mr. Golyadkin）无疑是其中最出色的艺术人物。而最让我害怕的，无疑是詹姆斯·霍格[5]（James Hogg）的《一位称义罪人的私人回忆录与自白书》（*The Private Memoirs and Confessions of a Justified Sinner*）。当然，这一领域中还有很多类似的篇幅较短的作品。不难发现，在欧洲，人们脑海中关于双

---

[1] 亨利·埃伦贝格尔（1905—1993），加拿大精神病学家、医学史学家和犯罪学家。
[2] 拉尔夫·艾利森（1931— ），美国精神病学家。
[3] 《化身博士》是19世纪英国作家罗伯特·路易斯·史蒂文森的名作，讲述了绅士亨利·杰基尔博士喝了自己配制的药剂分裂出邪恶的人格海德先生的故事。后来，"杰基尔和海德"成为"双重人格"的代名词。
[4] 《双重人格》的主人公戈利亚德金幻想出了另一个与自己一模一样的人——小戈利亚德金。在他的幻想中，这个人冒充自己的身份，到处招摇撞骗，还处处羞辱他，与他作对。
[5] 詹姆斯·霍格（1770—1835），英国作家、诗人。其成名作为《一位称义罪人的私人回忆录与自白书》，主要讲述了年轻的加尔文教徒罗伯特被神秘而邪恶的吉尔·马丁教唆杀人，终致毁灭的故事。

重人格的固有观念源于小说或故事而非真实的医学案例。然而，推动现代多重人格运动发展的并不是小说，而是一种新的文学体裁——多重人格患者的自传。这是一种讲述多重人格患者故事的长篇著作，通常被包装成"患者的自述"，并且往往被改编成电影或电视特辑。

《三面夏娃》开了此方面之先河。[1]令人惊讶的是，很多人都听说过这部1957年的作品，尽管他们不记得曾经读过该书或看过该部电影。《夏娃》描述了一个名为克丽丝·科斯特纳·赛兹莫尔（Chris Costner Sizemore）的患者，有两位精神病医生对她进行过治疗。1954年，这两位医生撰写了一篇关于她的学术文章。[2]后来，他们根据该案例创作的通俗读物成了畅销书，被翻拍成电影后影响也很大。但是《夏娃》并没有开启现代的多重人格运动。撰写相关文献的人士没一个为该书说过好话，很多评论家严厉地指责了这两位精神病医生。想让多重人格的概念流行起来，需要一个更大的文化框架解释、定位它，这个框架就是虐待儿童。《夏娃》出版于美国人关注虐待儿童之前。由于该书是在一个比较单纯的年代完成的，它并没有让更多的人理解多重人格。

为什么《夏娃》和近来的多重人格相距甚远呢？这其中有很多具体原因。主治医生只发现了患者的三个人格。后来，这位患者开始自己讲述故事，写了三本书，每一本书都是她生活的不同版本——回想一下，这三本书就是夏娃的三张不同的面孔。一开始，她使用笔名，在医生的帮助下出版了自己讲述的故事版本——《夏娃最后的面孔》（*The Final Faces of Eve*）。[3]这当然不是她最后的面孔,因为她后来又公开了一些信息,并授权《华盛顿邮报》于1975年5月25日进行独家报道。但是她忘恩负义[1],在下一本书《我是夏娃》(*I'm Eve*)[4]中对自己的主治医生嗤之以鼻。她发现身体中有二十多个人格,也挖掘出了隐藏已久的受虐经历。20世纪70年代,多重人格运动呈现出新的景象,她恰恰成了其中的一个完美案例——这个案例里包含上一代医生的误诊和施虐。她一直在各种巡回演讲中谴责以前的治疗师,世人则发现多重人格运动中的精神病学家与她保持了一定的距离。有谁相信这种"双料间谍"的故事吗?但赛兹莫尔的事还不算完。1984年,她又给我们带来了一部新作品——《我自己的想法》(*A Mind of My Own*)。[5]该书声称她的第一个次人格从出生时就和她在一起,那是前世留下的。

夏娃最初的治疗医生后来谴责了多重人格运动,称其有些肆意妄为并且宣传过度了。他们指责这场运动诊断出了太多的多重人格患者。[6]这是在暗示,夏娃后来与居心不良的人为伍,当初对她的治疗是正确的。一个临床医生在其职业生涯中可能最多只会碰到一两个真实的多重人格病例。他们说20世纪70年代后期激增的多重人格患者中,大部分都是不幸之人;这些人觉得夸大自己的症状可以引起别人的关注,而医学上未加鉴别就盲目接纳的做法,更是助长了这种势头。

因此,多重人格运动不是由《三面夏娃》引起的,真正的推力来自另一部与之非常不同的多重人格患者传记:1973年出版

---

[1] 多年来,两位医生免费提供治疗。1956年,在他们的关照下,她授权20世纪福克斯公司拍摄电影,但后来她称签字的是次人格,对合同内容提出上诉,最后接受了庭外和解。

的《西碧尔》。[7]它也被翻拍成了电影,而且是长篇电影。我最近和一群大学生一起观看了这部电影。这些大学生都是年轻人,他们从小便生活在一个大众传媒盛行的世界,因此十分熟悉家庭暴力的说法。但即便如此,他们依然觉得电影中的情节十分可怕。该书以"口述笔录"的方式讲了一个故事。最开始,科妮莉亚·威尔伯在内布拉斯加治疗西碧尔。当威尔伯来到纽约接受精神分析训练的时候,西碧尔也来到当地读研究生,于是治疗得以继续。在治疗过程中,威尔伯发现了西碧尔体内的新人格。威尔伯在肯塔基州列克星敦的医学院谋得教职并搬到那里以后,治疗照旧进行。[8]

威尔伯对该案例的描述非常专业,但她的论文经常被医学期刊退回,这显然是因为当时人们没把多重人格当回事。后来在美国精神分析学会年会上阅读论文时,她感觉自己受到了极大的侮辱。她认为学会几乎把审核过的论文都发表了,却电话告知因为"版面问题"无法发表她的论文。由于西碧尔的故事不为专家接受,威尔伯不得不把它讲述给公众。故事由一个名叫弗洛拉·丽塔·施莱伯的人撰写成文。施莱伯坚称西碧尔在参加工作之前就已经痊愈了。[9]一本书如果没有圆满的结局是卖不出去的。当西碧尔被治愈以后,施莱伯参与到两人的生活中,创作了该书。那段时间威尔伯至少还在治疗六个多重人格患者,其中一位就是乔纳,我在上一章中提到过他。[10]

威尔伯所做的工作为多重人格开创了一番新的天地,因为她开始主动寻找患者的童年创伤。她发现西碧尔产生多重人格是因为母亲对她实施了反常且恶劣的攻击,而且常常带有性意味。威尔伯并不是一个正统的弗洛伊德主义者,她同时利用催眠和阿米妥[1](Amytal)对西碧尔的记忆加以研究。[11]她也不认为美国精神分析学会要求医生和病人保持一种约定俗成的距离是正确的。这两个女人成了朋友,她们不仅在乡间长途骑行,还在一个房子里同住了一段时间。西碧尔的治疗长达两千五百三十四个工时,威尔伯过了这么久才把西碧尔的故事告诉大家,是因为20世纪60年代的人们根本不了解多重人格。[12]

为了让西碧尔明白童年时期的受虐记忆对当下的她来说意味着什么,威尔伯采用了弗洛伊德的精神分析法。无论这些记忆是真实的还是虚假的,在大众的意识中虐待儿童逐渐与不正当的家庭性行为绑定在一起,这一点同西碧尔的母亲对她的虐待十分吻合。她母亲的行为不仅残忍,而且带有明显的性恋物癖[2]特征——不断地用凉水给她灌肠,然后把她的肛门堵起来,以防止排泄物喷溅。她母亲还会将尖锐的物体插入她的肛门和阴道。这是一系列阴郁、狠毒的性虐。之后,威尔伯要做的就是尽其所能地确认西碧尔经历极大痛苦才回忆起来的事情切实发生过。她去了西碧尔的家,至少看到了"刑具"、灌肠袋、系鞋的带子,这些工具可能都曾插入西碧尔身上的某个腔孔。西碧尔的父亲是个消极的知情人,他并没有否认这些事情的真实性。当然,虽然西碧尔的家里有不少"施虐工具",但也都是些常见的家居用品,并不能证明一定存在不正当的性虐行为。不过,威尔伯相信西碧尔,等到《西碧尔》出版及改编的电影上映之后,也没有多少人

---

[1] 阿米妥,别名"吐真剂",有安眠镇定的作用。
[2] 性恋物癖,一种性心理现象,指对某种特定物品、部位或情境产生强烈的性兴趣和依赖。

怀疑。

西碧尔可以算是多重人格的原型患者。她年轻聪明、事业有成，但大量的记忆缺失了。她也有神游症的表现，当恢复神智以后，她会发现自己不知怎么就出现在了一个陌生的地方。但是，她的其他症状更为重要。过去的患者往往只有两三个次人格，最多的也只有四个。西碧尔有十六个，包括儿童人格，还有两个异性人格。有些人格知道其他人格的存在，会互相争论、互相吵架、互相帮助或互相伤害。人们之前多少提到过不同人格间的动态关系，但它借由西碧尔的事例报道才受到广泛关注。总之，她的病因十分明显：在童年时期遭到残忍的虐待。"西碧尔"作为她的主人格，对那些痛苦的事情没有记忆，但是她的次人格都记得。这些次人格会和主人格分离，这样一来，西碧尔就不需要再对这些"伤疤"保有意识。因此，即使她的母亲虐待了她，她也不必恨她的母亲，她甚至可以去爱她。然而，她的很多次人格却对母亲充满了恨意。西碧尔的另一些人格过着她期许的生活，如果不是在成长过程中遭到虐待，她很有可能实现愿望。

西碧尔的案例仅在一个方面与后来的多重人格原型有所不同：她是被母亲而不是父亲或其他男性虐待的。直到1975年，即《西碧尔》出版两年后，性虐和乱伦的概念才完全进入公众的意识。在1975年之后，性虐待主要由大家庭中的男性实施。但西碧尔的故事并不符合这种模式。她的父亲是一个消极的角色，充其量只能算是帮凶。故事中真正邪恶的人物是她的虐待狂母亲。

《西碧尔》可以算是一本奠基之作。这部类型独特的大部头作品为多重人格和分离概念的复兴构建了大背景。亨利·埃伦贝格尔的《无意识的发现》(*The Discovery of the Unconscious*)则在精神病学史上树立了难以逾越的高峰。[13]弗洛伊德之前的无意识研究及其与之后不断发展的精神病学的关系，一直是内容丰富的课题。该书的作者是一位才气非凡的业余爱好者（我认为这样的形容极为合适），并非专业史家。他深爱自己的研究，为此奉献了一生。他的正式职业是精神病医生兼老师。[14]埃伦贝格尔基本重现了19世纪多重人格的历史。他将该领域最伟大的理论家，同时也是精神病学意义上"分离"一词的发明者——皮埃尔·雅内[1]（Pierre Janet）描绘得栩栩如生。雅内是法国颇具影响的研究者、观察者。精神分析学一直反对将多重人格当作一种可以独立诊断的精神疾病，这可能也是20世纪上半叶多重人格概念势头逐渐减弱的原因。但有一件事可以肯定，弗洛伊德私下里将雅内视为威胁和对手，并煞费苦心地强调自己想法的独特和雅内思想的浅薄。雅内是弗洛伊德刻意发起的精神分析运动的受害者。雅内是一位学者，相比之下，弗洛伊德是一位让他名声扫地的商人。遗憾的是，雅内反复地评论弗洛伊德取得的成功，这些评论读起来显得太幼稚，让失败的他丢光了读者的同情。[15]

当雅内于1947年去世时，他几乎完全被人遗忘了，但埃伦贝格尔没有忘记他。他十分钦佩雅内。埃伦贝格尔认为弗洛伊德的贡献颇多，但对雅内亏欠良多。法国的多重人格研究处于高潮时，雅内本人的想法也日臻成熟，他亲自观察了法国最有名的一批多重人格患者，确切地阐述了多重人格的理论及其发展变化。

---

[1] 皮埃尔·雅内（1859—1947），法国心理学家。

人们还受到他选用的法语词汇"分离"（dissociation）和"分裂"（désagrégation）的启发，建立了分析模式。1890年，"分离"一词被纳入英语，这要归功于威廉·詹姆斯[1]（William James），他痴迷于法国的心理学，对雅内印象深刻。莫顿·普林斯（Morton Prince）[2]是美国多重人格领域的伟大先驱，同时也是波士顿学派的领导者。他在1890年访问法国之后，开始在自己的出版物中使用"分离"一词，正是他巩固了该词在英语中的地位。16相比之下，雅内在1889年发表哲学论文《心理自动症》之后，便不再使用该词，不仅如此，在后面的第九个章节中，我还会进一步指出，他甚至都不再认真对待多重人格。他认为多重人格只是我们今天所说的双相情感障碍的特例。也就是说，他开始相信多重人格患者其实是躁郁症患者。但埃伦贝格尔几乎没有提及雅内后来所做的工作。因此，雅内的传说不断积聚，最终将其塑造为分离概念伟大的创始人。

　　埃伦贝格尔与多重人格运动没有太大的关系，但他出版的著作却清楚地表明，多重人格曾经是精神病学理论中的一个重要部分。事实表明，曾经有过一个非精神分析学的心智动态模板，但它已经被精神分析学家掩盖。他的著作有助于多重人格概念的合理化。埃伦贝格尔无意间让雅内成了分离性精神障碍领域的元老。各种运动在其初创阶段往往带有一种善恶对立的二元世界观，参与者认为自己是与真正的邪恶战斗的正义力量。对于一场运动来说，用一个神话式的人物来体现善恶矛盾大有裨益。因

---

[1] 威廉·詹姆斯（1842—1910），美国哲学家、心理学家，被誉为"美国心理学之父"。
[2] 莫顿·普林斯（1854—1929），美国心理学家、神经学家。

此，一旦埃伦贝格尔让雅内回到人们的视野中，他便会被视为一个反弗洛伊德的英雄人物。

埃伦贝格尔还有另一个影响（纯粹属于偶然结果）。他启发了理查德·克鲁夫特，后者是多重人格与分离性状态国际研究协会的创始成员和期刊《分离》的编者。克鲁夫特治疗过的多重人格患者可能远超其他医生。他最令人印象深刻之处，便是进行人格整合的高成功率。与别的医生相比，有更多的患者会由他来评估诊断。[17]克鲁夫特首次接触多重人格是在1970年，当时他还是一位年轻的精神病医生。从那以后，他便对多重人格产生了浓厚的兴趣，但他得不到任何有用的建议。当《西碧尔》出版时，有位教授告诉他那是假的，他便没有去读。我随后要介绍的拉尔夫·艾利森当时还在西部地区，尚未出版作品。克鲁夫特是从哪里获取了多重人格的知识？"我非常尊敬安托万·德皮纳[1]（Antoine Despine）医生，他就是我的老师。他是一位在法国享有盛誉的全科医生，曾学习过催眠。接触'埃丝特勒'（Estelle）时，他成了第一个没有使用驱魔仪式治疗多重人格障碍的人。"[18]德皮纳是一位擅长时兴水疗的医生，埃丝特勒是一个十一岁的女孩。德皮纳于1836年对埃丝特勒进行治疗，并在1838年把她的情况都记录了下来。我还会在第十个章节中详细介绍埃丝特勒。"德皮纳确实是我的老师。"克鲁夫特重申道，但他并没有读过德皮纳的作品。"我在埃伦贝格尔的书中发现了德皮纳的经历，读了一遍又一遍。"埃伦贝格尔用两页的篇幅总结了埃丝特勒的案例，这个长度正好适合不断重复阅读。[19]埃伦贝格尔知道德皮纳，

---

[1] 安托万·德皮纳（1777—1852），法国医生。

因为雅内在他职业生涯中期的一小段时间里经常提及埃丝特勒的案例。雅内甚至发现自己早期的明星病人莱奥妮（Léonie）曾在前任治疗师的暗示下模仿埃丝特勒的行为。[20]于是，在科学史上就有了这样一个典型的意外。埃伦贝格尔未加评判地描述了一本一百三十年前出版的书，这竟意外地激励了一个雄心勃勃的年轻人在精神病学领域开辟出新道路。

拉尔夫·艾利森也创建了自己的模式。1980年，多重人格专家乔治·格里夫斯（George Greaves）表示，"保守地估计，在过去的十年中（即1970—1979年），大约有五十个多重人格患者确诊"。[21]他统计出了五十个左右的案例，非常值得我们关注，因为他在1944—1969年只找到了十四个病例，其中有七例是科妮莉亚·威尔伯的患者。除艾利森之外，共有二十八位临床医生描述了其中二十例的情况，有些医生的描述是重复的。而与艾利森有关的案例达到了三十六个。[22]他还认识"檀香山的一位见过五十个病例的精神病专家及凤凰城的一位见过三十个病例的专家"。后者便是大名鼎鼎的催眠师米尔顿·埃里克森（Milton Erickson），他告诉艾利森自己见过的三十名患者都无法治愈。[23]

从艾利森的作品中，我们可以看出他是一个充满热情、关怀病人同时迷人浪漫的人。在1980年的自传《心成碎片》（*Minds in Many Pieces*）中，艾利森不仅描述了自己在多重人格领域的新发现，还描述了自己的诸多痛苦。在陈述两个治疗失败的病例时，他诚实到了近乎自虐的地步。一个患者自杀了，另一个患者参与了轮奸并谋杀了受害者。[24]他不忍看见儿童受到伤害，也明白性虐待和性剥削是反映社会结构的一角。1974年，在为加利福尼亚州的《家庭治疗》(Family Therapy)撰稿时,他发表了《父母指南:如何把你的女儿培养成一个多重人格患者》(A Guide to Parents: How to Raise Your Daughter to Have Multiple Personality)。[25]他以自己的三个病人为例,向"想要培养出一个具有多重人格的女儿"的父母说明了七条规则:首先,你根本不想要这个孩子;夫妻双方要一直吵架,最多只能有一方充当孩子的榜样,另一方的行为一定要十分恶劣;父母在孩子六岁之前最好能离家出走;要鼓励孩子跟兄弟姐妹对着干;要为她的长辈和家族感到羞耻;确保第一次性经历令她恶心,比如,在十几岁时被强奸;家庭生活十分悲惨,她为了逃离而想尽快结婚——然而,婚姻只不过是让她与配偶组建家庭而已,这个配偶会让她继续过那种恶心的传统家庭生活。

最近,很多多重人格的出版物都披上了统计的外衣,辅以时兴的科学隐喻[1]、并行分布加工[2]模型、情景依赖学习(记忆)[3]理论,或者诸如此类的东西。与之相比,艾利森的作品属于另一个世界、另一个时代。20世纪60年代后期,他在加利福尼亚的圣克鲁斯受训。在试图理解自我的概念时,他发现神智学[4](Theosophy)提供了最佳的模板。"众生皆有一命",每个人都有一个任务,就是要意识到内在自我,使之保持平静与宽容,分担人世生活。"真正了解内在自我,"他写道,"是保持心

---

[1] 隐喻在科学中被广泛使用,是一种以受众更容易理解的术语解释复杂概念的方式。比如,"适者生存"常被用来描述进化中的自然选择过程。
[2] 并行分布加工是现代认知心理学中一种新的信息加工模型。
[3] 此处指学习或记忆有赖于个体(人或动物)的情境。
[4] 神智学,又称证道学,是一种涉及宗教哲学和神秘主义的新兴宗教学说。该学说认为,史上所有宗教都是由久已失传的"神秘信条"演化出来的。

理和精神健康的关键。多重人格患者显然无法了解内在自我,但恰恰是内在自我提供了创意,强健了神经,解决了问题,并帮助了人们在此世生存、成长。"医生需要保持敏感,"治疗师得了解他的内在自我,因为他的内在自我不断同患者的内在自我交流"。

新兴科学最不想要的就是布拉瓦茨基夫人[1]（Madame Blavatsky）式的暗示,所以艾利森有些被边缘化了。回想起来,他曾被誉为第一个多重人格障碍治疗方案的开创者,他的成果看上去十分细致严谨。[26]但也正是他点燃了这场运动。20世纪70年代后期,他在美国精神病学协会的年会上组织了多重人格的研讨,还在主环节中介绍了相关论文。[27]他在会上分发了两本多重人格心理疗法手册的复本。[28]人们谨慎地接受了他的"内在自助者"概念,至少一些早期的主流精神病学家予以了认可。在这一概念中,自助人格与现代多重人格理论设想的次人格完全不一样。它的出现不是为了让患者应对童年时期的创伤。"作为一个次人格,它的源起没有确定的日期,也不是为了帮助患者应对压抑在心中的愤怒或暴力导致的创伤。"虽然内在自助者"在多重人格患者身上如同游离的个体,但生来就存在于正常人士和多重人格患者体内"。自助者不会憎恨,他们能感受到的只有爱及对上帝的认知和信仰。"他们是上帝向人们传达治愈力量和爱的渠道。"他们没有性别之分,也不会感情用事。在交流中,他们如同"重复编程信息的计算机"。[29]这听起来太像仁慈的计算机"哈

---

[1] 即海伦娜·彼得罗芙娜·布拉瓦茨基（1831—1891）,通称"布拉瓦茨基夫人",俄国神智学家、作家与哲学家。

尔"了，它是斯坦利·库布里克[1]（Stanley Kubrick）1968年的电影《2001太空漫游》中的角色。艾利森所说的自助者似乎和哈尔一样：冷静、谨慎、知晓一切、令人敬畏。就《西碧尔》对患者产生的影响，临床医生写过一些作品。库布里克的电影同样让人隐隐担忧。但正如我之前提及的，如今的多重人格运动会更广泛地反映或扭曲当前的文化，远甚前两种情况。

艾利森写道，内在自助者"是真正的良知"。[30]他会与内在自助者合作，了解患者的更多信息。"没有任何一种人与人之间的关系能与这种伙伴关系媲美。这种关系十分独特，你只有在经历过之后才能相信它的存在。"[31]"内在自助者"很容易被理解为"内在救助自我者"，类似于内心中助益自我的东西。但艾利森的意思是"内在自我救助者"，即救助者源于内在自我，这种"自我"始终存在。当艾利森在1980年出版自传时，他将这些救助者描述成了超越个体的存在："患者体内的内在自助者可能不止一个，而每一个内在自助者都会依据某种等级排列，最高等级的内在自助者的地位仅次于上帝。我发现很难召唤出这种最高等级的内在自助者，好像治疗师根本不配与之接触。"艾利森自问："我相信这种解释吗？"他的回答是："除了这个理论，我没有更好的解释了。"

帕特南在他的教科书中讨论了"内心自助者"，他抹去了原词的神智学背景。也许，仅仅是从"内在"转变为"内心"，就标志着该词的世俗化（于我们而言，这是从"内在自我救助者"

---

[1] 斯坦利·库布里克（1928—1999），美国电影导演、编剧和制片人，代表作有《2001太空漫游》《发条橙》《闪灵》。

转变到"内心救助自我者")。³² 其他业界人士不大看好自助者。他们认为多重人格患者的人格结构中充满了各种大密谋和小密谋、威胁和反威胁，即便是救助型人格也不能幸免。专家戴维·考尔（David Caul）说道：

> 医生一定不要害怕和自助者讨价还价。自助者总会保护各人格，尽可能确保他们在治疗中获得最好的待遇……自助者几乎不会一次性打出手里所有的牌。³³

长期以来，多重人格都与通灵术和轮回转世密切相联。人们认为，次人格的出现可能是因为某个灵魂在某个患者身上安了家；通灵人士可能是多重人格患者，他们是灵魂的宿主。以上想法的相关理论可以追溯到 19 世纪 70 年代；19 世纪末至 20 世纪初，英语学界多重人格的最佳研究刊登于伦敦或波士顿通灵研究协会的期刊上。艾利森赞同上述想法。他曾经还认为有必要驱除闯入患者体内的邪恶灵魂。艾利森最重要的一个病人——亨利·霍克斯沃思（Henry Hawksworth）有通灵的能力，他可以感知到所见之人的气场。当他被治愈后，作为人事管理人员，他会在工作中使用自己的能力：他对入职或尚未入职的员工的评价部分取决于他们的气场。在艾利森的鼓励下，霍克斯沃思撰写了自传《五个自我》（*The Five of Me*）³⁴。

霍克斯沃思曾遇到过法律上的麻烦，而困难重重的精神病学司法实践后来也成了艾利森的职业方向。一个患者残忍地奸杀了女性，后被判处死刑。之前，他因犯下纵火罪而被指定由艾利森治疗。（事实证明）马克（Mark）是在另一个次人格的状态下放的火。在他年轻时,曾发生过一件可怕的事:他被一帮青年轮奸了。后来他的母亲在一次车祸中身首异处,他错误地将此事的责任归咎于自己。在做了大量工作之后,艾利森从他身上引出了一个"愤怒的怪物"——卡尔(Carl),后来又引出一个帮助型的次人格。马克以卡尔的身份和艾利森的另一个病人莉拉(Lila)结了婚;莉拉的另一个人格埃丝特也非常暴力。他们甚至在婚礼上切换了人格。这段婚姻注定要失败。卡尔之后谋杀了一位同性情人。后来,马克或者不管是他的哪一个人格,又和同伙强奸了一个随机挑选的漂亮女人;接着,卡尔杀害了她。艾利森没有帮助马克免除罪责。他明确表示,马克的所有次人格都知道这次谋杀,包括马克的内在自助者。艾利森从这一系列事件中吸取了重要的教训。他原本认为内在自助者永远不会允许患者犯下巨大的错误,但与他的观点相反,马克的帮助型人格知晓这起谋杀。艾利森写道,马克没有良知。

艾利森坚持着犯罪学方面的工作。1994 年,他指出在监狱系统中无法成功治疗多重人格患者,即使是他,也已经有些精疲力竭了。[35]其他犯人的残酷打压、病人自身的需求,但最重要的是当局本身的行为,使任何在监狱中的精神病患者都无法得到有效治疗。

作为该领域的先驱,艾利森是著名的"山腰绞杀手"[1](Hillside Strangler)审判案的专家证人。"山腰绞杀手"在 20 世纪 70 年代后期让整个洛杉矶恐慌不已。1977 年,俄亥俄州哥伦

---

[1] "山腰绞杀手"是媒体对肯尼斯·比安基(Kenneth Bianchi)和安杰洛·布诺(Angelo Buono Jr.)两个罪犯的称呼。1977 年 10 月—1978 年 2 月,他们在美国洛杉矶附近的山区杀害了多位女性。

布市的一个强奸犯被诊断出多重人格，该男子因患有精神病而被判无罪。³⁶在"山腰绞杀手"审判案中，被告人肯尼斯·比安基提出了同样的诉求。他利用这点在认罪时讨价还价。这起诉讼似乎已经不是一场对令人作呕的连环杀人案的审判了，而是一场催眠和精神病学诊断。³⁷艾利森最后得出的结论是：被告不是多重人格患者，但通过观察，可以确定他的精神有些分离。

不要认为这种审判是什么新鲜事物，1876年，当法国刚刚暴发双重人格病症时，就有一位医生提出了法律方面的问题，他诊治过首位患者及之后的很多知名患者。他问道："这样的人在多大程度上要为自己的罪行或不法之举负责？"他咨询了波尔多的一些地方法官和法律专家。他们认为多重人格患者需要对某一人格的行为负责，但"一些著名的精神病学家却不这么想"。在随后的一百年间，情况几乎没有改变，专业领域的意见分歧仍然存在。这位医生总结道："法院迄今为止还没有处理过这种情况，但它有可能明天就会发生。"³⁸他说的很对，"山腰绞杀手"审判案及参与其中的观点互异的专家证人，让我们想起了1892年在尼斯进行的一场审判。案件的过程并不可怕，其中包括两起谋杀未遂，受害者为女性，被告辩称是他的另一个人格犯的罪。被告的专家证人以沙尔科为首，都是当时最有名的医生。而三名控方专家证人同样名声在外。³⁹检方专家抱怨说，被告在治疗过程中受过训练，非常了解医学知识。他们对被告进行了三个月的严格观察，用我们现在的眼光来看，这无疑侵犯了他的公民权利。抗辩失败了，法院宣布被告有罪，但惩罚有所减轻。

艾利森从来没有大肆渲染病人的情况。说到多重人格，法学和司法心理学的学者也以恰当的方式关注其法律责任。[40]但我们不应该忽视另一面，多重人格的哥特式恐怖故事在几代人中间流传，引起了大众窥探患者隐私的欲望。我最喜欢的故事来自保罗·林道[1]（Paul Lindau）的《他者》（*The Other*）；它于1893年在维也纳上演，讲的是一名官员逐渐发现他被指派调查的罪行竟是他的第二个自我所为。[41]

这些故事一直延续到今天，不断地强化着多重人格患者的固有形象。1992年11月，也就是《他者》在维也纳上演一百年后，肥皂剧《地球照常运转》（*As the World Turns*）的制作方聘请特里·莱斯特（Terry Lester）[2]饰演了一位成功的建筑师。这位建筑师在儿童时期受过虐待，产生了很多次人格，其中的一个人格杀死了自己的妹妹。观众看到的后续情节是法庭审判、无罪释放及治疗凶手。但不幸的是，编剧在此期间去世了，于是最后不得不以凶手被治愈草草收尾。当该剧开始播出时，很多患者和临床医生纷纷致信说情节是何等忠于现实。当剧情在结尾处垮掉时，莱斯特表示："在听到很多患者的心声之后，我感到特别抱歉，因为我们似乎轻视了整个事件。我代表剧组给他们写了道歉信。"[42]

一些惊悚片和粗制滥造的文艺作品都能反映多重人格的最新理论，而观众对该类作品的喜好一直很稳定。[43]在精神疾病的所有相关领域中，事实、虚构及恐惧诸因素一直都在不断地相互影响。严肃的临床医生谴责这种耸人听闻的行为，但他们也无法避

---

[1] 保罗·林道（1839—1919），德国剧作家和小说家。
[2] 特里·莱斯特（1950—2003），美国演员。

开它。如果现实中的虐待儿童是多重人格议题为大众接受的主要原因，那么文艺作品中想象的犯罪就是次要原因。

我说过，一项成功的运动需要具备偶然、必然和机构三个方面的要素。艾利森、埃伦贝格尔及威尔伯都是夜空中偶然出现的流星。在20世纪60年代后期，虐待儿童这一必然要素逐渐成为美国政治和社会议程中的重要内容，并很快成为激进女权运动中不可或缺的议题。专业机构很快就将多重人格从独立的研究者手中接管过来。《西碧尔》出版两年之后，在俄亥俄州阿森斯（Athens）的精神健康中心举办了一场多重人格的研讨会。1979年，艾利森发表了一篇名为《多重人格备忘录》的通讯稿。与此同时，他还和其他人一起在美国精神病学协会的年会上举办了研讨会。该运动的政治化发生于70年代末期，当时美国精神病学协会精心修订出第三版《手册》，我们在前面已经介绍过了。有了《手册》第三版，多重人格运动就名正言顺了。区域性的研究小组建立了起来，第一个同时也是存续时间最久的研究小组建立于保守派的政治堡垒——洛杉矶附近的奥兰治县。事实证明，这些组织已经十分稳定。1995年4月，国际研究协会的奥兰治分会主办了第八届西方创伤与分离性状态临床研讨年会。

1982年是多重人格运动发展的分水岭。当时，为了建立一个全国性的组织，戴维·考尔成立了一个指导委员会。这个计划十分细致，却不大显眼，但《时代》杂志以自己的方式记录了相关内容，一如其他的各种分水岭。在当年的秋天，它推出了《"查尔斯"的二十七张面孔》，讲的是在佛罗里达代托纳比奇

(Daytona Beach)发现的一个二十九岁的得克萨斯患者。他会用两种声音说话："'小埃里克',这是一个内心阴暗且受到惊吓的孩子,以儿童的语调说话;还有'大埃里克',以成熟的口气说话,为我们讲述了一个虐待儿童的可怕故事"。在治疗过程中,还出现了宗教神秘主义者赛伊、四十八岁的家庭主妇玛丽亚、运动员迈克尔、执法者马克、讲德语的图书管理员马克斯、讲西班牙语的皮特、爱打官司的菲利普、女同性恋者雷切尔、妓女蒂娜等人格,总共有二十七个。患者的人格不断变化,《时代》杂志准确地将之记录下来。等到这个十年快结束时,大量次人格的出现、各人格年龄和性别的转变,已成为司空见惯的事情。虐待儿童被视为多重人格的一大成因。也许是《时代》杂志有先见之明,报道称埃里克关乎虐待的记忆是幻想出来的。[44]临床医生在治疗他时使用了催眠方法。在《时代》杂志报道之前,其他媒体称:"官方表示,尽管还有三四个人格,但大部分人格已经消失了。患者的正常人格签署了允许(治疗者)对他的案例发表评论的同意书。"[45]

与此同时,在1982年,所有的机构都悄悄地联合了起来。根据非官方的说法,1983年4月30日(周六),在纽约的"莱昂内妈妈"(Mama Leone)餐厅举行的一场历史性晚宴见证了多重人格运动的定局。[46]参加晚宴的布尔(Boor)、布朗、考尔、杜布罗(Dubrow)、克鲁夫特、帕特南和萨克斯(Sachs)等人决心成立多重人格与分离性状态国际研究协会。该协会的第一次年会于同年12月在芝加哥举行。直到1995年,协会的众多会议都由布朗、萨克斯及其所在城市的拉什-长老宗-圣路加(Rush-

Presbyterian-St.Luke)医院[1]主导，美国实验与临床催眠协会（the American Society for Experimental and Clinical Hypnosis）参与其中。1983年，有三百二十五人参会。1983—1984年，四大专业期刊都十分关注相关主题。[47] 1985年10月，一个活跃的多重人格患者创办了一份通讯——《为我们自己发声》。专业化的门诊开始出现。1987年2月，里奇维尤研究所在亚特兰大启动了一个全面的项目。7月31日，萨克斯和布朗创建了第一个专门的医疗科室——拉什-长老宗-圣路加医院分离性精神障碍科。同一年问世的《手册》第三版修订版确认了多重人格的正式诊断。国际研究协会主席格里夫斯在1987年7月的一篇通讯中写道："我喜欢胜利。"[48]此时，唯一缺少的就是专业期刊。《分离：分离性精神障碍的研究进展》于1988年3月发行，由理查德·克鲁夫特担任主编和法人。[49]

国际研究协会的第一次会议挑战了正统观念。1992年，它的第九次会议以健康保险为主题。在这次会议上，获利丰厚的大型保险供应商安泰[2]（Aetna）的副总裁发表了主题演讲。加拿大的保险从业者早已将健康保险覆盖各省，专家乔治·弗雷泽（George Fraser）就多重人格治疗的成本效益做了演讲，渥太华王家医院[3]的门诊部门提供了论据。当一个新型的心理治疗领域开始考虑保险公司的利益而去处理成本控制等问题时，我们就知道它已经确立了自身的地位。但其中也潜伏着危险。多重人格

---

[1] 拉什-长老宗-圣路加医院由拉什医学院与长老宗-圣路加医院合并而成，并于2003年9月正式更名为拉什大学医疗中心。
[2] 安泰保险金融集团，是世界上历史最悠久的健康保险公司之一。
[3] 渥太华王家医院，现已改名为渥太华王家精神健康中心。

运动是不是奥威尔的《动物农场》的写照？曾经激进的领导人物会不会自满于最初的成果，变得只关注账单而非患者？我一直都在谈论多重人格运动。1994年秋季，一位老前辈问我：多重人格运动是否还在进行或发展？在此之前，没有人提出过质疑。

我之前引用过施皮格尔和克鲁夫特的话，施皮格尔一直在努力改变这种疾病的名称，而克鲁夫特则反对多重人格亚文化。他们都是这场运动中最核心的人物。当专业机构发展起来时，他们做着必须做的事情：重建学科体系，并向世人宣布它由一群委员掌管。基层人士知道发生了什么，内部的阶层差异已经不言自明了。帕特南对多重人格运动的平民基础万分担忧，他发现"北美多重人格障碍文献的质量参差不齐，这表明各地对于这种综合征的临床表现和治疗方法没有达成一致意见"。治疗师的培训也令人担忧。很多培训就像是漫不经心的现购自运[1]服务。帕特南仔细地写道：

> 目前，对多重人格治疗师的培训主要依靠近来建立的教育体系，它旨在为治疗师提供专业资质所需的最新信息。这种被称为"医学继续教育"（CME，即 Continuing Medical Education）的体系几乎不受监管，而且它会为了吸引付费参与者而迎合大众。继续教育的课程和研讨会都很短，通常只有一两天的时间，根本不涉及临床管理和接触患者等内容。50

谁将最终控制这种疾病呢？是经过多年培训的高素质的临床

---

[1] 现购自运指客户在现场以现金方式结算，并自行运走货物。

医生，还是患者中的平民联盟，抑或是那些乐于接纳多重人格文化并在患者身上"驯化"出各种次人格的治疗师？多重人格领域一定会走向分裂。发生这种情况的几率很大。无论美洲人选择哪种健康计划，覆盖范围一定极广。那么，什么人会为此付出代价，又会付出什么样的代价？精神疾病分为两种类型：一种是在特定时期内有可用药物且反应良好的精神疾病；另一种是对药物没什么反应的精神疾病。不管药物有多贵，都比长期的心理治疗要便宜得多。保险公司更喜欢使用药物。当然，人们将来会研发出非特定性的药物来改变患者的行为、情绪和心态，但该领域的人士并不觉得某种药物能够对分离性身份识别障碍起到特定的疗效。专攻分离性精神障碍的医生必须尽可能地帮助患者在保险范围中争取更多的非药物治疗方式。这将是多重人格医疗部门的重要议程，会让分离性精神障碍发挥重要作用，进一步推动非药物治疗和公费治疗。帕特南指责的各种混杂疗法肯定不会得到公共资金的支持。因此，基层治疗师的经济利益第一次与该领域主要的精神病学家、心理学家的经济利益产生了重大分歧。

从多重人格障碍到分离性身份识别障碍，名称的变化确实十分重要。几年前，有专业人士建议，永远不要试图在治疗过程中消除次人格，因为这类似于谋杀。现在的一大宗旨是让患者摆脱多重人格的说法。"分离"一词已经成为这场运动、这种障碍、相关期刊以及相关组织的名称。如果运动中的上层得偿所愿，那么多重人格将会消失（仅就字面理解而言）。然而，在更深的层次上，分离状态与多重人格都是一种古老的把戏，即记忆的把戏。为了阻止运动分裂，得抱有最基本的共同信念：遗失的记忆是这种疾病的关键。在多重人格运动进行的同时，反对虚假记忆的运动也在如火如荼地开展，即虚假记忆综合征基金会。这是多重人格运动中各方的共同敌人，有助于弥合分裂。

04

虐待儿童

了解虐待儿童问题有助于我们理解多重人格。根据最新的理论，大多数多重人格患者在童年时就出现了精神分离的情况。这是他们应对恐惧和痛苦的方式。这些恐惧和痛苦通常来自性虐待，或者涉及性虐待。经临床确认，人们相信虐待儿童是多重人格的病因。在观察上述说法的形成过程之前，我们应该考虑一下虐待儿童概念的发展轨迹，因为它不是一个我们考虑、注意到相关例子或者回忆起相关经历时就能立刻理解的简单词汇。你可能认为相关经历至少对受害者来说是不言自明的。答案是肯定的。然而，无论是多么痛苦和可怕的事件，只有当受害者的意识中有了概念，他们在经历或回忆时才会知道自己遭遇的就是虐待儿童。为了做到这一点，我们需要使用新的方式、术语，观察、描述并不新鲜的行为，并辅以大量的社会争论。正如朱迪思·赫尔曼[1]

---

[1] 朱迪思·赫尔曼（1942— ），美国哈佛大学荣誉教授、精神病学家、心理创伤研究先驱。

(Judith Herman)在颇具影响力的著作《创伤与康复》(*Trauma and Recovery*)中观察到的那样:每当我们严肃地对待创伤问题时,它都与"政治运动有关"[1]。

也就是说,我们必须坚信一点:虐待儿童一直存在于社会之中。如果我们把观察限定在1800年之后的工业化社会中,就会发现有无数的文献,记录着大人对孩子所做的可怕之事——即便在当时来看,这些事情也十分糟糕,而且小孩子显然对此厌恶万分。当然,还有一些别的事情,时人不会断定它们是坏事,但我们现在的看法和之前已经不同了,现在的孩子也不喜欢这些事情。不过,这和我要说的重点无关——人人都厌恶残酷的经历和他人对自己的剥削,但这种经历和剥削无处不在。当我们将注意力聚焦于针对儿童的特定可鄙之举时,可以迅速找到过去和当下的记录。我犹豫要不要将这种说法追溯到早期的欧洲文化中,因为虐待儿童需要以确立儿童的概念为前提。菲利浦·阿利埃斯[1](Philippe Ariès)有一个著名的观点,他论述了世人如何创造出童年的概念,我们有必要在此稍作停顿,先解释一番。阿利埃斯认为,我们眼中理所当然的"儿童"社会角色最早起源于18世纪。但他还有更为激进的观点:"儿童"这一特定概念及其所指含义是在相当晚近的时期才出现的。[2]儿童遭到性虐的说法与如下理念密切相关:儿童具有连续的发展阶段,在每一个发展阶段都有"适当"的性行为。"儿童发展"的概念在19世纪才出现。[3]然而,即使有了这些概念,我们依然无法得到"虐待儿童"

---

[1] 菲利浦·阿利埃斯(1914—1984),法国历史学家,该部分内容请参见其著作《儿童的世纪》。

的概念。"虐待儿童"(child abuse)这个词在1960年以前鲜为人知，它的前身是"摧残儿童"(cruelty to children)。更重要的是，即使这一概念有了特定的名称，在20世纪70年代还是经历了相当巨大的变化。我在别的地方已经详细地阐述过相关内容，在此只讲一些重点。[4]

维多利亚时代的摧残儿童看上去和当今的虐待儿童极为相似，因此我必须解释一下两者的区别，它们在阶级、罪恶、性和医学等维度有所不同。维多利亚时代反对摧残儿童的运动有大量前身，例如就限制儿童工作时间的工厂法案展开的激烈争论。第一个儿童协会于1853年在纽约成立，此后其他地区也纷纷效仿。但作为一个相当明确的概念、一个特有现象的名称，摧残儿童在1874年才出现。在一起耸人听闻的事件发生之后，摧残儿童成为打击目标——此后，针对虐待儿童，这种模式反复出现。遭到继母残忍殴打和羞辱的女孩成了这种隐性恐怖行为的象征。为了解决问题，纽约防止摧残儿童协会成立了，它是美国人道主义协会（一直致力于阻止摧残动物）的分支。当时似乎还没有针对上述问题的专门机构，因此，首先对此表示关切的便是已经存在的动物保护组织。"摧残儿童"这一概念在美国迅速传播，并且很快就跨越大西洋传到利物浦，然后传到伦敦。注意，时间是在1874年及之后，与那场始于1876年的多重人格浪潮正好吻合。然而，在那个时期，人们还没有把摧残儿童和多重人格联系在一起。

在维多利亚时代的整个社会道德事业中，摧残儿童吸引了颇多关注。反对奴隶制是重中之重。社会中已有关乎儿童工作时间的激烈争论，在概念层面将儿童与奴隶制联系在了一起。节育、扩大选举权、反对活体解剖和摧残动物，以及最重要的赋权妇女，构成了一个相互关联的网络，大大提高了工业社会的道德感，并改善了受害者的处境。这些运动都有类似的表达方式，支持者都来自相同的社会亚阶层，通常是相同的一群人。

57　　这些运动在工业化世界的不同地区会呈现出不同的形式。涵盖身体健康、工匠赔偿和养老金的规范性社会立法起源于普鲁士及后来的德意志帝国，带有集体主义而非个人主义的国家与人民关系理念。教育改革、设立幼儿园，甚至是将贫民窟儿童送到国家机构以保障其身心健康的许多想法都源自德语文化区。在更注重自由主义和个人主义的西方国家，例如法国、英国和美国，私人慈善事业才是常态。维多利亚时代的各种激辩由既关注慈善事业又不忘自身利益的上流社会主导，但总的来说，这些社会活动家并不害怕争论。如果他们有所恐惧，恐惧的也是工人阶级、犯罪群体及革命威胁。

　　以上内容引出了我所说的虐待儿童和摧残儿童的第一个区别。正如下面将要详细阐述的，虐待儿童应该是没有阶级差别的，特别是在美国。它发生在每一个社会阶层中，比例基本上是固定的。贫穷不是最急迫的问题，虐待儿童才是美国紧要的政治议程。在美国，立法只有在不被视为自由的社会改革时才会成功——针对虐待儿童问题的立法就极度成功。因此，这一问题中的阶级差异因素显然被排除在外。相比之下，有大量实例可以证明，摧残儿童主要表现为下层阶级的恶习。现代反对虐待儿童的运动主要源于人们对美国家庭腐化的担忧，这是一种内部的恐惧，而不是对穷人怒火的恐惧。对家庭腐化的担忧使得反对虐待儿童的保守一派应运而生，他们与女权主义激进派有着相似的观念：虐待儿童关乎父权制体系。有些人挑战传统家庭，有些人则害怕传统家庭解体，虐待儿童引发的激烈争论难得地利用了这两个群体。阶级斗争曾唤起了人们杜绝摧残儿童的慈善之心，但现在为了在反对虐待儿童的活动家中间建立统一战线，要尽可能地排除这种斗争。

我所说的摧残儿童与虐待儿童的下一个区别与罪恶有关。摧残儿童是一件非常糟糕的事。它是邪恶、堕落、卑鄙的——总之，它是非常残酷的。相关救助组织从人道主义协会这样一个反对摧残动物的组织中诞生，其实并不荒谬。摧残儿童是众多残酷行为中尤为恶劣的一种，因为很多纯真的孩子遭受折磨以后，可能会变成罪犯，危害国家。与此形成鲜明对比的是，最近一段时间，虐待儿童特别是带有性内涵或性色彩的虐待儿童，似乎成了私人生活中最大的罪恶。但性虐待在19世纪的相关残酷行为中并不突出。摧残儿童糟糕透顶，虐待儿童则是终极罪恶。

这种终极罪恶与我所说的第三个区别——性有关。关乎虐待儿童的激烈讨论始于1961年，当时婴儿惨遭虐待的事件被提交至美国医学协会。活跃的女权主义者很快便重视起性虐待。随着家庭性虐待被纳入虐待儿童的范畴，该词又多了乱伦的内涵。在很多不同的社会中，乱伦都会让人产生难以言明的恐惧感。我们对于这种恐惧感的解释往往差强人意，听起来更像是一些著名的心理学家和人类学家下的定义，而不是真正的解释。但是，不管世人普遍厌恶乱伦的原因是什么，反感确实存在，而且通常也会加诸虐待儿童。此外，抛开典型的乱伦，虐待儿童还与一系列人们眼中的可怕行为相关。如果一个三岁的男孩被一个男性亲属鸡奸，一些人会认为这件事不仅令人厌恶，而且难以理解。只有最恶名昭彰的事情才会让人难以理解。对许多人来说，这种行为已经成为虐待儿童的原型。但摧残儿童从来没有核心的原型。维多利亚时代的人们已经充分意识到了施加在儿童和未成年人身上的性虐待，许多案件都上了法庭。但总的来说，这种罪恶没有归入摧残儿童。它属于一个更大的分类之下，是《悲惨世界》中的罪恶，或者富人的堕落。从概念上来看，"摧残儿童"并不包括"虐待儿童"中的一系列罪行行为。

社会阶级、罪恶和性似乎足以将虐待儿童和摧残儿童区分开来，这三个方面涵盖了社会学的大部分内容。但这里还有一个因素——医学化。20世纪60年代初，医生将虐待、忽视儿童等问题列入了政治议程。他们宣称施虐者处于病态之中。医学绝对无法统一控制虐待儿童的问题，但无论何方想控制它，都必须在一定的科学范畴之内。再来看看维多利亚时代的摧残儿童。19世纪的医学化（或者更广泛地来讲，是偏差现象的科学化）已经成了知识史中老生常谈的内容。然而，摧残儿童并没有真正被纳入维多利亚时代医学、心理学甚至社会统计学的知识范畴。在医生和一些医学理论的帮助下，人们可以在一定程度上实现对家庭的社会化控制，但遏制摧残儿童却需要另寻他路。人们并没有试图通过分析施暴行为来解决问题。在一些运动中，最警觉的鼓动者往往是医务人员，但他们是以慈善家的身份加入的，只不过职业碰巧是医生，可以站在医生的立场上看问题。他们从没说过摧残儿童的父母是某一类特定的人，而现在的虐待儿童者却是如此。殴打或强奸女儿的男子可能会被称为禽兽，但当时并没有特定的知识专门教导、治疗或是管控这类人。这种男人是应该受到惩罚的可耻之徒。假如当时有一位母亲无情地忽视了她的孩子，或者她喝醉了以后愤怒地把孩子摔到地板上，人们必须剥夺她的母亲身份，原因是她伤害了自己的孩子，而不是她本身就属于虐待儿童者。

医学化远不如性、阶级或罪恶等因素令人感兴趣，但从某种角度来说，它是"虐待儿童"这一概念的标志。人们有可能形成对施虐者和受虐者的科学认识。如果这种认识足够全面，那么各种虐待、施虐者和受虐者，将会分门别类地受制于不同的医学、精神病学和统计学法则。这些法则将会告诉我们如何干预、阻止或者改善虐待儿童的情况。近年来，作为知识客体的多重人格已经在虐待儿童的理论基础上蓬勃发展。摧残儿童是一件很糟糕的事情，但其本身的性质不足以引发某种精神疾病。个人所做的残忍之事可能会让人发疯——哥特式的恐怖故事中还有很多这样的情节，但是这些并不是医生（与小说家形成鲜明对比）笔下的引发疯狂的行为。在临床领域，保罗·布里凯[1]（Paul Briquet）于1859年发表了第一部关于癔症的出色论著，非常清楚地说明了许多女性癔症病例都是家庭暴力的产物，患者甚至在童年时期就遭受了家庭暴力。5但他并未说过暴力本身及暴力产生的原因应该成为科学知识的客体。

原因是知识的客体。但只有当虐待儿童是一种自然而然的现

---

[1] 保罗·布里凯（1796—1881），法国医生和心理学家。

象,即存在于自然界之中、受自然法则支配、与其他现象相联时,它才可能是疾病的原因。虐待儿童的医学知识便是研究这类现象及使之相联的法则的知识。在维多利亚时代后期摧残儿童愈演愈烈的当口,它从没像虐待儿童一样成为医学界认知、控制、干预的某一个客体、某一个类别、某一个主题。

到1910年,遏制摧残儿童的运动从人们的视野中消失了。1910—1960年,在这半个世纪中,儿童和青少年面临着许多问题。虽然摧残儿童已经退出议程,但婴儿死亡和青少年犯罪的问题却日益突出。然后虐待儿童在1961年出现了。直接原因是C. H. 肯普[1](C. H. Kempe)在丹佛领导的一群儿科医生发现了该种行为。他们以X光片为客观依据,提醒人们注意一些幼儿身上会反复出现伤痕。他们发现不少儿童的腿部和手臂有陈年骨折及类似的未经记录和报告的伤痕。这些事情至少从1945年开始就已经为人所知了,但没有人敢说这些伤痕是由殴打孩子的父母造成的。丹佛的儿科医生小组在1962年公布了遭到殴打的儿童的症状,之后报纸、电视和大众周刊便开始报道这一新的灾祸。

一种新的知识开始广泛流传。这种新知识往往都是先验性的。"通常父母在童年时受到了何种对待,他们就会以类似的方式对待自己的孩子。"[6]这一观察来自第一篇关注被殴打婴儿的论文。由于使用了很多"通常"和"可能"之类的词,所以这篇论文已经足够谨慎,但它抹杀了某些人做父母的资格,改变了亲子关系的含义:"孩子是受虐者,父母是施虐者。""父母是施虐者"

---

[1] C. H. 肯普(1922—1984),美国儿科医生,医学界第一个识别虐待儿童行为的人士。

几乎成了绝大多数临床医生和社会工作者相信的公理，也在行外人中广泛流传。尽管子女会"继承"虐待儿童行为的相关文献还十分混杂，但这一理论的坚定信徒已经开始反对那些要求拿出证据的怀疑者。信徒之所以如此，有两个原因。第一，这种说法听起来十分正确，符合20世纪人们的理念，即成年人是由其童年的经历塑造的。第二，现在有一个预定的结论，那就是施虐的父母声称自己在童年时曾被虐待，这可以解释甚至辩白他们的行为。因此，这一理论有大量确凿的证据，已经完全被多重人格运动吸收：回想一下，1993年，布朗在多重人格与分离性状态国际研究协会发表了惊人的声明——虐待儿童经常"在家庭和代际之间转移"。[7]

虐待儿童确有其事吗？大多数施虐者在童年时有没有受到虐待？1993年的一篇详尽的概述文章引用了1973年的一项经典研究："（关于虐待儿童者）最一成不变的事实就是，施虐的父母在童年时几乎总是受到虐待、殴打或忽视。"在1976年，"我们会看到，从童年受虐到成年施虐，父母的残酷行为反复出现"。然而，在1993年，"在这些评论发表超过十五年之后，科学界却很少有人接受了"。[8]请注意，这个科学界就是人们眼中的科学界。那其中的问题是什么？"大多数学者都非常清楚可用的数据库一向存在缺陷。"通常，当人们抱怨数据库时，他们的意思是数据太少了。但数据不足在这里几乎不是问题，因为单是1993年的那篇文章就提及了与"虐待儿童病因学"有关的九十多项统计研究及许多大型样本。我无意批评这些看似没完没了的研究及研究方法，所有的研究者都假定自己的研究领域存在有待发掘的知识,但这种假设有可能是错的。对于"父母为什么会以某种特定的方式虐待自己的孩子"这一问题,可能没有真正统一的答案。此外,我之前提到过人类循环效应,"虐待儿童"这一概念可能是在人们尝试理解、干预、回应相关研究时才被形塑出来的,因此它并不是一个稳定的知识客体。

施虐者曾受虐待的论断并不是相关运动早期阶段鼓吹的唯一准则。当时还有将婴儿与父母或家人隔开的切实禁令:"即使被再次虐待的风险很小,医生也不应该将儿童送回原来的家庭。"9医生们明确宣布,虐待儿童的整个主题都和医学专业知识相关:"医疗行业有责任在这一领域发挥主导作用。"10 大众媒体忠实地予以报道,称施虐者是"犯下罪行的病态成年人"。只要谈论虐待儿童的病因学,就是承认了医学模式在这一主题中的权威。"病因"是致病原因在医学中的专业说法,它回避了这样一种可能:"为什么人们会虐待自己的孩子?",这在医学领域可能根本没有答案。

在上文中,我们提到了儿童遭到殴打的症状,它们出现在三岁及更小的婴孩身上。丹佛的儿童医生后来说,他们曾考虑不将很多美国家庭中儿童遭受的身体折磨视为虐待儿童的一般标签。因为他们担心保守之人只会承认 X 光片上的东西,不会深入地联想。但是,一旦有影像证明无辜者身上的伤痕——不仅源于棍棒和石头,还来自皮带、钉子、烟头和沸水——人们很快就意识到婴儿并不是唯一的受害者。把婴儿受到虐待作为起点,这种政治策略很有用处,能够帮助医生避开父母有权对子女施加严厉体罚的麻烦。没有人认为父母有权惩罚婴儿。

等到社会中的呼声四起，人们关注的就不只是被殴打的婴儿了，所有的受虐儿童都成了焦点，殴打婴儿只是虐待儿童的一类问题。但在一开始，肉体伤害和忽视儿童（不像殴打那么耸人听闻，但这种情况更为普遍）是人们关注的核心，性虐待还处于边缘位置，或者不在讨论范围之内。丹佛的先驱者后来表示，他们对性虐待非常清楚，将其列入了未来重点关注的事项。警察、社会工作者、心理治疗师、学校教师和宗教人士当然不会不知道性行为和肉体伤害往往发生在同一个家庭。但是，公众的关注却姗姗来迟。1971年4月17日，弗洛伦丝·拉什[1]（Florence Rush）在纽约激进女权运动会议（New York Radical Feminist Conference）上发表的演讲也许象征着第一次强烈的抗议。1975年，这一议题进一步发酵，影响更加广泛："对儿童的性骚扰：虐待儿童的最后一个阵地。"[11]

在过去，人们认为实施性骚扰的应该都是陌生人。如果加害者和受害者相识，那么前者有可能是骚扰雇主子女的用人或骚扰用人子女的雇主。孩子的看护者、养父母、邪恶的继父、变态的学校老师和宗教人士也有可能是加害者。骚扰发生在血缘关系之外，可以跨过阶级的界限。但是，婴儿是在家里被殴打的！如果儿童也是在家里被骚扰的呢？发生在家庭内部的虐待和性骚扰开始融合在一起。家庭内部的性骚扰意味着乱伦。1977年5月，当杂志的头条成了《乱伦：虐待儿童从家庭开始》之时，各种争论便突然猛烈地爆发了出来。一堆在其他方面并不协调的统计数据，向我们证实了家庭中男性虐待女孩的概率远远高于（家庭中

---

[1] 弗洛伦丝·拉什（1918—2008），美国女权主义理论家和活动组织者。

的)任何人虐待男孩的概率。[12]

传统上杜绝乱伦的规定特指禁止性交行为。一旦乱伦和虐待儿童结合在一起,相关概念便被彻底地扩大了。对儿童出格的爱抚和触摸也像性交一样,成了乱伦。[13]科妮莉亚·威尔伯进一步指出:"对孩子来说,在婴幼儿阶段长期目睹性展示和性行为是有害的虐待。如果孩子到了八九岁时,父母还坚持和他们同室而眠,就会发生以上情况。"[14]虐待儿童被塑造成了一系列行为的集合,这些行为以前都是单一的存在,从未组合在一起。一方面,乱伦指同一家庭中的成年人和儿童发生了以性为导向的活动。在美国,家庭的含义甚至悄悄扩大了,包括婴儿看护机构和日托中心。另一方面,"虐待儿童"的概念囊括了一系列行为,它们都被染上了恐怖的乱伦色彩。

相关事件完全地暴露了出来。许多女性和越来越多的男性敢于公开别人侮辱他们的经历。这些受辱的不快(通常)是由他们身边的男性亲友借着血缘、婚姻或其他便利造成的,包括父亲、叔伯、祖父／外祖父、堂表兄弟、继父、男友、同伴、情夫、牧师。有些受害者还有被迫与母亲和姑姨发生性关系的记忆。讲述这些事情对受害者来说是一种宣泄。受害者的痛苦不仅源于眼下正在遭受侵害和害怕再度受到侵害,还源于人格不断遭到践踏。他们越来越无法相信别人,也无法在任何人际交往中建立爱恋关系、保持自信状态。不仅是性反应,他们的任何情感反应都会扭曲。这不是对肢体的殴打,而是对生命的伤害。多重人格领域的临床医生发现的情况正是如此。悲惨的患者都经历了可怕的童年,医生们试图找回他们的记忆,整合他们的人格。

这里还有一个问题。我们需要考虑儿童和成年人之间的性经历是否会不可避免地伤害前者。1953年，因研究男性性行为而闻名的金赛（Kinsey）[1]发现手头的女性案例中，有24%的人在还是女孩时曾获得成年人的性关注（sexual attention）。金赛似乎认为性关注对女孩无害，甚至是有益的，但这是在"虐待儿童"这一概念从单纯的肢体殴打扩大到乱伦行为之前的事。15当时似乎没人对金赛的发现感到担忧。1979年，当内容复杂的"虐待儿童"概念被塑造出来以后，戴维·芬克尔霍[2]（David Finkelhor）成为这一领域最具影响的专家。他的结论是：成年人的性关注会影响儿童随后的发展，这几乎毫无悬念。16此后，针对虐待儿童后遗症的研究数量惊人，这让人们再次注意到医学在其中的话语权。因此，我们有必要在此重申芬克尔霍及其同事在更晚些时候说过的一句话：虐待儿童是不道德的、邪恶的，即使它对儿童长大成人没有显著的不良影响。

在解释性虐待（及童年创伤的其他方面）的效应时，有一种可悲的趋势，即过分强调长期影响，并将其作为最终的标准。如果影响是短暂的，且会在发展过程中消失，那么相关行为似乎就没那么严重。然而，一切都强调长期效应，暴露了"以成年人为中心"的偏见。从来没有人强调需要评估成年人受到的创伤（如强奸等）是否会对老年生活产生影响。无论影响是持续一年

---

[1] 即艾尔弗雷德·查尔斯·金赛（1894—1956），20世纪美国著名的生物学家、性学家。
[2] 戴维·芬克尔霍（1947— ），美国社会学家，以研究儿童遭受的性虐待及相关主题而闻名。

还是十年,我们都要承认相关行为令人痛苦和害怕。同样,童年创伤也不能因无法证明其"长期影响"而被抹杀。哪怕只是因为性虐待会给儿童带来即时的痛苦、困惑和不安,我们也要承认它是儿童面临的严重问题。[17]

以上所说的完全正确,但这段话还有一个潜台词,那就是我们对虐待儿童不良影响的认知匮乏得出奇。1993年,芬克尔霍和他的同事撰写的一篇研究回顾指出:"自1985年以来……针对妇女儿童的研究数量激增。"然而,结果并不令人满意。"虐待干扰儿童自尊、导致其性格脆弱的影响并没有得到充分证实。"有人提醒临床医生:"有太多受到性虐待的儿童显然是没有临床症状的。"芬克尔霍及其同事抱怨说,尽管实证研究越来越多,但没有"理论基础"。人们非常担心"性虐待造成的影响,但令人失望的是很少有人担心性虐待为什么会造成如此影响"。那么,我们究竟知道什么?我们显然明白,受到性虐的儿童"与同龄人相比会有明显的症状表现"。研究中受到性虐的儿童已经基于症状经过挑选。当我们比较受到性虐的儿童和"临床上没有受到性虐的其他儿童"(即接受其他类型的精神治疗的儿童)时,前者除了"性化程度"(sexualized)更高外,一般没有什么明显症状。[18]我们都很清楚,性虐待一定会对儿童的发展产生不良后果——然而,我们不得不再次承认,为此寻找科学证据的研究做得并不好。

针对儿童受到肉体伤害和他人忽视的研究相对较多。[19]任何特定的研究似乎都能证明很多问题,但综合来看,它们各有差异,不能形成通论。所有这些关于性虐行为和肉体伤害的研究,都不关心社会阶层因素。学者芭芭拉·纳尔逊（Barbara Nelson）对美国政治学的经典贡献正是在于，她分析了上述问题登上美国政治舞台的方式。[20] 从一开始，相关人士就必须把受害儿童的问题同其他社会问题分开。美国参议员、副总统蒙代尔（Mondale）坚持说："这是一个政治问题，而不是贫困问题。"他领导了寻求解决虐待儿童问题的全国性立法活动。这样做可以确保步调一致，自由派和保守派都认为虐待儿童不会引发社会问题，因为它是一种疾病。蒙代尔的话萦绕在美国随后出现的大量研究中："这不是一个贫困问题。"然而，"反复的研究表明，贫困和低收入与儿童遭到虐待、忽视密切相关"，1993年的那篇论文便引用了十项此类研究。[21] 美国以外的学者往往会更积极地表达自己的观点，"就不幸程度而言，不管是在大不列颠（英国）还是美利坚合众国（美国），性虐待（或肉体伤害）导致的恶果比悲惨、持久的绝对贫困导致的恶果小得多。为什么当贫穷加剧、福利缩减时，我们的注意力却被吸引到性虐待和其他虐待行为之上？"[22] 在写下此话的学者看来，部分原因是儿童遭到的虐待尤其是性虐待成了替罪羊。很明显，死于虐待的儿童是穷人。[23] 在20世纪80年代的美国，有孩子的贫困家庭领到的公共救助金一年少过一年，人们口中虐待儿童的恐怖事件却一年多过一年。1990年，总统的一个顾问小组宣布虐待儿童属于"国家紧急情况"。[24] "提醒全国人民警惕这一问题"是第一要务。然后呢？"我们希望建立一个体系，让家庭成员在寻求帮助时能像举报涉嫌虐待的邻居一样简单。"但该小组忽略了一些令人不快的东西，如污秽、危险、大厅里散发着恶臭的尿液、损坏的电梯、打碎的玻璃、削减的食品计划以及枪支等与贫困有关的问题。

一些涉及虐待尤其是性虐待的知识与多重人格尤为相关，大多数患者都是成年女性。据称，她们的病因是童年时遭受的虐待，通常是性虐待。这是特例吗？虐待会导致儿童在之后的生活中患上精神疾病吗？很多临床医生确信虐待会让儿童患上精神疾病。流行病学和统计学能证实这一点吗？任何查阅相关文献的人士都会非常谨慎。确切地讲，早年受到虐待会导致儿童成年后出现异常的说法更像是一种观念，而不是一项知识。它看似十分正确——然而，即使两者存在统计上的关联，可能也比人们所想的更为局限。因此，在新西兰（该国的全民医疗已经覆盖精神疾病）开展的一项纵向研究发现，比之虐待，成年女性的精神问题与贫困更为相关。[25]

我需要再重申一下芬克尔霍的忠告：即使很难将虐待儿童与之后的精神问题联系起来，它仍然是一种罪恶。道德哲学家会区分功利论/结果论伦理学与道义论伦理学。结果论根据一个行为的结果来评价其好坏。道义论则认为，无论行为的结果如何，都要有能做和不能做的明确准则。虐待儿童研究领域的激进人士（在我看来）理应是道义论者，他们应该关注虐待儿童的绝对罪恶，但实际上他们却是结果论者，总在试图发现此类行为的不良后果。多重人格运动的发展，得益于美国社会学中坚决的功利论的推动。社会学永远不会止步于简单地说明某些事情是很糟糕的。一个行为如果很糟糕，那必须有一个糟糕的结果。因为虐待儿童是不好的，所以必须对其进行干预，如果我们仅仅满足于此，就不会有目前虐待儿童后果的这一套理念了。如果没有这些,多重人格运动就不可能有一个关乎人格分裂起源的因果理论,并以此为基础蓬勃发展。

我一直都在反复讨论一件奇怪的事情。一方面,就虐待儿童来说,已经存在大量为人所知的普遍知识。其中的大部分内容都是先验的,随着"虐待儿童"概念的发展不断成熟。另一方面,针对虐待儿童所做的无数实证研究却未跟上。有时,研究反而会对人们眼中的理所当然之事提出质疑。人们还有什么呢?第一,是信念。第二,是坚定信念的纯粹实证经验,源于特殊的情况和个人。世人坚信,只要想获得某种知识,这种知识就一定存在。也许,这就是出问题的地方:这种知识存在与否,这种知识必须得有何种面貌,我们对此会有预先的假设。

各种研究层出不穷,人们会受到影响。因此,被调查的特定对象可能会被调查问题改变。人类的不确定性好像总会出现。这一点在免责效应方面表现得最明显,比如,一个施暴的人发现自己在过去曾受虐待,他就知道可以借此为自己开脱,甚至找到施暴的原因。我指的不是一些施虐者为了逃避司法制裁而撒谎,我的意思是他们可以用不同的方式理解自己的过去,并坦率地承认自己曾被虐待。这是一个无法避免的影响,必定存在于"虐待儿童"的概念之中。那么,"虐待儿童"是否"仅仅是主观的"概念?完全不是,但这一概念确实有其内在动力。

我总是不厌其烦地说关注虐待儿童的运动是过去三十年来增强人们相关意识的重中之重,它不仅唤醒了我们的觉知,也改变了我们的情感和价值观。不过,它也抹杀了我们的一部分人性光辉——如今,任何一个头脑正常的人都不会帮助一个试图跑到喷泉边玩耍的陌生小孩。"虐待儿童"的概念为一些爱打官司的人提供了筹码，也引发了一些不理智的恐慌。有一些人因遭到不实指控而成为受害者，但考虑到因年幼缺乏自我意识而被忽视的受害儿童的数量，这些都不算什么。当然，一些司法不公的事件仍然存在。在一个道德出现激烈变化的年代，我们只能逐一地解决问题。但人们意识增强的实际结果绝对是积极的。

我特别有必要在此说明一下，因为有些读者可能觉得我所讲的内容离主题太远了。事实上，有人认为我以前的一篇文章是"对虐待儿童的精彩巧妙却令人不安的解构"。[26]我并不认为这是一种恭维，因为解构主义常常意味着讽刺、嘲弄，不甚尊重正在被"解构"的对象。我只是在分析它，从未打算去解构它。在这里，我只是站在远处客观地观察，因为我关心的是它成为知识的客体的方式，还有它近来成为多重人格这一新兴领域因果理论的客体的方式。

最近，关于各种不同的社会建构概念的讨论层出不穷，其中就涉及目前物理学基本组成部分的社会建构概念——"夸克"（quark）。每当读到这样的内容时，我都会非常兴奋。[27]有人认为"夸克"的概念是由社会构建出来的，这是一个大胆且具有挑衅意味的论点，值得我们深思。我尊重这样的人士。当一个获得诺贝尔医学奖的发现被描述为社会建构出来的东西时，我隐隐钦佩异议者；任何一个像我一样尊重和欣赏基础科学的人对此都很感兴趣。[28]这种兴奋感是我回顾历史上各个社会背景中的社会建构事件时体验不到的。"虐待儿童"的概念是不是社会建构（如果"社会建构"有什么意义的话）出来的，我们对此并不感兴趣。

我们感兴趣的是，这一概念在连续发展的各阶段是如何被形塑的，是如何与儿童、成人、道德情感以及更广泛意义上的相关问题（人类是什么）互动的。

至少有一篇已发表论文的题目是《虐待儿童的社会建构》。[29] 虐待儿童的例子可以帮助我们避开社会建构的乏味问题。一些颇为尖锐的社会建构主义者指出，虐待儿童不存在建构的情况，它是一个家庭或国家总想掩盖的真正的罪恶（他们没有注意到其中的变化）。他们这么说既对也不对。虐待儿童是一种真正的罪恶，在这一概念被建构出来之前就是。尽管如此，它还是被建构的，现实和建构都不应受到质疑。

然而，还有一种完全不同的建构，这在卢梭、康德以来的哲学领域十分常见。这些思想家写了一些如何建构我们自身及我们的道德价值观的文章。但他们没有想到会有全新的道德观念。当新的道德观念出现或旧的道德观念获得新的内涵时，我们的自我意识就会受到影响。当道德观念带上因果色彩时，影响会更为广泛。虐待儿童是一种终极罪恶，也具有明显的因果色彩。我们可能拿不出什么常规证据来说明虐待儿童的可怕影响，但受虐者会产生所谓的后遗症，这是精神病学家、科学家、社会工作者以及非专业人士的共同认识。这种认识影响着个人塑造自我的方式。

人们认为虐待儿童及与之相关的不快记忆会对步入成年的受害者产生强烈的影响。我感兴趣的不是这个命题的真真假假，而是它假定的促使人们重新描述自己过去的方式。每个人对自己行为的解释不尽相同，对自己的感觉也不尽相同。当我们重新描述自己的过去时，每个人都会变成全新的人。我并不觉得所谓的虐待儿童的社会建构是一个有意义的话题。但我将不断地提及如下问题：建构出来的概念是如何在人们的道德生活中循环的，是如何改变人们的自我价值感的，又是如何重组、重估灵魂的？

05

性别

　　现在被诊断出多重人格障碍的患者，十有八九是女性。在以前的双重意识或人格交替案例中，人们观察到的男女患者比例大致与此相同。我不认为之前的比例是统计事实，因为能否得出这种数据取决于你选哪个群体作为统计对象。例如，针对过去的病例，有一项调查发现的男性多重人格患者比例就高于我发现的。[1] 但无论男性患者所占的比例是多少，多重人格患者绝大多数都是女性。为什么会这样呢？

　　还有另一个与性别及多重人格有关的问题。如今的多重人格患者发展出了大量次人格或人格碎片，有的人格是异性，有的人格会滥交，有的人格是双性恋或者同性恋，有的人格混杂了不会出现在主人格中的性征。患者的性别不太稳定只是表面现象吗？或者，性别矛盾心理是多重人格障碍及其成因不可或缺的一环吗？

　　确诊的多重人格患者，十有八九是女性。学界似乎已经达成了共识,好像这是一个流行病学中的事实。但情况并非如此,支持这一观点的数据非常少,其余的大量信息只不过是道听途说而已。我们一直有一个印象,那就是大部分多重人格患者都是女性。[2]这并不严谨,个中因素的关联其实十分牵强。例如,据说在19世纪的大部分时间里,多重人格患者都伴有癔症的表现,甚至到了现在,这种情况依然存在。在法国汹涌的多重人格浪潮中,所有患者首先都会被确诊出重度癔症。不管癔症的其他特征如何,时人对此的诊断和描述都带有明显的性别倾向。在法国的临床实践中,多重人格的问题受到了癔症性别倾向的强烈影响。我会在稍后的内容中提及这些问题,但当下我们应该研究最新的信息。

1986年,弗兰克·帕特南和他的同事公布了一项著名的调查结果。调查人员将问卷寄给患者,据我所知,他们在符合协议要求的答案中抽取了前一百份,以此作为样本;在这一百名患者中,有九十二名为女性。[3]三年后,科林·罗斯和他的同事发起了一个规模更大的调查,同样采用了邮寄问卷的形式。调查对象是两类临床医生群体:多重人格与分离性状态国际研究协会的成员及科林·罗斯选择的加拿大精神病医生。在该项调查报告的二百三十六份病例中,二百零七份(略低于90%的比例)为女性患者。[4]

为什么会出现这种不平衡?以下是一个最先出现也最为常见的解释,它更多地体现了人们对性别(而非多重人格)的态度。有人认为,男性多重人格患者的数量很多,只是医生没有对其进行诊断。我们似乎对某种精神疾病的患者大多是女性的说法产生了内疚感，甚至认为这是一种政治不正确。也许，其中的部分原因在于女性的疾病不如男性的体面——这是女性力量弱小的又一表现。无论如何，从1970年至今，医生始终想要找到更多的男性多重人格患者。当讨论到性别时，最常见的问题就是："男性患者在哪里？"再来看看其他问题群体。例如，在酗酒者群体中，大多数都是男性，我们却从没听过"女性酗酒者在哪里？"之类的响亮呼声。一些流行病学家确实会问，为什么在精神分裂症患者群体中，男性比女性更常见，但没人觉得我们必须扩大搜索范围，找出更多的女性精神分裂症患者。

男性多重人格患者都在哪里呢？科妮莉亚·威尔伯指出，我们可以在刑事司法系统而非精神健康医疗系统中找到他们。[5]因此，便有了这样一种说法："大部分男性多重人格患者都在监狱里。"我们可以用一种不太沉重的方式来理解它。也许，这些庞大、紊乱的医疗或司法"系统"在人们引导、罗列患者的症状及表现时发挥着重要作用。不同性别的人会被不同的系统束缚，为了迎合系统的预期，其中的工作人员和权威人士会"驯化"受到束缚之人。一旦你被司法或者医疗系统束缚住了，最容易做的事情就是按照预期行事——当然，按什么样的预期行事要视情况而定。于是，被系统束缚的人便有了第二本性。这是标签理论的传统观点：人们会根据权威赋予的标签来调整自己的本性。

威尔伯很早就察觉到，在多重人格领域中，大量男性患者被遗漏了。在为哥伦布市强奸犯比利·密里根[1]（Billy Milligan）

---

[1] 比利·密里根（1955—2014），又名威廉·密里根，据称拥有二十四个人格。他是美国史上第一个犯下重罪，却因多重人格而获判无罪的嫌犯。

担任会诊医生时,她也许觉得自己的观点得到了证实。这位强奸犯辩称他的罪行是由自己的次人格犯下的。相比之下,拉尔夫·艾利森在一开始则认为男性多重人格患者定然稀少,因为很少有男性会像女性一样在小时候遭受残忍的性虐待。但随后他就意识到,多重人格的"诱发因素"不一定非得是性虐待,只要"创伤非常严重,孩子就会逃离,创造出一个新的人格来取代原来的人格"。[6]此外,尽管次人格做了很多坏事,但一些暴力行为在社会允许的限度之内。这也是男性多重人格患者很少向他人寻求帮助的原因。亨利·霍克斯沃思是艾利森最重要的病人之一,他是一位绅士,但有时会喝醉,然后在酒吧里打架,而他对此毫无印象。一位法官认为这种行为十分恶劣,警告霍克斯沃思不要再喝那么多酒,而且不能再看电视上的(含有暴力内容的)牛仔节目。然而,艾利森的治疗表明,是亨利的一个次人格要喝那么多酒,这个次人格喝醉以后就会打架。不过,当患者想要越界时,他的行为就真的会越界。我之前已经描述过艾利森的另一个病人,他在次人格状态下纵火,后来还奸杀了一名女性。

一些临床医生急切地想要找到更多男性患者,因此在短期内将有越来越多的男性被诊断出分离性身份识别障碍。科林·罗斯认为:"随着越来越多的多重人格障碍患者在监狱或其他环境中被确诊,未来十年临床领域的性别比率可能会下降。"他认为,可催眠性与多重人格障碍的诊断密切相关,并断言:"鉴于在一般人群中,男性与女性的催眠感受大致相同,男性与女性的分离性体验也没有多大差异,多重人格患者的性别比率应该与受虐者的性别比率大致相同(介于1∶1和9∶1之间)。"[7]科林·罗斯的这种断言让人不寒而栗,一旦潜在的男性患者被公之于众,即让他们成为公开的多重人格患者,多重人格患者的性别比率将与可被催眠的受虐儿童的性别比率相同。

男性多重人格患者可能来自多个群体。这种猜测已引起人们对监狱囚犯的兴趣。除了监狱里的群体以外,还有一类患者在美国退役军人管理局的医院中接受治疗。创伤后应激障碍(Post-traumatic stress disorder)已经成为精神病学中的一种常见症状,越来越多的医生尝试在这类患者身上诊断出多重人格障碍。研究人员还从另一个方向上展开了探索,他们对儿童和青少年多重人格患者的兴趣可能也会导致大量男性患者出现,因为精神失常的男孩比同龄女孩更麻烦,更易引起精神病专家的关注。[8]

男性在童年时期被母亲虐待的因素也变得越来越重要,医生在治疗婚姻出现问题的男性患者时,已经开始考虑这一点。有相关经历的男性患者往往会酗酒并且偏女性化。[9]最近的一项研究报告列举了二十二名男性患者的情况,他们从未被捕,也从未犯过重罪。这些病例证实了这样一种情况:除了遇到酗酒、情绪失控或婚姻不和等问题外,男性多重人格患者不会主动寻求精神病医生的帮助。[10]

虽然筛选男性患者的网已经布下,其中的孔洞也很细密,但犯罪和暴力事件仍然是寻找男性多重人格患者的主要来源。在这一点上,我们不能忽视现实与小说的相互作用。乍一看,现实和小说的情况完全不相匹配。小说中的多重人格患者多是男性,现实中的患者则多是女性。[11]但当我们仔细分析两者时,就会发现它们非常匹配,因为此类小说讲的都是暴力或犯罪故事。在最精彩的相关故事中，只有陀思妥耶夫斯基可怕的《双重人格》中的戈利亚德金先生是一个例外，他非常狡猾，但并不暴力；这个角色的可怕之处在于他展现出来的含混不明而非病态残忍。E. T. W. 霍夫曼（E. T. W. Hoffmann）[1]、詹姆斯·霍格及罗伯特·路易斯·史蒂文森在浪漫主义小说中展示了双重人格的原型。他们都以男性为主角，但也熟悉相关的医学文献和专家——后者当然知道双重人格的患者多为女性而非男性。[12]

在19世纪的文学形象中，人们能想到的女性双重人格患者唯有一名（亚马孙）女战士。海因里希·冯·克莱斯特[2]（Heinrich von Kleist）于1808年发表的《彭忒西勒亚》[3]（Penthesilea）是一部扣人心弦的戏剧，剧中女主人公的行为几乎完全符合当时的双重人格原型的标准。在第一种人格中，她像"夜莺一样甜美"；在第二种人格中，她却非常凶残，连她最亲密的同伴都感到恐惧。她在一种出神状态下完成人格的切换。她温顺的人格对凶残的人格所做的事情只有一丝梦一般的记忆。除此之外，她的两种人格互不相知。最终，她的凶残人格杀死了阿喀琉斯（一个她深爱着的同时也深爱着她的男人），不仅用箭射穿了他的脖子，还让自己的獒犬攻击他。然后，她纵身下马，跪在地上，在獒犬的帮助下，撕碎了阿喀琉斯的肢体，吞食了他的肉。在她自杀之前（她切换回了温和的人格），她亲吻了他的遗体。

这是一个亲吻，还是一口撕咬

---

[1] E. T. W. 霍夫曼（1776—1822），德意志浪漫主义作家、法学家、作曲家、音乐评论家。
[2] 海因里希·冯·克莱斯特（1777—1811），德意志诗人、戏剧家、小说家。
[3] 彭忒西勒亚是希腊神话中的亚马孙女王。

> ——如何评判取决于下颌的动作
>
> 他们是真心相爱
>
> 但贪婪的嘴很容易让人误会
>
> 把亲吻错认为撕咬。[13]

之后双重人格的故事似乎都没有这么激烈。无论如何,她是此类故事中唯一的女性主角,其他更为知名的哥特式双重人格的故事都与男性有关。

在本书中,我经常从临床实践转向文学作品,因为临床医生和讲故事者明显会增强彼此的信念。人们循着小说家留下的线索,认真地寻找男性多重人格患者。这分散了人们对更突出的性别问题的注意力。为什么女性比男性更容易被诊断为多重人格患者?目前一共有四种解释,它们都受到了人们对相关背景看法的深刻影响。这些解释相互之间并不排斥。

第一种解释是我一直在讨论的犯罪假设。潜在的男性多重人格患者通常具有暴力倾向,他们往往会落入警察而不是医生手中。女性多重人格患者的愤怒发泄则通常指向自己,并普遍伴有自残倾向。

第二种解释认为多重人格患者会做出符合其文化环境的隐性选择。在任何时候,只要器质层面没有出现病变,遭受严重精神困扰的人都会"选择"顺应社会中经过临床强化的现成医学模式。精神上的分离行为是女性颇为青睐的一种表达痛苦的方式,它甚至可能是女性逃避现实生活的途径。有些次人格可能会展现出不为社会接受的一面,这是女性想做却不能做的。因此,在19世纪,一些女性可能在次人格中找到了不受约束的方式;在

20世纪，一些女性则可能在其中找到了成为女同性恋的方式。[14]而男性往往会选择其他的方式来表达不满，如酗酒或施暴。

第三种解释是一种因果理论。多重人格与童年反复受到虐待，尤其是性虐待有关。人们认为在遭受虐待的儿童中，女孩远多于男孩。在过去，女权主义者通常认为女孩与男孩受虐的比例约为9∶1。这种观点为多重人格患者中相同的性别比例提供了标准解释。

第四种解释强调了谁更容易接受暗示这一因素。在北美地区，陷入困境的女性即使再怎么努力尝试摆脱已经定型的权力结构，也无法避免这样一种情况：比之同样痛苦的男性，她们在治疗和临床环境中更愿意配合治疗。男性会强烈地拒绝合作，因此也会抵制各种暗示，而女性是这个社会中的合作者，她们更容易接受他人的暗示。

以上这四种解释可能都是正确的，或许都发挥了作用。关于多重人格性别问题的严肃讨论很少。1992年，多重人格与分离性状态国际研究协会第一次组织了性别问题的研讨会。[15]许多与会者称自己在治疗中见过不止一名男性患者。三位主持人之一的理查德·勒文施泰因（Richard Loewenstein）强调，目前"还没有多少男性患者的数据"，但人们非常肯定将来会出现更多的数据。遗憾的是，研讨会的关注点很快就从性别问题转向了临床医生和患者性关系的问题，后者似乎更吸引与会者。

如果说有哪一个领域需要用尖锐的女权主义视角进行分析，那一定是多重人格。在作出任何分析之前，女权主义者立刻就严肃地强调了虐待儿童的问题。但这仅仅是个开始。尽管虐待儿童和患者痛苦必须立即从个人维度得到疏解,但在此背后还有更多的问题。虐待儿童并不是当前北美社会中的一个孤立切面,无法仅仅通过经济、心理层面的应急、预防和控制就被消除。多重人格是虐待儿童的一个标志,而虐待儿童则是现有父权制结构内在暴力的一种表现。自从相关运动兴起以来,虐待儿童便成了影响广泛的文学作品中的一个重要主题。[16]现在,我们会伪善地谴责实施性虐行为的男性。女权主义批评家认为这种立场十分做作。我们避而不谈更深层的问题:男性的施虐行为只是攻击妇女和儿童的常见极端表现形式,无论是在大众媒体还是以经济为基础的权力结构中,此类行为都会被纵容甚至被鼓励。

马戈·里韦拉在多重人格的背景下对此类问题进行了最详细的分析。[17]她是一位临床心理学家、女权主义理论家,还非常积极地为有受虐经历的患者寻求公众支持。她的研究以女性遭受的创伤和暴力为出发点,但与其他大多数临床医生相比,她的理论更具隐喻色彩。她说,创伤"被隔绝在次人格这一分离出来的自我状态之中"。[18]她更看重患者如何谈及自己。如果他们开始用多重人格的方式讲述,用次人格的身份交谈,其实是在表明自己的问题。她认为让患者仔细回忆受虐的经历是有问题的。她提供的治疗方案的一大目标是"有策略地重构患者的创伤体验",让他们习得分离之外的应对技巧。

她还鼓励一些足够健康的患者从更广泛的政治维度去重新认识自己遭遇的困境。正因如此,马戈·里韦拉可以在治疗中提出许多受人忽视的问题。为什么你会有这样的次人格?为什么这么多次人格是大块头的男人或小孩子?你认为自己的次人格在现实世界中像谁？你的分离形式反映了你的个人经历、回应了你的社会处境吗？

里韦拉的研究方法建立于一种成熟的政治敏感性之上。她深度参与了妇女运动，但避开了寻找替罪羊的女权主义——这种女权主义常常表现出与传统宗教原则和习俗截然相反的样子，但实际上却和它们一样。回忆父亲或一位父权家长造成的创伤类似于皈依新教。它从喊出"否认"过去的口号开始：像彼得一样，人们再三否认自己过去的受虐经历。[1] 然后，患者就开始了类似于皈依、忏悔和重构过去记忆的治疗过程。但其中有一点与千篇一律的宗教皈依过程十分不同，就是对父亲的指控。患者忏悔的不是自己的罪恶，而是父亲的罪恶。在这一点上，我们没有基督（上帝之子）来承担世间的罪恶。父亲会承担摧毁你的生活的责任，因为这是他犯下的罪过。我们关注的不是耶稣这只替罪羔羊，而是一头老山羊，一个字面上的替罪羊——作为替罪公羊的父亲群体。这利用了宗教数千年来积累的意义，因此有一种不可思议的神秘感。里韦拉研究的最大价值，就是没有寻找替罪羊，而是直接通过社会批判分析问题。

人们一再强调虐待，宣称这是在赋权患者，但事实可能完全相反。这是由露丝·雷斯（Ruth Leys）[2] 提出的观点，她是一

---

[1] 彼得是第一个被召唤到耶稣身边的门徒，也是第一个承认耶稣是弥赛亚的门徒。基督耶稣被捕前对门徒说："今夜，你们为我的缘故都要跌倒。因为经上记着说：'我要击打牧人，羊就分散了。'但我复活以后，要在你们以先往加利利去。"彼得说："众人虽然为你的缘故跌倒，我却永不跌倒。"耶稣说："我实在告诉你：今夜鸡叫以先，你要三次不认我。"彼得说："我就是必须和你同死，也总不能不认你。"后来，彼得果然三次不认主。此处化用典故，指很多人明明受到虐待，却根本不承认。

[2] 露丝·雷斯（1939— ），出生于英国的科学史学者，美国约翰·霍普金斯大学人文学院荣誉教授，研究涉及创伤、羞耻、大屠杀记忆等。

位少见的直接关注多重人格的女权主义学者。她批判了以朱迪思·赫尔曼的《创伤与康复》和凯瑟琳·麦金农（Catharine Mackinnon）[1]的学说为代表的主流女权主义观点。[19]大多数人认为，女性是受虐者，儿童也是受虐者。女性受到虐待的频率远高于男性。早年反复遭到虐待是多重人格的主要病因。因此，女性多重人格患者的数量远高于男性。雷斯以杰奎琳·罗斯[2]（Jacqueline Rose）的分析为基础，提出了一种少数派观点。她敦促人们重新思考暴力的作用和含义。她称杰奎琳·罗斯"挑战了凯瑟琳·麦金农、杰弗里·马森[3]（Jeffrey Masson）及其他人，后者拒绝接受无意识冲突的概念，采纳区隔内在与外在的僵化二分法，暴力被当成了一个需要完全从外在因素切入的主题——这一观点不可避免地强化了女性是纯粹的被动受害者的刻板印象，在政治层面开了倒车"。她认为，麦金农的论述"实际上否认了女性作为主体的所有可能性"。[20]

一些纯粹持怀疑态度的人认为，多重人格是对女性进行暗示的结果，而雷斯的意图与此不同。她认为女性多重人格患者占据绝对多数是因为临床医生和患者之间有一个秘密的联盟。该联盟说是支持女性，但事实上却延续了剥夺女性权力的旧机制。雷斯激烈地批判了当前多重人格的理论和实践。这种批判没有质疑家庭暴力的普遍性或社会基础，也没有否认在特定的文化和临床背景中，早年受到的虐待会导致严重的精神疾病。它质疑的是那种声称为患者考虑的自鸣得意的理论。相关的主张、实践和潜在假

---

[1] 凯瑟琳·麦金农（1946— ），美国女权主义法学家、活动家和作家。
[2] 杰奎琳·罗斯（1949— ），英国女权主义学者，伦敦大学伯克贝克学院教授。
[3] 杰弗里·马森（1941— ），美国作家，以研究弗洛伊德和精神分析闻名。

设强化了患者作为被动受害者的自我印象。我们可以得出这样的结论：当前关乎虐待、创伤和分离的理论是对女性的又一轮压迫，它更加危险，因为理论家和临床医生认为自己完全站在"受害者"一边——这些"受害者"被塑造成了无助的群体，完全没有自主性。

上述思考引出了另一个与性别和多重人格有关的问题（尤其与病症本身有关）。自18世纪末以来，多重人格现象有三个不变的特征。一是大多数确诊患者为女性。二是患者体内往往有一个比主人格年轻的次人格（通常是儿童）。三是患者大都对性别抱有矛盾心理。为什么这些特征在典型的多重人格患者身上如此普遍？

据说，几乎每一位被大肆报道的女性患者都有一个比主人格更加活泼的第二人格。媒体使用"活泼""顽皮""淘气"等词汇形容第二人格，随着限制越来越少，还会出现"滥交"一词。在19世纪20年代，一名苏格兰女仆与一名男子发生了性关系，后者正是"利用"了前者的第二人格状态。[21]费莉达·X.（Félida X.）是法国最著名的多重人格患者，她是本书第十一个章节中的主角。她在第二人格状态下怀孕分娩，但她的第一人格却对此一无所知。与此类似的一系列事件早已为众人熟知。[22]根据雷斯的说法，有充分的证据表明普林斯在1906年描述的患者比彻姆小姐[1]（Miss Beauchamp）的一个主要次人格可算作双性恋。事实上，索尔·罗森茨维格[2]（Saul Rosenzweig）认为不仅比彻姆

---

[1] 她的真名是克拉拉·诺顿·福勒（Clara Norton Fowler）。
[2] 索尔·罗森茨维格（1907—2004），美国心理学家和治疗师。

小姐是双性恋，布罗伊尔[1]（Breuer）的病人安娜·O.（Anna O.，很多人觉得她是多重人格患者）也是如此。在很多方面，安娜·O.都与普林斯的病人相像，包括双性恋这一点。[23]在之后的偶发病例中，性别矛盾心理仍然存在。[24]有关威尔伯的病人西碧尔的描述道明了很多真相："之前，西碧尔的独特之处在于她的次人格数量多于其他已知患者；现在，她的独特之处在于她是唯一跨越了性别界限，发展出异性人格的患者。"[25]

《西碧尔》出版之后，跨性别人格的闸门被打开了。相关理论观点的出现与不同类型的跨性别人格的出现有着密切的关联。因此，在20世纪70年代末，人们普遍认为"想象中的玩伴"是多重人格的起源。许多儿童都有想象中的玩伴，人们觉得在某些情况下，这些想象中的人物会相互结合并发展为一种利用主人格身体的人格。有人便在1980年描述了一位女患者的这样一个男性次人格。[26]男性次人格还可能源于女孩幻想自己成为男孩，西碧尔的两个男性次人格就是前青春期的男孩，他们从未长大。同样是在1980年前后，切换人格的范围呈现出了明显的风格化特点，你会发现在一个患者体内有一个或多个迫害型人格，也有一个或多个保护型人格。女性患者会发展出强壮、魁梧、可靠的男性保护型人格，例如牛仔或卡车司机等。在此期间，公开发表的报告并没有讨论过与跨性别人格的性行为有关的问题。

随着报告中每位患者次人格的数量从典型的三四个增加到平均的十六个或更多，存在异性人格的患者的数量也急剧增加。在

---

[1] 即约瑟夫·布罗伊尔（1842—1925），奥地利心理学家，曾与弗洛伊德一起工作。他的患者安娜·O.是医学史上划时代的著名病例。

其他方面与主人格形成鲜明对比的次人格的数量同样急剧增加。这些次人格往往是人们观念中最糟糕的刻板印象，是人们对种族、民族甚至老人的刻板印象。[27]请注意，如果患者体内有很多次人格，那就很难辨认出他们是谁。在我们的社会中，人们认为差异是确定、不变的，是身份识别的核心。患者的多重人格建立在差异之上。在美国的文化中，人与人之间最主要的差异是性别、年龄、种族，收入、工作、民族、语言或方言等是次要差异。可想而知，当某个患者的主人格是 X 型（比如说三十九岁的美国白人中产女性）时，她发展出来的次人格应该是明显的非 X 型，即次人格拥有与主人格不同的性别、种族、年龄、社会地位或方言。

科林·罗斯基于二百三十六名患者所做的调查问卷显示，62%的病例都有异性次人格。但是这项调查只研究了患者性别属性的变化。患者的次人格源于对不同特征的排列组合，当其中加入性别特征的选项时，排列组合的范围就会扩大。19 世纪排列组合的范围仅限于拘谨与活泼，它们仍属于常见的对比选项。但如今的范围已经大大地扩展了。现在，每一个次人格可以在以下选项中择取特征：同性/异性，异性恋/双性恋/同性恋，婴儿/前青春期/青春期/成年/老年。仅仅在性别的基础上排列组合，就可以得出六十种明显不同的人格。

这可能会让一个愤世嫉俗的功能主义者对性别的多样性产生如此理解：它只是为了让各个次人格保持明显的差异。其实，拥有不同性别的次人格还有许多更深层次的作用。作用之一就是，考虑到男女的社会分工，男性次人格是受压抑的女性掌握权力的一种方式。在19世纪，患者的次人格可能很调皮、恶劣，甚至会乱交，但在20世纪末，次人格就可以是一个男人了。马戈·里韦拉观察到：

> 根据我对女性多重人格患者的治疗经验，最常见的情况是，她们的儿童人格、引诱型人格或顺从型人格都是女性，而她们的攻击型保护人格则是男性。尽管迄今为止还没有任何研究能证明这一点，但其他经验更丰富的治疗师认可了我的看法（1987年，我与克鲁夫特私下交流过）。这些次人格为了地位、力量和影响而互相争斗，他们的经历有力地揭示了社会中的男女结构。[28]

这种微妙的分析与另一种分析（我们的社会将女性限制为异性恋，但她们发现可以通过次人格逃避这种社会要求）结合在了一起。[29]后者对多重人格抱有一种截然不同的态度，引起了人们的强烈共鸣。迈克尔·肯尼[1]（Michael Kenny）在《安塞尔·伯恩的感情》[2]（*The Passion of Ansel Bourne*）中称，19世纪的美国女性多重人格患者利用次人格来逃避新教义务和顺从规训。肯尼是一个喜欢揭露真相的人，他对激进的女权主义毫不关心，并且十分认同治疗师会诱发虚假记忆的说法。然而，无论是对多重人格持有消极态度的肯尼，还是对多重人格持有积极态度的里韦拉，都承认多重人格可能是女性对社会分工角色的回应。避免成为性对象的方法就是更改性别。

---

[1] 迈克尔·肯尼（1942— ），加拿大人类学家、社会学家。
[2] 安塞尔·伯恩（1826—1910），19世纪著名的精神病患者，据说他是电影《谍影重重》的主角原型。

79　　　让我们进一步阐发上述想法。人们可以通过更改角色来打破强制的性别规定，尤其是强制的异性恋规定。最初，多重人格被判定为一种疾病，患者不会自觉地选择角色。但假设患者逐渐成熟，明白自己有选择的余地，那么与其说他们接受治疗是为了整合人格，不如说是为了发现自己想要成为什么样的人。然后，以前被人们视为病态的非常规性别就成了选项。这说起来极其复杂。我们不应该认为患者发现了某类"真正"的潜在自我，而应该认为她实现了突破并获得了选择、创造和构建自己身份的自由。她不再是一成不变的游戏中的棋子，而是成了一个有自主权的人。这与我要在最后一个章节中论述的虚假意识截然相反。

　　我们希望治疗取得上述效果，但目前尚无法达成。科林·罗斯通过调查下了一个断言：有越多的女孩成为虐待行为的受害者，就有越多的女性成为多重人格患者。然而，显而易见的是，除了他的断言外，多重人格领域需要更多性别方面的研究。科林·罗斯称里韦拉的研究为女权主义分析，而非多重人格女权主义分析。在用两段文字表达了支持从政治角度分析多重人格的态度后，他突然话锋一变，称里韦拉的工作"基于单线或非系统思维"，他还表示，这种分析因他和同事发现的男女分离体验的相似性而大打折扣。[30]我不知道什么是非系统思维，但如果里韦拉能举出一个例子，那它会比简单化的确定性思维更有价值。

　　我们迫切需要对多重人格障碍进行更深层次的女权主义分析。它不一定要循着多重人格运动走过的路径。我在本章前面的部分讨论过描述多重人格的小说，此处准备以女权主义自由战士多丽丝·莱辛[1]（Doris Lessing）的作品收尾。我很难找到像她一样不喜欢伪善说教的作家。菲尔（Faye）是1985年出版的令人恐惧的《好人恐怖分子》[2]（*The Good Terrorist*）中的一个配角。她是一位革命者，一直都在躲避精神疾病治疗机构。她是生活在20世纪80年代初的英国人，因此，在现实生活中，她不可能被相关机构诊断为多重人格患者。但莱辛没有说行话，仅用一些巧妙的短语和简练的情节，便将她塑造成了一个典型的多重人格患者。菲尔是个爱慕同性的已婚女性，腼腆地操着一口伦敦腔，头发卷曲，迷人而温柔。但她可以切换成另一个严厉、残忍、骇人，并且操着一口上流社会口音的女性。"她的面孔皱得好像出现了另一个菲尔，苍白、恐怖、愤怒的菲尔，一个迷人伦敦口音的囚徒。"[3]31 莱辛在接下来的一页中写到了菲尔次人格切换出来的情节。之后，一位可怜的母亲抱着婴儿站在门口，想要入住一群无业青年占据的房子。爱丽丝（Alice），该部小说的主角，

> 转身看到菲尔站在楼梯转角处，望着楼下的这一幕。菲尔身上有什么东西吸引了爱丽丝的注意：一种致命的情绪。那个可爱的脆弱的小东西又消失了，现在，那里站着一个面孔苍白、心肠狠毒的女人，双眼冰冷。她直冲下楼梯[4]。32

---

[1] 多丽丝·莱辛（1919—2013），英国女作家，诺贝尔文学奖获得者。
[2] 该书是莱辛于1985年创作的政治小说，讲述了以爱丽丝·梅林思为首的一群无业青年是如何一步步由好人沦为恐怖分子的。
[3] 此处译文引自《好人恐怖分子》，作家出版社2010年版（王睿译），第26—27页。
[4] 同上，第116页。

菲尔在小说的开头曾试图自杀。情节过半,她还割过腕。最终,她选择炸死自己。为了防止读者产生任何怀疑,她的情人罗贝塔(Roberta)"用低沉颤抖的声音说:'如果你知道她的童年,如果你知道她身上发生过什么……'"

"我对她的什么他妈的童年没兴趣。"爱丽丝说。

"不,我得告诉你,为了菲尔……她是个破碎的娃娃,你知道……"

"我不在乎,"爱丽丝突然叫道,"你不明白。我已经听够了那些该死的不幸的童年。人们总是说啊说啊……依我看,不幸的童年只是个大借口。"

罗贝塔震惊地说:"一个破碎的娃娃——破碎的娃娃们长成了大人。"她坐回自己的位子,紧紧盯着爱丽丝的眼睛,想得到她的回答。

"我只知道一件事。"爱丽丝说,"公社、居住屋,如果一不留神,就会变成人们坐在一起诉苦、讨论他们该死的童年的地方。不能再这样了,我们来这里不是为了这些。难道你想要这个?某种长期性的交友小组。如果听之任之,就会照此发展。[1]" 33

莱辛笔下的爱丽丝不仅是在说不幸的童年是一个天大的骗局,她还在暗示试图描摹灵魂的记忆知识及科学是天大的骗局。莱辛在另一部作品中告诉了我们记忆的力量,但她从未求助于与记忆的本质有关的深奥知识来反抗现状、寻求解放。

---

[1] 此处译文引自《好人恐怖分子》,作家出版社 2010 年版(王睿译),第 118 页。

06

病因

"在精神病学史上,我们从来没有如此清楚地知晓某种重大疾病的明确病因及它发展的自然进程和治疗方法。"这一引人注目的声明由多重人格与分离性状态国际研究协会主席理查德·勒文施泰因发表于 1989 年。[1]有一种疾病在二十年的发展进程中,从几乎不为人知变得几乎无人不晓。

病因学为医学的一个分支,它研究的是疾病的成因和起源。疾病的成因对医生很重要,因为有效治疗通常依赖于掌握病因。了解病因有助于我们预防疾病。不过,病因对疾病的理论来说也很重要。当我们知道病因的时候,就会确信自己已经弄清了疾病的实体,而不仅仅是面对一系列的症状。那么,多重人格成因的知识是如何形成的呢?这不是一个简单的发现与被发现的问题。由于早期从事这方面研究的学者不多,我们可以观察多重人格领域中与成因有关的核心知识的发展。

关乎因果关系的知识有多种不同的类型。我们知道其中有涉及个别事件的因果关系，也有涉及普遍规律的因果关系。历史学家在归结原因时总是过于简单化。当他们讨论某个历史事件的起因时（当然他们很少讨论），会将此归结为另一个个别事件（例如，萨拉热窝枪击事件导致了第一次世界大战的爆发）。当物理学家谈论因果关系时（他们也很少讨论），他们关注的通常是普遍成立或发生概率确定的因果定律。关于个例的因果关系，最简单的陈述形式如下："这个事件（或条件）A 导致或产生了那个事件（或条件）B。"这样简化的因果逻辑会让临床医生和患者产生这样的问题：我想知道我生病的原因是什么。哲学家认为，只有当大前提中存在普遍的因果关系时，才能保证个别的因果关系成立。²但哲学家所说的大前提中的普遍因果关系可能也只不过是"像 A 这样的事件（或条件）趋向于产生像 B 这样的事件（或条件）"。

我们谈到的病因学指的不仅仅是临床上的病因判断，即在某个特定情况下，事件 A 会导致事件 B。我们所说的病因学与因果关系的合理判断有关，因此它需要具备普遍性。然而，我们不能太过严格要求这种普遍性的逻辑形式。因果关系的普遍性介于两个极端之间。一个极端是绝对的普遍性（strictly universal）：只要有 K 类事件（或条件）存在，就会产生 J 类事件（或条件）。老派的物理学非常喜欢这样的定律。另一个极端是适度必要条件（fairly necessary conditions）：如果没有 K 类事件（或条件），就不太可能产生 J 类事件（或条件）。[1]在这两个极端之间，包含着

---

[1] 关于两个极端，译者认为可以参考逻辑学中的充分性条件与必要性条件。只要 K 存在，就会产生 J（若 K 为真，则 J 为真），则 K 是 J 的充分条件；如果没有 K，就不太可能产生 J（若 K 为假，则 J 为假），则 K 是 J 的必要条件。

各种概率和趋势。

勒文施泰因说:"在精神病学史上,我们从来没有如此清楚地知晓某种重大疾病的明确病因。"他的这一断言需要以该种重大疾病的普遍性因果关系作为前提。但这种因果关系并不需要具备绝对的普遍性,适度必要条件的程度足矣。这正是勒文施泰因想表达的含义。他的断言中的适度必要条件可能是:"如果患者没有在童年遭受严重且反复的创伤(通常与性有关),多重人格就不大可能出现。"勒文施泰因所说的明确的病因从未超出适度必要条件的范畴。我们不应该对心理学抱有更高的要求。但是,我们必须对某些夸张的言辞保持警惕。"明确的病因"听起来很不错,好像它已经达到了普遍性因果关系的另一个极端,即具备了绝对的普遍性。然而,事实完全不是这样的。勒文施泰因所说的明确的病因可能是最不充分的病因。

多重人格的适度必要条件随其特征而演变。在此,我们可以看看科妮莉亚·威尔伯和理查德·克鲁夫特作出的谨慎声明:"最保守的理解方式就是将多重人格障碍视为一种始于童年的创伤后分离性精神障碍。"[3]这里的"始于童年"和"创伤"并不属于经验总结的范畴,也不属于统计上可验证的适度必要条件的范畴。它们是学者对多重人格障碍理解的一部分,即他们所谓的多重人格障碍内涵的一部分。无论是从方法论还是科学性来看,这都没什么错。我只是想提醒大家不要用了又用。多重人格领域存在这样的趋势:(a)根据儿童早期的创伤来定义多重人格障碍(或分离性身份识别障碍)的概念;(b)把多重人格说成是由童年创伤引发的病症(在适度必要条件的范围之内),好像创伤这个病因是一大发现一样。我们不应该自欺欺人地认为自己先定义了这种障碍，又发现了它的成因。

我刚才谈到了多重人格的定义，但它并不是特别准确。在精神病学中，很少有定义是完全正确的。语言学家关于原型的概念对我们来说更有用一些。儿童遭受性虐待已经成了多重人格原型的一部分。也就是说，如果要提供一个多重人格的最佳例证，受虐就是这个例证的特征之一。我们很容易产生这样的印象：当临床医生提供病例并列举病因时，他们通常都会谈到虐待儿童。人们在稍微放松警惕的时候说的话最能说明问题——例如，在非正式的场合捎带提及成因。当一个相关人士不追求科学化，而只是不经意说出共识时，原型案例便会发挥非常突出的作用。这里我选了两位不在正式宣讲多重人格理论的人士提供的例子。他们对各自案例的评论都发表于1993年，而非热情尚未退却的80年代中期。

第一位心理学家在旁白里曾提到一位三十八岁的女性患者在他的办公室里切换成了一个住在叔叔家的十三岁小男孩，然后她便回想起被肛交强奸的一幕。另一位心理学家描述过与1991年旧金山湾区地震有关的创伤后应激障碍，对于他说的例子，我们权且当故事听听。当地震发生的时候，他正在治疗一个胖女人。她突然切换成了一个六岁的女孩，认为地震的隆隆声是她童年遭遇的性骚扰者醉酒后蹒跚的脚步声。医生必须把她从大楼里救出来，但她处于另一种人格状态，这可不是一项简单的任务。[4]我举这两个例子并不是要在当下建立与多重人格和虐待有关的学说。这两个例子向我们展示了很多概念与相关领域的重要话题密切相关。正如人们（至少是住在亚特兰大或湾区的人）在提到鸟类时不会举鸵鸟的例子一样，医生似乎不会随便将没有受过虐待的患者当成多重人格的例证。当然，众所周知，鸵鸟也是鸟，没有遭受过虐待的患者也会出现多重人格，但这些案例并不典型。

在20世纪70年代，虐待和多重人格之间的联系变得越来越紧密，也就是在这一时期，虐待儿童从典型的殴打婴儿扩大到了全面的肉体伤害并逐渐聚焦性虐待。从逻辑层面来看，了解一个概念如何凭借己力来提升自身会大有裨益。这听起来是个抽象的比喻，但请考虑以下的情况。在1986年的一篇文章中，威尔伯写道："在讨论多重人格的精神分析时，马默（1980年）指出童年创伤是多重人格的核心特征和成因。"[5]事实上，斯蒂文·马默在他那篇获奖论文的结尾提出了一些问题。他说的是不久前有几篇关注多重人格的报告称"童年创伤是核心特征和成因"。他并没有"指出"创伤是多重人格的核心特征和成因可被视作定理，他说的是这种情况在以前的案例中就已经出现了。那么，它是否普遍成立呢？他提出将之作为未来的研究主题。他提到的不久前的案例都有哪些？威尔伯的患者就在其中。[6]我并不关心童年创伤是不是多重人格的核心特征和成因。我只想观察证据在巩固概念的过程中所起的作用。证据是如何巩固概念的？在某种程度上，概念会循环地自证。

马默对一个多重人格患者做了精神分析，他的描述既完美又简洁。他所讲的内容也值得我们警醒。他的病人是一位天赋异禀、富有才艺的洛杉矶女性，出身纽约的高知家庭。她认为自己父母的性格有好有坏。她四十一岁了，在很年轻的时候就已经开始接受治疗，但现在她正经历家庭和其他方面的危机。在一年左右高强度的精神分析治疗过程中，她的身上确实出现了三个截然不同的人格。她接受的精神分析治疗相当典型，充分利用了梦境。这种治疗以患者记忆中的一个原初场景收尾，她想起小时候打断了父母的房事。马默谨慎地给出了一个提醒，他并不想探究"过去的真相"。他的这些"真相"都带着引号。

这位患者小时候最大的危机就是父亲在她八岁时去世。在接受精神分析的某个阶段，她产生了这样一种想法：自己在父亲去世后的几个小时中被几个陌生的青少年强奸了。马默只是在一旁听着，任由患者的记忆涌现出来。随着分析继续，患者的回忆会化为一种幻想，短暂且轻易地覆盖原本的记忆，让她相信这就是以前发生过的事。她的父亲刚一去世，她就被迫和她的泰迪熊单独待在一个房间里。她走出家门，顺着一条地下隧道跑到了一片空地上。她的内心绝望地否认着父亲的死。她尖叫着冲一个穿雨衣的陌生人跑去，对他说："您是我爸爸，您还好好的，不是吗？"然后，她被粗暴地推开了。这些事情——父亲的去世，痛苦、孤独、短暂受到遗忘——是她生命中的另一面，最终在精神分析的过程中展现出来。

马默的描述比我的总结要丰富得多，当然，他的描述中涉及孩子对父母充满矛盾的爱、父母有好有坏的性格、梦境中的原初场景等。但是，她父亲的去世、她在接下来的三个小时被短暂遗忘，这些才是最严重的创伤。根据马默的说法，强奸和性虐从未发生过。弗洛伊德声誉上的一大污点就是他否认了自己在1893年提出的癔症成因理论——童年时遭遇性侵会导致癔症。有鉴于此,我们为什么要相信这位弗洛伊德追随者的说法呢?我们不一定非要相信马默,但威尔伯引用过他的报告,她显然认同其中的内容。马默没有对患者记忆中的"过去的真相"作出任何假设,但他笔下的案例却成了证据的一部分,被用来证明患者经历的真实性创伤会催生多重人格。[7]

在整个20世纪80年代,在临床期刊的影响下,多重人格与真实的而非幻想的虐待儿童的联系得以巩固。到了1982年,精神病学家已经收集到了证明乱伦和多重人格有关的大量数据。[8]菲利普·孔斯在1980年的一篇论文中谨慎地阐明过这种关系;在1984年的一篇研究多重人格的鉴别诊断的经典论文中,他写道:"多重人格的发病时间是在童年早期,通常与身体虐待和性虐待有关。"[9]当时,还没有确诊的儿童多重人格患者——一个也没有。但是,搜寻已经开始了。相关文章如今都被编进了一系列图书中,第一本著作有一个非常合适的标题:《多重人格的童年前因》(*Childhood Antecedents of Multiple Personality*)。[10]

弗兰克·帕特南在1989年出版的《多重人格障碍的诊断与治疗》是一本出色的临床精神病学教科书,值得我们逐行阅读。如果一字一句阅读文本,你难免会产生这样的问题:作者这里写的是什么意思?我并不是想要发牢骚,该书被公认为多重人格领域最优秀的书籍。帕特南在病因学一章的开头写道:"多重人格似乎是患者对有限的发展窗口期中的一系列相对特定的经历作出的精神生物学层面的反应。"[11]精神生物学层面?到目前为止,多重人格是否存在生物学层面的伴随特征还没有得到证实。帕特南的这句话意在引出两个不同的命题。第一个命题是多重人格与童年创伤之间存在系统性联系。但为什么会涉及精神生物学层面呢?

这一问题的答案就在第二个命题之中,该命题源自创伤性应激反应的相关文献。人们已经了解一些惊恐的动物的大脑会发生化学变化。如果老鼠多次遭受不可避免的电击,那么它会因为恐惧而瘫痪,这种反应与它大脑中重要的化学物质被耗尽有关。此外,据说老鼠的行为与被诊断出创伤后应激障碍的退伍军人相似。帕特南引用了一个"创伤反应的精神生物学"研究中的结论:"动物遭受急性创伤后,儿茶酚胺(catecholamine)会迅速耗尽,紧接着会产生持久的非肾上腺素引发的超敏反应,这种超敏反应有一系列症状。人的一些过度反应症状(即惊恐反应、暴躁情绪爆发、噩梦、侵入性回忆)便与动物相似。"[12] 人类的(心理上的)过度反应与遭受创伤的老鼠的大脑化学变化类似,这是一个合理的研究猜想,但还不是一项确定的知识。

帕特南并没有在他的书中深谈这一主题。他在提到了一个非常有趣的研究项目后转向了临床经验。"童年创伤与多重人格的联系,"他写道,"在过去一百年的临床精神病学文献中渐渐浮现,尽管这种联系对于任何一个治疗过好些病例的临床医生来说都是显而易见的。"这一论述的前半部分需要加以说明。

当帕特南撰写该书时,心理创伤和癔症之间的联系已经存在了一个世纪——差不多是整整一百年,我们可以在皮埃尔·雅内及更为知名的布罗伊尔和弗洛伊德的作品中找到相关内容。我在第十三个章节中还会讨论一些被遗忘的前辈,在他们的作品中也能找到相关内容。创伤和癔症之间的联系在1889年左右就已牢固确立。帕特南并没有提到这一点。他想到的是在20世纪早期的一些多重人格的报告中，偶尔会提及患者痛苦的人生经历，如父母去世。正如帕特南所说，在 H. H. 戈达德[1] （H. H. Goddard）的年轻病患伯妮丝·R.（Bernice R.）出现前，留下创伤的虐待似乎不存在。H. H. 戈达德的年轻病患的记忆并没有受到压抑，她直截了当地谈论和自己父亲的乱伦。但戈达德认为一切都是病人的想象，他用催眠暗示她相信乱伦之事从未发生。[13]在20世纪20年代，没有一个权威人物重视过现实生活中的性虐待，因此，多重人格案例的文献中也没有相关记载。我们能在伯妮丝的病史中发现性创伤，但她的心理医生却看不到。帕特南继续说道："直到20世纪70年代，第一批明确地将多重人格与儿童创伤联系起来的病例报告才出现。"也就是说，这种联系源于人们提升了对"虐待儿童"概念的认知。童年创伤与多重人格之间的联系并不是在一百年里慢慢浮现的，它几乎是在20世纪70年代突然出现的。

在此之后，多重人格与童年创伤之间的联系变得非常紧密，但有联系并不代表后者就是前者的成因。帕特南提供了"一个多重人格的发展模型"。模型是受人欢迎的。在自然科学领域，我们往往借助现实的简化模型，最为精准地掌握因果定律。[14]也许"模型"一词本身就暗含着一种权威的感觉。即使很多模型不如物理模型和宇宙模型权威，至少也可比肩统计模型和经济模型。但是帕特南的模型与物理模型或经济模型不同。他的模型是一段

---

[1] H. H. 戈达德（1866—1957），美国临床心理学家，优生学的早期提倡者，特殊儿童心理学研究的先驱。

描述。这是一段关乎长久传统的描述，一段通过点明事物的起源来作出解释的描述，就像圣经的第一卷《创世记》一样。

对帕特南而言，"证据表明，我们每一个人生来都有成为多重人格患者的可能性，在正常的发展过程中，我们总是能够将自己的一些意识合并巩固为一个完整的自我意识"。那么，帕特南所说的证据是什么呢？他指的是一个学派的理论——"研究婴儿意识的人士已经发展出一套公认的新生婴儿行为状态的分类法"。他发现婴儿在改变状态的方式中展现出来的"精神生理学特性"与多重人格患者在切换人格时展现出来的特性相似。[15]精神生理学，即关注人们面部表情、行为举止及肌肉张力等方面的研究，它比上文提到的精神生物学层面的现象更容易被人察觉。

帕特南关于成长的描述非常令人信服。一个人在从婴儿成长为儿童的过程中，一直都在设法巩固"自我和身份"。多重人格之所以出现，是因为患者没有完成这项"发展任务"。接着，帕特南转向了"第二个正常（normative）的成长过程"——第一个过程大概就是巩固自我。对于"normative"一词，帕特南并没有使用字典中给出的含义，即"关于规范和标准，或指定为规范和标准"。帕特南使用该词是为了和"pathological"（病态的）形成反差，因此，他所说的"normative"一定不是"规范和标准"的意思，而是"正常"的意思，即"符合、遵守或构成规范、标准、模式、级别或类型；典型"的意思。[16]帕特南所说的第二个正常的过程是"儿童有进入某种特定意识状态（即分离状态）的倾向"。他的意思是，儿童的这种倾向是正常的，也很常见，但它还是有可能会导致病态。儿童进入分离状态的表现是

"记忆对思想、情感或行动的整合功效发生明显变化,自我意识也发生明显变化"。到这个阶段,儿童还是正常的,也是健康的(无论如何都达不到病态的程度)。如果一个成年人会不由自主地进入分离状态,他往往也会"主动进入催眠状态"。儿童比成年人更容易被催眠,确切地说是在他们九岁或者十岁的时候最容易被催眠。因此,如果儿童想要利用这种正常且常见的分离状态来应对压力,九岁或者十岁的时候最为明显。

第三个"正常的发展过程"是儿童的幻想能力。一些孩子创造了假想的玩伴或同伴(最近,这种玩伴大都是孩子们根据漫画《凯文的幻虎世界》[1]中的人物创造出来的)。在80年代早期,有人提出患者遗留的童年假想玩伴是次人格的来源之一。这种假设过于温和,根本无法解释多重人格患者经历的恐惧。这种猜测基本上被学者抛弃了,但帕特南在撰写1989年出版的著作时仍然不得不讨论这个假设,他称该想法"很有吸引力但含糊不清"。

有了关于儿童发展方式的描述,我们就有了讨论多重人格和令人窒息的创伤之间关系的空间。孩子们应对创伤的方式,是通过加强行为状态之间的分离"来区隔创伤导致的严重影响及不快记忆"。从某种意义上来说,儿童有可能是故意进入分离状态的。父母和看护者可以帮助孩子"进入并维持适当的行为状态",但与多重人格相关的典型虐童行为恰恰就来自那些本应照顾孩子、受到信任的人。"我们很容易就能想到,父母施加虐待的糟糕抚

---

[1]《凯文的幻虎世界》,又名《卡尔文与霍布斯虎》《凯文和跳跳虎》《凯文与虎伯》,是美国卡通漫画家比尔·沃特森(Bill Watterson)绘制的每日连环漫画,1985年11月18日首发,1995年12月31日完稿。该漫画常常被称为"最后一部伟大的报纸漫画",广受欢迎、影响深远。

养方式根本无法指导孩子调节自己的行为状态。"最终，孩子的分离状态进一步固化，承担起了预期的功能。"我们很容易就能明白，每一个分离状态都充满了特定的自我意识，随着时间的推移，这些状态会愈发复杂，孩子们会不断进入特定的状态以逃避创伤。这可能是孩子坚持生活下去的唯一方式；这可能是他们'救命'的方式。"帕特南说道，"然而，在一个强调记忆、行为和自我意识的连续性的世界里，这种状态变得无所适从。"

帕特南谨慎地使用了"很容易想到""很容易明白"和"你可以假定"等限定语来避免正面回应讨论中的一些问题。然而，读者不喜欢限定语及充满"也许"和"可能"的句子。他们想知道没有限定条件的情况，想知道孩子是怎样进入分离状态的，想知道创伤的因果效应是什么。在1990年出版的一本书中，丹尼斯·多诺万（Denis Donovan）和德博拉·麦金太尔（Deborah McIntyre）详细地引用、解释了帕特南的论述，但他们省略了其中的限定语。仅仅不到一年，这些猜测和假设就被学者当成事实引用了。[17]

因此，勒文施泰因的"确定的病因"是一种自我维持、自我确认的病因。对于某些人精神紊乱、不幸遭遇的源头，专家会给出一种特定的描述，然后他们会据此重新排列组合自己的过往，塑造自己的过去。我并不是说他们的过去是由医生一手制造出来的。我的意思是，这种描述广为流传，人们借此思考儿童是什么样子的，又是如何成长的。其实，我们并没有思考过去的标准方式。在对秩序和结构的无尽追求中，我们会抓住任何一种出现在眼前的描述方式，并凭此框架解释过往。

这里，还有一种针对儿童的发展与过往的缩略版描述，即克鲁夫特的多重人格障碍四重因素模型。其中有四个适度必要条件，而不仅是一个条件。根据克鲁夫特的模型，多重人格"始于童年时期，缘自以下四点：（1）能够进入分离状态的儿童长期暴露于巨大的刺激之下；（2）这些刺激无法通过不那么激烈的方式缓解；（3）分离状态的意识与人格结构的基底相连；（4）无法恢复，或有太多'双重束缚'[1]"。18

我们要注意"一个能够进入分离状态的孩子"这种说法。在文献中，很多推测都声称儿童的分离能力或高或低是天生的、遗传的。这类推测可以被分为两个部分。第一部分是每个人的分离能力有高有低，呈线性排列，一端是最容易分离的人，另一端是最不容易分离的人。这点得到了分离测量工作的证实。我会在下一章中讨论相关内容，并说明测量和成因如何相互印证。一旦分离能力呈线性排列的假设成立，或多或少就会引出推测的第二部分，即分离能力是可以遗传的。这种以遗传为导向的主张很有趣，但极难被证实。我们必须警惕虚假的相关性。例如，你可能会发现多重人格在家族中流行，但原因可能是一个家族的成员都去找了同一群专门研究多重人格的治疗师。

什么样的证据可以支持帕特南或克鲁夫特的模型？有一种普遍的现象便可以：童年时遭受的创伤尤其是反复的性虐待，可能会让一个人在成年后患上特定的精神后遗症。关于这一问题，存

---

[1] "双重束缚"为心理学术语，指一个人同时在交流的不同层面，向另一个人发出互相抵触的信息，对方必须做出反应，但不论他如何反应，都会得到拒绝或否认，容易使人陷入两难的境地。比如，一个母亲嘴上对孩子说"我爱你"，同时却扭过头不理，这时孩子就受到了双重束缚（即感到无所适从）。

在大量的民间故事。但我在第四个章节中的研究表明，针对虐待的影响，学界还没有得出一致、稳固、具体的确定知识。目前正在进行的创伤后应激障碍研究最有希望证实这种影响。对此，戴维·施皮格尔从一开始就表示支持，但现在还不清楚这种研究能否引导我们理解多重人格。巧的是，施皮格尔曾致力于重新命名多重人格，或者说他否认次人格具有彻底的完整性。他认为问题在于如何整合一个分崩离析的人格，而这个分崩离析的人格与患者可怕的童年生活有关。这可能是未来主流的理论。尽管20世纪80年代夸张的多重人格似乎需要克鲁夫特或帕特南提出的模型，但在施皮格尔预期的未来中，可能并不需要这类东西。

第二类可以支持帕特南或克鲁夫特的证据来自临床经验。临床医生发现相关临床经验绝对令人信服。正如帕特南所言："……这种联系对于任何一个治疗过好些病例的临床医生来说都是显而易见的。"患者自己跑来接受治疗，用符合多重人格起源模型的方式描述自己的分离经历和感受。治疗师很难抗拒这样的证据，但我们也有理由担心上述的治疗、恢复过程会将推测性描述转化为具体的事实。

第三类证据来自学者对儿童多重人格的研究。如果多重人格始于童年，那么患者可能在童年时期就会出现次人格。因此，应该尽早治疗多重人格患者，避免他们在成年后出现分离症状。治疗师确实有必要对儿童患者进行紧急治疗，因为他们身上的次人格或人格碎片不会像成年患者那样根深蒂固。寻找儿童多重人格患者也有很大的理论动机，因为他们可以证实多重人格起源理论的模型。于是，搜索开始了。格雷·彼得森便是其中的一位领导者,他提出了第一个关于儿童患者的诊断标准。[19]作为多重人格与分离性状态国际研究协会儿童多重人格委员会的主席,彼得森力主将针对儿童的诊断纳入下一版(第五版)《手册》。尽管第四版《手册》粗略承认了儿童多重人格,但将相关诊断纳入其中的尝试却失败了。

怀疑者可能会发现,在20世纪80年代出现多重人格的确切报道之前,人们完全不知道儿童多重人格障碍的存在。但怀疑者很有可能怀疑错了地方。物理学中的物理现象都有很多例子,但直到一个统一的理论出现之前,没人会注意它们。这正是帕特南理论的一大优点,它能让我们更仔细地检查出现精神问题的儿童,看看他们是不是潜在的多重人格患者。

要不要将一些精神紊乱并遭受痛苦的儿童视为多重人格患者?目前有两种不同的观点。一位临床医生认为儿童可能会有精神上自我分离的一面,他会在治疗中利用这一点。还有两位临床医生则不提倡在治疗时引出次人格。我无意判断哪一种观点更符合临床情况。我会举两个相关案例。第一个例子是一个叫简的九岁女孩。[20]她的父母被她粗暴无礼的行为吓坏了。他们声称她对多种食物过敏。实际上,她几乎要饿死了。她的家庭并不幸福,父亲抛弃了她。她有一个继父,大人对她冷漠而苛刻。学校并不认为她有父母抱怨的行为问题,觉得她只是非常内向、孤僻。在她被安置于寄养家庭并接受治疗后,进食问题和食物过敏消失了。简的治疗师问她是否遭受过虐待,她的回答是没有。但她喜欢和那些仿真娃娃玩。她一直说有一个做坏事的坏姐姐。然后,简会用这个坏姐姐的声音说话。她确实有过性经历,并且非常享受这个过程。治疗师给简读了一个女孩的故事。这个女孩会在她"看不见的朋友"的帮助下应对一些坏事。简聚精会神地听着。她承认自己也采用了这样的策略。不久之后,她放弃了分离性的防御手段,可以较好地与同龄人互动了。

显然,简在治疗师的帮助下康复了。在这个例子中,坏姐姐是简的精神中分离出来的一部分。治疗师和简一起努力,让她意识到了自己的这部分及与之相关的记忆和经历。当简能够面对自己经历的事情并让分离出来的坏姐姐浮现的时候,她便能够接受自己被虐待的事实。她在学校里不再内向和孤僻,在新的稳定的家庭环境中也不再粗暴无礼。再让我们看一下另一个案例。十二岁的萨莉·布朗总是恶意攻击他人,她常常无法控制地切换状态、自我分离。在之前的原生家庭中,她的父亲、母亲、母亲的男友对她施加了身体暴力、性暴力。后来,她被布朗夫妇收养。在一年多的时间里,萨莉的检查、住院和治疗花费了布朗夫妇的不少钱财。她被反复诊断为多重人格患者。萨莉对任何治疗都没有反应,在求助了众多多重人格专家后,最终,布朗夫妇找到了多诺万和麦金太尔。他们一个是精神病医生,一个是心理医生。

多诺万和麦金太尔认为,儿童多重人格的常规确诊过程会大大加重儿童的分离。他们并不想诱发儿童患者的任何病理行为。正如两人所说,他们试图"动员儿童患者,让他们学习和成长,从而逐渐适应环境,变得更加健康,最后实现彻底的变化"。每当两位医生询问萨莉的过往而她回答"我不知道"时,他们都会以逗乐的方式应上一句:"你在开玩笑!"最终,萨莉在这种氛围里回答了大部分问题,并没有出现惯常的意识突变情况。当布朗太太谈到萨莉的学校生活时,萨莉会说:"我们在这一方面做得不好。"多诺万和麦金太尔会对她用的"我们"一词开个小玩笑,因为他们搞不清"我们"中有多少人,"我们"中都包括"谁"。当布朗太太说自己是萨莉的"妈妈"时,她好像成了别人,于是他们立马指出:布朗太太 = 妈妈 = 萨莉的生母(虐待萨莉的那个母亲)。布朗太太知道自己说错话了,这无疑是在诱导萨莉冲自己出恶气。当布朗太太谈到自己是萨莉"真正的母亲"时,他们中的一位立即在萨莉面前说道:真正的母亲会保护她的孩子。简而言之,多诺万和麦金太尔重新定义了萨莉和养母的关系,并阻止了她的分离行为。

多诺万和麦金太尔在著作《治愈受伤的孩子》中谈到,治疗的一般策略就是同孩子坦率地交谈。布朗太太对萨莉说"你能告诉他们吗"(暗示萨莉可能不会告诉他们),两位临床医生坚持认为要讲"告诉他们"。显然,他们认为萨莉不必再用之前的治疗方式,她现在可以在办公室以外的家里以一种坦率的方式重新接受治疗。渐渐地,萨莉记住、弄清、理解了导致人格切换的事情。

多诺万和麦金太尔运用了自身对孩子(而非成年人)如何思考、研习及表现的感知;他们依赖的是"人们在童年时期适应—整合—转换的正常改变能力"。以上这种方法完全不同于与次人格合作的方法,后者需要先识别次人格,然后与次人格接触、谈判、讨价还价,最终让他们和睦相处。萨利在治疗首日的下午接受了第二次长达两小时的面谈后,发现自己已经很难进入精神分离状态了。等到第二天最后的一个半小时治疗结束,萨莉再也无法进入精神分离状态了。多诺万和麦金太尔认为，以儿童为中心的治疗方法可以让他们在首次接触患者时就展开行动。他们拒绝接受诱发分离行为的治疗，立竿见影地减轻了患者的症状。[21]

多诺万和麦金太尔从来没有公开断言成人多重人格的成因。他们说，在实践中，不能将儿童多重人格患者当作成人多重人格患者的缩小版，不能在前者身上施加后者的一贯治疗方式。从创伤和多重人格理论的角度来看，我们至少可以对萨莉的故事作出两种回应。有人说儿童时期的多重人格很容易被治愈。如果这种情况在童年时潜藏，它在患者进入成年后就会引发病变。虽然儿童多重人格和成人多重人格是同一种疾病的说法广为流传，但我们可以从萨莉的案例中得出一个非常不同的推论：儿童的多重人格、精神分离与成人的多重人格、精神分离不是一回事。即便是接受了相同的治疗，我们也不能借由观察儿童多重人格得出以下的结论：儿童多重人格是成人多重人格的缩小版，与成人多重人格是完全一样的。因此，儿童多重人格并不是童年创伤会导致成人出现多重人格的证据。

致力于诊断和治疗多重人格的临床医生确实发现，多重人格患者涵盖了儿童、青少年和成人。这不仅具有临床意义，还为目前多重人格的病因理论提供了部分基础。据说，我们在三十九岁的患者身上发现的精神分离现象，在九岁的儿童身上也会出现。因此，有人断言，如果一个三十九岁的女性出现多重人格，那么她的精神可能在三岁或者九岁的时候就进入分离状态了。在这里，我们会不自觉地设置一个虚假的条件，即如果这个九岁的孩子没有接受治疗，即使她长成了一个状态相对稳定的成年人，我们依然认为她之后可能会出现各种多重人格的症状。坏姐姐就有可能发展成一个次人格，也许这个人格的年龄会被永远锁定在九岁。相反地，如果我们发现一个病人有一个坏姐姐人格，这一人格是在患者九岁时形成的，她有幸立即接受了治疗，那么她的情况就会和简一样。这就是我举的第一个病例被成功治愈的理论基础。

我的第二个例子则采用了另一种治疗策略。多诺万和麦金太尔的治疗假定：即使儿童在童年时期确实会产生多重人格，它也不是成人多重人格的儿童版本。这个假定对本章讨论的多重人格的病因提出了质疑。多重人格的明确病因（这一发现由勒文施泰因公布）来自童年应对创伤的精神分离。多诺万和麦金太尔则认为，他们在儿童身上发现的情况与之不同。因此，我们便被引至一个完全不同的多重人格版本，这种精神障碍成了人们理解童年及童年时期可怕事件的方式。这并不是说患者会在很小的时候就出现精神分离，以此应对可怕的事情，而是说患者在治疗中才意识到自己的精神分离状态是为了应对可怕事件。

当我们同时接触两种不同的治疗方式时，很容易对其产生误解。第一，它们的理论和实践是不同的。我们都知道，在临床实践中，厉害的治疗师选择的理论假设和实践方针各有千秋，但他们都可以帮助患者康复。非要判定哪种临床实践对特定类型的治疗师和患者来说最为合适，我觉得太过荒唐。第二，多诺万和麦金太尔的临床实践并不鼓励针对儿童人格使用诱导分离的治疗方法，但没有否认生活中的一些可怕事件会让孩子精神紊乱。有些人声称，许多儿童患者的童年并不可怕。这些人就不仅仅是可笑的问题了，而是卑鄙、狡辩。我有一种截然不同的想法，它非常复杂，而且与世人对因果关系的一般感知不同。目前，诊断、治疗多重人格的方式已经获得了大多数人的认可，但我想说明一个与此矛盾的想法。与勒文施泰因相反，我认为我们还没有找到任何相关的普遍性病因。我们不应该想当然地认为多重人格完全是由虐待儿童催生的。不是说患者在对童年的回忆中找到了病因，她就因此得救了。人们认为童年遭受虐待就是明确的病因，但治疗更为复杂。治疗是一种解释自我的过程，它不是对过往的修复，而是对过往的重新描述、重新思考和重新感受。

我不禁要说，一旦在一个全新的因果和解释体系下回忆、描述过往，人们就会拥有一种全新的过去。我们不必用绝对客观的标准去判断这种全新的过去是不是虚假的。假如天空中有一个巨大的摄像机，可以监控所有的事情，我们不必非要判断这种全新的过去与监控影像是否一致。监控影像提供的只是过去的画面，而不是对过去的描述。人们使用全新的描述、全新的形容词和全新的感受方式将记忆中的过去改写了，这一切都是在虐待儿童的大主题下发生的。患者在治疗过程中将重新描述的可怕事件视作自己的病因，但并不是它们导致了现状。相反，是现状导致了对过往的重新描述。然而，患者认为这些重新描述的事件确实导致了现状。她之所以有这种感觉，是因为目前关于记忆的各种知识就是如此呈现的。她可能有精神问题，也没有受过较好的教育，无法使用诸如"病因学"之类的专业词汇，但因果概念已经成为她生活、思考、感受和交谈的一部分。

在本章中，我讲述了多重人格的病因是如何成为一项知识的。精神病学并非发现了童年时反复遭受虐待乃是多重人格的成因，而是"锻造"了两者之间的联系，就像铁匠把无形的金属熔液锻造成精炼钢。我阅读了该领域最好的教科书和相关的研究论文，追溯了成因理论的发展路径。精神紊乱与记忆中浮现的童年之事联系在了一起。怀疑多重人格的人认为，患者的这些行为和记忆都是被治疗师驯化出来的。但我的论点不在于此。我关注的是更深层的东西，即成因的概念是如何形成的。一旦有了这个概念，我们就有了塑造他人或我们自己的强大工具。我们一直在不断地塑造灵魂，靠的就是解释我们如何变成现在这样的模型。

因此，本章并未涉及以下需要实证的问题：在适当的条件下，童年反复遭到性虐待会导致受害者在成年后出现多重人格吗？我一直在讨论我们如何重塑自己，如何看待自己的本性。一个看似单纯的成因理论（作为一个经验事实，它可能是真的，也可能是假的）实则经过构建、调整。当然，多重人格只是这种现象的一个缩影。多重人格的成因理论也有优点，在进行解释和研究时，它非常简单直观。我希望大家明白，与临床实践不同，目前的多重人格理论是迄今为止最简洁的心理学理论。

多重人格障碍彰显了一个关乎记忆、描述、过去和灵魂的极为普遍的现象。这些难题是本书最后两章的主题。我认为分离性障碍的病因理论无法不言自明。我们必须看看它是如何变成一种显而易见、势不可挡、无人质疑的理论的。之所以如此，是因为我们把记忆当成了理解灵魂的方式。我以后还会谈到这一点，但首先，我们应该检视让多重人格的知识得以客体化的另一种方式。针对精神分离程度的测量支撑起了多重人格的简化理论，因为它让这样的观点变成了一项知识：所有人多多少少都会出现精神分离的情况。现在就剩下一样东西了，那就是"精神分离"，我们都会精神分离。多重人格的成因理论分成两部分。一部分是起因，即虐待儿童。另一部分是有些儿童天生就容易利用精神分离的特殊方式应对创伤。我们知道精神分离的程度是因为人们可以进行测量。我将会在下一章中描述这种知识是如何产生的。

07

测量

当我们发现一种新的疾病后,随着病因浮出水面,预防、治疗和恢复手段不断发展,它会逐渐成为一门专业知识。对疾病各项指标的测量是相关专业知识定型的第二条路径,这条路径和第一条路径相互交叉。例如,对精神分离程度的测量可以证实多重人格的病因理论,所以我们才认为天生具有强烈精神分离倾向的儿童会把精神分离作为应对创伤的手段。因此,帕特南写道:"'精神分离适应功能'(adaptive function of dissociation)这一概念的核心在于精神分离是以线性连续谱的形式存在的。"[1]

为什么帕特南会认为精神分离的程度是线性且连续的呢?他的证据主要有两个来源。第一,在一般的群体中,有的人极难被催眠,有的人经由别人挥一挥手就被催眠了。人们的催眠感受有强有弱,可以排列成一个线性的连续谱。于是有人推断,精神分离的轻重与此相似。"精神分离是一种线性连续谱的第二个证据……

来自调查时使用的分离体验量表[1]（Dissociative Experiences Scale）。"²该量表是第一种衡量精神分离体验的客观手段。

在多重人格运动中，参与者都认可如下说法：精神分离的程度是一种线性的连续谱。但这点却受到了外界的批评。精神病学家弗雷德·弗兰克尔是催眠领域的临床和实验专家，他告诫人们不要把催眠感受的强弱和精神分离的轻重混为一谈，不要假设可催眠性是一种单一现象，并据此认为每个人或多或少都可以被催眠。因此，他对帕特南的第一个证据提出了质疑。³他对帕特南的第二个证据同样心存顾虑，我很快就会提到其中的原因。与弗兰克尔不同，我更在意相关测量体系是如何建立的，例如，分离体验量表是如何出现的，又是如何量化精神分离的情况的。

在过去的十年里，涉及精神分离和多重人格的定量检测发展迅速。人们对相关精神障碍的研究日益趋近实验心理学的其他分支。为了避免迷失在杂乱的统计数据中，我将关注两项内容：帕特南的线性连续谱假设和首套测量精神分离程度的方法——由帕特南和伊芙·伯恩斯坦·卡尔森（Eve Bernstein Carlson）于1986年发布的分离体验量表。两位学者使用该量表来验证他们的假设，即"分离体验的次数、频率及症状可以排列成一个线性连续谱"。⁴

我之所以如此处理问题，有以下几个原因。第一，这样做可以让我们聚焦于"精神分离"概念的逻辑本质。线性连续谱真的可以很好地展现相关内容吗？第二，在客观的调查问卷基础之上

---

[1] 分离体验量表是一种心理自我评估问卷，用于衡量分离症状。

建立起来的连续谱假设，催生了客观的病因理论。第三，验证假设本身就极具说服力，这归功于卡尔·波普尔[1]（Karl Popper）在科学哲学领域的影响。人们普遍认为验证假设是客观科学的必要条件。伯恩斯坦和帕特南提出了他们"试图验证"的两个假设，其中之一就是线性连续谱假设。他们的工作因此被贴上了可靠务实的波普尔式科学标签，但事实上，他们根本没有验证自己的假设。最后，科林·罗斯在1994年断言："在过去的十年中，多重人格已经跨过前科学阶段，取得了科学地位。"5通过研究分离体验量表和相关的统计测试，我们能够公正评断这种科学地位。

实验心理学创造了自身的客观测量类型，即进行标准化评分和统计比较的调查问卷。6我们最熟知的就是智力测试。智力和多重人格看起来毫无关系。然而，巧合的是，两者的早期历史却交织在了一起。人们通常认为阿尔弗雷德·比奈[2]（Alfred Binet）是智力测试的创始人，斯坦福—比奈测试[3]及其衍生测试沿用至今。比奈转向智力研究之前，在职业生涯早期写过与多重人格有关的文章。7他深入研究了催眠，并探讨了催眠诱发次人格的情况。他还曾沉溺于一项更为古怪的研究——金属疗法（metallotherapy），即在身体的不同部位敷用不同的金属，以此缓解癔症。第一个真正的多重人格患者（本书第十二个章节的主题）的症状便是通过金属疗法显现于世的。

---

[1] 卡尔·波普尔（1902—1994），20世纪最伟大的哲学家之一，批判理性主义创始人。
[2] 阿尔弗雷德·比奈（1857—1911），法国心理学家，智力测验的发明者。
[3] 在一位名叫西奥多·西蒙的年轻医学生的帮助下，阿尔弗雷德·比奈在1905年推出了比奈—西蒙量表。美国斯坦福大学的刘易斯·麦迪逊·特曼修订比奈—西蒙智力量表后，于1916年推出了斯坦福—比奈智力量表，之后又多次修订。

莫顿·普林斯是美国多重人格领域的伟大先驱，他借着陪母亲去法国治疗神经衰弱的机会，向比奈求教，并在他的指导下学习。H. H. 戈达德在 1921 年诊治的病人伯妮丝是美国第一次多重人格浪潮中的最后一位患者（她是本书最后一个章节中的案例）。戈达德也是在比奈的指导下开始了他的职业生涯。他回到美国后开发了针对智力下限的测试，并发明了"白痴"（moron）一词。戈达德对弱智的测量显示，几乎所有来自中欧和南欧的移民都不聪明。在心理学的历史上留下印记的肯定是作为智力测试创始人的比奈，而不是作为多重人格研究者的比奈。然而，作为多重人格研究者的比奈肯定会因之后的自己感到高兴，因为他在研究智力时开发的客观测试方法在"人格切换"的测量之中也占有一席之地。

心理学家经常把测试和调查问卷作为工具。这使我们联想到了化学和物理学中的实物工具。两者的相似之处有效地指明了自然科学中核心的方法论实践，科学哲学家尼克·贾丁[1]（Nicholas Jardine）称之为"校准"（calibration）。[8]当一种新的仪器被引入并被用于测量时，我们必须先根据旧的测量或判断标准对它进行校准。原子钟可能会取代天文钟，但它的时间读数标准必须和之前的仪器相同。与此同时，我们还要解释它相较于旧的天文钟的不同之处及优势所在。

心理学中使用的表达不是"校准"，而是"验证"（validation）。在心理学中有一个关键词组叫做"建构效度"（construct validity）。

---

[1] 尼克·贾丁（1943—　），英国数学家、科学哲学家和自然历史学家，英国国家学术院院士。

我将尽量避免使用这个词组,尽管它在实验心理学中是一个标准术语,但在很大程度上来说仅限于该领域。心理学家也会谈论心理学中的工具,并且将分离体验量表称为工具。当我们开始使用一般意义上的仪器时——例如,物理学中的仪器,会对它进行校准而不是验证。没有人会说要对原子钟进行验证。当然,"效度"是一个有价值的词语,它指的是一种经过验证的工具或建构是正确有效的。然而,当我们想要弄清如何验证分离体验量表时,呈现在眼前的是一些非常普通、没有问题但毫无技术性可言的东西。[9]我们发现,它会根据先前的专家判断和诊断进行核对和校准,就像原子钟会根据天文钟的时间体系进行校准一样。例如,我们通过核对发现,被诊断为多重人格的患者在分离体验量表中的得分都很高,人们认为这种高得分与一些(指涉精神分离的)特征密切相关。

智力测试的发展史就像是一部仪器的校准史。在比奈所处的时代,学校里充斥着学业考试。没有哪个国家的教育系统比法国的教育系统更注重整齐统一、人际交往。比奈对这种制度心存疑虑,尤其担心天赋较差的孩子,但他并没有说出自己的困惑。他的智力测试的结果首先必须与学校对学生的判断保持一致,然后才能做一些边边角角的调整。如果他宣称无法应对法国基础教育的不少孩子其实很聪明,他肯定会被嘲笑。如果他说高中里的优等生其实都是笨蛋,他肯定会被辱骂。有些比较大度的人可能不会辱骂他,他们会说:他确实是在测试什么,只不过不是我们所说的智力(有一个类似的说法:如果原子钟不是根据太阳时校准的,那么它虽然测量了一些东西,但并不是我们所说的时间)。

智力测试是比奈的伟大创新，但它只有被置于共同判断之下才有意义，而且测试的结果在大体上必须与共同判断保持一致，如果有不一致的地方则需要给出合理的解释。那么，对智力的共同判断都来自哪些人？毫无疑问，来自那些身处重要位置的人，也就是我们所说的教育家、相关领域的官员及像比奈一样身处社会中间阶层的心理学者。

智力测试的历史有时颇为平庸单调，很少有人会提出与校准有关的深层问题。这是因为在任何时候，智力测试都必须根据一系列公认的智力判断和鉴别原则进行校准。有时，人们会根据测试的结果修改先前的判断，有时又会因为校准失败而改进测试。[10]尽管每一个学科都有自己独特的传统和专门的术语，但大多数学科都有校准操作。校准的结果会让先前的判断变得清晰和客观。过去，受过适当教育、训练的个人会对智力做出鉴别，如今公正、中立、客观的智力测量取而代之。智力成了一个独立于人类观点之外的对象。实验心理学通过这条路径获得了自身的客观性。当帕特南和伯恩斯坦引入分离体验量表时，客观化的测量路数已经存在了几十年。

多重人格的问卷类型有两种。一种是自填问卷。受试者需要回答一些提前印好的问题，测试人员会根据受试者的答案为其打分。分离体验量表是此类测试的第一个示例，目前还有另外两个尚处在研究阶段的相关问卷。[11]据说，这些问卷仅用于筛查患者，而不是诊断。有一种更为彻底的测试类型，它基于测试手册中的一系列问题展开。测试人员会依据手册向受试者提出问题并记录他们的答案，然后打分。有人建议用这种问卷来初步诊断疑似患者。

这些问卷是研究精神分离的工具。它们可以筛选需要进一步接受检查的受试者。它们也可以调查选定的人群、精神病院的住院患者、大学生或随机挑选的居民，显示分离的发生几率或分布情况。这些调查问卷有时也会成为一种常规筛查工具，或者成为医院和门诊实施初步诊断的工具。除了研究，这些问卷会在多大程度上被当作筛查或初步诊断的工具，我们不得而知。与美洲各地举办的小型治疗师研讨会不同，诊所不大鼓励医师们在日常（非研究）中使用问卷。帕特南遗憾地指出，此类研讨会通常不涉及实际的临床工作或定期的培训。[12]这些问卷让治疗师感觉自己正在使用科学工具，这是将多重人格客观化和合理化的一种方式。当人类学家观察过这类问卷的设计或测试实践之后，他们可能会认为它们的主要功能并不是辅助医院住院部门或门诊的工作，而是确立分离性障碍知识的客观性。

核对、校准分离调查问卷是通过比照问卷得分与专业人员的诊断结果完成的。有些核对虽然存在偶然性，但十分必要。当被要求在几个月之后再填写一次调查问卷时，之前正常的受试者的答案能否与第一次测试的答案大体保持一致？随着该领域连续性调查问卷的问世，每一份新开发的问卷都会依据之前的问卷和进一步的临床判断进行校准。因此，研究人员建立了一个相互保持一致并且可以自行确认的测试工具体系。例如，比较访问式问卷的结果和自填式问卷的结果，再比较两者的结果与专家的临床判断。

针对分离问卷的校准，这里还有一个看似表面但显露端倪的问题：应该根据哪些共同判断来进行校准？在分离性精神障碍领域，还没有较为统一的共同判断。很多顶尖的精神病学家也告诉我们，该领域没有这样的判断。我们看到的问卷校准不是根据研究人类精神及其病理学的学者的共同判断进行的，而是根据精神病学中的一场运动的判断进行的。这些问卷似乎和其他学科的工具一样，提供了客观、科学的结果。从形式上来看，这种校准的程序与心理学、临床医学的其他分支使用的程序没有什么不同。但问题是它没有参照独立的标准。

关乎独立标准的问题很少得到人们的正视。测试人员比较了北美地区不同机构的精神病患者对分离体验量表的反应，这样做的部分原因在于保证检查、校准的独立性。他们分别从七个中心里挑选出患者，先用量表测试，再进行独立诊断。研究者称："我们可以确定地说，本研究中收集的分离体验量表数据与诊断过程无关。"相关论文是由伊芙·伯恩斯坦·卡尔森、一些统计人员、六个中心的六名精神病学家以及第七个中心的一名监督测试的专家共同完成的。在本章后面的部分，我还会谈及第七个中心。这六位精神病学家都是多重人格领域的重要学者，他们大多是多重人格与分离性状态国际研究协会的前任主席或未来主席，而且每个人都领导着一个治疗、研究多重人格的诊所或中心。[13]"分离体验量表中的项目不会涉及多重人格的诊断标准，本研究中收集的分离体验量表数据与诊断过程无关。"但我们并不能就此认为诊断和量表在一般意义上来看是相互独立的。根据独立的诊断来校准量表是在多重人格领域内部完成的，在内部完成就意味着多重人格已经受到认可、引导、激发甚至是强化。在很多别的机构中，可能连一个多重人格患者都诊断不出来。

校准原子钟需要找专家，找天文学家，校准分离体验量表为什么不能找多重人格领域的专家呢？这样对比是没有意义的。所有主流的天文学家团体都认同太阳时间和天文时间的测量值。不友善的怀疑者可能会将基于多重人格专家的判断进行的校准比作天文学中基于一些地平说支持者（flat-earthers）的判断而对时钟进行的校准。地平说支持者根本不认同太阳时，他们认为太阳时呈现的规律只是一种错觉。他们使用的计时方式与太阳时甚至是太阴时都没有关联。他们内部的新时钟和他们所谓的"时间"可能保持了一致，但那又能怎么样？

内部一致性确实有其自身的力量。一旦我们有了充分的内部一致性测试，一旦我们应用了一些常规的统计比较，一旦我们制作了足量的图标，那么，只要反复强调统计的重要意义，这个学科的架构看起来就十分客观。让我们审视一下，这在实践中是如何发生的。

伯恩斯坦·卡尔森和帕特南于 1986 年公布了他们的初步成果。他们在 1993 年对调查问卷加以修订，并在问卷的开头做了如下说明[14]：

> 该问卷由二十八个问题组成，这些问题会涉及你日常生活中的感受。我们想知道你多久会有一次这样的感受。然而，重要的是，你的答案需要表明，当你不受酒精或药物的影响时，这些感受出现的频率。在回答之前，请先确定问题中描述的感受在多大程度上与你自己的感受相符，并圈出可以表示这种感受持续时间的百分

比数字。

然后,问卷会为受试者提供百分比数字的选项:0%、10%、20%,等等。其中的某些问题涉及所谓的白日梦、心不在焉或者深陷故事情节。你多久会发现自己记不清是否寄出了本打算邮寄的信件?你多久会发现当乘坐汽车、公交、地铁或其他交通工具去旅行时,自己突然不记得部分事情或全部事情?你多久会发现当正在看电视或电影的时候,自己会忘记周围发生了什么?

有些问题会涉及多重人格原型的典型特征:当你认为自己没有撒谎时,别人却指责你撒谎了;你在自己的物品中发现了不熟悉的东西;你发现了一些证据,它们表明你做过一些自己记不起来的事情;你会忘记生活中的重要事件,如婚礼和毕业;有一些你不认识的人接近你,但他们可以叫出你的名字;你无法辨认出自己的朋友和家人。

其他问题还涉及人格解体或者现实感丧失。人格解体在《精神障碍诊断与统计手册》第三版和第四版中都被列为分离性障碍,但它的诊断史十分复杂。它是与其他疾病一起出现的,一些分离研究者认为它根本不是分离性障碍。关乎它的问题包括历史和诊断,由于涉及方面众多,我决定不在本书中予以讨论。在分离调查问卷中,人格解体或现实感丧失是由一个人是否感觉到其他人/物体不是真实的或自己不是真实的这类问题体现的。你觉得你的身体不是自己的吗?你在照镜子时会认不出自己吗?你有时会觉得自己站在自己旁边,或者自己正在看着自己,好像自己是另外一个人吗?

这类调查问卷的奇怪之处在于,它们不能按字面的意思进行理解。即使是我刚才引用的那些问题，也令人费解。调查人员想知道你的某种特定的感受"多久"会出现一次，但问卷仅仅这样问了两句之后，又接着问你"在多大程度上"会出现这些感受。这是两种完全不同的问题，但你只能用相同的"百分比"的形式回答。[15]不过，这种含混不清的表达并没有造成什么实际问题，没有人在填写问卷时遇到过实际困难。测试的目的是弄清受试者对问卷中二十八个提前定好的问题的反应。哪怕没有用白纸黑字写明，这些问题想要何种答案也是一目了然的。

问卷中的问题有些过于直白了，只要你理解了它们，那么不管你是想装成一个患者回答问题，还是想装成一个正常人回答问题，或是想以别的装傻充愣的方式回答问题，都可以轻易地做到。这一点在一项实验中得到了证实。在该实验中，第一组实习护士被要求直截了当地作答，第二组护士被要求以有问题的方式作答（"假装自己有问题"），第三组被要求按照更加正常的情况作答（"假装自己很正常"）。最后一组护士被要求"假扮多重人格患者"。护士们都在没有进一步指导的情况下完成了作答。[16]这不仅意味着实验的对象可以如此，还意味着问卷会对潜在的多重人格患者产生反馈效应。理查德·克鲁夫特开玩笑地说："许多'资深'的分离性障碍患者已经对分离体验量表非常熟悉了，他们可能会直接带着和上一次测试一样的量表走进医生的办公室，这只不过是在他们塞得满满当当的病历文件中再添上一页而已。"[17]

伯恩斯坦和帕特南的问卷对患者的症状产生了影响，这绝不是他们的错。他们最初的研究纯粹是为了科学。第一个实验选取了三十四名正常的成年人、三十一名十八岁至二十二岁的大学生、十四名酗酒者、二十四名恐惧性焦虑症患者、二十九名恐旷症患者、十名创伤后应激障碍患者、二十名精神分裂症患者和二十名多重人格障碍患者。这些患者都是经由权威的诊所、医院和研究小组诊断出来的。

分离体验量表一共有二十八项问题，满分为 100 分，将受试者答案的得分全部相加再除以二十八，便得到了评分。正常成年人和酗酒者的得分大约为 4 分，恐惧性焦虑症患者的得分大约为 6 分，大学生的得分大约为 14 分，精神分裂症患者的得分大约为 20 分。创伤后应激障碍患者的得分为 31.35 分，多重人格障碍患者的得分为 57.06 分。在本书的第九个章节中，我们将会看到精神分裂症与多重人格障碍的界限仍然存在争议，但该测试似乎已经区分了确诊的多重人格障碍患者与确诊的精神分裂症患者。

确诊的多重人格障碍患者的得分如此之高并不稀奇，因为许多问题都指涉 20 世纪 80 年代的多重人格原型。此外，一些问题会特别提醒受试者注意其中的重点，它们都是临床治疗强调的多重人格的特征。因此，确诊的多重人格障碍患者就会知道应该在什么时候给自己打一个高分。问卷的开发者也注意到了这种影响。[18]但受试者这样作答并没有违反规则。这个测试就是包含让多重人格障碍患者获得高分的问题。

然而，有些结果可能与分离无关。大学生的得分远高于正常的成年人，如同精神分裂症的患者。一些其他的研究也发现，大学生群体中存在显著的精神分离现象。这是否表明大学生群体中存在异常的精神分离情况呢？或者，这是否表明年轻人，特别是接受大学教育、喜欢做白日梦的年轻人特别富有想象力，往往陷入所思所想？如果真是这样，我会害怕教到一个平均得分低于15分的班级。[19]

伯恩斯坦和帕特南获得的数据很有吸引力。卡尔·波普尔说，单纯的收集数据和验证假设是两回事。他认为只有验证假设才具有科学性。伯恩斯坦和帕特南似乎很尊重他的观点，因为他们"试图验证两个具有普遍性的假设"。第一个假设是"归为精神分离的体验的次数和频率是一个连续谱"。这个想法很容易理解：几乎每个人的精神都会不时地出现分离，有些人分离的程度相当高，而多重人格障碍患者的分离程度最高。不过，要把它变成一个可验证的假设并不容易。

关于连续谱假设的精确版本是什么样的呢？有一个版本称分离程度达到了逻辑学家所说的有序排列。也就是说，我们可以对任何两个人说，他们的分离程度是相同的，或者一个人比另一个人的分离程度更高。回答所有二十八个问题的人的得分在0分到100分之间，不同的人的分数会自动"沿着一个连续谱分布"。但这只是测试设计预期的结果。连续谱有序排列的假设还是没有得到验证。

在分离程度是有序排列的这一不可忽视的假设下，人们可以构建出连续谱的第二个假设——测试的结果是无缝衔接的，也就是说，对于任何一种分离的程度，都有人与之匹配。这个无缝假设可以得到精确的描述。[20]这是伯恩斯坦和帕特南的构想的一环，属于弱假设。验证它的方式是，测试既定人群的分离体验，观察从最低分至最高分之间的各分数段能否至少对应一个受试者。伯恩斯坦和帕特南并没有费力去验证无缝假设，可能是因为它太没有吸引力了。

两人专注于其他问题。他们指出精神分离领域的许多权威人士都认为，实际上每个人的精神都有一些分离。在分离程度有序排列的假设之下，我们还可以建构一个无门槛假设。被精神病学家归类为正常的人在分离体验测试中的得分均不为零分。[21]然而，这一点并不是对无门槛假设的验证，因为测试结果在很大程度上取决于选择的问题。如果他们使用的二十八项问题都比较恰当的话，所有算是正常的人都会得零分。你多久会出现在照镜子时不认得自己的情况？你多久会出现不认识亲密的家人或朋友的情况，或者不认识最近见过的人及在正常环境中再次遇到的人？如果测试只使用这样的问题，那么结果中肯定有一个非常明显的门槛，一边是正常人，一边是精神出现问题的人。然而，测试的开发者往往使用一些关乎心不在焉、白日梦、自我沉迷和幻想的问题。正如弗兰克尔指出的，问卷中三分之二的项目"可以轻而易举地归为几类：受试者回想自己的记忆，受试者集中或发散自己的注意力，受试者运用自己的想象力，受试者直接控制或监督控制自身"。[22]无门槛假设没有得到验证，因为测试中的问题已经排除得分为零的人和得分为正的人之间的区别。[23]

关乎连续谱假设的第四种理解是，分离程度不仅是无缝衔接的，而且正常人士与多重人格障碍患者之间有一个平顺的过度。我们可以称之为平顺性假设。平顺的方式十分多样。假设我们画了一个清晰的分数或分数段条形图，那么，理解"平顺"这个模糊词汇最自然的方式，就是想象条形图类似一个只向上或向下的斜坡，或者类似一座丘陵或山谷。[24]这四种比喻引出了四种平顺假设。很多人都认为选定人群的分离情况的条形图像丘陵一样平顺，这就是平顺性的丘陵假设。研究人员需要随机在人口中抽样，对这一假设加以检验。但伯恩斯坦和帕特南并没有随机抽取样本，而是从一些特定的群体中选取了志愿者，比如大学生和恐怖症患者。因此，他们没有验证丘陵假设。

我现在已经概述了连续谱假设的四种不同说法。伯恩斯坦和帕特南并没有验证有序性假设，因为他们预先设计的测试结果就是有序排列的。他们也没有验证内在就非常无趣的无缝假设——他们本可以完成，但只字未提。他们没有验证无门槛假设，因为测试问题已经包含了对无门槛的预判。他们没有验证平顺性假设，因为他们没有从人群中随机抽取样本进行测试。他们说自己"试图验证"连续谱假设，但没有付诸实施。

人们通常认为"验证假设"是赋予研究工作科学价值的一种活动。在伯恩斯坦和帕特南的论文中，有一个小节的标题便是"待验证的假设"，但两位作者没有提及他们的任何验证工作。观察心理测试的人类学家甚至认为，在评估、引用相关论文时，没有人提出如"你是否真的验证过你宣称已经亲自验证的假设"之类的问题。很多人似乎认为只要开始验证一个假设，那么它就已经被验证了。同行评议人员和期刊的编辑不会真去检验你是否真验证了相关假设。他们关注的是你有没有使用各种规定的统计程序，但没有人追问这些统计程序有何意义。

两位研究者有两个"试图验证的假设"，我们一直在讨论第一个假设，但当我们将目光转向第二个假设时，问题就更加明显了。"第二个假设是，在人群中，分离体验的分布不是正态（高斯）曲线，而是类似于催眠可感受性'特征'的偏态曲线。"[25] 正态分布是最常见的概率分布形式，往往为"钟形"，但只有当概率的平均值为 0.5 时，它们才会呈现出真正对称的钟形。显然，伯恩斯坦和帕特南希望分离体验的分布看起来像是一座丘陵，而不是高斯的正态曲线。他们的假设与抽样的群体有关。他们没有指出与哪里的群体有关，可能是美国的群体，或者是在华盛顿特区接受精神病治疗的患者群体。这些假设必须在随机的样本中进行检验。但伯恩斯坦和帕特南没有在人群中开展随机抽样调查，因此无法验证这一假设。

两人对分布形态的表述非常奇怪。他们公布了所有受试者的测试分数分布图。其中，10%的受试者的得分处在峰值。作者写道："显然，这种分布不是正态的。"[26] 作者所说的"这种分布"，指的是三十四名不是学生的正常成年人、三十一名大学生、二十名精神分裂症患者、二十名重度多重人格障碍患者、十四名酗酒者、五十三名恐怖症患者、二十名一般多重人格障碍患者以及十名确诊的创伤后应激障碍患者的总体情况。这些人呈现出的概率分布或抽样分布对于验证假设来说是没有意义的。[27]

伯恩斯坦和帕特南的第二个假设是可以验证的，同样，连续谱的丘陵分布假设也是可以验证的。分离体验量表测试的第一个随机人口样本是由加拿大马尼托巴省温尼伯市的一千零五十五名市民组成的，显然，测试结果的概率分布呈现为一条平滑的丘陵曲线。[28] 相关论文的作者表示，该曲线在性质上类似于催眠可感受性曲线，后者不是（高斯）正态分布曲线，但目前还没有定论。没有人会费力去研究这些问题，因为分离体验是一个连续谱的假设已经被人们当作一个既定事实了。

分离体验量表激发一大堆研究者开发了新的测试工具。该领域又出现了几种新的自我报告式的量表和访问式的调查问卷。罗斯和他的同事们制定了一个与《手册》第三版诊断标准相关的分离性障碍访问表（Dissociative Disorders Interview Schedule）。[29]他们还断言，与其他精神障碍的问卷相比，多重人格障碍的访问表更为可靠。[30]美国心理学家马琳·斯坦伯格（Marlene Steinberg）专门为第三版《手册》修订版的诊断标准设计了访问表，然后又为第四版《手册》设计了访问表。[31]测试与标准之间最为充分的相互校准工作是在荷兰完成的。[32]

因子分析是一种标准的统计程序。它是评估群体中某一特征的变化在多大程度上归于各种不同原因的技术手段。人们可以根据这些因素对变化产生的不同影响为其排序。研究人员针对分离体验量表进行了因子分析。他们还研究了不同的自我报告式量表，得出了不同的变化因素。卡尔森等人确定了临床和非临床受试群体的三个变化因素。"第一个因素可以反映精神分离的记忆缺失情况"，第二个因素"涉及专注力和想象力"，第三个因素是"人格解体和现实解体"。[33]对于非临床的受试者而言，影响他们的主要因素是"专注力和可变性"。

科林·罗斯的研究小组发现，温尼伯市民样本的分离体验分数是在三个因素的影响下产生的，它们分别为"专注—想象式的沉入""分离状态之下的活动"和"人格解体—现实感丧失"。[34]

学者威廉·雷（William Ray）及其同事发现分离体验量表的测试分数可归于七个因素："（1）幻想/专注；（2）阶段性记忆缺失；（3）人格解体；（4）原位记忆缺失；（5）不同的自我；（6）否认现实；（7）关键事件。"但另一个自我报告式量表上的分离性测试的分数则归于六个因素："（1）人格解体；（2）过程性记忆缺失；（3）幻想/白日梦；（4）分离性的身体行为；（5）出神状态；（6）想象的同伴。"[35]

统计学家都知道，在可靠之人的手中，因子分析是一种非常有用的工具，但使用者需要具备足够出色的判断力。[36]针对分离体验分数的因子分析结果就像是一锅"因素"的大杂烩——在去除重复因素之后，至少还存在十一个影响分离体验测试分数的因素。如果说这些因素有什么意义的话，那就是它们似乎暗示了最初的连续谱假设是错误的。这是因为在分离体验量表中，造成较低分数的因素可能与造成较高分数的因素截然不同。在这些研究发表之前，弗兰克尔写道："影响受试者得高分和得低分的因素之间存在明显的本质差异，这一问题还没有被排除。"[37]这种本质差异现在已经通过因子分析得到证实了吗？并没有，因为有人认为这些分析加在一起并没有真正地证明什么。

精神分离的调查问卷应该可以帮助我们回答另一类问题。病态性的精神分离有多么普遍？许多测试的开发者认为，30分以上是病态性精神分离的征兆，更具体地说，是多重人格的征兆。罗斯推测，在北美，多重人格的发病率可能高达2%。他称多重人格在大学生中的发病率可能高达5%；随后，他和同事指出，这一比率实际上可能更高。[38]身在加拿大的罗斯在英国期刊上发表了一封公开信,他在其中声称:"在英国或南非的成人精神急诊科病房中,有5%的患者……[将]符合第三版《手册》修订版中的多重人格障碍标准。"加拿大医生拉尔·费尔南多(Lal Fernando)愤怒地回应说:"考虑到大西洋两岸的大多数精神病医生从未见过或诊断过多重人格障碍病例,我觉得这些数字和预测不足为信。"[39]这是对我前面提到的校准问题的鲜明陈述。费尔南多不必反对罗斯的统计分析。他正在质疑校准本身。

可想而知,如果让罗斯培训的医生接管一家南非的医院,他们会发现5%的病人都是多重人格患者。费尔南多和其他很多医生提出的问题是,分离体验量表并不是根据精神病学界的共同判断来校准的,而是根据承认多重人格的精神病学家的判断来校准的。在校准工作中,我们之前提到的基于七家精神病中心的患者样本所做的研究最接近外部意见。我之前说过,六家机构中的六名多重人格领域的重要研究人员参与其中。第七家机构——马萨诸塞州贝尔蒙特的麦克莱恩医院是怎样的呢?这家医院设有一个由医生詹姆斯·朱(James Chu)管理的分离性障碍科。朱发文支持过多重人格的诊断,还描述过患者面对该种精神障碍的艰难处境。因此,他不是一个怀疑者,但他警告人们可能存在过度诊断的危险。[40]在分离性障碍的临床治疗中,他建议首先参照其他疾病,尽量少用分离性症状的表述。[41]他大力强调要对患者负责。上述研究中来自麦克莱恩医院的合作者是朱的一位同事,他监督了测试。[42]

除麦克莱恩医院以外的六家中心的九百五十三名患者参与了测试,其中二百二十七人被诊断为多重人格障碍。麦克莱恩医院有九十八名患者参与了测试,只有一人被诊断为多重人格障碍,该患者还被排除在测试结果之外。在麦克莱恩医院的患者中,有一些人的疾病不太具有"分离性",但他们的得分总是高于其他六家中心的同类病患。与其他中心的分离性患者(创伤后应激障碍患者、进食障碍患者)相比,麦克莱恩医院的同类病患的分数却不高。从性质上来讲,麦克莱恩医院的测试结果与其他六个中心的结果恰好相反。但这家医院并不是一个对多重人格或分离性精神障碍抱有敌意的地方。一旦我们与多重人格支持者的绝对承诺稍微保持一点距离,分离性障碍的测试分数及其与诊断的关系就会出现彻底的变化。

因此,这项旨在确定"分离体验量表在多重人格障碍筛查中的效度"的研究揭示了一个关于校准的严重问题。有一本逻辑学教科书将一类谬误称为自封论证型的谬误。自封论证是指,证明某一论点的唯一证据是由论点自身提供的。[43]对多重人格的"建构效度"的论证就非常接近于自封论证。当这种自封论证被撕开了一个小裂口——麦克莱恩医院的患者参与了校准过程,问题就显而易见了。

最后,我将介绍与测量有关的另一个面向。有人提议将分离体验量表当成一种筛查工具,类似于常规筛查传染病的血液样本。假设,有一种筛查工具在99%的情况中是准确的,即99%的疾病患者的筛查结果为患病,99%的健康人士的筛查结果为健康。如果筛查结果表明我有病,我会非常害怕。但是,如果这种疾病在我所属的人群中非常罕见,而且我不在更易患病的亚人群之列,我的担心可能就没有道理了。假设,每十万人中只有一人患有某种疾病。接着，在工具筛查了一百万人之后，它将检查出99%的真正病患（约十人）。其余九十九万九千九百九十人中的1%也将被检查出患病。这意味着总共约有九千九百九十九名健康人士被筛查为患者。因此，在这种极端情况下，这个工具会筛查出大约一万零九名患者，但实际上只有十人患病。筛查出来的患者几乎都是误报（假阳性）。正是考虑到这种可能性，人们才反对不加区别地筛查艾滋病。[44]

当我们想要了解测试结果的可靠性时，最重要的不是看"一个人患病时，测试可以将其筛查出来的概率"，而是看测试判定某个人为患者时，这个人真正患病的概率。这段话用符号表示则为：

> 不是（1）概率（测试判定为患者/这个人真的是患者）而是（2）概率（这个人真的是患者/测试判定为患者）。

为了计算（2）的概率，我们需要知道所选人群中某种疾病的"基础比率"，即这种疾病在人群中的发病率。阿莫斯·特沃斯基（Amos Tversky）和丹尼尔·卡尼曼（Daniel Kahneman）[1]在一系列著名的文章中指出，人们在考虑概率时，最常见的谬误就是没有考虑基础比率。[45]

当分离体验量表被用作筛查工具时，研究人员会以足够高的得分来标明多重人格障碍。卡尔森等人极力主张将临界点定为

---

[1] 阿莫斯·特沃斯基（1937—1996），美国著名认知心理学家，认知科学的先驱人物。丹尼尔·卡尼曼（1934—2024），美国著名心理学家，诺贝尔经济学奖得主。两人长期合作，发展出"展望理论"。

30分：当受试者的得分超过30分时，分离体验量表就会将其判定为多重人格患者。这种筛查可靠吗？我们可以用概率的基本规则来解答（2）中的可靠性问题。这一过程涉及以下三个项目：(a) 被筛查的人群；(b) 该人群中多重人格障碍的基础比率；(c) 筛查判定真正多重人格患者和非多重人格患者的能力——这实际上是（1）中的项目。

卡尔森和同事以30分为界限。他们实际上并没有说明（a）的情况，即选用的样本人群，但因为研究与精神病有关，所以样本人群一定是正在接受治疗的精神病患者（比如说，在美国的精神病患者）。他们的数据可以告知（c）项的情况，因为他们将分离体验量表应用于独立诊断的患者。他们发现，诊断出的多重人格患者中，80%的人得分超过30分，诊断出的非多重人格患者中，80%的人得分低于30分。所以，现在我们有（a）项和（c）项的情况，唯独缺少（b）项的情况，即精神病患者样本群体中多重人格障碍的基础比率。

卡尔森等人使用的基础比率为5%，这意味着每二十名精神病患者中就有一名是多重人格患者。他们没有说明这一数字的来源。这是罗斯预期的数字，也是费尔南多认为很荒谬的数字。根据这个数字，如果分离体验量表评分超过30分，精神病患者是多重人格患者的概率为17%。其余83%被筛查出来的病人不是真正的多重人格患者。但这应该不会造成什么麻烦，因为许多被误判的患者，可能存在其他的精神分离问题，如创伤后应激障碍。

但5%的数字从何而来？[46]大多数精神病医生都对5%的精神

病患者是多重人格患者表示怀疑。在麦克莱恩医院，九十八名被选中的样本患者中只有一名是多重人格患者。但许多精神病学家怀疑，即使九十八人中只有一个人符合要求，或者说多重人格在精神病患者中的发病率只有约1%，这个数字也不具有代表性。如果以1%的基础发病率为依据，被筛查为多重人格患者的精神病患者中有94%的人是"假阳性"。如果我们认为多重人格的基础发病率远低于波士顿附近的那家设有分离性精神障碍科的医院（即麦克莱恩医院），可以预计分离体验量表筛查出来的多重人格患者几乎都是"假阳性"（误判）。

我的目的只是向你们展示针对多重人格的测量是如何使之合理化的，是如何使之转化为知识的客体的。由于研究者在心理学中频繁使用统计学工具，相关过程没有预想的那么麻烦。我们一直都掌握着大量高度复杂的统计程序。现在我们又有了许多统计软件，它们的力量令人难以置信。但统计推理先驱的心情很复杂，因为他们一向坚持认为人们在使用统计程序之前必须预先思考。在过去，使用统计程序会耗费无数时间，因此人们必须提前耗费大量精力进行思考，证明合理性。现在人们无须耗费多少时间，只要输入数据并摁下按钮就可以了。这样一来，人们似乎很少再提一些"愚蠢"的问题了，比如：你在测试什么样的假设？你说概率分布不是正态的，那又是什么样的呢？你讨论的样本群体是什么？这个基础发病率从何而来？最重要的是，你用谁的判断来校准调查问卷的得分？这种判断是否得到了整个领域资深专家的普遍认可？

我们用于评估多重人格的"工具"越来越多，但很少有人提及它们的一个主要功能。借助这些工具,多重人格领域看起来与实验心理学的其他领域日益趋近,学者对该疾病的研究变成了客观的科学。最近,许多科学社会学家和一些哲学家纷纷对科学知识是一种社会建构的观点表示赞同。他们认为科学不是发现了事实,而是建构了事实。在本章中,我并没有讨论这样的问题。信奉更为传统的科学方法的学者被称为经验主义者或科学现实主义者,他们认为科学家的目标是发现事实、发现真相。正是这些持传统思想的学者才会对我上文描述的科学实践感到震惊。

我把本章的重点放在了精神分离的连续谱假设之上,因为正如帕特南从一开始就看到的那样,这是最基本的假设。不管多重人格障碍多么罕见,它都是精神病学研究中的一个重要对象。即使多重人格障碍在精神病住院患者中的比率不是5%,而是0.05%,它仍然引人注目。目前的多重人格理论召唤出了一个成因理论、一个虐待儿童理论及一个分离体验的连续谱理论。"分离"是一个专业术语,由皮埃尔·雅内首先应用于心理学领域,但他几乎马上就弃而不用了。随后,该词就流行了起来。但是发明"分离"一词并不是为了刻意命名某件确定的事物。这并不是说雅内指定了一件事物,然后留给世人一个找出这件事物的任务。我们可以随意使用"分离"一词,只要它对我们有益。但是,当许多观察者看到"分离性体验"被用来指代许多相互之间几乎没有共同点的精神体验时,问题就出现了。分离体验量表的整个机制都是按照字面意思建构的,目的是让如下观点看起来像客观的事实:存在着一种分离体验的连续谱。一旦这种建构被消解,人们便不清楚是否还有另一种体验可供研究。在1994年之前，多重人格与分离性状态国际研究协会一直是运动的领导者。人们过去的研究对象是多重人格，但现在人们有了分离性状态国际研究协会。我不太清楚是否还有一个被称为"分离"的独特对象需要研究。

08

记忆中的真实

托尔斯泰有一句名言：幸福的家庭都是相似的，不幸的家庭各有各的不幸。今天，如果托尔斯泰遇到某些患者，看到他们在治疗中恢复的记忆将原有的家庭撕裂，他可能会修改这则名言的后半句。这些患者现在是成年人，父母业已年迈，他们恢复的记忆都关乎幼时的虐待和乱伦。他们的父母一再否认，说这些记忆中的事情都是子虚乌有、毫无可能、没有道理的。世上有许多这样的家庭，它们的不幸几乎完全相同。这些家庭之所以相像，是因为人们学会了一套新的表达方式，拥有了一种新的情感模式。如此一来，它们的故事听起来也十分相似。

各类媒体的报道中充斥着此类冲突事件。我不会一一列举法庭案件和媒体名人，也不会罗列一连串指控和反指控。我之所以谈论这些事件，只是因为它们阐明了当今的记忆政治，而且我只会谈论其中与多重人格有关的例子。我讲的故事中最令人悲哀之处在于，一开始相关话题似乎很刺激，至少对总想窥视他者的人来说是这样的,但它很快就变味了。

一些家庭受到了缺乏训练、动机不纯的医生的严重伤害。但在不少案件中,有些罪恶正是被医生公之于众的。我们总是能听到这样一个问题:谁才是对的?但关于这个问题,目前还没有公论。我们只能逐一分析每一个案例。多重人格领域将会制定并实施新的治疗师执业、培训和审查标准。对于那些能够承担后果的人来说,个人指控必须通过法庭审判或庭外协商解决。我个人是非常支持陪审团制度的,但随着自己日益了解案件定罪和无罪释放的审判结果,我的信心越来越少。既然审判也不一定可靠,我们剩下的可靠之物就只有一条经验了:任何专家只要对相关事项确信无疑,必是可疑的。

1982年,当邪教罪恶的虐童仪式大爆发时,各种耸人听闻的指控也开始四处蔓延。因为早年的创伤(尤其是虐待儿童)是多重人格障碍的公认病因,所以每一个虐童事件都会迅速转移到多重人格问题。在多重人格与分离性状态国际研究协会1986年的会议中,只有一份计划讨论邪教虐待的文件;到了1987年的会议中,这一议题的文件已经多达十一份。谢里尔·马尔赫恩(Sherrill Mulhern)是一位来自巴黎的学者,就职于当地关注谣言、未来神话和宗派的研究室。她总结了会议中的一些未公布的报告。[1]很多学者都在讨论那些被邪教故意制造出来的次人格,他们会干扰医生的治疗。当医生为患者开药时,必须确保需要接受治疗的人格拿到了药,否则由邪教诱发的人格可能会把药偷走。

一些治疗多重人格的医生接触过大量的受害者,他们都曾被崇拜撒旦的邪教虐待。当受害者诉说了自己的遭遇以后，医生根本不敢相信自己的耳朵。乔治·加纳威（George Ganaway）是佐治亚州里奇维尤研究所（该研究所创办了期刊《分离》）分离性精神障碍中心的主任，他是第一个就邪教虐待问题向人们发出书面警告的人。他在1989年写道，在他的门诊及北美其他地区的相关机构中，几乎一半的患者"都详细描述了自己参与食人狂欢活动的记忆，还有遭受虐待的其他经历，例如，在青春期时被邪教用来繁育婴儿，这些婴儿之后会在仪式中充当祭品"。[2]

撒旦已经成了美国电视脱口秀节目的主角。主持人杰拉尔德·里韦拉在1988年重点报道了与撒旦有关的邪教仪式，很多电视节目、八卦小报也对这一主题进行了大肆的渲染。不少受害者都出现在了电视荧幕上，他们在治疗医生的支持下，讲述了许多令人震惊的故事。邪教犯罪影响网[1]（Cult Crime Impact Network）根据加纳威的说法做了一个估算：如果患者报告的记忆均属实，遍布美国的撒旦教徒秘密网络每年将实施五万起仪式谋杀活动。

邪教虐童事件的持续发酵给多重人格运动带来了一个问题。多重人格运动不断发展源于人们对虐待儿童的认识有所提升。由于病因理论的出现，多重人格也得到了承认。在早期阶段，世人渐渐相信了恶性虐待的指控，多重人格运动终于得以自证清白。当多重人格患者回想起乱伦的记忆时，很多人不仅相信这些记忆，还鼓励患者不断回忆。一种双面疗法发展了起来，它一方面

---

[1] 邪教犯罪影响网是一个反对邪教虐待的组织，由美国爱达荷州的警官拉里·琼斯成立于1987年。

引出次人格回忆童年的创伤，一方面又利用创伤记忆促使次人格继续发展。很多人认为创伤记忆就是过去真实发生的事情，并非经过改造的幻想。随着反虐童运动的发展，一个相信邪教借助仪式进行性虐的派别出现了，然后便有越来越多的患者回忆起了自己被邪教虐待的可怕经历。医生会本能地相信这些故事，当令人震惊的情况被揭露出来时，选择相信往往是一种正确的策略。然而，这些故事似乎变得越来越离谱了。于是，多重人格运动面临着分化甚至是分裂的危险。运动中的一方基本由民粹主义者构成，他们高喊道："我们告诉过你们，要相信孩子！现在你们必须相信这些次人格的记忆！"另一方则反驳道："打住，这些记忆都是幻想！"从表面上来看，双方的争论存在明显的宗教信仰差异。相信患者记忆的人倾向于将自己看作传统的基督徒，即基要主义新教徒，而怀疑患者记忆真实性的人则更为世俗化。

双方一直在不停地争论，旁人听着都有些麻木了。怀疑者将医生对患者记忆的轻信称作一种反向移情：医生因自身的情感过于相信次人格的话，以至于失去了全部的鉴别能力。相信患者口中邪教故事的人则说怀疑者害怕面对残酷的真相。"多重人格患者描述的邪教仪式对他们施加的长期、极端的（性）虐待，似乎特别容易受到持自我保护式怀疑态度的医生的驳斥。"[3]

恐慌的气氛弥漫开来。在《分离》的一篇评论中，理查德·克鲁夫特呼吁大家要对这一问题保持克制，他承认强大的情感因素在起作用。为了增加说服力，克鲁夫特在文章中提了一个我非常不喜欢的比喻。他发现一方借纳粹党和大屠杀发问："为了成为一个'优秀的德国人',德国民众就应该对纳粹的暴行保持沉默并成为纳粹的帮凶吗?"反对方对这种言辞非常反感,并用"群体性的歇斯底里"和"当代的猎巫运动"等说法进行反击。[4] 1991年,多重人格与分离性状态国际研究协会时任主席凯瑟琳·法恩(Catherine Fine)在通讯中写道:"如何处理仪式虐待问题,这将是我们面临的一个巨大考验。成功经受这一考验将有助于我们强化组织,这是我们成长的必由之路,但这一考验也有可能是一个分裂甚至是致命因素。"[5] 致命性从何谈起? 为了解释这点,我会毫不犹豫地把多重人格比作一个需要宿主才能生存下去的寄生虫;现在它的宿主就是虐待儿童。寄生虫会因取食宿主的薄弱部位害死自己。加纳威也说过几乎一样的话。他认为,不加批判地接受患者的邪教记忆不仅会降低多重人格的可信度,而且从总体上来说会让虐童研究岌岌可危:

> 在当下这波浪潮中,出现了大量难以置信往往又难以证实的虐待叙述。然而,有的治疗医生却收起了批判性评断,以积极的态度接纳患者重新建构的创伤记忆,承认这种记忆的真实性。他们这么做可能会使多重人格领域,尤其是虐待儿童的研究陷于危险的境地……除非有科学的证据,否则想要证实并公开捍卫这些记忆的患者和医生可能会发现,他们已经发展出了自己的"邪教"。在不理会整个科学界和心理治疗界(他们也被科学界和心理治疗界忽视)的情况下,患者和医生相互确认了对方的信念。[6]

一时间，谣言四起。1992年年初，弗兰克·帕特南请求刚成立的虚假记忆综合征基金会帮他查清一个谣言。基金会通讯请求人们报告自己是否读到过如下说法，又是在哪里读到的："美国国家精神健康研究所的帕特南医生发现，20%—50%的多重人格患者都有被邪教仪式虐待的经历。"[7]据我所知，帕特南并未发现如此之多的患者拥有被邪教仪式虐待的记忆（更不用说被虐待的经历了）。因此，我们十分好奇，究竟是哪些医生引出了患者的这种记忆。至于加纳威，尽管他反对将这种记忆当成过去的真实事情，但他在1993年年中时表示，他大约治疗过三百五十名分离性精神障碍患者，其中一百至一百五十人有被邪教虐待的记忆。[8]加纳威了解到一些医生没有发现遭受邪教虐待的患者，但发现自称被外星人绑架过的患者的比例和他说的遭受邪教虐待的患者的比例差不多。加纳威没有治疗过自称遭到外星人绑架的患者。有一种可能的解释是，邪教在佐治亚州非常活跃，而外星人在马萨诸塞州非常流行。还有一种可能，患者记忆的形式与他们的会诊医生有很大的关系——即使这个医生会直言不讳地谴责这种记忆。

多重人格运动内部派别的划分在很大程度上与参与者现有的身份地位相关。精神病学家往往是怀疑者，大多数普通从业者则是邪教虐待记忆的支持者，至少他们的呼吁表明自己是支持者。两位来自加利福尼亚州南部的治疗医生断言："我们自己的经验表明，在多重人格患者群体中，遭到邪教仪式虐待的病人的比例可能极高。在我们最熟悉的群体中，包括患者和同事，有三分之二的人可能在童年被迫承受邪教的仪式虐待。"[9]只要撒旦仪式虐待一公开,就不可避免地会出现《受苦的孩子》[1]（*Suffer the Child*）这样的多重人格患者传记。[10]该书描写的多重人格患者拥有四百多个人格,她的疾病是由可怕的邪教虐待引起的,而她的母亲在其中扮演了关键角色。《驱魔者》（1973年）和《驱魔者Ⅱ》（1977年）都是故弄玄虚的电影,毫无疑问,它们在邪教仪式虐待问题的发展过程中发挥了重要作用。但与现实生活中的（支持者眼中的）受害者相比,电影只是舞台上的故事。上述自传中的多重人格患者的丈夫是一个严格的基要主义基督徒;她只能偷偷地去看医生,因为她的丈夫不相信医生。但与赛兹莫尔（即"夏娃"）的一次会面让她改变了想法。我们不能认为激进的新教教派必然不加批判。一本关于邪教虐待的自传获得了基督教福音派出版协会奖,但随后就被出版商撤出市场,尽管该书后来又由另一家出版商在路易斯安那州重新发行。[11]

不少精神病学家相信过这些极端的故事,但随后他们就改变了自己的想法。乔治·弗雷泽发表过一篇全方位介绍婴儿繁育者和婴儿、胎儿献祭的论文。在渥太华的一个看似平静的撒旦教会中,"孩子们受到各种性变态行为的折磨"。[12]但弗雷泽很快就改变了想法,他非常后悔发表了这篇论文。还有四名精神病学家——其中包括罗伯塔·萨克斯和贝内特·布朗——描述了三十七名自称在童年遭受邪教仪式虐待的患者。[13]从论文的措辞来看,他们好像是相信病人的,但在受到质疑时,他们说自己只是在报告病人的描述。[14]在参与多重人格运动的精神病学家中,帕特南

---

[1]《受苦的孩子》率先将邪教虐童与多重人格联系起来。该书客观地记录了在撒旦崇拜中长大的珍妮的悲惨经历,作者为朱迪思·斯宾塞（Judith Spencer）。

对此发表了最直截了当的声明，听上去冷静慎重、义正辞严。在1992年的一次演讲中，他提到"一些多重人格患者宣称自己是崇拜撒旦的国际邪教的性虐、人祭和食人行为的受害者"。他说，这些控诉无论是经由多重人格患者还是其他人士发出的，通常都建立在患者接受治疗时恢复的记忆之上。"尽管这些耸人听闻的控诉已经存在了十年之久，但并没有独立的证据可以证实它们。"15

国际研究协会成立了一个由克鲁夫特领导的工作小组，旨在促成邪教虐待记忆支持者和邪教虐待记忆怀疑者之间的和平商讨。克鲁夫特可能已经认定达成和平是不可能的，因此，他在没有召集工作组开一场会的情况下就辞职了。这算是在该阶段的一个明智之举。撒旦仪式虐待获得了一个更加方便记忆的首字母缩略称谓——SRA（Satanic ritual abuse）。撒旦崇拜本身并不违法。在美国，撒旦崇拜甚至受到《人权法案》保障宗教自由条款的庇护。因此，仪式虐待几乎无法在法庭上受到控诉。该行为演变成了虐待狂的活动16。[1]这种转变可能暗示着虐待会回归更为古早的说法。这里的虐待狂活动不就是过去的极端残忍行为吗，目的是满足变态的欲望？我们会不会看到相关行为回归到更古早的根源，即"摧残儿童"？

可能不会。英语的表达方式尚未穷尽，我们现在有了这样一个说法："恶意环境中的虐待"。17我估计将来一定少不了带有这种标题的材料：《另一个祭坛：邪教、仪式虐待、多重人格障碍的根源与现实》。18至于法律上的专业操作，这类作品肯定会称

---

[1] 这里"Satanic ritual abuse"变成了"Sadistic ritual abuse"，缩略词均为SRA。

"仪式方面的介绍不会出现在法庭上,但受害者的陈述足以清晰地说明问题"。[19]对于支持者而言,这种说法意味着这些事情"确实"有了法庭上的证据,甚至得到了法庭的证实。对怀疑者而言,这种说法却意味着相反的结果。人们在英国就这些问题进行过唯一一次系统的公开调查。调查委员会收集了三年来的资料,并于1994年6月公布了调查结果。撒旦仪式或撒旦主义仪式的"特征定义"包括酷刑、强迫堕胎、人类献祭、食人和人兽交合,"对儿童的性虐待和肉体虐待是带有魔法或宗教目的的仪式的一部分"。委员会调查了八十四起受害者公开谴责的仪式虐待案件,但没有发现任何证据。不过,调查人员深信,在许多情况下,儿童遭受的是更为世俗化的虐待。[20]

帕特南等精神病学家和马尔赫恩等学者坚持认为,没有任何仪式虐待案例得到证实,这才是真相。治疗医生必须倾听患者的心声,让他们表达自己的恐惧和想法。但是,如果所有医生在没有确凿的独立证据的情况下就相信患者的记忆,这将是一个严重的错误。如果医生鼓动患者相信这种恐怖记忆就是事实,直至它们在司法标准的层面上独立成立,不接受任何合理怀疑,那么他们就是心怀鬼胎的。

在这种焦灼问题上骑墙观望的人一定是个懦夫,但由于我的看法不是建立在仔细调查的基础之上,所以仅就个人的理解作一些说明。[21]严格地说,世界范围内的撒旦阴谋传言让人觉得不可思议。也就是说,根据现有证据,这些传言没有任何的可信度。它们像野火一样从一个地方蔓延到另一个地方,听起来都是一样的。我们发现,这种令人恐慌的传言具有强大的传染力。针对这种传言的社会学研究非常有趣，也有着极强的现实意义。然而，我并不认为对猎巫运动展开反击就一定有用。从相关解释来看，阴谋和猎巫是一母同胞。与猎巫运动相比，任何言辞上的辩护和反击都太容易被消解了，因为人们相信罪恶的邪教和邪教仪式就在身边。这种情况一如过去的类似事件，正是民粹主义的写照。[22] 马尔赫恩对比了近来人们对撒旦的恐慌与 15 世纪人们对女巫或恶魔的大规模恐慌。[23] 这项重要对比十分有用，因为马尔赫恩以严肃的历史认知作为支撑。那些对过去的巫术狂热一无所知的人随意地提及猎巫活动则是毫无价值的。

最近，关于撒旦崇拜的议程中有一个非常荒谬的项目，理应受到质疑：预定行为（programming）。传言，它与一些多重人格的模型密切相关。这种仪式会教导儿童或成人对触发事物做出反应——电话、闪光灯、扑克牌、黑色衣服。这些触发事物会让被预定行为驯化的次人格浮现。这些次人格是邪教成员、奴隶、间谍，甚至是杀手。一名不起眼的银行出纳员会突然成为邪教成员，并实施对邪教有利的阴谋，或者她会向邪教汇报，告知精神病医生何时展开调查。被邪教驯化的次人格会欺骗、误导或者欺负银行出纳员的主人格，以免泄露秘密。这些带着恶意实施迫害的次人格是邪教故意制造出来的，他们随时准备切换出来发动攻击或进行防御。在受害者还是个孩子的时候，次人格可能就预先被邪教驯化了。

预定行为是一种新旧事物的怪异混合体。它借鉴了一个多世纪以前的古老、危险的催眠术。当时的人们对催眠有一种根深固的恐惧，他们认为催眠师会制定一个触发信号，无辜的人可能被催眠并回应触发信号,然后犯下令人发指的罪行。这一观念在1870—1910年渗透到精神病学杂志和大众媒体之中。后来又有了巴甫洛夫的条件反射理论。接下来是1962年的一部冷战电影——《满洲候选人》[1](*The Manchurian Candidate*)。在这部电影中,苏联人(来自莫斯科巴甫洛夫研究所)使用药物和催眠术控制了一名在朝鲜被捕的美国中士,意图实施谋杀行动。多年来一直担任《纽约客》影评人的波琳·凯尔称影片大胆、有趣、出色:"这可能是好莱坞有史以来最巧妙的政治讽刺。"[24]然而,在纽约以外的地方,人们并不这么看问题。这部电影经常被治疗医生的各类研讨会提及。甚至将扑克作为多重人格触发信号的标准情节,也是直接源自理查德·康登[2](Richard Condon)的小说——电影《满洲候选人》正是基于此改编的。[25]再接着是文鲜明的统一教[3]信徒(Moonies)。统一教的信徒是典型的空想忧郁青年,他们常常缺乏方向,缺乏爱,缺乏批判性思维,受到文鲜明的影响。这是不久之前的现象,时人的主流观点是,家长应该聘请专业的"反预定行为人员"来纠正自己的孩子。最后,各类混乱的概念与计算机预定行为的概念结合了起来,顺理成章地生出一种幻想,但我们在现实生活中从未遇到过这类事情。很多医生欣然接受了预定行为的说法。我并不是说我们没有邪教预定行为的证据——我是说在人类历史上从未见过系统、可靠的预定行为操作。

---

[1] 该电影又名《谍网迷魂》。
[2] 理查德·康登(1915—1996),美国政治小说家。他的作品以复杂的情节、对琐事的着迷及对当权者的厌恶而闻名。
[3] 原名"世界基督教统一神灵协会",后改名"世界和平统一家庭联合会",简称"统一教",是1954年由文鲜明在韩国创立的新兴宗教。

简要介绍一下邪教的预定行为知识可能非常有用。1994年3月举行了一场为期两天的名为"克服仪式虐待的阴影"的付费研讨会。主持人是地方上的知名治疗医生和仪式虐待方面的专家,也是一名仪式虐待的幸存者。研讨会的参与者包括三十名女性医生和一名观察者。[26]研讨会关于邪教预定行为的部分以这样一句话开始:孩子们经常会出现精神分离的情况。当他们遭受虐待后,分离情况会更严重。孩子们会制造次人格来应对虐待,这些人格有可能被邪教成员操纵。有人引用《满洲候选人》来体现预定行为的力量,但他们强调邪教成员比里面的反派更阴险。从早年的虐待开始,触发机制就已经建立了起来。当婴儿遭受虐待时,他们听到的声音、看到的形状和颜色都是触发机制的一部分。这就是像扑克牌这样色彩、形状鲜明的物体在之后如此有效的原因。后期对婴儿的预定行为方式包括剥夺睡眠、令其时间混乱、使用药物、催眠、使其退变、电击。一些带有自伤和自残内容的预定行为项目是为了防止患者在治疗过程中向医生坦白自己的经历。自伤也可能以厌食症或暴食症的形式出现,饮食失调是通过预定行为驯化出来的。如果受害者开始向治疗师透露邪教的情况,预定行为可能会让其自杀。邪教可以创造一个次人格,其具体任务是向邪教报告其他次人格正在从事或关注什么。另一个接受预定行为的次人格可能会迫使受害者回到邪教中并重新接受预定行为。你会做噩梦,躲避他人,保持沉默,甚至告诉治疗师关于仪式虐待的说法都是愚蠢的谣言,这样一来医生便无法对此进行深入探究。

请注意这个研讨会的气氛,用一个不恰当的精神病学术语来形容,就是"疯癫的自恋妄想"。研讨会上的医生认为,邪教组织想要控制她们,要么间接地干扰治疗,要么直接地让病人伤害医生。许多多重人格运动中更为谨慎的参与者表示,患者在治疗中被诱发出来的奇异记忆并非完全真实。这种记忆是为了让患者躲避伤害,不用直面自己遭受直系亲属虐待的残酷现实。这种虐待是真实的,但掩盖在幻想的形式之下。[27]支持邪教记忆的治疗医生还有一个折中的观点,即许多受害者受到虐待是因为他们是邪教家庭的成员。

加纳威是对的。随着患者恢复记忆,出现了很多奇异的事件,还有很多可笑的理论掺杂其中。因此,患者恢复的记忆往往受到质疑。在一位患者回忆起童年时受到家庭虐待后,许多医生会鼓励其进行反抗。到了1990年,患者必须与家人决裂已经成了相关圈子中的一条准则。许多被指控的父母根本不知道发生了什么。他们说,这些所谓的记忆完全失真,是在治疗过程中形成的,就像被外星人绑架一样不可信赖。因此,经过几个月紧锣密鼓的筹备,1992年3月,虚假记忆综合征基金会在费城成立了。

该基金会联合了一群父母,他们的成年子女在治疗期间想起了家庭内部虐待儿童的可怕场景。它的使命是告诉全世界,很多接受心理治疗的患者似乎能够记起童年时发生的恐怖事件,但这些事件实则从未发生。一些三十多岁(及以上)的悲惨人士认为他们很久以前被父母或亲戚虐待过。但是,基金会呼吁说,许多指控和随后的家庭混乱并不是来自过去的罪恶,而是来自冥顽不化的治疗师诱导出来的虚假记忆。

起初,基金会通过口耳相传及少量报道获得了一定的知名度。它现在已经在为北美所有的重要媒体提供专题报道素材了。巧的是，我在基金会创立初期就开始跟它打交道，描述一下它初期的言论对我们可能有所帮助（如今，它的言论一如当初）。在北美地区，最早对该基金会进行详细报道的主流报刊是《多伦多星报》，时间在1992年5月中旬。《多伦多星报》是一份中档日报，定位介于高端的《环球报》（Globe）和通俗的小报《太阳报》[1]（Sun）之间，有着巨大的读者市场。开篇报道的篇名是《如果性虐待记忆是错误的，该怎么办？》。第三篇报道的篇名是《治疗医生将患者的世界翻了个底朝天》。该系列的篇幅大约有九十栏英寸[2]（ninety column inches），第二篇包括巨大的篇名、一些照片、一则简短的报道，标题相当激进：《在加拿大，心理治疗不受监管》。其中提供了一个费城的联系号码，大约四百名读者立刻拨打了电话。[28]

这样的宣传效果十分显著。基金会通讯将接到的电话号码制成表格，并按地区对家庭会员做出进一步细分。1992年4月，基金会通讯只登记了安大略省的两户家庭会员。基金会被报道后的6月，除了总部所在的宾夕法尼亚州（九十七户），安大略省的付费家庭会员（七十一户）多于美国各个地区。当时，人口最多的加利福尼亚州的家庭会员的数量很少（四十户）。又过了一个月，安大略省的家庭会员数量上升到了八十四户，并一直维持到年底。在加利福尼亚北部的《旧金山纪事报》对基金会进行报道之后，该州的会员数量跃升至三百一十五户。1994年1月，

---

[1] 可能是《多伦多太阳报》。
[2] 报纸上宽一栏、长1英寸的区域称为一栏英寸。

基金会通讯宣布,有一万户家庭联系了他们,其中六千零七户家庭成了会员。加利福尼亚州的会员数量(九百二十八户)是排在第二位的宾夕法尼亚州的会员数量(三百零二户)的三倍。基金会会员数量激增的原因在于报刊而非电视节目的报道。

在该系列报道发布十天后,《多伦多星报》又高调刊登了西尔维娅·弗雷泽[1](Sylvia Fraser)的回应,篇幅有五十二栏英寸。该报称弗雷泽为"知名作家"和"乱伦事件的幸存者",她文章的标题是《极度不相信》。[29]弗雷泽是一位博览群书的小说家,也写过一本多重人格患者自传。[30]在回应中,她总结了人们的不信任对乱伦受害者的影响。"真相会让他们独自陷入混乱和恐惧。"文章第二页有一位悲伤老人的照片特写,标题是《西格蒙德·弗洛伊德:精神分析学之父很可能在孩提时代被猥亵》。回应用超过一半的篇幅叙述了杰弗里·马森书中的著名故事:1897年年中,怯懦的弗洛伊德放弃了他于1893年提出的理论,即癔症是由我们现在所说的童年性虐引起的。但弗雷泽并没有引用马森的观点,而是援引了玛丽安娜·克吕尔[2](Marianne Krüll)在早些时候所做的一项深入研究。玛丽安娜·克吕尔认为弗洛伊德在1896年10月25日他父亲的葬礼上放弃了诱惑理论,后者因此得以瞑目。[31]弗雷泽说(她没有提到这里指的是弗洛伊德描述的一个梦):"弗洛伊德为他的父亲做的最后一件事,就是不提他的父亲对他施加的性虐。"

虚假记忆综合征基金会有两个重要的修辞。第一,它与离婚

---

[1] 西尔维娅·弗雷泽(1935—2022),加拿大小说家、记者和旅行作家。
[2] 玛丽安娜·克吕尔(1936—),德国科学作家和社会学家,在1979年出版了《弗洛伊德和他的父亲》,广受好评。

父母之间的监护权纠纷保持距离,表示只关心被虚假记忆撕裂的家庭。"家庭"是一个关键词,事实上,会员在入会时首先就会被分为"家庭"和"专业人士"两个类别。现在又有了一个类别——"食言的人",即在治疗过程中谴责家人但之后放弃指控的人。第二,研究受到压抑的虐待记忆的专家(通常在案件诉诸法律时会这样称呼他们)被"综合征"一词打败了。虚假记忆本身已经被医学化了,因此需要一种新型的专家。至少在像《多伦多星报》这样的媒体中,西尔维娅·弗雷泽无法用不言而喻但不露声色的回应进行反驳。"谁说这是一种综合征?你对'综合征'一词的使用是修辞学意义上的,而不是精神病学意义上的。"[32] 英国的基金会分支不那么激进,它称自己为虚假记忆协会。

美国的基金会是由帕梅拉·弗赖德(Pamela Freyd)创办的。弗赖德的家庭遇到的问题广泛存在。据弗赖德本人在通讯文章中的说法,1993年12月的《费城杂志》刊登了一篇关于她这类家庭的封面故事,题为《美国最不正常的家庭》。[33] 我会避免谈及人格问题,但必须提到两篇文章。帕梅拉·弗赖德不得不建立基金会,因为她的女儿珍妮弗(Jenifer)在接受了深入的治疗后与父母决裂了。帕梅拉·弗赖德撰写了一篇高度个人化的文章,最初以简·多伊(Jane Doe)的笔名发表,后续匿名刊登在一本名为《混淆:创造虚假记忆,摧毁家庭》(*Confabulations*:*Creating False Memories*,*Destroying Families*)的选集中。[34] 珍妮弗·弗赖德是俄勒冈大学的一位心理学教授。她母亲的匿名文章广为传播,(据她称)她的同事、上司和姻亲,以及俄勒冈州报纸的记者都看到了。珍妮弗·弗赖德在一篇论文的附录中讲述了她对事件的看法，发表于1993年夏天的一次会议上。[35]当艺术家从擅长的不同角度向我们讲述同一类事情时，例如马塞尔·普鲁斯特的《追忆似水年华》、劳伦斯·达雷尔的《亚历山大四重奏》、黑泽明1951年的电影《罗生门》，我们的思想就会变得丰富、完善，充满生活的复杂。单独阅读弗赖德家任何一方的（母亲的或女儿的）故事版本都会让人动容。但读完一方的版本再读另一方的版本——无论先读谁的，只会让不坚定的读者陷入困惑，无法相信任何一方的说辞。

虚假记忆综合征基金会并没有立刻着手解决多重人格的问题，但在组织成立后的几个月中，多重人格运动的支持者都十分恐慌，他们视其为直接的威胁。基金会彻底挑战了被压抑、被遗忘的儿童早期性虐"记忆"，这可能会削弱多重人格病因理论的可信度。有人说是一个有钱的（且有罪的）大个子男人策划了整件事。当他被揭露出来时，基金会就会瓦解。在接下来的几个月里，很多多重人格领域的人士开始尝试控制风险，主要是害怕被起诉。这种担心不无道理。贝内特·G. 布朗之前的一位病人正在起诉他，因为他发现了这位患者的三百个人格，并鼓动她回忆邪教仪式虐待。这起诉讼案件发生在芝加哥拉什-长老宗医院。该市是第一个多重人格障碍诊所的所在地，也是国际研究协会年会的举办地，布朗为前任主席。"对一个职业或一种产品的攻击总是能产生良性的影响，"为布朗辩护的律师如是说，"在产品责任案件发生之前，过去的制造商并不会像今天这样严于律己。"[36]也许她是对的：我们讨论的是一种产品，而不是治疗技术。

虚假记忆综合征基金会成立了"科学和专业咨询委员会"。

这很快吸引了几位公开怀疑多重人格的著名精神病学家，如弗雷德·弗兰克尔、保罗·麦克休（Paul MacHugh）、哈罗德·默斯基（Harold Merskey）、马丁·奥恩。委员会的其他成员还包括心理学家伊丽莎白·洛夫特斯（Elizabeth Loftus），她对患者生活中的核心事件的记忆被压抑这一说法提出了强烈的批判；社会学家理查德·奥舍（Richard Ofshe），他根据患者恢复的记忆研究了一些更耸人听闻的法庭案件；欧内斯特·希尔加德（Ernest Hilgard），他是研究催眠术的那代人中最杰出的一位。还有一些著名的揭露者：马丁·加德纳（Martin Gardner），他长期担任《科学美国人》的专栏作家并且是超心理学的批评者；詹姆斯·兰迪（James Randi），我们这个时代最伟大的魔术师之一，他像戳穿老掉牙的戏法一样，把一些超自然、诡异的东西揭露得一清二楚。这个委员会还受到了国际知名人士的广泛关注。

反多重人格的精神病专家加入委员会及相关家庭加入基金会，使得工作人员关注起虐待记忆与多重人格之间的关系。基金会的第一次年会于1993年4月在福吉谷举行，具有象征性的意义。受会议邀请发表讲话的人士确实对多重人格做出了极具批判性的评论。这迫使国际研究协会前任主席菲利普·孔斯给基金会通讯写了一封言辞恳切的信件，他对这样严肃的会议上发表的相关评论感到遗憾。他坚持认为多重人格是《手册》中的一种正式诊断，建议基金会在国际研究协会的会议上发言，国际研究协会也在基金会的会议上发言。但除了刊登的这封信件和帕特南要求查明的谣言信息外，这份通讯在一年多的时间里都没有提到过多重人格。有人在通讯中反驳了克鲁夫特的一句即兴评论，但没有提到多重人格。不过，之后基金会便开始发力并直指要害。

哥伦比亚大学著名的老年精神病学家赫伯特·施皮格尔（Herbert Spiegel）认识西碧尔，并且非常了解科妮莉亚·威尔伯在纽约对西碧尔进行的治疗。基金会的通讯引用了《时尚先生》（Esquire）里的一篇文章，施皮格尔在其中断言西碧尔的众多人格都是治疗的产物。[37]鉴于威尔伯在多重人格运动历程中的核心地位，这种说法是非常有杀伤力的。还有一个例子来自加拿大一个电视节目调查报道中的几段文字，后被基金会收录于1994年4月的通讯。节目关乎恢复记忆，播放了一个小时，重点放在了加拿大治疗多重人格的医生身上，如科林·罗斯、马戈·里韦拉和他们的实习生。节目有几个涉及罗斯的场景。在一个场景中，我们看到了一页稿件，似乎是标题页，文字为"CIA精神控制"，署名是"科林·罗斯博士"。罗斯在节目中说，早在20世纪40年代，美国中央情报局就把人们带到"特殊的训练中心，在那里，经由各种不同的技术手段，如感官隔离、感官剥夺、漂浮罐、催眠、各种记忆罐、虚拟现实眼镜、致幻剂等，中情局试图并有意制造出更多能记住信息的次人格"。罗斯正从患者那里恢复中情局干预大脑的记忆。中情局知道这一点。这就是罗斯对目前多重人格运动受到强烈批评的解释——这种批评是由中情局精心策划的。[38]在加拿大虚假记忆综合征基金会的会议上，发言人告知会员，如果罗斯被传唤为对方的专家证人，这对基金会来说将是一件幸事。一旦他的中情局阴谋论被揭穿，（基金会发言人认为）他将立即在陪审团面前失去信誉。

在未来的一段时间内，双方的斗争将继续在公共领域展开。

最近加入这场争论的是两位杰出的学者，他们都在职业作家的帮助下出版了非常严谨但极具争议的著作。理查德·奥舍是一位社会心理学家，他曾追踪过多起法庭案件。在这些案件中，被告记起了一些显然从未发生过的奇怪、可怕之事。他还研究了其他没有上过法庭但在治疗师手中遭受痛苦的患者。他和合作者选择了以"制造怪物：虚假记忆、心理治疗和性癔症"作为著作的标题。[39]

心理学家和记忆专家伊丽莎白·洛夫特斯一直坚持认为实验心理学中有一个可以论证的事实，即大脑几乎从不会抑制个人记起一则极其重要的事件，然后再准确地再现。她和合作者选择了以"被压抑记忆的迷思：虚假记忆和性虐待指控"作为著作的标题。[40]哈佛大学创伤中心主任贝塞尔·范德考克（Bessell van der Kolk）[1]已经（帮助恢复记忆的支持者）削弱了她的理论。他大方地告诉国际研究协会的成员，洛夫特斯对各种事情——孤立事实的记忆、教科书式的知识及记忆的一般性命题——的研究肯定是正确的。但她对另一种记忆一无所知，这种记忆不是用句子表达出来的，而是以场景的方式展现出来的——由情感和图像构成的完整画面会在大脑中闪回。[41]

要是我们能让专家来解决这些问题就好了。要是我们能忘记那些陷入记忆漩涡的普通人士和不幸人士就好了。要是我们能无视童年虐待和错误指控带给人们的痛苦和伤害就好了。如果我们能把这一切都抛诸脑后，整个局面就会显得非常荒谬。不管是支持还是反对，我们可以像看综艺一样对待坦白虐待记忆的电视节

---

[1] 此处人名疑为"Bessel van der Kolk"。

目。然而，遗憾的是，许多观众都被支持者或反对者拉进了各自的阵营。

遗忘成为两种相互竞争的思想意识的核心问题，我们是怎么走到这一步的？这两种思想意识之间的基本对抗似乎与记忆无关，绝对还根植于其他的因素。有一种因素完全是宗教信仰：基要主义、福音派或有感召力的新教信仰为仪式虐待的记忆提供了肥沃的土壤；而理智的世俗主义则为另一方的愤怒对抗提供了肥沃的土壤。但更重要的是家庭中出现了相互竞争的意识形态。人类学家琼·科马洛夫（Jean Comaroff）表示，当家庭本身受到挑战时，可以预想到乱伦禁忌会死灰复燃。[42]没有什么事情比乱伦和撒旦的结合更为可怕。但为什么对抗的主战场是患者的记忆？原因来自两个层面。首先，从一个较低且不那么过火的层面来看，记忆被抬了出来，是因为无论维护还是破坏旧有的家庭结构，人们都想得到相关的合理解释。但由于这种解释会涉及理应不容置疑的价值判断，所以我们需要借助科学。从表面来看，唯一一类可以在道德观念与个人价值之间徜徉的科学就是记忆的科学。因此，道德观念领域和个人价值领域都提出了各自对记忆本质的理解，即关乎记忆的纯粹科学知识。但除了这一个层面外，还有第二个层面。后者是在一切开始升温并引起世人的强烈关注之后才显现的，但人们逃避问题的路径仍然是一样的。在这个层面上，我们害怕谈论那些令人感到恐惧的问题，即乱伦和罪恶。因此，我们求助于科学，唯一可以提供帮助的就是记忆的科学。本书是一本关乎记忆科学的作品，我必须在后续的章节中向读者证明，记忆层面的冲突早在人们将记忆科学当成掌握灵魂的方式时就存在了。

我已经多次说明事实与虚构是如何相互影响并进而支持多重人格的。然而，患者恢复的记忆看上去是独立存在的，不受小说家的影响，而受现实生活中人们渴求揭露真相的愿望的驱动。从弗洛伊德时代到现在，心理学和精神病学似乎向我们灌输了一种恢复记忆的理念。但情况并不是这样的。最令人不安的记忆复现场景一定是《罪与罚》（1866年）结尾的那一幕。在书中，我们读到了几页痛苦的噩梦的内容，这些噩梦与记忆难解难分。一系列场景的感觉和气氛（不是字面内容）令做梦者难以承受。这是受害者（书中那个五岁的小女孩）记忆的复现吗？不，这是骚扰者记忆的复现。这是斯维德里盖洛夫在黎明醒来，走向小涅瓦河并扣动扳机之前的最后一件事情。[43]

陀思妥耶夫斯基早在该书出版二十年前就为一部并未完成的小说构思了这个故事。相比最终版，之前的版本更为直接。这是一个"中年男子躺在床上，处于睡眠和清醒之间的舒适状态，突然受到无法形容的精神不适折磨"的故事；"后来证明，他遭受的精神折磨源于他对自己二十年前犯下的罪行的记忆，当时他侵犯了一个小女孩；后来他一直都'忘记'了这件事情，直到记忆艰难地从他的无意识里浮现出来"。[44]这样的场景在不如陀思妥耶夫斯基那么有天赋的作者手中成了哥特小说的情节，在研究者手中则推动了病理心理学的发展，成了直击灵魂深处的线索。

09

精神分裂症

在本书接下来的这一部分中,我会短暂地回顾 1874—1886 年发生的情况。当时,多重人格浪潮席卷法国,记忆科学已经确立,创伤概念开始应用于精神研究领域。在此之前,创伤仅指身体层面的损伤或损害。我回顾这一时段,是为了理解催生记忆科学、精神创伤及多重人格的知识的基本结构。在这段时间中,多重人格逐渐式微,精神分析学开始蓬勃发展,精神分裂症成了最令人困惑的精神疾病,重提一些问题有助于我们更加顺畅地理解过去与现在之间的转变。

1874—1886 年,多重人格的原型逐渐浮现,但与我描述的近年的案例大为不同。欧根·布鲁勒[1](Eugen Bleuler)最广为人知的成就便是在 20 世纪的头十年里将精神分裂症列入了可被诊断的疾病。他早期使用了两种语言的名词称呼多重人格,一个是英语中的名词("双重意识"),另一个是法语中的名词("交

---

[1] 欧根·布鲁勒(1857—1939),瑞士精神病学家,因研究精神分裂症而闻名。

替人格"）。以下是他对多重人格的精彩概括：

> 交替人格，也可以称为双重意识，是一种特殊的人格紊乱。让我们来看一个患有癔症的女人的情况，到目前为止，她还能正常生活。出于某些已知或未知的因素，她有时在睡着后会陷入歇斯底里之中，当她醒来之后便不再记得之前的任何事情。她不知道自己是谁，住在哪里，也不认得周围的人。尽管出现了这种变化，但诸如走路、说话、吃饭、穿衣以及其他日常生活的能力通常都会迁移至新的状态（第二状态）。与他人接触交流需要的所有技能，她都能很快地掌握。在新的状态中，她的性格也发生了变化。之前，她是一个严肃内敛的女孩，但现在却变得轻浮，喜欢寻欢作乐。过了一段时间，她再次进入了之前歇斯底里的睡眠之中，醒来后又变回了第一种人格状态。她对人格转换的过程没有意识，只记得自己睡着了，然后又如往常一样醒来。这种人格交替变化的情况可能会持续数年之久。患者在处于第一种人格状态时，只记得这种状态中发生过的事情，在处于第二种状态时，同样如此。在绝大多数情况下，患者在第二种状态中似乎无法想起第一种状态（常态）中的事情，反之亦然。此外，患者的第二人格最终可能永久化，导致个人性格彻底转变。在极个别的情况下，有的患者体内可能存在多个可切换的人格状态，每个状态都有非常明确的性格特征及独特的记忆；在已观察到的情况中，有的患者的人格状态多达十二个。双重人格

的案例十分稀少但意义重大。如果我们彻底消除或介入人格之间的关联路径，该类案例可以展示出明显的变化。[1]

"第二状态"是欧仁·阿藏[1]（Eugène Azam）为他的病人费莉达的另一种状态取的名称。该患者是自1876年以来第一个得到研究的法国双重人格病例。欧仁·阿藏形容患者人格状态的术语成了标准；布罗伊尔和弗洛伊德在《癔症研究》[2]中多次运用该术语。

在20世纪80年代时，布鲁勒和弗洛伊德曾被很多多重人格运动的参与者视作敌人。我会在之后的部分中解释他们厌恶弗洛伊德的原因，但现在我得先从布鲁勒说起。众所周知，莫顿·普林斯在波士顿领导了一场蓬勃发展的多重人格运动，但由于受到左右两翼的指责，运动已经偃旗息鼓。在左翼的反对力量中，精神分析学家采用了一种动态心理学的理论，雅内和普林斯的观念难有一席之地。在右翼的反对力量之中，更具神经学和生物学思维的精神病医生则将多重人格患者视为精神分裂症患者。这样的说法会让人们产生一种看神话故事般的感觉。左右两翼就像两股传说中的邪恶力量，弗洛伊德和布鲁勒压倒了"可爱而又纯朴"的新生力量——多重人格和精神分离。左右两翼赢得了局部战斗的胜利，但并没有赢得整场战争。一些支持多重人格的活动家如今正试图从精神分裂症手中夺回失去的领土。我将会以这场领土收复之战收尾，但先让我们一起回顾一下历史，过去任何一次试

---

[1] 欧仁·阿藏（1822—1899），19世纪来自法国波尔多的医生，因心理学方面的研究工作闻名于世。

图收复失地的行动，都必须让自身变得合理合法。

相关正史的基础源自米尔顿·罗森鲍姆[1]（Milton Rosenbaum）在1980年出版的一本历史备忘录。[3]他注意到在1926年以后，医学索引列出的精神分裂症的论文数量远多于多重人格；而在1914—1926年，情况则恰好相反，从数量上看，精神分裂症压倒了多重人格。为什么会这样呢？帕特南写道："罗森鲍姆指出，布鲁勒将多重人格归并进了精神分裂症之中。"[4]在参考了同一信息来源后，多重人格与分离性状态国际研究协会创始成员之一乔治·格里夫斯也断言，布鲁勒"至少是将某些多重人格障碍的病例归并进了他对精神分裂症的诊断之中。剩下的那些被他当成（至少是暗指）癔症的病例，则是人为催眠的产物"。[5]这种观点实际上是对布鲁勒三句话的误读。以上两位研究者在没有提请读者注意的情况下就对布鲁勒的话语做了提取和删减，实则是忽略上下文的错误引用。其他的作者用另一套标准去诋毁这位认真严谨的作者，其实毫无意义。但鉴于后来多重人格与精神分裂症之间的关系非常紧密，有必要在此澄清误读。

对于布鲁勒的理论和实践，埃伦伯格提供了一个很不错的简短总结。他说："布鲁勒经常被误解。"[6]布鲁勒是苏黎世大学波克罗次立（Burghölzli）精神病院的主任。当时，埃米尔·克雷佩林[2]（Emil Kraepelin）已经在精神病学领域建立了重要的分类。其中，一类是躁狂抑郁症；另一类是早发性痴呆，由于此类精神疾病频发于青春期，所以被称为早发性疾病。1908年，布鲁勒

---

[1] 米尔顿·罗森鲍姆（1911—2003），美国精神病学家。
[2] 埃米尔·克雷佩林（1856—1926），德国精神病学家，建立了精神病分类体系。

将多年教学内容结集出版。克雷佩林的失误之处在于他将研究重点放在了早发的精神疾病。[7]当时还没有现成的标签能够定义这类棘手的疾病。布鲁勒则将重点放在了分裂大脑的疾病，希腊语称之为"schizophrenia"。但布鲁勒并没有说精神分裂症会让患者生发双重意识，分裂出两个轮番控制个人的人格。他所说的"'分裂'指的是精神功能的分裂"。[8]简而言之，精神分裂是个人知道发生了什么和感到发生了什么的分裂——这是一种理智与情感的分裂。

布鲁勒对交替人格基本不感兴趣，但他坚持认为诊断时应该予以区别。在查阅文献之后，他了解到此类现象中人格会交替掌控患者，正如我之前提及的原型患者一样。他并不清楚莫顿·普林斯所谓的共通意识是什么，也不知道在共通意识下，患者的两个人格可以意识到彼此的存在（这一点也是原型案例的一部分）。由此可见，精神分裂症与交替人格都涉及分裂，但类型却截然不同。在精神分裂症患者身上会同时出现态度、情绪、行为的失调及现实感极度扭曲等情况。多重人格患者在逻辑性和现实感方面没有问题，但他们会分裂出接连显现的人格：

> 例如，我们会发现，在其他许多精神疾病中也会出现人格彻底分裂的状况（精神分裂症等疾病肯定如此，不必多提）；比之精神分裂症，人格分裂的情况在癔症（多重人格）中更加明显。然而，从某种意义上来说，并存的不同人格碎片均能明确接触环境，这种情况只会出现在我们研究的疾病（即精神分裂症）之中。[9]

如果布鲁勒了解共通意识，他就不得不修改自己的这一论调了。但他并不知道共通意识。我曾引用过他提及的双重意识的原型患者。我之前论述的他的三句原话如下：

> 我们并非只能在癔症患者身上发现不同的人格，它们接连出现；精神分裂症也会通过相似的机制产生不同的人格，它们一起出现。事实上，我们没有必要去研究症状明显但十分罕见的癔症病例；我们可以通过实验方法，用催眠暗示的手段制造出完全相同的现象。我们还知道，虽然癔症患者在正常状态下会不记得其他状态下的事情，但他们在歇斯底里的朦胧状态时的攻击行为记忆会被保留下来或被暗示激活。

需要强调的是，布鲁勒的原文为德语，英译非常忠于原版。但如今，这几句话却成了罗森鲍姆及运动中后续研究者的依凭，他们声称布鲁勒将多重人格归并进了精神分裂症。他们敢这么说，全是因为几句话吗？并不尽然。罗森鲍姆遗漏了布鲁勒强调的两个重点，分别是"接连"和"一起"。强调这两点非常重要，因为布鲁勒对两种疾病的区别诊断正源于此。罗森鲍姆找错了重点。他甚至还更改了原作者的标点符号，省略了最后一句话的结尾。他并没有提到，在这几句话的前面，就有作者对多重人格的准确描述。

布鲁勒遭受了太多的中伤，因此我有必要总结一下他的真实立场。在他看来，（1）多重人格（交替人格）是十分罕见的；（2）患者"症状明显"；（3）我们可以从精神分离的角度进行理解——"彻底消除或介入人格之间的关联路径"。此外，（4）精神分离（"相似机制"）也会出现在精神分裂症中；在精神分裂症中，这种机制并不会导致患者出现人格切换，而会导致患者体内出现并存的人格碎片。第四种情况没有出现于19世纪的多重人格报告中。最后一点（5），我们可以在实验中通过催眠暗示来研究精神分离这种重要的现象，而不是主动寻找自发出现的交替人格。从各个方面来看，布鲁勒的观点都忠于多重人格的文献资料，尤其是忠于皮埃尔·雅内的文献。例如，多重人格可以在实验中通过催眠手段进行研究就是雅内说的。

布鲁勒并没有像格里夫斯所说的那样，暗示某些交替人格具有精神分裂症的特征，而其他交替人格则是人为催眠的产物。讽刺的是，格里夫斯还在好奇，为什么布鲁勒能够如此高效地将多重人格"纳入"精神分裂症。他用自己所谓的"芽接理论"进行了解释：谁最先把信息串联起来，谁就处于最有利的位置（先到先得）。[10]这个理论是何等的荒谬！布鲁勒的观点没有被正确地解读，他最先涉足该领域，却处于最不利的地位。罗森鲍姆断章取义，误导性地引用了经过删减的三句话，导致人们曲解了布鲁勒的意思。

在严重曲解了布鲁勒的本意之后，多重人格的（官方）历史呈现出了如下走势。莫顿·普林斯从法国医生那里了解到多重人格，并在波士顿开始了诊断实践。他的两个著名的病例——比彻姆小姐和B. C. A.都具有里程碑式的意义。[11]在20世纪的头十年中，波士顿学派蓬勃发展了起来。1906年，就在普林斯即将结束他对比彻姆小姐的治疗时，他创办了《变态心理学期刊》

(*Journal of Abnormal Psychology*)（该刊物一直延续到今天），收录了大量多重人格案例。但从那之后，仅仅在几年的时间里，多重人格的诊断便消失了，它遭到了精神分析学和精神分裂症这两大势力的猛烈抨击。由于近年来的多重人格运动是在美国发起的，所以它的历史及出现的问题具有美国特性。在运动中，人们提出了一个问题：为什么多重人格之前在美国销声匿迹了？更有趣的问题则与法国有关：为什么在1876年之后，法国会出现那么多的多重人格患者？为什么法国会培养出多重人格领域的传奇理论家皮埃尔·雅内？（据我所知）从没有人问过多重人格为什么会在法国消失。在接下来的几章中，我会详细地说明法国的情况。

多重人格为什么会在法国消失，精神分析学并不是关键的答案。在法国，精神分析学有自己的发展历程。虽然雅克·拉康早已凭借自身的成就名扬海外，但他成名之前的情况却鲜为人所知。弗洛伊德在法国的布道者是玛丽·波拿巴[1]（Marie Bonaparte）。正是由于她的资助，精神分析学在法国的分支才建立起来，但拉康最瞧不上的就是她。在1924年阅读《精神分析导论》之前，她似乎都没有认真思考过弗洛伊德的理论。她宣传弗洛伊德理论的时间节点已经相当靠后了，不太可能压制多重人格。[12]事实上，法国的多重人格浪潮到1910年就已经偃旗息鼓了。[13]这一点也很好解释。法国的多重人格脱胎于癔症。当时所有的多重人格患者都是癔症病人，伴有被让-马丁·沙尔科成功宣扬的独特症状。

---

[1] 玛丽·波拿巴（1882—1962），法国精神分析学家，出身波拿巴家族。她和西格蒙德·弗洛伊德关系密切，促进了精神分析学的大众化，并帮助弗洛伊德逃离纳粹统治。

然而，在1895—1910年，癔症已经不再是法国精神病学研究的核心问题。由此我们可以对多重人格暴发的原因做一个简单的三段论式推导。癔症暴发了；所有的多重人格患者都是癔症患者；所以多重人格也暴发了。

学者马克·米凯勒（Mark Micale）已经向我们展示了癔症的症状（一以贯之到今日）如何弥散至人们对其他疾病的诊断。米凯勒写道，癔症"弥散到了医学教科书中的上百个地方"。正如他所说，"这些大都发生在1895—1910年"。[14]弗洛伊德的焦虑症吸收了癔症的一些症状；克雷佩林的早发性痴呆（精神分裂症的前身）也吸收了一部分症状；雅内对神经衰弱的诊断及现今医学史学家熟知的各种主流诊断也是如此。这样一来会如何呢？结果是多重人格失去了在医学领域"茁壮成长"的空间。

从雅内最初在1886—1887年发表的心理学论文中可以看出，他对双重人格是非常痴迷的。双重人格也是他1889年发表的哲学论文《心理自动症》的主题。1894年，他在《癔症患者的精神状态》的第二卷中，用一个简洁但十分重要的章节专门讨论了这个问题。1906年，他在哈佛大学举办了名为"癔症的主要症状"的一系列讲座，其中有大量和双重人格有关的内容。由于莫顿·普林斯之前的研究，这里的听众可以说生活在多重人格的世界之都。但雅内在1909年出版的著作《神经官能症》中对双重人格相当不屑一顾。[15]请大家注意这时的年份，它与米凯勒所说的癔症在法国终结的时间吻合。雅内并没有比别人更执着于自己年轻时热衷的研究。不管从哪个方面来看，他在1919年出版的三卷本《心理治疗》都是对自己职业生涯经验的积累总结，但准确地说，这本一千一百四十七页的书中仅有一页与多重人格或者双重人格有关。在这一页中，他讨论了"一系列活动和记忆的周期性变化，正如我此前在别的地方（《神经官能症》中）展示的一样，这种表述可以让我们用更简单的方式解释双重人格这种在病理心理学中非常神秘的现象"。[16]

雅内接下来所写的一段内容，会让怀疑多重人格的人既惊讶又高兴：双重人格应该被纳入我们熟知的某种病症，成为特殊且罕见的案例。患者会在一定时期内交替出现抑郁、躁狂和稳定的状态："早期法国的精神病医生称之为'循环'（les circulaires）。" 1854年，法国精神病学家法尔雷（J.-P. Falret）创造了"循环性障碍"（folie circulaire）一词，它的症状与克雷佩林的躁郁症或者《手册》第四版中的双向障碍大致相同。请注意，雅内最终没有将多重人格与精神分裂症归为一类。他使用的是德国的分类方法（出于爱国主义，他内心对德国的分类方法很反感），但他对多重人格的症状分类不是克雷佩林关注的早发性痴呆，而是躁狂抑郁症。雅内的结论是，多重人格是双向障碍的特例。

多重人格为何从法国消失，我们完全可以从癔症的历史中得到答案。雅内自己放弃了多重人格只是轶事；其实，到了1919年，雅内已经不再那么深具影响了。当时美国的情况如何？莫顿·普林斯的波士顿学派确实在大力倡导诊断多重人格，主张使用精神分离的概念。但这种努力失败了。在法国，多重人格的消失虽然与精神分析学无关，但在美国，两者之间却有着莫大的关系。1907年，克拉克大学举办了一场著名的大会，世界范围内绝大多数心理学界的杰出人士都受邀列席。弗洛伊德似乎在大会中占据了主导地位。多年来，大家对精神分析的热情日益高涨，精神分析学逐渐在美国的精神医学院中占据了主导地位。在私下的医学实践中，美国本土的精神分析更是蓬勃发展。于是，这一领域便不再有普林斯的位置。普林斯的精神分离学说被弗洛伊德的学说压倒了。现今，这两种学说会出现不经意的偶然交集，曾经两者是互为争锋的。之前有个名为伯纳德·哈特（Bernard Hart）的英国精神病医生，他对两者的描述最为贴切[17]。精神分析学家轻视普林斯。弗洛伊德的朋友欧内斯特·琼斯（Ernest Jones）形容普林斯是"一个十足的绅士，一个老成稳重的人，一个相处愉快的同行……但是他有一个致命的缺点。他相当愚蠢，简直让弗洛伊德难以忍受"。[18]

因此，虽然精神分析学无法解释法国的情况，但足以正确解释美国的情况。在正式的说法中，多重人格运动将之前多重人格消失的一半原因归结于精神分析学。另一半原因是多重人格被归并进了精神分裂症的诊断。这种说法正确吗？我之前已经说明，布鲁勒本人对两种诊断做了仔细的区分。然而，他确实也间接地导致了多重人格的消失。他助推了癔症概念的消解，多重人格因此失去了自身发展的根基。20世纪20年代，精神分裂症的诊断、报告及讨论不断增加，没人对此持有异议。想要了解这一情况，罗森鲍姆在他那个时代可以参考医学索引；我们现在则可以参考乔治·格里夫斯和他的同事整理的文献。[19]我们发现，在1910—1970年，用英语发表的多重人格论文以五年为一个波动周期。精神分裂症的报告数量在不断上升，但多重人格的报告数量没有显著变化。事实上，除了"夏娃"在20世纪50年代末期引起过大家的一阵兴趣外，人们并没有认真对待多重人格。后来也没有再出现过一个像莫顿·普林斯一样吸引全世界目光的人。对于法国人和普林斯来说，多重人格只是一种特殊的癔症，因此，如果我们要统计多重人格的论文数量，就应该将已发表的癔症论文也算上。我将统计结果放在了本章的尾注中。[20] 癔症和神经衰弱症的发病率都在1905年前后达到了顶峰，然后开始稳步下降。事实上，到了1917年，剔除多重人格的癔症并不比多重人格更为常见。然而，这些统计数据无法证明任何事情，因为在那些年里，精神病学出版物的类型和数量已经发生了巨大的变化。这些出版物无非是向我们证明了这样的理论依据：癔症正在逐渐退出历史舞台，随之一起消退的还有多重人格。

普林斯深知，精神分析学对于多重人格来说是最主要的直接威胁，但癔症的衰落才是真正的灾难。约瑟夫·巴宾斯基[1]（Joseph Babinski）是终结癔症的主要人物之一，他之前是沙尔科最得意的门生。巴宾斯基用一篇百科全书式的文章"摧毁了癔症"，可以说这是一种俄狄浦斯式的悲剧。普林斯在1919年写道："在巴宾斯基的授意下，法国的精神病学家中出现了反对沙尔科经典癔症概念及其学派的声音。"[21] 巴宾斯基礼貌且诚恳的公开谴责紧随其后。不过，这种谴责来的有些太晚了，没有产生太大的影响，跟癔症在欧洲的终结关系也不大。如今，多重人格的支持者正试图解释为何多重人格的诊断几乎快要消失了。但他们

---

[1] 约瑟夫·巴宾斯基（1857—1932），法国神经学家，因发现巴宾斯基反射闻名于世。

要解释的这个问题本身就是错的。他们应该解释:为什么多重人格能在美国持续这么长的时间?

美国人和英国人都非常痴迷于多重人格(在20世纪初的时候,比之法国人,他们的兴趣更为持久),其中的一个因素被我们忽略了。多重人格的发展需要一个依托,就像寄生虫需要宿主一样。正如我们看到的,在当今这个时代,多重人格发展的依托是虐待儿童。在法国,它发展的依托是沙尔科学派的癔症、催眠术及实证主义。在美国和英国,尤其是在新英格兰,多重人格还有另外一个依托,那就是与招魂术有关的心灵学研究。有一种说法认为,切换出来的人格都是逝去之人的灵魂;于是通灵术和多重人格的关系越来越紧密。这种想法在法国早就出现了。夏尔·里歇[1](Charles Richet,1909年诺贝尔医学奖得主)是首位将统计推理方法应用于超感官知觉的学者。在尝试了纯粹的随机原则后,他又将研究的重心转向了一些演员患者,例如雅内的第一位患者莱奥妮。莱奥妮是一位优秀的演员,她之所以引起了雅内的兴趣,是因为她特别容易被远程催眠。1884年,里歇进行了心灵感应方面的随机实验,实际上,他是第一个使用随机实验法的人。22在美国和英国,人们对心灵学的科学研究始于1882年。我们可以在F. W. H. 迈尔斯[2](F. W. H. Myers)的著作中找到对整个19世纪多重人格文献的总结,而且是最细致的总结。迈尔斯是伦敦心灵学研究协会的联合创始人,他于1903年出版

---

[1] 夏尔·里歇(1850—1935),法国生理学家,研究方向包括生理学、生化学、病理学、心理学、医药统计学等。
[2] F. W. H. 迈尔斯(1843—1901),英国诗人、古典主义者、语言学家,也是心灵学研究协会的创始人。

的《身体死亡的幸存者》(Survival of Bodily Death)至今仍是早期多重人格报告合集中内容最丰富的著作之一。[23]沃尔特·富兰克林·普林斯[1](Walter Franklin Prince,与莫顿·普林斯没有关系)针对病人多丽斯·费希尔(Doris Fisher)做的长达一千三百九十六页的研究报告,在多重人格乃至整个精神疾病领域都绝无仅有。这份报告于1915—1916年发表在一本心灵学研究杂志中。[24]我将在本书的第十六个章节中讨论斯蒂芬·布劳德[2](Stephen Braude)的学术观点,他仍然关注这些早期的研究主题,出版了一些支持心灵学研究和多重人格的书籍,并以出神状态为媒介将两者联系了起来。[25]当然,这些研究主题会不断地被更新。一篇发表于1994年的论文证实,人们对幽灵、外星人及类似事物的信奉与童年的心理创伤[26]密切相关。19世纪与20世纪相交的前后三十年时间是灵媒、招魂术及心灵学研究的鼎盛时期,但它们随后便彻底陷入了衰落。一个离经叛道却可以为多重人格提供栖身之处的领域再一次严重地坍缩了。

为什么在1921—1970年,不管是作为一种诊断还是作为一个严肃的研究课题,多重人格都几乎消失不见了?对于这个问题,我们现在已经做了一切必要的解释。但世人对多重人格、精神分裂症及精神分析的讨论还没有结束。我得先讲一些多重人格运动与弗洛伊德的事情,然后再转回到精神分裂症。

多重人格运动的参与者究竟有多厌恶弗洛伊德,这一点科林·罗斯表现得最为明显:"弗洛伊德的理论之于无意识,就像

---

[1] 沃尔特·富兰克林·普林斯(1863—1934),美国超心理学家。
[2] 斯蒂芬·布劳德(1945—),美国哲学家和超心理学家。

纽约的垃圾之于海洋。"[27] 1971—1990年，在支持多重人格的学者中，很少有人提及弗洛伊德的理论，甚至连科妮莉亚·威尔伯这位特立独行的精神分析学家也是如此。这里有一个谈到弗洛伊德的特例——"弗洛伊德（1938年）发展了无意识的概念，他认为无意识潜在地拥有个人全部生活经验的记忆"。这句话引自袖珍版弗洛伊德著述，引用者并没有给出页码信息。[28] 在帕特南的教科书的索引中，只提到过一次弗洛伊德："就连西格蒙德·弗洛伊德也称自己有过人格解体的感觉。"[29]

弗洛伊德招致的恐惧与憎恨是很容易理解的。反虐童运动中的女权主义者蔑视弗洛伊德，但这些人士对多重人格却非常友好。杰弗里·马森猛烈抨击了弗洛伊德放弃诱惑理论的行为，这使得弗洛伊德在所有关心虐童问题的人的心中成了恶棍。此外，人们还觉得弗洛伊德是叛徒。在安娜·O.的案例中，她很容易被当成一个多重人格患者，连布罗伊尔和弗洛伊德都说她有双重意识。[30] 那么，他们为什么不坚持自己的理念呢？可能是因为弗洛伊德有一丝轻微的负罪感。多重人格的病因学理论与弗洛伊德的早期理论相似，那时他正与布罗伊尔展开合作。人们被记忆折磨，受到心理创伤的影响，这些都是我们从弗洛伊德那里了解到的，但事实上，雅内早在1890年就已经说过同样的话。

也许有些具有反思精神的临床医生心中会有一个挥之不去的疑惑：深夜里播放的战前黑白心理剧怎么总是绕不开弗洛伊德早年简陋且幼稚的理论呢？为什么我们的理论还不及弗洛伊德1899年的研究深刻？为什么我们没有认真思考过弗洛伊德所谓

的屏蔽记忆（screen memories）[1]？为什么我们总是拘泥于字面含义，总是机械地认为创伤导致的疾病都是在童年早期出现的？为什么我们不能至少先讨论一下这样的观点：也许那些保存在记忆中的最原初的经历并不是痛苦和功能障碍的根源？为什么我们不能先问一问，症结是否在于多年后被患者压抑在内心深处的痛苦记忆本身，是否在于患者的大脑处理、重组这些记忆的方式？但是时代一直在变。患者记忆恢复带来的危机让临床医生重又选择弗洛伊德。越来越多精神分析方面的学者则选择研究多重人格理论。有时，他们会使用弗洛伊德的传统观念。奥托·兰克[2]（Otto Rank）是弗洛伊德理论核心圈子中的一员，他认为双重人格是一种自恋症31，这一观点又被谢尔登·巴克[3]（Sheldon Bach）重申。32长期以来，门宁格诊所[4]（Menninger Clinic）一直都是美国重要的精神分析研究中心，不久之前它主办的期刊整本刊登了多重人格的文章。

精神分裂症和多重人格之间的关系也在不断地变化，尽管后者为变化的主导方。如今有人强烈呼吁，许多确诊的精神分裂症患者应该被判为多重人格患者，这不仅仅是因为误诊，也是因为许多精神分裂症的典型症状实际上就是多重人格的症状。怎么会这样呢？在本书的第一个章节中，我曾竭力主张将精神分裂症与多重人格完全分开。一开始为了防止大家混淆语义，我引用了那个误导性极强但看起来顺理成章的等式：多重人格 = 人格分裂 =

---

[1] 弗洛伊德提出的一种理论，他认为人的记忆是有选择性的，会自动压抑自己不愿记起的事情。
[2] 奥托·兰克（1884—1939），奥地利精神分析学家、作家和教师。
[3] 谢尔登·巴克（1925—2021），美国心理学家和精神分析师。
[4] 这是由美国门宁格家族基金会建立的精神病学研究中心。

精神分裂。为了让大家理解我现在所说的内容，我会尽量说得直白一些，但也不会太通俗。《西碧尔》一书中提到的普通人眼中的精神分裂症与多重人格的区别还是很有道理的："威尔伯见过的精神分裂症患者的情况都不如西碧尔的病情严重。有人可能会说精神分裂症患者的严重程度是99度，而西碧尔则是105度。"[33]但威尔伯坚称，她从未遇到过像精神分裂症患者一样情感淡漠、思维紊乱的多重人格患者。

我之前曾提到过多重人格与精神分裂症之间的其他区别，但这些并不是真正的重点。精神分裂症非常可怕，有人认为它是目前西方工业化世界中最为猖獗的一种疾病。精神分裂症甚至比癌症更为糟糕，因为它经常会侵袭即将成年的年轻人，对于家庭来说非常可怕。当精神分裂症患者的病情发展到较为严重的阶段时，他们生活中最糟糕的事就是吓到周围的人，因为他们会将正常的事情和秩序黑白颠倒，还会产生一连串威胁日常生活的荒诞想法。他们孤僻、冷漠、迷惑、目光迟滞、情感错乱，这一切让他们看起来十分怪异。然而，如今的情况却不同了，很多患者的病情通过药物得以缓解，过去精神病院中常见的紧张僵直状态（即人们或者说之前的人们无法移动、没有反应的状态）已经消失了。由苏格兰医生R. D. 莱恩（R. D. Laing）发起的反传统精神病学运动的一个关键理念就是：非精神分裂症患者也是精神分裂症问题的一个重要组成部分。[34]这场运动的重要成果之一就是精神分裂症患者之友及类似支持组织的成立。

精神分裂症患者的前途也并非完全暗淡无光。布鲁勒认为精心的治疗会对患者有所帮助，但治疗仅仅能缓解病情，患者永远无法真正地痊愈。然而，精神分裂症的症状和病史还在不断地演变。有些人认为："精神分裂症像某些传染病一样，已经出现了一些良性的质变。"[35] 在 1957 年前后出现的抗精神病类药物对精神分裂症患者的生活产生了巨大的影响。这类药物还处在不断研发之中，人们希望逐渐减少不良影响。[36] 对于大多数专业的精神病医生来说，精神药物只是一种治疗手段，并不是终极的治愈方法。他们会尽可能地采用长期疗法，让患者重新融入拥有朋友、家人和工作的世界。诚然，精神病治疗基金的匮乏往往会导致"仓储"式的治疗环境，患者无法得到家属或者社团组织倡导的帮助。但医学自身需要承担责任，它不能仅仅将一包药片当成最终治疗手段。

目前，就精神分裂症具有多少遗传性，学界还没有统一的意见。精神分裂症的发病概率和症状表现存在地区差异。一系列的说法都指出精神分裂症与基因有关。另外，不断有线索表明，精神分裂症存在生物化学层面的具体病因。但对于精神分裂症的潜在病因和本质，我们还知之甚少。在临床描述中，我们最常用的一个词是"异质性"，即精神分裂症是一种"异质性"疾病。这种疾病主要有三种治疗方法。[37] 可能大多数精神病学家都认为精神分裂症只有一个根本病因，伴有多种症状。有些精神病学家则认为精神分裂症有两种基本类型：一种是遗传性的，会在青春期晚期开始发病；另一种则是生物化学性质的。[38] 还有一部分人认为，距离弄清这种疾病还相当遥远，我们目前接触的只是几组症状聚类。最后，还有一些反传统的人，他们完全否认精神分裂症存在的合理性。[39]

有些人在努力探究，想要弄清精神分裂症的病因学原理，有些人（出于我们自身的无知）则只想从纯粹的现象中总结出一套诊断标准。这两类人的关系一直非常紧张。精神分裂症患者的行为会随着时间的推移而发生改变。临床医生如何仅通过面诊就辨认出精神分裂症患者呢？为了达成这一目标，医生们正在寻找所谓的"进阶"指标。（这种进阶指标不是指在专业性方面有所进阶，而是指一系列进阶性的行为，它们表明患者的其他一些更基础、更规律的症状会自行显现。）

精神分裂症的诊断从来都不是一件容易的事情。1939 年，精神病学家库尔特·施奈德（Kurt Schneider）列出了诊断精神分裂症的十一条"一级"症状。[40] 只要有人出现这些症状，不论符合几条，都可以毫无疑问地被判为精神分裂症患者。详情如下：

（1）听到大声说出自己想法的声音（思维化声）；（2）或者是声音争论的主题（争论性幻听）；（3）或是声音评论的主题，谁评论病人正在做什么或已经做了什么（评论行为的幻听）；（4）有正常的感知，然后是对它们的妄想版本（思维被夺）；（5）是来自外部的身体感觉的被动接受者（躯体被动体验）；（6）感觉思想被外部力量从心灵中提取出来（思维被夺）；（7）相信思想被传播给他人（思维扩散或被广播）；（8）或抱怨思想从外部插入心灵（"被强加"的意志行为）；或（9）感觉和感情（"被强加"的感情）；或（10）突然的冲动（"被强加"的冲动）；或（11）肌动活动，这是由病人身体外部的支配引起的。[1]

施奈德认为，病人只要符合任何一条，都可以被确诊为精神分裂症患者。但目前，人们普遍认为施奈德的一级症状并不能保证确诊，因为半路杀出了多重人格。很多患者的症状或行为曾属于精神分裂症的情况，但如今他们却被确诊为多重人格患者。理查德·克鲁夫特发现，在他诊断的三十多位多重人格患者中，平均每位患者身上会出现4.4条施奈德的一级症状。[41]当科林·罗斯及其同事将多重人格患者的基数扩大到两百三十六人时，他们发现平均每位患者身上会出现4.5条施奈德的一级症状。在这两百三十六位患者中，曾有九十六人被诊断为精神分裂症患者。[42]罗斯推测，施奈德在五十多年前提出的精神分裂症的症状指标，实际上至少也可以间接地诊断多重人格。多重人格可能会有"精神分裂期"，这意味着多重人格患者可能会表现得像精神分裂症患者一样，只是不会持续太长时间。《手册》第四版坚持认为，除非症状持续至少六个月，否则便不能将患者明确归入精神分裂症。世界卫生组织制定的《国际疾病分类》第十版则认为精神分裂症的症状持续一个月便可以确诊。《手册》第四版为分离性身份识别障碍敞开了一扇大门，而《分类》第十版却把这扇门关上了。如今，精神分裂症的主动诊断标准与被动诊断标准之间已经有了相当明显的区别。施奈德的一级症状均为主动性指标，它们描述的都是精神分裂症患者或者其他一些患者主动表现出的不正常之举，在正常人看来这些怪异的行为往往非常可怕且深具威

---

[1] 参考颜文伟：《精神分裂症的一级症状》，《国外医学参考资料·精神病学分册》，1974，(02)。

胁。多重人格患者也会表现出幻觉之类的主动性特征，但没有被动性的症状。在日常生活中出现的失神、情感极度淡漠等情况都是精神分裂症的诊断依据。布鲁勒坚持认为精神分裂症与多重人格之间的传统区别依然存在。但多重人格的支持者在提出主张时没有太局限自己，没有非要拿出精神分裂症一级症状这样的诊断依据。他们想尽可能地在精神研究领域攻城略地。罗斯曾写道："多重人格障碍是精神病学中最重要、最有趣的疾病，这就是我研究它的原因。我相信多重人格的诊断是即将发生的精神病学范式转变中的关键一环……如果生物精神病学能够放弃对基因和内生化学性精神紊乱的因果研究，专注于创伤的精神生物学，那么它可能会获得更具临床意义的结果。"[43]

值得庆幸的是，罗斯设想的范式转变并不会发生。当托马斯·库恩在1962年出版《科学革命的结构》时，他真的不知道这会造成什么结果。"范式转变"已经成了一种战斗口号。本章内容是我在1994年年底完成的。1995年2月，学界召开了一个较为激进的会议，名为"第一届创伤、丧失与精神分离年会：21世纪的创伤学基础"。不可否认的是，精神生物学是该会议的主要内容，但组织者的一大目标是让创伤治疗摆脱多重人格的模式。该会议在会前的宣传中引用了一位发言者的话："创伤应激领域的研究进展为我们带来了令人激动的范式转变。此次会议将为21世纪开创一个全新的研究领域。"[44]看到这句话，我想起了一个关于加拿大的冷笑话。1900年，加拿大总理宣布："20世纪是属于加拿大的世纪。"

10

记忆科学出现之前

多重人格是西方工业化世界特有的现象,从暴发范围来看,各个区域一直是相对独立的。每次在一个区域暴发之后,它都会持续肆虐几十年。不过,多重人格也有可能是某种普遍现象(出神状态)的区域性表现。在几乎所有的人类社会中,可能都存在出神现象。但我们必须对此保持谨慎,因为"出神"对应的单词"trance"是一个西方词汇,这是人类学家使用的一个欧洲概念。从北极圈到好望角,都有西方旅行家的足迹,而且每到一处,他们都会看到当地人表现出与自己民族相似的行为。也许"出神"状态只代表西方人看待世界的方式。那么,"出神"是什么呢?或者说人类社会中是否真的存在一种可以被归为"出神"的普遍行为或状态呢?这是一个完全开放的问题。另外,也许出神不仅仅是人类的特性,而是所有哺乳动物的特性。I. P. 巴甫洛夫(I. P. Pavlov)的学生 F. A. 沃尔盖斯(F. A. Völgyesi)似乎可以催眠大多数的哺乳动物,他还有照片为证。也许,从进化规模的角度来看，出神状态可以出现在更广泛的物种范围中。比如，沃尔盖斯就拍摄了一系列螳螂被催眠的照片。虽然这样的行为让人感觉多少有一些拟人化的色彩，但他确实选择去催眠一只螳螂。[1]

我认为"出神"可能是西方人眼中的现象，更确切地说，"出神"可能是以英语为母语的人眼中的现象。在法国医学界，出神的名称为"extase"。与一些老旧的医学教材的译法不同，这个单词在法语的语境中并不具有严格意义上的"入迷"内涵。但相比于英文名称中较为中性的特点，"extase"明显包含更多褒扬的意味。虽然法语中也有"transe"这样古老的词汇，但它是直接借用自英语中的"trance"或"transe"，最初指的是美国人和英国人的通灵出神。如今，法国的人类学家倾向于使用该词来形容盎格鲁人所谓的出神。德国人也直接使用了"trance"，但在他们的医学术语中，该词的字面意思为深度无意识状态。简而言之，出神可能只是一个地方性的概念。

《手册》第四版和《分类》第十版中都有关于"出神"的内容。1992年的《分类》第十版中有"出神和附体障碍"（Trance and Possession Disorders）。《手册》第四版则更为谨慎一些，它只是将"分离性出神疾患"（Dissociative Trance Disorder）列为了一个可以进一步研究的主题，并未直接将其定为明确的精神障碍。不过，也不是什么样的"出神"都被包含在定义之中，宗教领域的出神就不在其列。"宗教"似乎就是一个彻底的跨文化概念。其实我们可以看出，文化帝国主义并没有消亡，只不过它现在是由精神病学家而非传教士主导。如果谁对此持有不同看法，他应该认真思考一下如下问题。《手册》第四版和《分类》第十版分别发行于1994年和1992年，各自获得了华盛顿和日内瓦官方的正式批准。它们没有将西方的分离性精神障碍视为一种区域、特定的出神状态，而是将出神状态视为分离性精神障碍的亚种。更糟糕的是，它们将出神这种在其他文明中处于核心地位且意义丰富的现象定义为了病态。基于这一点，你还认为它们是无辜的吗？《手册》第四版委员会的主席戴维·施皮格尔建议加入分离性精神障碍的条目，他认为，尽管多重人格障碍是西方特有的现象，但世界上大多数的其他地区都有出神现象，因此将其纳入也是合理的。[2]这样说的确没错，但这并不能成为将出神状态等同于分离性精神障碍这种罕见且独特的西方疾病的理由。在本书的第十五个章节中，我会提到分离性精神障碍已经被概念化了，成了我所说的记忆政治的一部分。但出神与记忆是没有内在联系的。

西方文化倾向于将催眠现象划分为一种出神状态，据说被催眠的人正是处在该种状态之中。催眠状态似乎是一种可以用实验方法进行研究的出神状态。虽然有些人更容易被催眠，但整体而言，催眠人类还是很容易的。不过，从科学的角度来看，如果催眠还算不上是"奇迹"的话，至少可以算是"奇事"。所谓科学奇事，是科学家承认存在但无法介入的事情。众所周知，分子的布朗运动是20世纪以来的一大科学奇事。在19世纪，当人们纷纷在自己的乡间别墅里配备显微镜时，他们热衷于用显微镜向宾客们展示在亚马孙地区最新发现的昆虫及分子的布朗运动。光电效应是近八十年来更为罕见的科学奇事。这些现象都是合乎科学的，因为可以通过特定的仪器观测；但这些现象都是奇事，因为它们都是不符合现有世界观的孤立情况。催眠也是一桩奇事，它更常见于舞台之上，而非精神病学的实验室之中。用一个古老但贴切的词汇来形容，催眠是一个"奇迹"（该词常见于17世纪的科学领域，如今鲜见）。

想要让一个研究主题销声匿迹，方法之一便是将它视为一件科学奇事，或者把它变成一种奇迹。科学之所以憎恶奇迹，不是因为奇迹往往空洞且缺乏意义，而是因为奇迹总是充满各种意义、暗示与情感。奇迹包含的意义不受控制。你可以把一个主题变为奇迹，从而将它驱逐出科学领域。如果你不得不面对一个奇迹，你要做的就是把它带到实验室。等到相关实验被科学逐出门户时，相关主题也会随之消亡。然后，它再次成了一个奇迹，但由于它已经被踢出了实验研究的生态位，因此不再像之前那样强大。这就是心灵学研究的命运。

哲学家喜欢谈论"科学的目的"。科学通常不会有自主目标，但如果说科学界也有过一致的自主目标的话，那便是在1785年，有两个委员会不约而同地致力于确定动物磁性，而动物磁性正是催眠的前身。这两个委员会一个是由巴黎医学院成立的委员会，另一个则是由拉瓦锡（Lavoisier）主持的王家委员会，本杰明·富兰克林（Benjamin Franklin）便是该委员会的五位委员之一。F. F. A. 梅斯梅尔[1]（Mesmer）提出了一个新的理论实体，叫做磁流体。他在实验室中进行了相关的研究，还开发了相应的治疗方法。为了证明磁流体，梅斯梅尔历经了重重科

---

[1] F. F. A. 梅斯梅尔（1734—1815），德意志医生，催眠术的奠基人。

学困境,但事实证明他主张的这种实体并不存在。梅斯梅尔的催眠术成了广为流传的奇迹,它在1789年之前的地下反正统运动(antiestablishment movement)中发挥了重要作用。[3]

到了1840年,詹姆斯·布雷德[1](James Braid)试图恢复动物磁性的科学地位。他放弃了有关流体的表述,将这一课题重新命名为催眠术或"科学催眠"。[4]这一主题从未成为真正的科学,但在始于1878年的癔症盛行时期(由沙尔科主导),它确实曾短暂地繁荣过。到了1892年,皮埃尔·雅内提出了一种常规的催眠疗法,可以用来恢复患者过去的记忆,解决他们的问题。弗洛伊德最初曾追随沙尔科的脚步,但他随后就抛弃了催眠术,发展了与记忆相关的其他治疗技术。精神分析学一贯忠于弗洛伊德,尤其是在拉康主导理论的法国——当时催眠术在法国是最大的禁忌。一直以来,美国人都更青睐大众化的运动,对权威的东西则不是太友好。但在对待催眠时,他们的态度较为缓和。然而,在美国心理学研究的总预算中,能拨给催眠或者出神研究的金额真的是少之又少。

人类学家对出神这一主题非常感兴趣,尽管他们对出神行为及其发挥的社会作用进行了大量的探讨,但并没有用来研究出神的生理机能的工具。他们能够告诉我们的是什么样的仪式可以促使合适的人群出神,什么样的药物可能会起作用。举个例子,说马达加斯加语的马约特[2]人居住在印度洋的一个小岛上,他们是穆斯林,因此不能接触酒类饮品。当与出神和神灵附体相关的

---

[1] 詹姆斯·布雷德(1795—1860),英国外科医生和科学家。他是治疗足畸形的创新人物,也是催眠和催眠疗法的重要先驱。
[2] 马约特属于法国海外领土。

特定节日开始时，参加活动的马约特人会饮用大量廉价的法国香水（其主要成分是酒精）。[5] 马约特人的出神现象与加拿大北部萨满教中的现象是否一样呢？人类学家使用了同样的词汇来形容两者，还使用了同样的词汇来形容催眠。假设人类学家这么做没有问题，这样一来，多重人格的现象就是在出神的总范畴中演化出来的。

除了一些休闲或者边缘的活动，西方工业社会中很难有出神的一席之地。我们的社会中有灵媒、冥想。我们会进行祈祷。无论是在个人的祷告中，还是在集体的祈祷中，我们都会使用音乐来让自己出神。当我们在其他文化中发现这种状态时，或许也会称之为出神。但是这样的状态不可以妨碍到制造业和服务业的发展。或许在老式流水线上作业的工人会出神，但人类学家并不这么认为，而且工人会因走神而被开除。与之相比，居住在不列颠哥伦比亚省沿海的夏洛特皇后群岛上的海达族织工经常会在重复且顿挫的工作中出神，这种状态备受当地人推崇，因为他们认为纺织品获得了某些神圣特质。

想要了解出神状态在现代世界中的分布范围，我们可以参考当下频发的儿童注意力缺失障碍（ADD）。《纽约时报杂志》(*New York Times Magazine*) 的夏令营板块中满是针对儿童患者的广告。有一些持怀疑态度的人并不否认这些孩子确实有问题，他们只是认为人们之前还可以对孩子的空想和出神一笑了之，但现在却不行了。这些孩子在冬季会被送到医生那里治疗，到了夏天则会被送进专门的夏令营。出神状态仍在被进一步病理化，研究出神状态的学者未来还将面临严峻挑战。在现代的美国社会，人们普遍认为通勤的上班族是最容易出现出神状态的群体。当环保改革的支持者看到高速公路被无尽的通勤车辆堵得水泄不通时，他们便开始猛烈地抨击这种浪费汽油的现象。他们不理解人们为什么不拼车、不选择公共交通工具。其中有一点原因还是很清楚的：在车上听着自己喜欢的音乐或者聊天节目出神是一件非常惬意的事情。我在第七个章节中曾提到过病理学家，他们通过测验证明，驾车时出现的分神现象与多重人格处于精神分离的两端。即便如此，他们还是认为通勤中的轻微分神是良性的。

与多重人格一样，出神也被当成了一种潜在的精神障碍。反过来说，即多重人格是一种利用或者滥用出神能力的方式。我们对出神的无知及对病理化出神的诉求，可能意味着侵占自己过往的记忆，摧毁原本真实发生的事情。也就是说，我们将多重人格解读成了出神状态的其他形式。早前的欧洲社会中就存在这样的形式，但我们今天很难再用过去的眼光来看问题。当时，它们并没有被当成多重人格障碍的前身（这种诊断并不正确），而完完全全是出神状态的文化运用。

为什么我们要将出神边缘化？这不仅仅是因为工业社会的运转需要人们投入持续不断的注意力。我们对出神行为的排斥似乎先于工业化时代的到来，即使这种排斥在早期并不明显。总的来说，西欧和美国社会都是玛丽·道格拉斯（Mary Douglas）[1]所说的企业文化的典范。[6]这种社会的特点是人们具备极度强烈的责任感，同时个人有机会获得巨大机遇。在一个崇尚企业文化的社

---

[1] 玛丽·道格拉斯（1921—2007），英国著名人类学家、社会理论家。

会中，你有可能会获得巨大的成功，但也有可能因为失败而被彻底抛弃。这一点与阶级社会不同。在阶级社会中，每一个人都有自己特定的位置。你可能只是所处阶级中最底层的人，除了死亡，你无法退出或被逐出特定的位置。

道格拉斯以约翰·洛克（John Locke）的个人同一性理论为例，将自己的分析应用于西方社会中的"人格"概念。洛克认为个人同一性本身就有两个概念。他选择用"人格"（person）一词指代法律概念上的个人，与记忆和责任相联；用"人"（man）一词表示身体连续性概念上的个人。道格拉斯认为（在我看来，她的观点比较令人信服），洛克将"人格"视为法律层面上的个人，并且将其与记忆和责任联系起来，这是企业文化的特征。与她研究过的非洲社群相比，企业文化涉及的自我概念是非常不同的。在非洲的社群中，人们都乐于拥有多个自我，虽然出神状态不是他们生活中关键的一环，但却发挥着重要的作用。

洛克笔下的法律层面上的人格是一个相对新鲜的概念，它源于个人在商业、法律、财产、贸易等方面的新实践。然而，它并不是横空出世的新概念。正如洛克所言，这种概念可以追溯到更早的基督教观念：我们的命运是永恒的，或升入天堂或沦入地狱。"法律上的人格"在这个神圣计划中扮演着被审判的角色。到了最后的审判日，所有死者的肉身都会复活，神会找到每一个肉身（不管是男人的肉身还是女人的肉身），但人格的命运（升入天堂或堕入地狱）已经注定。

洛克法律层面上的人格概念的精神内核可以追溯到中世纪晚期，即12世纪和13世纪。最近，法国历史学家阿兰·布罗

(Alain Bourreau)[1]指出,"沉睡者"是中世纪晚期的一个重要现象。[7]这些沉睡者似乎是进入了某种出神状态,与后来人们所说的梦游者类似。这些沉睡者之所以重要,并不是因为他们人数众多(实际上我并不清楚他们的数量),而是因为他们与智识、形而上学、近乎属于神学范畴的问题相关。沉睡者表现出的行为通常都比较暴力,或者至少是为社会禁止的,在作风和特点上与日常清醒时的行为有所不同。当他们从沉睡阶段中清醒过来时,对之前的所作所为最多只会保留一些模糊的意识。然而,他们在沉睡阶段的行为就像是刻意之举。因此,当时的形而上学认为这是由灵魂发出的行为。但灵魂是什么呢?

托马斯主义[2]者坚信每个人的身体中只有一个灵魂。在经院派心理学中,灵魂是人的"本质形态"。布罗告诉我们,有一个反托马斯主义的少数派认为,一个人的身体中可能有两个本质形态,沉睡者就是如此,每一个形态对应他们的一个人格状态。这一点对于承担责任来说是非常重要的。虽然当时国家的法律还没有考虑到沉睡者,但教会的法律已经开始注意他们的问题。一份1313年的文书规定,如果沉睡者杀了人,教会不能以他犯罪为由禁止他(在正常状态下)担任教士。但少数派的观点输了。于是,沉睡者被不断边缘化,最终成了病人群体。的确,坚持每个人只有一个本质形态,可以确保世俗法庭和教会法庭在审判中明确界定个人的法律责任。

---

[1] 此处人名疑为"Alain Boureau"。阿兰·布罗(1946—),法国历史学家,专攻经院哲学史。
[2] 托马斯主义是由中世纪哲学家、神学家托马斯·阿奎那的作品、思想衍生出来的哲学学说。

一旦在主流思想体系中被边缘化，法理学就会排除沉睡者的概念。布罗认为，在猎巫狂潮开始时，沉睡者及第二本质形态的概念重又出现，成了相关思想基础的一环。根据布罗的说法，沉睡者的行为就是典型的可疑之举，人们可以指控其为巫术。布罗的分析提醒了我们，即使是在西方世界，也有很大一部分的文化遭到了压制。沉睡者表现出来的现象可能是某种出神状态，但相关含义只能放到时代背景之中理解。总之，我们不能过分简化，直接将沉睡者归为多重人格患者。但如果我们仅仅只是将20世纪末的多重人格患者和12世纪末的沉睡者看作人类社会中普遍存在的潜在出神现象在不同文化背景下的表现，而不是简单地在两者之间画上等号，情况可能会好一些。我将这两种现象称为文化表现，并不是要质疑它们的真实性。沉睡者是真实存在的，多重人格患者也是真实存在的。出神状态并没有比多重人格患者或者沉睡者的状态更加真实，因为真实不是用程度来衡量的。出神只是一个更加概括性的概念，其中涵盖了更多异常行为。我还要重申一遍，出神可能不是一个永久性的概念，因为有一天我们或许会认为，被统称为出神状态的现象之间根本没有共性可言。

当我们将目光从沉睡者转向近代时，很容易会把梦游症视作多重人格的前身。我曾描述过18—19世纪的一些梦游症患者的情况，也向大家展示了在英语世界中梦游症是如何汇入所谓的双重意识的。[8]如今梦游症与睡行症意思相同，当然，从词源学的角度看，"梦游症"（somnambulism）就是"睡行症"（sleepwalking）。但我们大部分人对睡行症的认识十分有限。在我们的印象中，睡行者就像连环画里穿着睡衣的小男孩一样，手臂向前伸直，眼睛闭着往前走，根本不知道自己有没有撞到东西。我们更熟悉的情况是人们在睡觉时说话。但在过去的用法中，"梦游症"一词涵盖的内容更多，包括了看似清醒但是在"睡着"或者"出神"状态中发生的行为。在狄德罗的《百科全书》中，"梦游症"的词条有这样一段表述：当患有梦游症的人"陷入深度睡眠后，他们还可以走路、说话、写作，完成各种不同的动作，就好像完全清醒一样，有时他们在睡梦中的行为甚至比清醒时更明智、更准确"。[9] 1875年以后，欧仁·阿藏成了法国最著名的双重人格患者费莉达的主治医生，他称费莉达的第二种状态为"完全的梦游症状态"。[10] 他的意思是，费莉达在第二种状态中保有全部的身体机能及与之前相同的智力水平；她可以走路、聊天、缝纫、恋爱、吵架。她通过出神切换至另一种状态。阿藏认定费莉达的次人格状态就是梦游症的表现。

艾伦·高尔德[1]（Alan Gauld）所著的《催眠史》的内容相当丰富，恰当地区分了动物磁性和催眠。这种区分甚至体现在他的参考文献中，他分别引用了八百五十条动物磁性的文献、一千两百五十条催眠的文献。[11] 他认真关注过这两种不同的事物（两者有各自的文化含义）融合在一起的可能性。虽然这种可能性因受到詹姆斯·布雷德的成果与学说的部分影响而中断了，但后来融合动物磁性与催眠的术语还是出现了，即梦游症。磁性状态和催眠状态都被称为受到激发或人为制造的梦游症，而非自然产生的梦游症。高尔德从生理学的角度仔细思考过可否将受到激发的梦游与自然产生的梦游视为同一种状态。他本人对此深表怀疑。

---

[1] 艾伦·高尔德（1932— ），英国超心理学家、作家，以研究催眠史而闻名。

但从文化和科学的角度来看，这两者一直被视作同一种状态，如今我们会将两者归为人类学家所谓的出神状态。

人们将梦游与催眠放在了一起，这一点深刻地影响了多重人格之后的发展进程。多重人格的支持者对多重人格与催眠的任何联系都非常紧张——因为催眠是一件奇事、一种奇迹，已经被科学边缘化了。为了证明我不是要给多重人格打上催眠的印记并借此来抹黑它，我需要详细地引用亚当·克拉布特里敏锐的历史观察。亚当是一位临床心理学家，他的实践工作中包括很多关乎多重人格的内容。他的《多重人》（*Multiple Man*）是该领域中具有开拓性、创新性的著作。克拉布特里并没有与多重人格为敌。他在最近的新书中这样写道：

> 磁性睡眠的发现与多重人格的出现是直接相关的……非器质性精神疾病包含两个元素：自身的紊乱及关乎紊乱的现象描述，即描述疾病症状的术语……在切换意识的范式出现之前，描述不相容意识内在体验的唯一说法就是侵占，即意识从外部侵入。随着人们日益认识到大脑中存在内生的第二个意识，一种新的描述方式蓄势待发。现在，患者可以用一种新的方式描述他们的体验（社会也可以理解这种描述方式）……这意味着，皮塞居尔[1]（Puységur）发现了磁性睡眠，对精神紊乱的表述形式做出了重大贡献。[12]

在此我只想给出一个关键的提醒。克拉布特里暗示人们有一种亟

---

[1] 即皮塞居尔侯爵（1751—1825），法国贵族，因对催眠术的研究闻名于世。

待表述的体验，一种用不同的症状术语表述的体验。这种体验是纯粹的内在体验，先于任何的语言描述或社会环境。我无法像克拉布特里那样轻易地将体验与表述分开。他的历史性主张（而非本体论主张）是正确的。事实上，我想对他的症状术语的概念加以扩展。有两类症状术语可以作为多重人格症状术语的前身。一种是盛行于欧陆的自发性梦游症的症状术语，与人为制造的梦游症的术语关系紧密。另一种是盛行于英国和美国的双重意识的表述术语，它在很大程度上区别于动物磁性和催眠。这一点非常重要，因为在双重意识的症状术语中，几乎没有与记忆有关的事项。

因此，我会劝说多重人格的狂热支持者，让他们不要把所有的病例都混为一谈。毕竟，这些案例各自发生在不同的社会和医学传统中；它们不仅名称各异，而且对于一些不同的相关群体而言，如观察者、记者、读者、不同阶层的公众，意义也各不相同——我斗胆猜测，它们对各色患者群体也有不同的意义。正如高尔德没有将动物磁性彻底等同于催眠，或者没有将被激发的梦游症彻底等同于自发性的梦游症，我也依然会使用"双重意识"之类的旧名。

1816年，玛丽·雷诺兹（Mary Reynolds）成了"一个非常特殊的女性双重意识案例"。她是19世纪英语世界中最有名的双重人格患者。"双重意识"概念本身就具有非常丰富的含义。"双重"意味着在数量上有两个，所以在我们的预期中患者不会有两个以上的人格状态，当然更不会有十几个或上百个人格碎片。与"双重"相比，"意识"更为稳定，因为它是一个被动性的词汇。

该词没有暗示患者的行为或者与他人的交互行为，也没有暗示患者存在完整的次人格。玛丽·雷诺兹确实有两个完全不同的人格，这一点是比较容易理解的。玛丽最初被冠以"双重意识，或者人格的二元性"，但"人格的二元性"的说法没有流行起来。[13] "双重意识"被保留了下来，而且它在19世纪的大部分时间里都是该类诊断在英语世界中的名称。它成了克拉布特里所说的症状术语中不可或缺的一部分。

除了梦游症，法国并没有英语世界中那样的诊断类别。法国人在19世纪晚期才接受了英语的表述方式，将"double consciousness"翻译成法文的"double conscience"（法语中的"conscience"对应英语中的"consciousness"，而非"conscience"）。法国人还使用了新的名称，如交替人格和人格的双重化。布罗伊尔和弗洛伊德曾有一句著名的论断："在双重意识的经典案例中，患者的意识分裂非常明显，但这种程度在癔症中只是最基本的症状。随着分裂日益严重，双重意识患者会呈现出异常状态（我们将此归类在'催眠样'之中），但这只是癔症的一种基本现象。"[14]

玛丽·雷诺兹并不是近现代多重人格现象中最早出现的潜在案例。早在1791年就出现了两个案例：一个是亨利·埃伦贝格尔所说的来自欧洲的案例，另一个是埃里克·卡尔森（Eric Carlson）所说的来自美国的案例。这两位作者为后续的多重人格研究提供了非常好的资料。迈克尔·肯尼为我们提供了生活于19世纪美国社会中的多重人格患者的传记。[15]艾伦·高尔德认为，虽然埃伦贝格尔讲述的1791年的患者已经成了多重人格文献中的经典案例，但人们发现了与之相似的更早的记录，主要出现在德语文献中。[16]艾伦·高尔德和亚当·克拉布特里已经在他们近来的几本著作中做了补充说明,对此我就不再赘述了。我想对双重意识患者的原型做一个简洁的介绍。第九个章节引用了欧根·布鲁勒对交替人格的描述,已经在很大程度上达成了我的目的。

今天的多重人格包含着各式各样的案例,过去的双重意识同样如此。我们之前提到,如今人们正在积极寻找男性多重人格病例和儿童多重人格病例。然而,在多重人格发展的早期,人们并没有此类困扰,那时常有男性患者的报道。有一个十一岁半的女孩名叫玛丽·波特(Mary Porter),她于1836年接受治疗。她的医生发现:"在迄今为止已经公布的双重意识病例中,大部分患者都是子宫功能紊乱的年轻女性。如果患者是男性,他们的神经系统功能会因为暴行、恐惧或者激动而被削弱。"[17]这样看来好像男性患者是因为经历创伤才患病的。最近,多重人格的支持者开始认为进食障碍可能也是多重人格的表现。厌食症患者的体内可能有一个迫害型的人格阻止进食。暴食症患者可能只是在某个人格状态下才会暴饮暴食。有一份报告明确指出,19世纪一个患有暴食症的男孩便属于以上这种情况。[18]但我在第二个章节中说过,在20世纪80年代,多重人格已经有了非常精确的原型案例,而双重意识同样如此,也有精确的原型案例。我不是要没完没了地讲案例,然后从中提炼出一个最精确的原型,我只要引用两个相隔二十五年的案例就能把事情讲清楚。

第一个案例出自学者赫伯特·梅奥(Herbert Mayo)写的一本生理教科书,该书在出版后的几十年中一直被视作最具权威性的参考著作。[19]梅奥是磁性理论的研究者,写过《催眠这种大众迷信中蕴含的真相》(*On the Truths Contained in Popular Superstitions with an Account of Mesmerism*)。他所说的案例是一位年轻的女性。这位患者有一个非常有趣的特征，在双重意识及之后类似障碍的相关报告中并不常见，那就是幽默感。

> 这位年轻的女士在生活中有两种截然不同的状态：在病情发作时（持续几小时到几天不等），她有时会很快乐，精神振奋，有时又很不安，辗转反侧。但总的来说，她看起来依然是原本的自己，即使不认识的人接触她也不会觉察出任何异样。此时的她以阅读和工作为乐，琴弹得比正常时更好。她记得周围的每一个人，会和他们正常交谈。她对自己看到和读到的东西也能给出准确的评论。她的发作状态会突然消失，之后她会忘记发生的一切，以为自己只是睡着了，有时她还会梦到发作状态中给她留下深刻印象的事情。有一次，她在发作状态中读了埃奇沃思小姐（Miss Edgeworth）[1]写的作品，那天早上她还给母亲讲了其中的一个故事；过了几分钟，她走到窗前，突然喊道："妈妈，我好了，我的头痛消失了。"她回到桌旁，拿起几分钟前读的那本书问："这是什么书？"她翻了几页，看了看前几页的插图，又把书放了回去；过了七八个小时，她回到了发作状态，又要了那本书，从早上停下来的地方继续读，她记得书中的每一个情节；她总是这样，在一个状态下读

---

[1] 即玛利亚·埃奇沃思（1768—1849），英国作家，欧洲早期现实主义儿童文学名家之一。

某一套书，在另一个状态下读另一套书。她似乎能意识到自己的另一个状态，因为有一天她说："妈妈，我可以放心去读这本小说；它不会有损我的道德，因为我在正常的时候不会记得里面的任何一个字。"

这就是双重意识的原型患者。以上这段文字中的年轻女孩会从温顺状态切换到大胆状态，从忧郁状态切换到快乐状态。这类患者大都来自安闲舒适但不会铺张浪费的家庭。注意，有些事情他们在发作状态下完成得更好。我们提到的这个女孩在发作状态下琴弹得更好。玛丽·雷诺兹也有同样的特征。迈克尔·肯尼认为，一般来说，女性会悄悄地切换状态，过上一种叛逆的生活，因为她们在正常状态下无法摆脱正常秩序的束缚。不过这种情况并不是女性特有的。埃里克·卡尔森讲述的1791年的病例同样如此。米勒先生（Mr. Miller）是马萨诸塞州斯普林菲尔德的一个年轻的小伙子，他是军人的儿子，当他切换状态之后，便开始寻欢作乐。就像女性会变得更擅长"她们应该擅长的"事情一样，米勒先生在切换状态后变得更擅长男性应该擅长的事情。在男性患者的案例中，他们做得更好的事情不是弹钢琴，而与运动有关。确实如此，米勒先生在梦游状态下身体会"更灵活"。[20]

我要讲的第二个例子源自著名的精神病专家J. 克赖顿·布朗（J. Crichton Browne）对个人同一性的讨论。在回顾了相关文献中的众多经典案例后，他以父亲病例手册中的一个新例收尾。

大约在两年前，也就是J. H. 的体质发生巨大变化之前，她患上了癔症。她身上的显性表现有癔球症和手指痉挛性弯曲。这些症状一直存在,即使在她的体质发生改变之后依然如此。这位患者每天中都有几个小时处在所谓的正常状态中,但她每天处在异常状态的时间几乎与之相同。当她处于某一种状态时,她不记得在另一种状态下发生过什么事情或自己做过什么事情,也不记得自己有什么收获或经历过何种痛苦。她所处的这两种状态之间没有任何联系。当她打了一个哈欠、癔球症发作、眼皮半睁的时候,就是进入了梦游状态。在梦游状态中,她的眼睛虽然是半睁的,但她的视线不会受到影响。通常在她吐出一口痰时,梦游状态就结束了。在打哈欠(开始)与吐痰(结束)之间,她都处在梦游状态,这时的她十分活泼,比自己平时织东西、读书、唱歌、与亲友交谈更快乐,据说她在这种状态下也比平时更精明。她写信的文法架构及书写的笔法技巧都比醒着时或自然状态时更高级。她的这种状态或许可以称为"神视力"。当她醒来以后,她对之前发生的任何事情都没有记忆。她会忘记在此期间见过的人、学过的歌、读过的书,如果她继续阅读,她会从上次自然状态时停下的那一页开始。当然,她在异常状态中也是一样,不记得正常状态中的任何情况。她的异常状态总是突然出现且毫无预兆,但有时会受到某种噪声或房内物品移动的激发,例如扑克牌突然掉落或者椅子位置改变。她很健康;她所有的身体功能都符合标准且正常完好。近期,她在梦游状态结束后会抱怨头疼,有一次她说只有一侧头疼。[21]

我特意选了提及"忘记"的引文。这位女士总是"忘记"上一个状态发生的事情,或者对上一个状态的事情"没有了记忆"。这位研究者在描述患者的情况时总是很自然地选择"忘记"一词。但这样的表述意义不大,其他研究者会使用别的术语,例如称患者"没有意识到"或者"不知道"在切换状态后发生了什么事情。在双重意识症状术语的表述中,记忆不是问题的焦点,这一点很好证明。精神病医生会告诉我们,上文中的女孩在正常状态下不记得出神或梦游状态中发生的事情,但他们并没有调查过她在异常的状态下是否记得正常状态中发生的事情。我推断,梅奥案例中的那位患者知道正常状态下的事情。至少她知道当自己醒来时,会忘记发作状态时读过的小说。

玛丽·雷诺兹的情况表明,她患有后来法国人说的"双向失忆症",即两种状态彼此之间没有记忆。法国的研究者将这个案例与他们记述过的只有单向失忆症状的案例做了对比。然而,英国和美国的研究者却对患者记忆的问题漠不关心,他们甚至懒得去探讨患者的失忆是双向的还是单向的。那么,除了满足纯粹猎奇心理的情况之外,什么才是他们真正感兴趣的呢?真正令他们着迷的是患者人格的切换。以下词汇经常被用来描述切换后的状态:活跃、活泼、冒失、愉快、欢乐、粗鲁、调皮、鲁莽、热情、记仇。这些都是形容双重意识原型案例的核心短语。

英国人关心的另一件事情是证明切换出来的人格并不具备超常的感知能力。法国的梦游症(起初与催眠术联系紧密,后来与超自然现象联系紧密)文献中有很多关于超常感知的故事。这些故事的开头还比较正常,只是提到梦游者能在黑暗中自如地行走。然后,故事就会提到梦游者能在黑暗中读书写字,紧接着就是能看到超远地方的事情,甚至能看到未来。这也是"神视力"一词的由来,它指的是预见未来的通灵能力。英国的医生大都毕业于爱丁堡医学院,那里有着强烈的苏格兰经验主义哲学和常识哲学的传统,因此他们完全不相信故事中的说法。克赖顿·布朗谈到 J. H. 的"神视力"只是在说她的出神状态,并没有暗示她的感知能力增强了。但患者在弹奏钢琴、身体灵活性、希腊语以及书写技巧等方面的能力提升令英国医生产生了兴趣。他们还对更多的情况产生了兴趣,例如双重意识与左右半脑是否存在联系。[22]男性医生接触到的双重意识患者主要是女性,他们的治疗方式有性别之分。女性患者的症状通常被归入癔症,当然,这也不算是对病情的夸张描述。我会在下一章中讲述沙尔科派的癔症。医生们发现,年轻的女性患者的第二意识会在月经开始时消退,因此他们将这种精神疾病与子宫失调联系了起来。[23]

在英语世界中,记忆和遗忘对双重意识来说都不重要。这一点与 1875 年之后法国的情况完全不同。其中的主要原因在于之前记忆尚未成为科学研究的对象。我的这种观点较为激进,但我会在随后的几章中加以证实。除了这个原因之外,还有一个地域性的原因。在英国和美国,双重意识总体上与动物磁性或催眠无关。赫伯特·梅奥(我之前提到的双重意识原型的记述者)是一位磁性理论的研究者和实践者,但他似乎没有催眠上述病人。双重意识领域吸引了不少仇视催眠的人。长期担任英国医学杂志

《柳叶刀》编辑的托马斯·瓦克利[1]（Thomas Wakley）非常敌视催眠术，催眠史研究者艾伦·高尔德以罕见的愤怒口吻称他为"令人发指的瓦克利"。1843年，瓦克利呼吁学界研究双重意识，以期减少人们对个人同一性问题的教条主义看法。[24]

不同于英国的同行，欧洲大陆研究磁性或催眠的学者更加关注记忆问题。早前就有人指出，从催眠的出神状态中醒来的受试者不会记得之前发生的事情。1823年，J.-F.-A. 伯特兰[2]（J.-F.-A. Bertrand）在发表的一份报告中指出，记忆问题在自发性、神经性或者癔症性的梦游（当时，双重意识在法国有各种各样的称呼）中非常明显。他观察过一个十三四岁的即将进入青春期的女孩，对她的四种状态做了归类：（1）磁性梦游；（2）正常睡眠期间的夜间梦游；（3）神经性或癔症性梦游；（4）非睡眠时的梦游。这些状态按照以上顺序呈现单向记忆，即状态（1）拥有所有状态的记忆，状态（2）拥有状态（2）（3）（4）的记忆，状态（4）完全没有其他状态的记忆。[25]

总的来说，法国研究动物磁性的人士并没有对记忆问题作出过多的评论。他们的目的是理解磁性流体，而非弄清记忆。但他们至少关注了与记忆有关的情况。自发性梦游的症状术语中包含关乎记忆的内容，因为自发性梦游与激发性梦游（也被称为动物磁性）存在联系。双重意识的症状术语对记忆只是略有提及，这可能是因为它基本上没有与磁性和催眠的文献互通有无。

我不准备在这里继续描述法国自发性梦游症的原型患者了，

---

[1] 托马斯·瓦克利（1795—1862），19世纪英国知名外科医生，《柳叶刀》的创始人。
[2] J.-F.-A. 伯特兰（1822—1900），19世纪法国数学家、经济学家、科学史学家。

它对1875年之后的法国多重人格浪潮的影响相对较小。其中的部分原因是，催眠在1878年被沙尔科复兴之前，一直饱受学界质疑。大家都忽略了法国的一些早期案例，法国的研究者引用的都是美国或英国的案例，而不是自己国家的案例。然而，有一个案例我不得不提（因为近来又颇受重视），那就是德皮纳在1836年治疗的埃丝特勒。正如第三个章节引用的材料所述，克鲁夫特在了解该领域的其他研究者之前，一直将德皮纳视为老师。因此，德皮纳作为当今最权威的多重人格学者的"导师"，值得我们关注。德皮纳也是利用动物磁性来治疗梦游症的典范（他经常引用自己治疗的案例）。

当埃丝特勒在1836年引起德皮纳的注意时，她还只是一个十一岁半的小女孩。巧合的是，她与上文中提到的玛丽·波特是同时代的人，她们于同一年在伦敦接受治疗。两个女孩在进入青春期后情况有所好转。玛丽的医生认为她的问题是由于青春期的到来。虽然这位医生公布了自己的治疗方法，但他并没有宣称治疗多么有效，玛丽其实是自然而然好转的。埃丝特勒的故事就完全不同了，因为她的医生既是善于使用磁性疗法的医生，也是在艾克斯勒萨瓦（Aix-le-Savoie）时兴的水疗中心工作的医务督导。[26]这个水疗中心有很多人，大部分都是患有奇怪疾病的女性。爱德华·肖特[1]（Edward Shorter）是一位强烈质疑身心类疾病（由精神压力引起的身体疾病）的历史学家，他指出德皮纳在1822年时已经描述过一个女性患者拥有六种不同状态，其中之一便是"不完全的磁性状态，她感觉内在有第二个自我"。在研

---

[1] 爱德华·肖特（1941— ），加拿大历史学家，多伦多大学医学史教授。

究了水疗情况后,肖特写道:"埃丝特勒的多重人格障碍发生于艾克斯地区盛行磁性理论和僵硬症之时。这里的很多患者都出现了奇怪的症状;但是在埃丝特勒这样一个年轻聪明的女孩看来,这一定是她自己独有的情况。"[27]

多重人格与分离性状态国际研究协会前任主席凯瑟琳·法恩对此的看法则截然不同。[28]在阅读德皮纳的文献时,她将他视为一位杰出的医生,认为他是理解和治疗多重人格的先驱。埃丝特勒母亲的日记显示,埃丝特勒会与天使交流(患者的次人格)。埃丝特勒时常出神;在睡着时,她会陷入发作状态,出现麻痹、麻木、过敏以及其他可怕症状。她会在发作状态和正常状态之间切换。在发作状态中,她能在冰凉的水中游泳,然而在正常状态中,她总是抱怨感觉很冷,并会因为背部超级敏感而无法正常活动。在催眠状态中,她一切都好。

显然,理论不仅决定了我们如何看待今天的世界与疾病,而且决定了我们如何解读旧的文献。肖特对身心疾病持强烈的怀疑态度,他发现埃丝特勒与他读到的同时代的众多病例没有区别。法恩是多重人格领域中最前沿的心理学家,她仅仅阅读了一篇文献就认为德皮纳是一位优秀的治疗者。也许你会认同法恩的观点,但在仔细读完文献材料后,你就会发现,埃丝特勒只是一个来自瑞士的被宠坏的孩子,她喜欢吸引别人的注意,热衷展示自己。她拿捏了法国水疗中心纵容的态度,并利用了水疗中心的"江湖术士",即那个医疗督导。当然,她在 1836 年时(人们蜂拥而至,跑去看麻痹或出神的她被装在篮子中穿过边境山脉,送往水疗中心)或者 1837 年时(她归乡时成了当地的新闻人物)

的确出名了。这一切并不意味着她不是多重人格患者,许多多重人格患者都是喜欢炫耀的人。

不管我们如何解读这个案例,它对多重人格的症状术语都没有产生直接的重要影响。后来埃丝特勒很快就从人们的脑海中淡去,直到19世纪80年代被雅内重新发现时,她才为更多的人知晓。埃丝特勒产生的影响可能有所延迟。1919年,雅内坦言:"我研究完全性梦游症(阿藏将其称为彻底性梦游症)时,对德皮纳的著作还不熟悉,直到很久以后我才读到他的书……虽然德皮纳记录的埃丝特勒的案例对我没有产生直接影响,但他的著作可能对我的工作产生了间接影响。"雅内早期最有名的患者是莱奥妮,他的名气有很大一部分源于对她的治疗。莱奥妮当时已经在断断续续地接受磁疗医生的治疗了,这种治疗似乎没完没了。在1885年到勒阿弗尔面见雅内之前,莱奥妮一直由佩里耶诊治。"卡昂的佩里耶一定了解德皮纳的书,他在自己的记录中引用了相关内容……很有可能是佩里耶引发了莱奥妮的这种(完全性梦游症)状态,并使其成了她的常态。"[29]有趣的是,在雅内第一次读完德皮纳的书后,他强调针对埃丝特勒的研究"提供了最早、最好的癔症描述"。[30]在自己的研究成果中,他总共提到埃丝特勒十一次,全是为了说明癔症的身体伴随症状(即所谓的转化症状)。正如我们将会看到的,1875年之后,法国多重人格患者最主要的特征就是伴有明显的癔症症状。从历史的角度来看,这是埃丝特勒成为1875年后法国多重人格先例的重要路径。

11

人格的双重化

那是"1875年春天,在提及记忆奇异之处的讨论中",欧仁·阿藏第一次讲述了法国经典的双重人格案例费莉达的故事。千年来,梦游症在医学专业人士和民间传说中一直是一个经久不衰的话题。在整个19世纪,人们对双重意识和自发性梦游症的兴趣从未消减。但在阿藏之前,没人系统研究过双重人格。[1]

请允许我向你们介绍费莉达。她是一位不同寻常的人物,在思想史上发挥了相当重要的作用。别忘了,这个不起眼的人可以说是泰纳(Taine)[1]和里博(Ribot)[2]的老师。实证主义心理学家以她的经历为重要论据,与库赞[3](Cousin)学派的教条主义展开了英勇斗争。如果不是因为费莉达,法兰西公学院不一定会

---
[1] 即伊波利特·阿道夫·泰纳(1828—1893),19世纪法国实证史学的代表,也是哲学家、心理学家。
[2] 即T.-A. 里博(1839—1916),19世纪法国心理学家。
[3] 即维克托·库赞(1792—1867),19世纪法国教育家、哲学家。

有这样一个教职,我也不一定能在这里跟你们讲癔症患者的精神状态。正是一位波尔多的医生讲述了费莉达的经历:1860年1月,阿藏首先在外科协会中汇报了患者令人难以置信的经历,然后又在法国医学学会再次汇报了相关内容。他将自己的汇报讲稿命名为《关于神经性睡眠或催眠的注解》,并在讨论异常睡眠时提到了这个案例。他认为异常睡眠可以通过无痛方法进行治疗。这篇机缘巧合之下写下的讲稿将在未来五十年彻底改变心理学。[2]

以上是1906年皮埃尔·雅内在哈佛大学演讲时说的话。当时,他在法国最负盛名的学术机构法兰西公学院拥有心理学的教席。雅内的故事中只有一点是错误的。阿藏并没有在他1860年的汇报讲稿中向世人陈述费莉达的双重人格。他只是提到这位女士(没有提到她的姓名)会自发地进入类似催眠的出神状态。他表示之后会记录更多的情况,但直到1876年才继续动笔。1860年,费莉达的情况只能用于阐释催眠方面的主题。到了1875年的春天,她的案例开始适用于一个全新的主题——刚刚出现的记忆科学。到了1876年,费莉达一下子在法国心理学、精神病学领域变得尽人皆知。

欧仁·阿藏是波尔多医学界举足轻重的人物,备受尊敬,他在当地一所大学的建立过程中扮演了关键角色,还在当地葡萄园消灭根瘤菌的行动中发挥了核心作用。波尔多是欧洲最古老的居住区之一,他是当地知名的考古学者。他还是一位真正的绘画收藏家。在人们的印象里,他在波尔多所有的文艺或科学学会中都担任过主席。然而，如果不是因为费莉达，他早已被淹没在地方志之中了。但是他注定要名留史册，因为他是法国第一批支持布雷德的科学催眠的研究者之一。他在1860年的汇报讲稿中提及的内容关乎催眠而非多重人格。不过，催眠和癔症正是日后法国多重人格浪潮的基本要素。

阿藏几乎为费莉达的这种疾患试了他能想到的所有名称，仅在他的论文中就有这些："异常神经症，生命的双重性"（Névrose extraordinaire, doublement de la vie, 1876年1月14日）；"周期性记忆缺失，或生命的一分为二"（Amnésie périodique, ou dédoublement de la vie, 1876年5月6日）；"双重意识"（La double conscience, 1876年8月23日）；"人格的一分为二"（Le dédoublement de la personnalité, 1876年9月6日）；除此之外，还有1879年3月8日论文中的"双重人格"（La double personnalité）。[3]阿藏文章的刊发方鼓励他使用"双重意识"，即英文名称的法文译法。阿藏对此却不以为意，他最中意的是"人格的一分为二"，这无疑就是我们想说的"人格分裂"，常与精神分裂症（"大脑的分裂"）混淆。请注意，意识在这里已经不再是一个被动的词语，双重才是。生命、人格都是活跃在人类灵魂之中的事物。

阿藏为自己是第一个将科学催眠引入法国的人而感到骄傲（至少还有两个人也曾宣称这是他们的荣誉，但这些都不重要）。他的父亲是波尔多的外科兼精神病医生。作为儿子，阿藏顺理成章地成了精神病院女性患者的首席外科医生。1858年6月，他应召去治疗"一位年轻的女士"。人们认为她疯掉了，她身上会呈现自发性的僵直、麻木和过敏等症状。"此外，她还有记忆损伤的情况,对于这一点我之后还会介绍。"这位女士就是费莉达,阿藏曾打算就她写一篇研究报告,但一直没有动笔。他向许多同行展示了这位女患者,他们认为费莉达的病态是假的,但有些人则鼓励他继续研究。他的上司告诉他,一本英国百科全书中有一篇关于催眠的文章,其中提及布雷德可以人为制造出阿藏在费莉达身上观察到的现象。因此,正是费莉达让阿藏接触到了催眠,而不是催眠让阿藏接触到了费莉达。

阿藏一直把布雷德的书带在身边,很快他就开始催眠费莉达,并且诱导出了费莉达身上的自发性症状。但因为费莉达的症状本来就会自然而然地发生,所以无法证明催眠的效果。于是他又转向与费莉达同院的另一名女士。她是一个二十二岁的健康女性,为一位珠宝制造商工作。阿藏很快就在她的身上诱导出他读到的催眠现象。他开始相信,虽然布雷德在很多地方都会言过其实,严重高估催眠的治疗效力,但他的基本观点是正确的。阿藏是布罗卡[1]的朋友,布罗卡因定位人类右脑中的语言中枢而被后世铭记,该区域又名布罗卡区。1859 年,阿藏在访问巴黎时将催眠的事情告诉了布罗卡,布罗卡对此展现出了浓厚的兴趣。催眠可以在手术中麻醉病人吗?两人催眠了一位患有严重脓肿的女士,并用手术刀剖割了她的病灶,她并没有感觉到疼痛。布罗卡立刻将这一情况传遍了全巴黎。阿藏一时名声大噪。但对于大多数医生来说,关注催眠的人是磁性研究者,也就是骗子。无论阿藏怎么努力地撇清关系,他的名声还是受损了。将催眠作为麻醉手段并

---

[1] 即保罗·皮埃尔·布罗卡(1824—1880),法国医生、解剖学家、人类学家,以对人类大脑额叶"布罗卡区"的研究而闻名。

不可靠，而且到了1860年，用于麻醉的三氯甲烷（旧时的医用麻醉剂）已经普及了。在经历了短暂的狂热之后，法国医学界抛弃了催眠，只有公众和舞台上的磁性表演者还为之疯狂。直到1878年，在费莉达因为其他事情成名之后，沙尔科才做了一个"关键的催眠演示"（此处引用的是巴宾斯基的权威说法）[4]。阿藏在法国介绍催眠却总是得不到各方认可，对此他一直耿耿于怀。

请注意，与雅内的莱奥妮和其他一众患者不同，费莉达并不是在被催眠之后才发展出双重人格。阿藏在遇到费莉达时还不知道催眠这回事，他最初在她身上做实验是因为她会出现自发性的精神分离。当他发现自己可以催眠她时，便立马在一位健康的女性身上尝试新技术。他还会在其他受试者身上进行催眠实验，因为费莉达已经是一位自发性的梦游症患者了。他继续催眠费莉达是希望治愈她，但他没能成功，最终也放弃了这个项目。1859年年底之后，费莉达的情况似乎有所好转，但阿藏在之后的十六年没再见过她。

催眠是法国多重人格浪潮的核心，也是当时法国多重人格患者区别于英国双重意识病例的一点。我不是在重复一个老生常谈的论调，称患者的多重人格是催眠造成的。这种说法一文不值。我们知道，费莉达在她的主治医生听说布雷德的科学催眠之前就已经有交替人格了。真实的情况是，所有具有双重人格的患者都处在一个痴迷于催眠的环境中，他们的行为会被拿来与催眠的受试者比较。

双重意识与1875年以后以费莉达为代表的法国多重人格还有着更为明显的差异：大多数双重人格患者都有奇怪的疾病。最令人印象深刻的是身体部分麻木、感觉过敏、局部瘫痪、痉挛、身体颤抖以及感官功能异常，如视野受限和味觉、嗅觉丧失。患者经常会出现胃部、口腔、鼻腔或直肠无故出血的情况，还会出现严重的头痛和眩晕的情况及类似于肺结核充血的情况。这些症状（通常比较可怕）并没有明确的器官、身体或神经方面的病因。我们现在称之为转化症状。我不大喜欢这样的表述，因为它听起来有些弱化患者的痛苦，太书面化了。它让我们忽视了很多患者经历的巨大痛苦。我将为大家讲述费莉达的可怕遭遇。

在费莉达生活的那个年代，这些症状通常都会与癔症联系在一起。法国的每一个双重人格患者都被诊断为癔症患者。这一点并不能立即将法国的双重人格与英国的双重意识区分开来，因为后者（例如，克赖顿·布朗的原型患者 J. H.）也被打上了癔症的标记。但癔症自身发生了变化。我不知道人们是从什么时候开始说癔症变幻无常，但这样说就意味着癔症可以有无限的表现形式。当然，绍瓦热[1]（Sauvages）早在 1768 年出版的经典著作《系统疾病分类》（*Nosologia Methodica*）中就说过癔症变幻无常。历史上，癔症的话题在很多书中都出现过，其中也有专著。这里且不谈一代女权主义历史学家对癔症所做的了不起的研究。[5]被诊断出癔症的女性遭受的待遇几乎与猎巫狂热时期被判为女巫的女性遭受的待遇一样恶劣。在此我只想强调在欧洲医学的发展过程中，癔症的典型案例发生了多么巨大的变化。

---

[1] 即弗朗索瓦·布瓦西耶·德·绍瓦热（1706—1767），18 世纪法国医生和植物学家，他仿照植物学家的方法建立了一种有条不紊的疾病分类学。

有两位精神病学家对四百年以来的癔症进行了调查统计。他们说，截止到19世纪中叶，医学教科书和报告强调的都是抑郁症（这个术语如今已经应用于临床实践）。随后，癔症症状的表述陡增。他们统计了各篇文章，相关术语的频率曲线显示，大约在1850—1910年，癔症"整体概念的扩展正处于一个高位时期"。"关于癔症患者的人格，没有人比雅内记述得更全面……雅内的术语中包含抑郁、恐惧、情绪化、不稳定和易兴奋等普遍特征，也包括语言夸张、易受暗示、判断欠缺、自控力差、容易幻想、性欲问题、自毁倾向、衰退、羞耻、意识范围缩小以及双重人格。"[6]这些都是医生用来形容女性患者的。然而，这项调查几乎没有提到费莉达时代特别普遍的麻木、感觉过敏、痉挛、瘫痪、出血等症状，尤其是疼痛的情况。

催眠与癔症是孕育法国双重人格的母体的两个面向。哲学在其中也起着重要的作用，当然，这不仅仅是因为在整个19世纪的大部分时间里，心理学都是哲学的一个分支。当时，在法国占主导地位的哲学流派受到维克托·库赞的影响。像雅内这样不喜欢该哲学流派的人士将其称为折中唯心主义或"唯心教条主义"。它在学院派体系中已经根深蒂固了。到1870年（当年法国与普鲁士爆发战争）之后的第三共和国，库赞思想的霸权地位才受到挑战。

库赞认为，精神物质（上帝、灵魂和思想）是真实、客观、独立、自主的。哲学的发展应该通过审视直接理念的"心理学方法"达成，这是笛卡尔和孔狄亚克倡导的真正的法国式方法。库赞及其追随者认为他们的工作是经验性的，也是科学性的，因为他们从一开始就会体察实际观念。他们拒绝从物质层面阐发心理学，也抵制各类人类思想和行为的决定论。简而言之，他们全方面地反对由奥古斯特·孔德创立的实证主义学派。实证主义在第三共和国盛行一时，它是多重人格的根源之一。

这其中的关联非常明显。人们通常认为伊波利特·泰纳和勒南[1]（Renan）是19世纪最后三十年中最重要的两位法国知识分子。他们都是实证主义者，倡导科学世界观。泰纳重要的哲学著作是《论智力》（*De L'intelligence*，1870年）。在法国医学界，总有人扮演着实证主义者的角色，承担起收集事实、反理论、反因果律的重要职能，但泰纳并非如此。他的实证主义深受黑格尔的影响。我无法说出他支持什么，但我可以说出一件他反对的事情。他反对折中主义唯心论者主张的自主、独立的自我或灵魂，反对"独特且持久的我或自我，这种自我与形式多样且短暂易逝的感觉、记忆、印象、思想、观念、概念都不一样"，[7]我、自我，连同其拥有的功能或力量，"都是形而上学的存在，都是纯粹的思想产物，可以用文字来表达，但当你开始深究文字的含义时，它们也就消失了"。他反对康德的自由意志。康德认为"我"即本体自我，不受现象世界中的因果律的约束。泰纳认为自我是黑格尔式的历史存在；他认为自我正如洛克所说，是由复杂的意识、感觉和记忆构成的人格。因此，当双重人格在1876年登上新闻头条时，他非常开心。在1878年版的《论智力》中，他引用了这些案例。[8]（泰纳认为）每个患者体内都有两个"自我"交替出现，每一个自我都有清晰的意识和一连串的记忆。患者体内

---

[1] 即约瑟夫·欧内斯特·勒南（1823—1892），19世纪法国史学家、哲学家、作家。

没有先验的灵魂，没有本体自我。但是，患者体内有两个由记忆构成的截然不同的自我。

泰纳的思想影响着他的读者。法国伟大的词典编纂者埃米尔·利特雷（Emile Littre）创办了《实证哲学评论》（*Revue de philosophie positive*），生前一直担任主编。早在1875年，他就在该刊发表了一篇关于双重意识的文章，将其归入我们今天所说的特殊现象。由于文章提到了英国学者研究的双重意识，所以标题也定为《双重意识》。他更想知道作为双重意识患者是什么感觉，听到身体中的一个自我说话是什么感觉，观察身体中的一个自我行动是什么感觉，或者发现当下并非自我是什么感觉。利特雷引用了十四个变体案例（主要来自德意志），我们如今倾向于称之为人格解离，而非精神分离。他的结论是，人格远非"派生其他精神属性的原初本性"。自我意识和自我认同源自大脑中记录的一系列复杂的经验。尽管他这篇文章的标题是"双重意识"，但想要讨论的关键话题是"人格"而非"意识"。他公开抨击折中主义及类似的思想。"靠着启示的神学和靠着直觉的玄学"认为人格"是使唤大脑的灵魂"。[9]他认为双重意识提供了一个很好的反例，有助于打破固有认知，即意识是原初、先验的。但利特雷能够找到的案例，要么是陈旧古早的奇闻佚事，要么是近来少见的人格障碍。他想找的是活生生的多重人格患者，像费莉达一样的患者。在之后的六年里，里博（雅内就是接替了他在法兰西公学院的心理学教席）出版了一部关于记忆疾病的著作，副标题是"一篇实证心理学论文"。他在书中写下了"阿藏医生详细、有益的观察"。[10]

非实证主义者如何看待这些事情呢？皮埃尔·雅内就不是实证主义者。他没有泰纳或里博的学说派头，然而，他也一度十分关注双重人格。他的长辈保罗·雅内（Paul Janet）是一位颇有影响力的哲学家，反对实证主义。不过，保罗曾积极帮助里博创设教席，最初是在索邦神学院，后来又到了法兰西公学院。法兰西公学院是一个古老的自治机构，也是法国的最高学府，教席数量有限，但每次全体大会都可以根据新的研究主题确定特定教席。该学院的自然与国际法教席换成了实验与比较心理学教席。保罗·雅内从学术角度出发，在他的一篇文章中用很大的篇幅分析了阿藏的患者费莉达及其他双重人格案例，以此为重大的教席变更申明理由。他认为"这些案例都是心理科学掌握的重要事实"。[11]

因此，双重人格在那个时代的哲学中也扮演着重要的角色。但双重人格涉及的不仅仅是新老学派之间、折中主义和实证主义之间的争斗。实证主义者站在第三共和国的共和党人一边，反对教权。他们参与了更大的政治问题，为法国的国格而战，为在战争中受辱的法国而战，为饱受衰退困扰的法国而战，为科学举步不前的法国（在德语世界和英语世界的科学繁荣发展之前）而战。费莉达，这个不起眼的女人，也是捍卫共和国的一环。

阿藏轻视磁性研究者，也轻视法国早期令人捉摸不透的自发性梦游症。虽然他很快就找到了英国方面的相关资料，但他一开始并不了解这些情况。由于需要使用症状术语来描述费莉达的病情，他建立了一套临时模式。在1875年那个重要的春天，人们纷纷议论路易丝·拉托（Louise Lateau）的记忆奇异之处。她是布瓦-戴纳（Bois-d'Haine，临近法国边境的一个比利时小村庄）的圣痕者。她在罗马天主教地区十分有名，因为每个周五，她的身体两侧、手脚都会出现神奇的圣痕。此外，她还以祷告时虔诚的出神状态及多年不进食为人关注。世俗医学界企图忽视她的存在，但比利时医学学会最终还是成立了一个委员会来研究她。医生埃瓦里斯特·沃洛蒙（Evariste Warlomont）于1875年年初发表了关于她的研究报告。这份报告一度成为阿藏唯一的参考文献。[12]

> 在1875年的前几个月中，比利时医学学会一直被路易丝·拉托的问题困扰，该学会要求沃洛蒙拿出研究报告。沃洛蒙的工作完成得很好，他的研究尊重双重生命、双重意识、第二状态以及自发状态或人为状态的事实……我发现他描述的情况与我在1858年观察到的情况基本类似。尽管我从那时起已经认识到上述事实的重要性，但我并没有将之公开，因为我认为这些情况还是科学上的孤例，与我在波尔多的外科实践相距甚远。之后，我开始寻找费莉达，并且找到了她，她还是呈现出与过去相同的症状，但更为严重。[13]

他使用了沃洛蒙的一些术语，甚至直接借用了沃洛蒙的"双重生命"说法，尝试命名费莉达的疾病。阿藏称费莉达有第一种状态和第二种状态，他直接用沃洛蒙的"第二状态"和"第二状况"命名后者。我发现，大多数读者接触到"双重意识"这一说法是在布罗伊尔和弗洛伊德的《癔症研究》中，但此时该术语已经快被废弃了。阿藏借用的术语"第二状态"和"第二状况"也是这样,但它们在其后的二十年里又成了法国精神病学中的标准说法。因此,不起眼的路易丝·拉托也在精神病学的历史中留下了自己的印记。

费莉达的病情一直很严重。她能一直坚持生活下去已经是一件非常了不起的事情了。她可能深刻影响了泰纳和里博,但心理学和精神病学对她没有丝毫的帮助。她出生于1843年,从很小的时候就开始做针线活。她家庭贫困,父亲是一位水手,溺水身亡了。当阿藏见到她时,她才十五岁,处于正常状态中,人很聪明,但比较悲伤、忧郁;她话很少,工作努力,似乎没什么情感生活。她是一个重度癔症患者。在正常状态下,她没有味觉。在癔症发作时,她则感觉到喉咙里有球状肿块。她身体的很多部位都是麻木的。她的视力也模糊了。她稍一激动就会抽搐,但不会完全失去意识。她睡着以后,嘴里会出血。阿藏没有再继续罗列这些"众所周知的症状,肯定了费莉达的癔症(诊断),她呈现的症状取决于癔症的严重程度"。费莉达算是定下了一个基调。法国所有的多重人格患者都成了明显的癔症患者。

当阿藏初次接触费莉达时,她有时会感到太阳穴剧烈疼痛,陷入一种极度疲劳状态,就像睡着了一样。这种情况会持续十分钟,然后,她会清醒过来,进入第二状态。这种状态会持续几个小时,接着她又会进入短暂的出神状态并重新回到正常状态。这种情况每隔五六天就发生一次,在第二种状态下,她会和周围的人打招呼,冲他们微笑,脸上洋溢着欢乐;她会时不时说几句话,例如在做针线活时,她就一边干活一边低语。她会做家务、买东西、串门,和同龄的健康女性一样快乐。当她从第二次出神状态中清醒过来时,她又回到了正常状态,她对第二状态中发生的事情和知晓的东西没有任何记忆。她的家人不得不帮她弄清发生了什么。在患病的早期阶段,她的发作日益频繁,第二状态的持续时间越来越长。

她有一个爱人。她在第二状态中怀孕了,并且十分高兴。但她在第一状态下否认自己怀孕了,直到一位邻居坚持说她怀孕了,她才承认;随后,她犯了严重的癫痫,这次发作持续了数小时。但她分娩时很顺利。她嫁给了那个年轻人,情况似乎有所好转。这是1859年发生的事情。她生下了一个男孩,身体相当不错,但患有轻微的精神疾病。

阿藏有十六年没见过费莉达。在此期间,她又有过十次妊娠,但只有一个孩子幸存了下来。阿藏只能通过费莉达丈夫的讲述来了解其间发生的事情。到了1875年,她那快乐的第二状态的持续时间已长达三个月之久,逐渐变成了她的正常状态。到了中年,她逐渐稳定在了第二状态中。事实上,阿藏的报告令人疑惑。起初,她抑郁的状态是第一状态,而放得开的状态是第二状态。随着时间的推移,她的第二状态变成了经常出现的状态,而之前所谓的正常状态却越来越少见。年龄渐长后,她的第一状态几乎消失了,但每次出现都令她难以忍受。当她处于第一状态时,她总会陷入绝望。她会避免和人接触,因为她不知道在进入第一状态之前的几个月里都发生了什么。她认为自己治不好了。她的疼痛、出血和麻木等症状愈发严重。

不幸的是,她所谓的日益占据主导地位的第二状态,也不再一直令她愉悦了。她在该状态下越来越闷闷不乐,并且出现了一些症状。她身体的某些部位开始疼痛、发炎。她的肺部大量出血,鼻子也不停地流血。她还会吐血。有一次,她的额头渗出了鲜血,她"在没有任何奇迹的情况下,再现了血淋淋的圣痕,令无知者瞠目结舌"。[14] 她一度认为丈夫有一个情妇,而她与这个情妇在第一状态中还保持着友好的关系。她在第二状态下试图上吊自杀,但没有成功;她被救了下来,醒来时还是在第二状态。

费莉达是一个女裁缝,一直以缝纫为生。在成年以后,当她感觉自己要发作时,她会迅速给另一个自己写下一张便条,告知工作进度,以便让自己在一阵短暂的不适之后还可以继续干活,不浪费时间。但那时,她的正常状态不太像成年女性,更像是十四岁的女孩,很少说话;人们没有仔细研究她的记忆,但她总是十分忧伤、幼稚。阿藏没有将这种情况视为她的第三人格,只是将其视作正常状态中的另一个模式。如今,有些临床医生会好奇这种模式是不是一个儿童人格。费莉达还有第四个非常可怕的状态。阿藏称其为费莉达第二状态的"附属状态"。她有时会哭喊道:"我很害怕,我很害怕……"她会出现可怕的幻觉,尤其是在黑夜里或闭上眼睛的时候。阿藏说"她近乎疯狂了"。现在,有些医生称这种情况为精神分裂症的发作期。另外一些医生则怀疑这有可能是她的迫害型人格在作祟。她似乎还有第五种状态。学者维克托·埃热(Victo Egger)写道:"阿藏曾说费莉达有一个完全不同的状态,和他文章中记述的都不一样,但他拒绝再透露相关情况。"[15] 这样说是不是有些不妥?在费莉达展现的两种状态之外,至少还有三种不完整的状态。但阿藏的模型是双重人格，不应该出现第三种人格。此时多重人格尚不存在。

阿藏是如何看待费莉达的？用现在流行的词来说，他觉得她的障碍源于"精神生物学"层面。他认为费莉达所有的情况（身体上、精神上，或两者都有）是由同一种原因引起的，应该属于同一学科的研究范畴。这一学科即生理学，但生理学覆盖范围很广，还包括相关学科——形而上学和心理学。"如今，这些学科已经被强行分开，但它们还是相互依仗；未来，它们还会深度融合，并最终完全同化。"[16]阿藏的设想与生理学的发展路线吻合。跟很多人一样，阿藏对两个半脑与两种状态的对应关系很感兴趣。他猜想，当疾病发作时，一侧半脑的血液无法进入另一侧半脑，因此储存的记忆无法被提取。

阿藏非但没有打破传统的梦游学说，反而坚信它是正确的：每一个双重人格的第二状态都是"完全的梦游状态"。他在早期的一篇论文中提过相关内容，虽然一度放弃，但他在1890年重又坚定了这一认识。[17]如今的临床医生可能会觉得阿藏的观点很有吸引力。因为他显然认为只要人们仔细观察，就会发现成人的"完全梦游状态"在儿童时期就有先兆。

阿藏的研究在巴黎一经公布，便掀起了一股名副其实的双重人格浪潮。1876年7月15日，雅内这样写道："当我读到阿藏的研究时，我一下意识到我之前的一位患者就是这样的。"阿藏的研究报告还在道德与政治学院进行了宣读，医生布楚特（Bouchut）听后又找到了一些双重人格患者，他称自己"发现了两个类似案例"。[18]相似案例一直在不断增加。1887年8月，当阿藏在比利牛斯山疗养时，他遇到了一个惊人的案例，患者是一个十几岁的小男孩。阿藏确立的原型患者的特征十分清晰：女性，发病时间早，童年悲惨，单向性失忆，在第二状态之外还有类附属状态，非常容易接受暗示，通过催眠可以诱发第二状态，第二状态类似（或者就是）完全的梦游状态。总之，这种双重人格原型患者会遭受癔症的折磨，伴有大量可怕症状。

癔症和双重人格的关系变得如此紧密，以至于人们必须让癔症症状出现于人格分裂的患者身上。例如，日内瓦的催眠先驱拉达姆（P. L. Ladame）曾描述过一位年轻的瑞士女性。这位女性的情况可能更接近传统的英国双重意识的案例。当她还是一个孩子时，她被大火给吓着了，她认为自己打翻灯笼引发了灾难，然后发展出了第二状态。她在一种状态中比较温和，在另一种状态下却很凶悍。描述这个瑞士女孩的形容词在英语学界使用了百年。除了脸色苍白，不喜欢打扮外，"她没有表现出任何病态症状，也没有一点癔症的迹象"。但从概念上来说，她的医生觉得她必须是癔症患者。虽然催眠治愈了她，但也让她的身体产生了许多可怕的症状。[19]

费莉达是一个让人困惑的原型。她身上有很多问题，承受了太多痛苦。我们需要对她身上不同类型的病痛进行分类。因此，她作为原型患者，引出了新的模型，而且是两个模型。难道你还不知道吗？这两种新模型的原型都是男性患者。其中一个是历史上首名多重人格患者，也就是世人眼中第一个拥有大量不同人格的患者。我会在下一章中讲述这个不同寻常的男人。另一个是一名波尔多的居民，他在本地接受了一位医生的治疗，后者后来成了阿藏的同好（不是医学方面的同好，而是考古方面的同好）。

这位叫阿尔贝的病人会抑制不住地乱跑，意识不到自己是谁，他拉开了心因性神游症或分离性神游症的序幕。他的医生名叫菲利普·蒂西耶（Philippe Tissié），在1887年发表的论文中描述了他的情况，但蒂西耶在一年之后便被沙尔科抢了风头。沙尔科将阿尔贝诊断为漫游自动症患者，该诊断在其后的二十年中一直都是法国精神病学中的重要一环。[20]此后，一场非同寻常的争论开始了。沙尔科普及化了男性癔症的诊断，但他否认神游症患者与癔症有关，他认为他们都是癫痫患者。他的对手却都支持癔症的诊断。这场争论中的许多事情一目了然。有些医生说这些男性病人好像有双重人格，但他们的目的是反对沙尔科并支持癔症诊断。这也是癔症与双重人格联系紧密的证据。到1910年，癔症就从法国消失了，神游症也一样。神游症还有一个特点，就是你很容易回答关于患者性别的问题。在20世纪80年代，我们猜测大部分男性多重人格患者都在监狱里。在19世纪80—90年代，我们很清楚男性双重人格患者都在"乱跑"。

双重人格与癔症或者神游症的联系已经消失了。一些别的事情却成了永久的存在。1875年之前的双重意识甚至是自发性梦游，与记忆和遗忘只有一些很偶然的联系。费莉达于1875年成为关注的焦点，在19世纪剩下的二十五年中，如果不和单向或双向失忆结合，双重或多重人格就难以为继。这不是一个经验事实，而是一个概念事实。作为双重人格患者，她自然是癔症患者，自然就容易被催眠，自然就有记忆方面的疾病。

12

第一个多重人格患者

从字面意思来看,"多重"意味着多于两个。不管是双重意识还是双重人格,它们都不是多重人格。主张以多重人格作为诊断结论的人士会说费莉达体内也有两个以上的人格,他们可以找到五个人格。费莉达若是接受了不同类型的治疗,所有的人格可能都会明显地表现出来,其中暗暗透露出她的内心忧虑。但如果我们要考察费莉达具体是什么情况,而非推断她有可能属于什么情况,那么可以确定的是,她体内有两个互相切换的人格,家人和邻居谈论、描述、对待她时都是抱着这样的看法,这也是她对自己的感受、体察。从症状术语的层面来看,在费莉达"成名"之前,多重人格实际上还不存在。不管当时的患者接受了多么不同的治疗,他们实际上都被认作双重人格患者。那么,多重人格是在什么时候出现的呢?答案是在1885年7月27日的傍晚。

那天下午,朱尔·瓦赞(Jules Voisin)描述了一位病人的情况。朱尔·瓦赞是沙尔科的学生,也是巴黎比塞特尔(Bicêtre)

精神病院（专治男性患者）的一位主治医生。他在1883年8月到1885年1月2日期间一直在治疗一个病人。病人的名字是路易·维韦，患有癔症及双重人格。瓦赞在维韦身上观察到了与费莉达的不同之处，但他也觉得"使用阿藏医生的术语"第一状态和第二状态非常方便。路易·维韦患有双重人格。在1885年时，这一点并不是特别引人注目。但瓦赞痴迷于这个案例，因为维韦是一个完美、典型的癔症患者。他身上带有癔症的所有极端症状，这些在沙尔科的女性患者身上很常见。"即使你翻阅大量男性癔症文献，也只能找到与原型大致相同的案例。"[1]维韦之所以让人觉得不可思议，是因为他身上有受训于沙尔科的萨尔佩特里埃医院的医生熟悉的所有相似症状。

巧合的是，伊波利特·布吕（Hippolyte Bourru）医生是那天下午聆听瓦赞讲述病人情况的听众之一。维韦在1885年1月2日从比塞特尔跑了出去，但不久之后，他便接受了布吕及其同事比罗（P. Burot）的治疗。布吕要讲的则是一个全新的故事。路易·维韦从比塞特尔跑出去之后并没有游荡太久，1885年2月底，他便被送到了罗什福尔（Rochefort）的军事医院，接受了布吕和比罗的治疗。到了1885年7月，布吕在精神病学年会上报告了一个全新的现象。维韦有八种截然不同的人格状态。[2]这次年会是在下午六点半结束的，对多重人格的论述还算充分。之后，多重人格在短短一年内就出现在了英国的报道中，讲的都是路易·维韦的情况。[3]

想要弄清发生了什么，我们就必须了解相关话题中的一些荒唐事情。首先要提的便是金属疗法，即用磁铁或各种金属碰撞身体的特定部位，据说这样做似乎可以消除麻木、挛缩（肌肉痉挛导致的肢体永久性缩短）、瘫痪等癔症症状。1877年，生物学会[1]（Société de Biologie）成立了一个委员会，专门汇报这种方法，成员包括沙尔科和精神病医生吕伊（J. B. Luys）。他们观察到的情况似乎超出了预期。癔症的许多身体表现，如瘫痪、麻木或痉挛，都只发生在患者身体的一侧。如果患者的左臂或左腿受到了影响，他也会出现左半身的偏瘫（身体左侧部分或整体瘫痪）。沙尔科、吕伊及委员会的其他成员发现，如果他们先用磁铁或金属触碰患者受影响的一侧，再去触碰患者的另一侧，症状可能会从患者的一边转移到另一边。症状随着金属移动。阿尔弗雷德·比奈和他的同事夏尔·费雷（Charles Féré）对此进行了最系统的实验。[4]沙尔科最猛烈的批判者是南锡学派的伊波利特·伯恩海姆（Hippolyte Bernheim），他认为，如果非要对这种现象追根溯源，原因应该在于暗示。比奈的回应却令人震惊，他称否认磁铁对生物体的作用就是否认电流对生物体的作用。[5]不久之后，比奈满怀热情地写了一篇关于双重意识的客观实验的文章，他坚定地说，这一论题已经从开拓性的探索阶段迈进了科学领域的大门。

当时还很年轻的精神病学家约瑟夫·巴宾斯基（他是沙尔科的学生，我们能记住他是因为巴宾斯基反射）有了进一步的发现。他认为，人们不仅可以用磁铁将症状从患者的一个部位转移到另一个部位，还可以将症状从一个患者转移到另一个患者。你可以用一个屏风将两个梦游症患者（人为引发的梦游症或自发出

---

[1] 生物学会是1848年在巴黎成立的学术团体。

现的梦游症均可）隔开。如果两者中的 A 夫人的右臂瘫痪了，你可以用磁铁把 A 夫人的症状转移到 C 夫人身上，A 夫人的右臂会恢复如初，C 夫人的右臂会就此瘫痪。[6]

吕伊在这些结果的基础上开发出了一种神奇的治疗方法。他会将癔症患者的真实症状转移到一个被催眠的人身上，方法是沿着患者发病的肢体拖动一块磁铁，然后沿着被催眠的人对应的肢体拖动这块磁铁。被催眠的人不仅会呈现出与癔症患者相同的症状，还会呈现出相同的人格。接着他会将她们唤醒，此时两个人的症状都会消失，癔症患者会显现原本的人格，身体上也不再有瘫痪或其他难受的症状。[7]

布吕和比罗在此基础上更进一步。他们将不同的液体放在小烧杯中，将不同的固体用纸包裹起来。这些液体和固体通常都是药品，也包括酒精。他们会将某种药物或其他物质放在患者的脑后。过了一会儿之后，患者的情况就会恶化或好转，就像他们真的服用了脑后的那些物质一样。路易·维韦是最先被用来展示这种疗法效果的患者之一（另一个是沙尔科病房中的女性患者）。吕伊随后把这些治疗技术都结合在了一起，产生了更加不可思议的现象。医学科学院[1]最终也加入了这场实验，却无法再现任何一种现象。针对金属疗法的介绍我就讲这么多，这一背景之所以重要，是因为维韦的许多状态都是由磁铁、金属和金属化合物（如溴化金）引起的，是因为他曾被看作远距离施用金属和药物的最佳案例。

---

[1] 医学科学院是法国的国立医学研究机构，成立于 1820 年路易十八统治时期。

怀疑者将多重人格视为二联性精神病[1]（folie à deux），他们认为多重人格是患者与治疗师怪异且无意的协作结果。我从不这样认为，未来也不会。但我确定路易·维韦的案例涉及患者与医生的协作。我不清楚到底有多少人长期参与该实验，但我至少知道五个，即维韦、布吕、比罗、马比勒（Mabille，前两位医生的同事）和瓦赞。我还能列出大约二十位医生的名字，他们参与过维韦的实验或见过维韦身上不可思议的症状。沙尔科当然也见过他，私下里观察过维韦的一流临床医生的数量至少不会低于常规情况。

艾伦·高尔德在那本忠于史实又令人钦佩的《催眠史》中，几乎难以掩饰他对败坏催眠名声之人（如吕伊）的不屑之情。我们发现，当涉及金属疗法的一些"夸张言论"时——其中包括布吕及比罗的言论，高尔德都会使用"十分疯狂"及"更疯狂"之类的表述。[8]为什么还要抓着这些言论不放呢？部分原因在于我们对此意见不一。亚当·克拉布特里写道，布吕和比罗于1888年出版的关于路易·维韦的书籍"被列为19世纪最重要的多重人格个案研究著作，在探究多重人格的成因和治疗方面取得了重大进展"。[9]在我看来，不管是从科学的角度还是医学的角度出发，布吕和比罗的成果都不值一提。但他们的研究依然有其意义，因为它向我们展示了第一个多重人格患者，还因为如克拉布特里所言，"特定人格与特定记忆的联系已经为世人公认"。

他们的这项工作开创了真正属于多重人格的全新话语体系。

---

[1] 二联性精神病，也称诱发型妄想障碍或共有型精神障碍。

在此，我并不是要质疑布吕及比罗描述的内容的真实性。当然，即使维韦的主治医生都投身于这种"十分疯狂"的研究，也不意味着维韦在蓄意欺骗他们。他的病情确实很严重。和往常一样，我并不在意维韦"究竟怎么样"，我关心的是旁人如何谈论维韦，他是如何被治疗的，多重人格的话语体系和症状术语是如何形成的。

我会概述路易·维韦生命中的一些关键节点，但我不会将重点放在他的症状之上。除了女性生殖器官的明确症状以外，维韦几乎展现出了19世纪癔症术语中的各种痛苦。这也是为什么瓦赞会向法国医学—心理学会提供维韦的案例。我能在关于路易·维韦的报告中找到以下所有症状：疼痛、瘫痪、麻木、挛缩、肌肉痉挛、感觉过敏、哑症、皮疹、出血、咳嗽、呕吐、抽搐；癫痫发作、紧张症、梦游症、舞蹈症、圆弧表现（患者躺平，面部朝上，背部完全拱起）、语言障碍、动物化（患者变得像狗）、机械化（患者变得像蒸汽机车）、迫害妄想、偷窃癖、某只眼睛失明、视觉或味觉或嗅觉受限、幻视、幻听；假结节性肺部充血、头痛、胃疼、便秘、厌食、暴食、酒精中毒、身体虚弱，或者（我在癔症文献中读到过的）出神状态。然而，维韦的医生从他的众多症状之中找出了一条线索，正是该线索一度维系着相关的医学设想。

不管是放在当时还是现在，维韦的人生开局都不会令人陌生。1863年2月，维韦出生于巴黎，他的母亲是一个酗酒的妓女，常常殴打并忽视他。他八岁时，母亲正在沙特尔附近工作，他从母亲身边逃了出来。从童年开始，他就出现了癔症的症状

（正如人们所说的那样），包括吐血和短暂性瘫痪。1871年10月，还不满九岁的他因偷窃衣物而受审，后被送往儿童教养所。差不多两年以后，他被转移到了法国北部的一个监狱农场（位于上马恩省）。他在那里待了大约九年，但在1877年3月的一天，他被一条蝰蛇吓晕了（后来的报告称那条蛇缠住了他的胳膊）。当天晚上，他开始抽搐，之后他的腿就完全瘫痪了。他看起来就像一个截瘫患者，但他的脊髓根本没有损伤。

在监狱农场无所事事地待了三年之后，他又被转移到了沙特尔母亲家以南二十英里的一家精神病院。主治医生卡米塞（Camuset）发现他是一个讨人喜欢的小伙子，头脑简单，对自己年少时的罪行懊悔不已。精神病院想把他培养成一名裁缝，这样他截瘫以后还能维持生计。他是一个聪明的学徒，但两个月之后，有一天他突然抽搐并持续了五十个小时。醒来之后，他瘫痪的症状消失了，并且认为自己还在监狱农场里。他对精神病院、自己的瘫痪、蝰蛇以及新学的缝纫技能一无所知。他变得暴躁、好胜、贪婪；他之前喝酒还比较节制，但现在则偷酒喝。之后他又偷了不少钱（六十法郎）及一名看护的个人财物，接着逃之夭夭。他卖掉了自己的衣服，又买了一身新的，当他被抓时，他正在买去巴黎的车票，他对抓捕他的人又踢又咬。在精神病院的最后几年中，他经历了痉挛发作、局部麻木及挛缩的情况。但他后来病情好转，于1881年夏天被放了出来，此时他十八岁。卡米塞把他当成双重人格的案例记录了下来。[10]

到此为止，这就是他的基本情况。他有两个人格，彼此一无所知。他比较温和的人格有瘫痪的症状，而比较暴力的人格则没有。这个暴力人格对监狱农场中的一些事件（如蜂蛇及后续的瘫痪）没有记忆。维韦与多重人格原型唯一的不同之处在于他的暴力人格是"正常状态"，而他的第二状态则非常温顺、虔诚，并且有些迟钝。这种情况与标准案例完全相反，在标准案例中，拘谨的人格才是正常状态。

被卡米塞放出之后，路易·维韦回到了母亲家，然后他又去了勃艮第的一个种植葡萄的大庄园工作。不久之后他生病了，在医院住了一个月，然后被转移到了二十五英里外的另一家精神病院中。此处的主治医生并不了解他的病史。维韦身上出现了大量意料之内的症状，从完全麻木到低能。他甚至解锁了道德密码，如果他因冲动而做了什么错事，他就会狡猾地用疯狂的行为加以掩饰。[11] 1883年春天，医生宣布他的病情好转了。他又一次出院了，院方给了他一些钱让他回家，但他没有完全康复。他因为在距沙特尔四十二英里处的一次小小偷窃入狱三天。

我们发现，很多精神病院中都出现了维韦的身影。他谈到了沃克吕斯（Vaucluse）医院和萨尔佩特里埃医院，谈到了治疗他的有名医生，例如拉塞格（Lasègue）及对他实施催眠的贝尔曼（Beurmanm），他还谈到了自己曾和病友漫游巴黎。

后来他再次因偷窃衣服和私人财物遭到逮捕。他被判定为智力迟滞人士和癫痫患者，最后被送到了比塞特尔医院，他在那里接受了瓦赞的治疗。他几乎会破坏身边所有的东西。瓦赞试图通过磁铁来转移他的症状。一开始磁铁对他并不起作用，但最后当他意识到该疗法对瓦赞的重要性之后，他只要看到磁铁就会切换状态。将金币置于他的患处会给他带来极大的痛苦。瓦赞让他进入了一种激发性的梦游症状态,并对他施加了一些惯常的暗示,令他以为自己正在品尝异域的各种葡萄酒和烈酒,但他拿的其实是空杯子。果不其然,他喝醉了,开始呕吐。当你暗示他患有淋病时,他会立刻拿起一个小便壶试图小解,他还会痛苦地尖叫,咒骂让他感染淋病的女人。正如瓦赞观察到的那样,所有惯常的暗示和激发的幻觉都在他身上起了作用。[12]

目前还不清楚瓦赞是在什么时候意识到他治疗的病人正是卡米塞之前诊断的双重人格患者。我确实从文献中推断出了这一点:维韦经由瓦赞得知,卡米塞的诊断让他出名了。不管怎样,维韦有时确实会变成好胜、暴躁的人,此时他对蝰蛇一无所知;有时他会变成温驯的人,这时他腰部以下的身体会瘫痪。每当癔症发作时,他的状态就会改变。有一种相关症状便是我们所谓的精神分裂症,总会持续发作两个月。瓦赞沿用了阿藏的第一状态和第二状态术语,但他注意到了维韦和费莉达的一些差异。维韦的第一状态是暴躁状态,第二状态才是温驯状态。但他的温驯状态还有不同的版本,例如在某一个温驯状态中,他的记忆处于被蛇吓坏之前的时期,也不知道自己有瘫痪的情况,但令人印象深刻的是,他在这种状态下出现了严重的挛缩(不是下肢瘫痪)。此外,当维韦被催眠(也仅限于被催眠)时,他会呈现出"第三状态",在这种状态下,他的年龄为十六岁半,处于看到蝰蛇之前的阶段。但瓦赞并没有就此断定这种状态是维韦的第三人格,或者更准确地说是维韦的第三状态(与第一状态、第二状态相比),因为它不是自发出现的,而是催眠的结果。

维韦接受过各种各样的奇怪疗法,包括使用吗啡、注射匹鲁卡品（一种植物碱，可以帮助维韦转移挛缩状态）、服用吐根药剂、在身体的众多部位拖动磁铁，但唯一有效的方法是按压跟腱或者膝盖骨下的轮状肌腱。维韦被反复催眠。在1885年1月2日的一次催眠治疗之后，他的疾病复发了，他偷了一位看护的钱然后逃跑了。

1885年1月底，维韦为了参加越南的战事[1]，入伍成了一名海军士兵。[13]他被派往罗什福尔，这是法国海军在比斯开湾[2]的常驻基地，在波尔多以北一百英里处。他在那里因偷窃衣物被捕（为什么总是偷衣服？）。他接受了军事法庭的审判，但被判无责，并被送往军事医院，最终碰上了布吕和比罗。

两人对使用磁铁、金属和药物转移癔症症状很感兴趣。他们在维韦身上大费了一番周章，很快发现可以通过特定的物质将患者从一种状态转换到另一种状态。此外，维韦对远距离施用药物也有非常不错的反应。当你把药物放在维韦的脑后时，他会突然产生反应，就好像他已经内服了药物一样。这一发现就是布吕和比罗第一本著作的主题，维韦是其中的关键人物。但该著作并不是研究多重人格的，因为它的副标题是"毒物和药物的远距离作用"。[14]

当布吕和比罗第一次遇到维韦时，他们说首先要做的是观察金属与磁铁对患者产生的影响。[15]他们废寝忘食地进行实验，取得了意想不到的结果。他们发现，某种物质会使患者的新部位出现瘫痪、麻木并存的情况，或者瘫痪、麻木择一的情况。瘫痪情

---

[1] 这里指1883—1886年法国入侵越南的战争。
[2] 比斯开湾源于西班牙语，法语称加斯科涅湾，海岸线由法国西岸的布列塔尼至西班牙北岸的加利西亚。

况其实是维韦切换到看见蝰蛇之后的状态。这种状态是通过在患者的颈背上拖动磁铁得以再现的。回想一下,在卡米塞的精神病院中,维韦截瘫症状的消失与他失去对蝰蛇的记忆相关;维韦在卡米塞那里比较温驯,还学会了缝纫技能。当布吕和比罗在维韦的颈背上拖动磁铁时,他又瘫痪了,还恢复了与蝰蛇有关的记忆。

接下来就是不同寻常的情况了。不同的物质会致使维韦出现不同的癔症症状。维韦对各种金属的反应,似乎是为了迎合医生的暗示。此外,当他的精神变得恍惚或迷离,他可能会再次瘫痪。每一次重新出现的瘫痪情况都跟他的某些生活、某些记忆和行为模式有关。因此,每一种金属化合物都会让维韦产生一种状态,该种状态是由独特的身体症状及他对不同生活片段的记忆构成的。继阿藏之后,瓦赞也谈到了维韦的第一状态和第二状态。布吕和比罗于1885年的首次相关汇报中,提到了维韦的八种症状。在1888年出版的著作中,他们缩减了数量,变成了六种发展成熟的状态,外加很多零碎的状态。他们拍摄了维韦的十种非正常身体状态,这些都是"神经质状态",每一个都对应着维韦的某种行为方式、某些一般认识及某段生活记忆。

在布吕和比罗的书中,插图二的标题为"在比塞特尔精神病院的状态;身体左侧完全瘫痪(面部与肢体),1884年1月2日,二十一岁"。现在来看,这个标题有一定的误导性。这张照片并非拍摄于1884年1月2日。它很有可能反映的是维韦在1885年的身体状态,作者只是用其代表维韦在1884年1月2日的状态。想要诱发这种状态,只须在维韦右臂上放置磁铁,将右半身的瘫痪和麻木症状转移到身体左侧。在医学中,使用测力机来判断患者的瘫痪程度十分常见。在这种状态下,维韦右臂的力量为三十六公斤,左臂的力量则为零,他当时表现得就像自己还身处比塞特尔精神病院一样,就像他昨天还见过瓦赞一样。他对1884年1月2日之后的事情没有记忆,对在比塞特尔之前的事情也没有记忆,他只对巴黎的圣安娜收容所有一丝记忆。磁铁将他从一个自大、好斗、右半身瘫痪的人,变成了一个温和、左半身瘫痪的人。他变得说话流畅,很有礼节。他的吐字变得清晰,不像之前那样带有"tu"音。与酒相比,他更喜欢喝牛奶。"这跟之前简直不是同一个人(人格)。"[16]

该书中有十张这样的照片,我认为它们都是在八天之内集中拍摄的。布吕和比罗发现,他们可以通过在路易·维韦的某些部位上放置某种特殊物质,诱发某种伴有神经性瘫痪或麻木症状的精神状态。通常维韦受到引导之后,他的症状便开始转移,同时伴有喘不过气、抽搐和挛缩的情况。我要声明一下,维韦的第六状态(1888年统计的结果,1885年统计的状态为八种)与其他状态不同,总会在前几个小时里出现烦乱、痉挛及幻觉。在维韦任意一侧的大腿上放置软铁就可以激发他的这种状态。在医生激发出维韦的第六状态后,除了截瘫的经历,他记得所有的事情。他没有出现截瘫的症状,但他身体右侧会有感觉过敏的情况。

布吕和比罗强调了对患者产生影响的三个互相作用的基本要素:施用在特定身体部位的金属物质、瘫痪的类型及对生命不同阶段的记忆。有人可能认为我对这三个要素的描述有些夸张。我要申明的观点是,维韦的医生为世人接受多重人格的说法创造了空间。除了十种被拍摄下来的状态，维韦还有更多人格碎片。后来有一天，维韦出现了自发性记忆退行的情况，我认为这是19世纪里最复杂的自发性记忆退行，据我所知，近年来，还没有人注意到维韦的这种情况，一旦该症状再度被人关注，它将成为专治年龄退行疾病的医生研究的典型示例。鉴于此，我最好把他的这一情况讲清楚。

医生在路易·维韦面前放了一瓶溴化金。他随即便睡着了，然后一次又一次地醒来，不断地在以下几种状态中循环：

(a) 他醒来时是五岁，记忆中与母亲一起住在沙特尔。他此时说的话很幼稚，但对五岁的年龄来说是正常的。他走路时会拖拉着右腿。

(b) 他再次醒来时是六岁半，记忆中住在沙特尔附近的莱夫（Lève）。此时，他左半身出现痉挛，右腿蹬直，手臂弯曲，手指紧扣。

(c) 他第三次醒来时是七岁，记忆中住在吕桑（Luysan），依然是在沙特尔附近。他右侧面部痉挛，影响说话，右腿也有挛缩症状。此时，他记起母亲会殴打他。他会用很幼稚的声音乞讨面包。

(d) 他第四次醒来时，记忆中住在沙特尔，当时是八岁。他在沙特尔接受了萨尔蒙（Salmon）医生为期八个月的治疗。此时，他的左臂痉挛，右腿蹬直。

(e) 他第五次醒来时，记忆中住在监狱农场，十三岁，处于看见蝰蛇之前的阶段。他当时已经六个月没干活了，因为他之前洗完澡就生病了，身体出现了各种挛缩的症状。有一张照片拍的正是维韦的这种状态。他回忆说,自己在去监狱农场前,与一位叫邦让(Bonjean)的先生住在埃夫勒附近。

布吕和比罗将此称为"多个人格状态自发循环的完美、清晰的真实案例,其中大多数状态是未知的,可以扩充之前的描述"。他们说这些状态都是由溴化金引发的。这是多重人格领域首例详细的自发性年龄退行案例吗?遗憾的是,年龄退行在19世纪中叶成了催眠师舞台表演的惯常把戏。[17]不用怀疑,布吕、比罗及马比勒肯定都很熟悉这套把戏,因为他们深度参与了当时尚属前卫的催眠术研究。维韦一直在四处游荡,他应该也非常了解年龄退行,因为精神病院和当时流行的舞台表演都能提供信息。我并不是说他在故意作假。我只是想说,我们完全可以认为维韦和他的观众都熟知成为梦游者的方法。

路易·维韦究竟是什么情况?既往的医生诊断多少有些荒唐可笑。如果有人能底气十足地告诉大家维韦究竟是什么情况,他一定是在胡闹。我们最好还是通过多种方式来解读维韦复杂且痛苦的经历。例如,我们很容易发现,按照《手册》第三版的诊断标准,维韦是一个发展成熟的多重人格患者,为了应对可怕的生活状况,他的众多人格在生命早期就已经分离了出来。对于这种看法,我表示赞同,但我关注的重点截然不同。在我看来,维韦实际上是受过训练的,他能将人格状态和身体症状对应起来。他早先出现的截瘫状态和第二状态都是自发性的。这些状态让他尝到了甜头。虽然不是什么天大的好处,但他摆脱了每天的劳作并最终离开了监狱农场。更重要的是,因为他是卡米塞广受讨论的文章的关键人物,所以他出名了,获得了更多好处。后来他碰上了痴迷于使用磁铁和各种金属转移癔症症状的医生。于是，他开始迎合这些医生，让自己"切换"出瘫痪的状态，让自己的每个状态都对应生命中的某一个时段，并且模仿卡米塞观察到的自发性状态。对他来说，还有比这更好的寻求奖励的方式吗？维韦拼命地取悦别人，他想要被爱，想要获得奖励。我并不是说维韦已经弄清了这套机制并利用了它。我只是说他发现所处的环境有利于自己学习这套机制。当然，别人会从不同的角度解读这些事情。

布吕和比罗完全认同人格和记忆的联系。"对照先前的意识状态与现在的意识状态，可以将一个人先前的精神生活和现在的精神生活整合在一起。这是人格的基础。一个人的人格只有不断地比对先前的意识状态，才能成为真正的人格。"[18]虽然我认为没有人会像布吕和比罗一样采纳如此简化的说法，但它已经算是老生常谈了，并且是实证主义心理学极力主张的观点。布吕和比罗引用了里博的记忆观点。这种认为记忆是人格的基础的观点，有力地支持了以下看法：我们见到的不是路易·维韦有六种、八种甚至十种状态，而是他至少有六种人格及众多的人格碎片。正如我所说，多重人格已经被纳入精神病学的术语之中。

布吕和比罗表示，他们的研究结论可以在实践中得到充分的验证。当维韦从军事医院转移至距离海岸二十英里的拉罗谢尔的精神病院后，他的日常护理便被交由马比勒和拉马迪埃（Ramadier）等人负责。瓦赞能够通过对维韦的肌腱施加压力来防止或减少他发病。但马比勒和拉马迪埃要更严苛一些。他们察觉，当维韦处于严重的发病状态时，他的某些部位会因为癔症症状而变得敏感，非常容易识别。他们发现，可以通过紧紧地挤压维韦的睾丸来防止其发病。然后，他们会按压患者的眼睛、拨开患者的眼睑、摩擦患者的头顶，诱发他的梦游状态。"到了这一步，患者便会出现正常人格回归的迹象，就像被施了魔法一样，他的发病状态和主要的症状都消失了。"

到此为止，我们还没有发现医生在针对维韦的日常治疗中使用过关乎记忆的方法，但是他们利用了维韦不同生命阶段和不同瘫痪症状的对应关系。当维韦在不同的状态循环时，马比勒和拉马迪埃会利用这种对应关系找出正常状态。他们可以通过维韦的瘫痪症状来分辨其所处的精神状态。当他的身体状态对上他最"正常"的人格时，医生们会干预或阻断他的循环，就像关掉闹钟一样。我们不知道医生是如何做的，但很可能像以前一样，是通过挤压睾丸和催眠手段。[19]

马比勒和拉马迪埃确信他们已经证实了人格状态和发病状态的密切关系，即人格状态与各种躯体性癔症症状的密切关系。他们发现，至少在维韦的案例中，如果不经历发病状态的身体变化，他的人格状态就不会切换。这是一个重大的发现：癔症的瘫痪症状对应患者的记忆片段。

马比勒和拉马迪埃还指出，像维韦这样的研究对象"会因为发病后意外出现记忆空白而感到失落；我们相信未来有可能恢复这些失去的记忆"。这样的话语在如今听来，就像是在说要恢复患者精神分离时的记忆或被压抑的记忆。这两位医生好像已经预示了雅内、布鲁勒和弗洛伊德的宣泄疗法。事情真的是如此吗？当然不是。我们在其中看不到任何动力精神病学的身影。患者之所以失落，是因为他们的记忆出现了巨大的空白。布吕和比罗认为，只要观察患者身体上的一些相关表现，我们可以找到对应某个生命阶段的正常状态，然后就可以利用磁铁、金属或者马比勒和拉马迪埃更严苛的手段唤醒患者。

与我的叙述相比，艾伦·高尔德对医生的所作所为还是比较宽容的，他总结道："尽管医生进行了干预，他还是在1887年离开了［他们的医院］，此时他的情况大为改善。"我们是怎么知道的呢？迈尔斯写道："1887年……比罗告诉我，［维韦的］健康状况有了很大的改善，他的怪癖几乎消失了。"[20]维韦之前曾有两次症状缓解的经历，加上他还有两次在基本痊愈后出院的经历，所以比罗之言可能只是浮于表面。如果精神病医生真的每次都用手抓住他的隐私部位来阻断发作，你就会明白他为什么着急出院了。我不知道维韦后来怎么样了，也许他又去偷衣服了。我猜如果再次被捕，他宁可接受司法审判，也不愿再进精神病院。

阿藏简要地讨论过维韦的情况。他在一段拐弯抹角的文字中写道（我怀疑他本不想写）："我仍然相信，如果从睡眠的角度进行研究，这位患者得的应该是癔症性癫痫。我们会发现，这位患者在童年时饱受苦难和流浪的折磨，他是一个梦游症患者，他的第二状态只是梦游症发作之后的夸张表现。"注意，阿藏逐渐相信维韦的人格不止一个，但他的推断仅限于此。在他看来，维韦的第一状态（正常状态）和第二状态都是梦游症状态，可以追溯到维韦的童年时期。奇怪的是，阿藏认为（如今的）童年源起的观点是合情合理的，但他却不愿相信患者的人格多于两个。

正如克拉布特里所说，布吕和比罗揭示了患者特定人格和特定记忆的联系。这进一步加强了多重人格和记忆的联系。但请注意，只有当患者有多个人格时，这种联系才会变得至关重要。如果患者只有两个人格，那么非此即彼。如果患者有多个人格，那么你就需要找到分辨各个人格的方法。布吕、比罗和维韦为我们提供了一种巧妙的分辨方法。每个人格都有三部分特征：记忆片段、施加影响的金属化合物和特有的身体病症。

13

创伤

我们都知道创伤事件、创伤经历是什么，它们是心理打击、精神伤害。幼年经历的严重创伤可能会对儿童的发育造成不可逆转的伤害。这里的伤害指的是精神上的伤害。"创伤"一词几乎已经成了所有不愉快的事情的代称，人们常常会说："这真的是痛苦的创伤！"然而，在此之前，"创伤"只是一个外科医生使用的词汇。它指的是身体上的伤口（通常是战斗所致），当然这一层意思依然存在。创伤中心负责处理各类事故造成的身体损伤。它会为患者止血、处理粉碎性骨折和脑袋被撞破等情况，目标是修补人的身体，重组伤者的各个部位。但在日常交谈时，很少有人会想到这种意义的创伤。从身体层面的创伤跨越到精神层面的创伤，仅仅才过去了一个世纪。那时，正值多重人格现身法国，记忆科学诞生于世。

我会从这个复杂的故事中挑出一条线索，即创伤和记忆的联系。相关内容只部分涉及埃丝特·费希尔-洪贝格[1]（Esther Fischer-Homberg）就创伤神经症（创伤的心理化）所做的权威历史研究。[1]她认为创伤的完全心理化是由弗洛伊德及其学派在1897年之后完成的。是年之后，弗洛伊德认为纯粹的心理事件、儿童的性幻想都会导致神经症。马克·米凯勒对此的说法是"创伤概念在19世纪末被不断心理化"。[2]在弗洛伊德1893—1897年的理论中，创伤已经被充分地心理化了，他认为癔症是由幼年被诱奸或性侵的隐藏记忆引起的。诱奸产生的创伤不会在身体上留下伤疤和伤口，其影响完全作用于心理。但弗洛伊德并不是心理创伤说法的开创者，这一概念在1885年就出现了。当弗洛伊德到达巴黎并投身在沙尔科的门下学习时，心理创伤已经时不时以"精神创伤"之名出现了。

精神创伤的概念是从何而来的？在回顾历史时，我们可以很容易地建立起从大脑损伤（直接的身体或神经伤害）至心理创伤（引发癔症症状，人们认为该症状可以通过恢复失去的记忆得到缓解）的因果链。首先，我们知道头部创伤会造成失忆及其他身体障碍，例如瘫痪。一次带有明显外伤或神经损伤的头部撞击会导致记忆丧失或其他身体症状，比如局部瘫痪、皮肤麻木。患者即使没有明显可见的头部损伤，也会出现记忆缺失及其他症状。还有一种情况，当事者的检验报告显示他没有可见的大脑和脊髓损伤，但仍然出现了失忆症状。因此，即使没有可见的身体损伤，当事者的头部受到撞击也会导致失忆症状。

---

[1] 此处原文疑似有误，应为埃丝特·费希尔-洪贝格尔（Esther Fischer-Homberger, 1940—2019），瑞士精神病学家和医学史学家。

下一步：癔症通常伴有失忆症状——双重意识是癔症性记忆缺失的一种极端形式。没有造成大脑损伤的头部撞击，会导致癔症性的记忆缺失吗？如果这种失忆和其他症状是精神状态的征兆，失忆的原因可能在于精神而非身体。由此可见，当事者受到的影响源自关乎冲击的记忆而不是遭遇冲击的身体。因此，痛苦的想法或心理冲击会引发癔症。

接下来：身体的损伤需要从生理上进行修复，但我们如何修复受伤的心灵呢？当心理上的冲击导致患者失忆，他们通常不会记得原因。因此，一个癔症患者可能不会记得他受到的心理冲击。我们可以通过催眠对失忆加以研究，催眠术能够恢复患者对过往之事或催眠状态下所做之事的记忆。如果我们继续类推下去，接着就是尝试使用催眠术来恢复患者由于受到心理冲击而丧失的记忆。随着记忆恢复，受试者的瘫痪症状和其他症状都会消失。

因此经过一系列的推断，我们从头部意外受伤引起的失忆和其他神经症状，迅速过渡到了雅内的发现：关乎心理创伤的记忆可以用来治疗癔症。这一天马行空的联想的基本要素包括创伤、冲击、失忆、癔症、多重人格和催眠。它们为人们理解这个复杂的推断，提供了一个框架。

各个观念本身不会自动联系在一起，只有当医学历史和社会历史密切交织时才会如此。讲述这段历史的方式之一要从铁路开始。铁路是19世纪工业化过程中最强大的工具，对一些人来说，它是进步和美好的象征；但对另一些人来说，它则意味着道德灾难。虽然法国的铁路交通网建设比英国晚一些，但铁路的出现使法国作家频频写出最受瞩目的文学作品。正如吉尔·德勒兹（Gilles Deleuze）对埃米尔·左拉（Emile Zola）的《人面兽心》的评价，"火车显然不是普通的物体，它是一个巨大的象征"，这在左拉笔下很常见，"反映了书中所有的主题和情境"，包括痴迷机器的角色导致的灾难。[3]铁路对于创伤的心理化而言也是一个巨大的象征，左拉以肉体的灾难代表精神的灾难，铁路本身将身体创伤转化为了心理创伤。费希尔-洪贝格认为创伤神经症的官方历史可以追溯到铁路事故，该段历史讲的就是铁路通过自身的力量改变19世纪物质世界和精神世界的隐喻神话。[4]

铁路制造了很多事故：隧道坍塌、锅炉爆炸及火车出轨。铁路事故不仅仅是一种全新的事故，它还为事故的概念增添了现代意义，即事故在偶然间就发生了，或者毫无缘由地就发生了。在中世纪的哲学中，事故是事物的一种属性，当然，它并不必然地包含于事物的本质之中。但现在，事故的具体含义是突然的、不好的、有害的以及破坏的，这些几乎全部源自铁路事故。差不多所有与事故和责任有关的侵权法规都可以追溯至铁路。人类社会中一直有事故，但直到进入工业时代，人们才开始称之为采矿事故、铁路事故。1840年，英国出现了一个专门管理事故的皇家委员会。一个国家发展新技术的速度越快，就会越早地关注事故、过失、责任的相关法规及新型损伤的相关事情。[5]

有一些损伤很明显：骨折、面部穿孔、肌肉撕裂。简而言之，这些都是旧式的身体创伤。但变化出现了，有些乘客乘坐火车时毫发无损，但过了几天他们开始抱怨背部疼得厉害，今天我们就来谈一谈颈椎受伤。现在，有些身体问题很容易通过生理学和神经学的方法加以识别，但有时个别症状似乎无法对上任何明显的身体损害。1866 年，伦敦知名医生约翰·埃里克·埃里克森（John Eric Erichsen）在演讲中提到了这种情况。[6]当时英国医学界发表了三项针对铁路事故损伤的研究，他的工作正是其中一项。值得注意的是，这三项同年发表的研究也是首批致力于解决该问题的书面成果。埃里克森提到的是铁路脊柱症，这个词当然不是他发明的，但他将其发扬光大了。头部损伤加上他所说的"脊柱冲击"是核心问题，这并不是铁路特有的现象，但铁路确实将其普遍化了。

铁路脊柱症的患者没有外在的损伤，也就是说没有外显的创伤。从这一点来看，他们与癔症患者是一样的。埃里克森并不介意人们这样比较两者。但我们不能把一个突然遭遇不可抗力灾祸的四十五岁男人的情况，与一个因相思病而"突然患上癔症"的小姑娘的情况说成是一回事。[7]埃里克森支持伤者作为原告起诉铁路公司，但如果把一个有心理创伤的男人比作一个患癔症的女人，他在诉讼中肯定拿不到赔偿金。因此，从法律层面来看，人们需要定义一种新的疾病。但在医学领域，两类症状的比较仍然存在。在埃里克森发表演讲的三年之后，伦敦另一位很有影响力的医生拉塞尔·雷诺兹（Russell Reynolds）开始研究这一主题，他的目标是证明"一些最严重的神经系统疾病——如瘫痪、痉挛、其他的知觉改变——可能是源于意念的病态状况或者意念与情绪共同的病态状况"。[8]他认为，尽管当时关乎铁路事故的记忆或情绪是人们讨论的重心，但意念和心理方面的根源也会在其他方面对伤者产生影响。

在之后的讨论中，雷诺兹将相关症状与癔症进行了有力的比照。但他坚持认为，"由意念产生的"瘫痪并不是精神错乱的问题。不谈身体的症状，这些患者的心智是完全健全的。即便在今天看来，他的治疗方法仍然是很不错的。他将之称为希望疗法。首先，这种疗法要求"医生发自内心地认真对待患者，并认识到患者症状的严重性，尽管不是设想中的疾病症状"。他会鼓励并辅助患者每天进行行走训练，同时他会对患者的肌肉施加小规模的电流刺激，"电击一部分是为了提供精神刺激，一部分是为了给肌肉收缩提供物理条件"。此外，他认为医生还应为患者按摩。[9]雷诺兹的论文引发了一场正向的讨论，希望疗法的其他例子纷纷出现，"关于精神力量战胜了身体残疾，他的案例是最为有力的证据"。一位医生认为相关症状不能使用癔症术语，需要更好的定义。英国医学会主席则认为，雷诺兹在将铁路事故的影响"归入女性癔症类别时，发现了正确的思路"。另一位医生提出了一个充满争议的问题，即欺诈问题。他称在一个铁路赔偿的案例中，瘫痪的伤者收到两千英镑的支票后，所有的身体症状都消失了。

铁路部门为此类事故支付了数百万英镑的赔偿。当时的律师都很活跃，法律上的争辩是另一个故事。[10]作为原告起诉铁路部门的专家证人，医生们很难将铁路脊柱症定义为一种（女性）癔症。但是，铁路脊柱症——特别是雷诺兹在1869年的简短讨论——对沙尔科来说是一个不错的"礼物"。这不是因为铁路脊柱症使男性女性化，而是因为它使癔症具备了潜在的男性化倾向（可以发生在男性身上）。[11]1872—1878年，沙尔科已经成为世界上各类癔症的专家。然而,一场关乎癔症归属权的地盘争夺大战仍在继续。因为妇科医生和产科医生作为子宫的"主人",一直声称癔症是他们的领域。而沙尔科的核心观点在于,癔症是一种神经系统疾病。它有遗传性——也就是说,只有那些具有血缘遗传倾向的人才会患上这种疾病。从妇科医生手中夺走癔症的最佳方法就是宣布它是一种不分性别的疾病。[12]人们一直承认男性癔症患者的存在,但男性癔症患者通常带有娘娘腔的意味。沙尔科则发现他的男性癔症病人都是身强力壮的劳动者,他们没有任何娘娘腔的表现。[13]癔症具有遗传性——这是沙尔科万分坚持的观点,但癔症确实可以由事故创伤引发,也可以由工业化学品、酒精等有毒物质诱发。不过,沙尔科在一个经典演示中先是说明了拉塞尔·雷诺兹描述的症状,然后展现了如何通过催眠在一个合适的男性受试者身上诱发这些症状。[14]由此可见,在沙尔科的讲座中,记忆、癔症、催眠和身体创伤是紧密交织在一起的。

沙尔科是运用病例(特别是体现患者高度紊乱状态的理想病例)的大师,他擅长以此来证明自己的观点。我们从沙尔科那里弄清了病例的情况,但没有得到具体的统计数字。沙尔科在波尔多的一个助手根据他的一系列研究方法总结分析了一百个病人的情况。[15]波尔多的癔症患者的病情没有沙尔科的患者那么严重:"一般来说,圣安德烈医院的癔症病人与巴黎萨尔佩特里埃医院的癔症病人相比,算是轻症。"[16]以下这个表格是对1885年左右的一系列病人的观察统计。我使用法语是为了提醒大家,此处的创伤指身体的损害,中毒则包括工业中毒和酒精中毒。

癔症的发病原因

	男	女	总共
精神情绪	8	54	62
创伤	12	4	16
中毒	9	0	9
未知	2	11	13
	31	69	100

我们现代的多重人格理论要求患者在童年时就具备一种先天的精神分离能力，此外还强调他们在童年反复经历创伤。这其实沿自沙尔科的学说：癔症要有一个遗传倾向和一个诱发原因。沙尔科的一个学生写了一篇论文，题为《癔症的诱发因素》。这个说法甚至被弗洛伊德采用了，但他更具批判性，以此指代引发神经症遗传倾向的偶因。[17]我们从上面的表格中可以看出，对于沙尔科的忠实信众来说，大多数女性患者的癔症是由心理状态引发的，大多数男性患者的癔症则是由身体创伤或中毒引发的。

有人认为，沙尔科本可以在他长达十年的研究临近尾声时更进一步，将心理上受到的冲击作为诱发男性癔症和女性癔症的共同因素。一些学者认为他做到了，但这似乎是他们一厢情愿的想法。[18]沙尔科是一位神经学家，他认为癔症是一种遗传性的神经系统疾病。尽管人们可以通过催眠模仿相关症状，但它是由身体创伤和中毒引起的（特别是对于男人而言），而不是由心理事件引起的。

但是，在沙尔科的患者和他执教的范围之外，还发生了更多的事情。法国经历了一场灾难性的战争，巴黎一度通过暴力手段短暂地建立了共产主义政权。[1] 除了真正的脑损伤之外，当时的人们还受到了巨大的心理冲击。"人们处于震惊之中"，还有《手册》第四版所称的急性应激障碍，都是社会中普遍存在的现象。如今，人们已经用创伤后应激障碍为这种战争后果命名，但希罗多德给我们留下了一个很好的术语[2]，一如他总能抓住人类境况的大多数特征。在 1914—1918 年的战争中，针对炮弹休克（英国）和创伤性神经症（德国）的研究日益重要，当然，人们在此之前就已经普遍了解这两种症状的影响。在普法战争结束后，法国统计人员编写了 1870—1871 年的心理影响报告。1874 年的一本大部头著作《论大震荡对精神疾病发展的影响》，介绍了因某些战时事件而长期感到痛苦的三百八十六名平民。[19] 在法国医学术语中，"震荡"的原意是"身体的某些部位在摔倒或遇到碰撞时遭受的冲击"。[20] 与创伤一样，震荡也被心理学化了。在 1874 年的统计报告中，震荡并不涉及字面意义上的身体伤害，尽管在大多数情况下，受害者都被吓坏了，或者做了一些吓坏自己的事情。因此，我们得到了一份情感冲击引发的精神疾病的特别目录。

以下是四个案例，在这些案例中，恐惧或反感使患者产生了失忆及其他症状。[21] 1871 年，一个四十岁的富农出于爱国热情，杀死了三个人。他随后出现了夸大妄想、幻视和受迫害感。1874 年，他忘记了自己三年前犯下的谋杀案。一个五十五岁的男人在敌人入侵期间失去了自己的生意，后来他出现了失眠、谵妄和失

---

[1] 这里指的是巴黎公社。
[2] "癔症"一词最早出现于古希腊历史学家希罗多德的著作之中。

忆。1873年,他处于痴呆状态。一名四十岁的前警察被公社支持者抓获,受到枪杀的威胁。他从那一刻起陷入了严重的抑郁、焦虑和完全失忆。一个小家庭农场的妇女被离她家不远的战斗吓坏了。她出现了非常严重的失忆症状,只能艰难地回答最简单的问题。她不知道自己的名字,也不知道自己有几个孩子。但她在1871年2月底离开精神病院时已经痊愈。我把这些案例称为由心理创伤引起的精神疾病,如此形容不会出现时代错误。在1885年巴黎的一篇医学论文中,上述病例都被称为"精神创伤"引发的记忆缺失。[22]

因此,我们有了各种相互纠缠的说法。沙尔科说过,癔症可以由身体创伤引发。也有一些精神创伤导致失忆和其他症状的例子。还有一个更宽泛的研究将重点置于明显的身体创伤(即头部损伤)引起的失忆症状。只要人类的头部受到损伤,就可能会引起失忆,但对失忆的系统研究直到1870年左右才开始。以上观点同样没有时代错误。当时的医生声称,他们正在开创一个新的研究领域,自己都为之惊讶。我们从当时的小说中可以看出一些端倪。19世纪70年代末,因头部受到打击而出现失忆症状已经成为低俗小说和戏剧的常见情节。符咒和药物引发的失忆就像山丘一样古老,但惊吓引发的失忆是低俗怪谈的一个新主题。我们也许可以在英国第一部侦探小说(也是英国最好的侦探小说)中找到案例,即威尔基·柯林斯[1]的《月亮宝石》(1868年)。这部小说出版时正值记忆即将成为科学的研究对象。小说中多次提

---

[1] 威尔基·柯林斯(1824—1889),19世纪英国著名小说家、剧作家、短篇故事作者,代表作为《白衣女人》与《月亮宝石》。

到相关权威人士。但是，这部小说涉及的失忆是由鸦片引起的，柯林斯本人也是一个瘾君子，他熟悉这个问题。小说中的人物通过再次嗑药来恢复记忆。在柯林斯的小说之后，随着医学界的热情不断高涨，跌倒或撞击引起失忆的情节很快也出现了。

1885年，就失忆及其成因，法国学界发表了最大规模的调查结果。它并不是出自一位成熟的临床医生之手，而是由一位叫鲁亚尔（A.-M.-P. Rouillard）的医科学生完成的。他很清楚，"记忆缺失是一个非常庞大的问题。它涉及精神病理学、哲学甚至社会学中更高层次、非常微妙的争论。想彻底处理这样的问题，得有一位白发苍苍、经验丰富、博学多才的学者主持才行，我这个年龄段的人士几乎很难办到"。[23] 1886年，一位学者评论道，鲁亚尔已在自己庞大冗长（以当时的标准来看）的论文中考察了所能找到的全部相关文献。[24] 鲁亚尔一开始就说，针对单纯的失忆（相对于失语或文字遗忘而言）的研究是最近才开始的。除了法尔雷在《医学百科全书》中发表过一篇引人注目的文章之外，在过去几年中，失忆的相关研究并不多见。那么，他引用了哪些作者的文章呢？有勒格朗·杜·绍莱[1]（Legrand du Saulle），他刚刚在1883年的《医学报》上发表了一篇关于失忆的综述研究。除此之外，鲁亚尔还参考了本书第十一个章节的中心人物阿藏和第十四个章节的中心人物里博的文章。

阿藏出现在这里并不奇怪，因为他是精神病院的外科医生，为脑部受损的病人看病，而且双重人格或多重人格属于记忆病

---

[1] 勒格朗·杜·绍莱（1830—1886），19世纪法国精神病学家，以对人格障碍的研究而闻名。

症。1881年，当他还在观察费莉达时，就给出了一份包含五十九个头部受伤案例的名单，其中的患者产生了各种类型的智力障碍。[25]就头部损伤的研究而言，这项工作不太重要，因为早已有大量的相关文献了。但阿藏的重点是记忆缺失，这是相当新颖的主题。五十九个案例中有二十个患者表现出明显的失忆症状，其他大多数患者的记忆缺失较轻。阿藏明确指出，记忆缺失的基本类型有两种。他的新理论被广泛采用。[26]顺行性遗忘指忘记事故发生时和发生后的事件。逆行性遗忘指忘记事故发生前的事件。在阿藏最熟悉的病例中，有十四个是逆行性的，四个是顺行性的。

今天研究头部伤害的临床医生无不感受到阿藏理论的巧妙、准确和细致。但我们的兴趣在于，到1881年时，失忆成了一个成熟的研究对象。在下一章中，我将区分"深层次"知识和"表面性"知识，前者涉及可以调查的对象的类型、可以处理的问题的类型、可能是真或假的命题的类型以及可以理解的区分的类型。用这两个术语来衡量的话，阿藏对失忆的区分属于表面性知识，展现了关于记忆和遗忘的基本理念网络。

阿藏比沙尔科大三岁，所以到了1881年，他已经五十八岁了。他是一个有进取心的外省人，对巴黎方面持保守和尊重的态度。像他这样年纪和身份的人士是不可能将创伤的概念心理化的。今天，当读到他的病例时，我们会想他指出的一些失忆症状和智力障碍可能是精神性的，而非神经性的。但这不是他要看到的。达成创伤的全面心理化，需要突破什么？精神创伤是失忆的成因，这种学说已经出现了。剩下的就是必须等待一位不拘泥于癔症的神经学理论又熟悉癔症、失忆、双重人格和催眠术的心理学家出现。皮埃尔·雅内正好满足了以上要求。他早年接受了哲学训练,因此后来能够同时涉足病理学和实验心理学。他的博士论文《心理自动症》是第一部系统研究癔症的创伤性成因的著作。他的兄弟朱尔用催眠术研究了沙尔科的一个著名病人——布朗什·维特曼(Blanche Wittman)。朱尔赞同皮埃尔的观点,即心理创伤是癔症的成因,且是治疗的关键。[27] 弗洛伊德和布罗伊尔承认雅内兄弟走在了他们前面,尽管他们对雅内兄弟的癔症性麻木研究表示怀疑。[28]

朱尔·雅内后来成了一名杰出的泌尿科医生,而皮埃尔则将心理创伤作为他临床实践的基石。在生命的最后阶段,他主动销毁了无数的病例记录。因此,我们仅能从他发表的作品中判断他对心理创伤的热情。在《心理自动症》(1889年)中,他描述了十九个病例,其中十个病例是心理创伤在起主导作用;在《神经症和固定观念》(1892年)描述的一百九十九个病例中,有七十三例是由创伤引发的;在《癔症患者的精神状态》(1893—1894年)描述的四十八个患者中,有二十六人的病情是由创伤引发的;在《强迫症和精神衰弱》(1903年)描述的三百二十五例报告中,有一百四十八位患者遭受了创伤。[29] 但是什么创伤?弗洛伊德和雅内形成了有趣的对比。在19世纪90年代,两人都对创伤着迷,但他们强调的创伤性质截然不同。

雅内指责弗洛伊德强调性,坚持认为他见到的许多癔症患者遭受的心理创伤与性无关。然而,我认为两人的关键区别与性没有什么直接关系。雅内早期描述的患者的创伤经历包括在月经到来的时候被浸泡在冰冷的水中，或者睡在一个脸上有严重皮肤病的孩子身边。创伤不是一个人的行为。它不是某人对你或另一个人做了什么。它是一个事件或一种状态。年轻女子进入了冰冷的水缸，女孩被要求睡在一个生病的孩子旁边，这些行为当然不是创伤，真正的创伤是冷水或受到感染的脸部皮肤给患者带来的影响。人类的行动，即哲学家所说的行动，很少被雅内纳入创伤故事之中。弗洛伊德的创伤则几乎总是涉及某人做了什么，涉及一个有意的行为。人及其自身的行为是弗洛伊德创伤概念的核心，但整个世界都是雅内的研究范畴。打个比方，雅内描绘的是创伤的荷兰风景画，人们最多出现在画面中的地平线上，而弗洛伊德描绘的是荷兰情景图，其中充满了人们的行动、争吵、讨价还价、钩心斗角。

因为雅内的创伤是客观的，人们不会对其进行重新解释，特别是当它涉及记忆时。而弗洛伊德的创伤涉及人的行为，所以需要在人的记忆中进行重新解释。在第十七个章节中，我认为今天讨论的记忆问题的核心在于重新描绘人类行为，使其拥有全新阐述的可能性。在弗洛伊德看来，这种可能性是不言而喻的，但在雅内看来则是毫无意义的。他们在此做了不同选择。

弗洛伊德后来从一个忠实的学徒变成了反抗的独立学者。当他在1888年为一本德语医学手册撰写癔症的相关说明时，他是沙尔科的学徒。[30]当他在1892年翻译沙尔科的讲座内容并在其中添加脚注时，他已经成为一个出师的学徒——一个有恋母情结的出师学徒，如果你同意学者托比·盖尔芬德的观点，把沙尔科代入弗洛伊德的父亲的形象的话。[31]很久以后，弗洛伊德说，在给沙尔科的讲座内容添加脚注时,他"确实侵犯了出版物的版权"。[32]这是弗洛伊德精神分析法特有的自我错误描述或洞察。弗洛伊德并没有侵犯版权(除非我们嬉皮笑脸地把癔症当作沙尔科的妻子和弗洛伊德的母亲)。在这次翻译的一个脚注中,他偷偷地反驳了自己的老师。

弗洛伊德在1888年写道,癔症的患病倾向是遗传的。这种疾病缺乏一个明确的定义,只能根据症状加以描述。癔症的典型案例是沙尔科研究的重症患者。是什么导致了癔症?性在其中确实起到了一定的作用——主要是就女性而言,"因为性功能对于人们特别是女性来说具有重要的心理意义"。身体创伤其实是癔症的一个常见病因,"首先,伴随意识受惊、意识丧失的巨大身体创伤有激发癔症的倾向(虽然该类倾向至今难以观察);其次,创伤成了某种局部癔症的根源"。由一般创伤引发的情况与"被称为'铁路脊柱症''铁路脑震荡'的情况都被沙尔科归为癔症。美国研究者对此表示赞同,他们在这个问题上的权威是不容置疑的"。在1888年文章的结尾,弗洛伊德才略微透露了自己的想法:癔症症状可以通过催眠暗示缓解。"如果我们采用约瑟夫·布罗伊尔在维也纳首次实践的方法,并借助催眠将病人引向出现问题的早期病史,效果会更为明显。"这句话必须结合上下文来阅读。用拉塞尔·雷诺兹的话来说,我们仍然处于由"想法"(身体创伤的概念)引发身体症状的阶段。通过催眠(1888年),我们引导病人回到身体创伤的心理环境之中。这是使用心理技巧消除癔症症状的一种方法。在接下来的一句话中,我们了解到你可以向患者灌输打某人的耳光,以此让瘫痪的肢体活动起来。

1888年，雅内已经发表了受到遗忘的心理创伤引发癔症的案例，他描述了通过催眠诱导回忆、进行治疗的方法。弗洛伊德仍然在努力实现这些想法。当他在1892年翻译完沙尔科的演说时，总算达成了目标。他在脚注中介绍了关于"癔症发作的独立观点"。

> 无论形式如何，癔症发作的核心是一种记忆，是对某一场景的幻觉重现，该场景在疾病初显端倪时非常重要……患者回忆的内容通常是某种精神创伤（强度足以引发癔症），或者说是在某个特定时刻经历的创伤事件。[33]

从1893年诱惑理论出现，到1897年诱惑理论被弃，结果是众所周知的。目前，弗洛伊德的许多读者不太关注身为理论家的他最感兴趣的东西——因果关系。1888年，癔症和其他神经症只能根据症状来定义。数年后，弗洛伊德认为他可以通过具体的病因细化不同的神经症。这是德语医学界包括精神病学界的流行趋势，主要得益于细菌理论取得的惊人成功。许多疾病以前只通过症状来定义，现在可以通过微生物致病原因来定义——这种定义是字面意义上的，而不是隐喻意义上的。弗洛伊德关于无意识的学说、关于受遮蔽和被忽视的成因的学说，在某种程度上与当时医学领域中最成功的模式类似。[34]精神分析是对心理的微观检查。最近有一场关于弗洛伊德评价的辩论，但毫无意义：作为一位重要的科学家，他不断提出大胆的猜想，但这些猜想通常是错误的；也可以这样看，他将传统的心理学解释扩展到全新的领域，如无意识和梦的作用。这两种立场似乎都是正确的。弗洛伊德对癔症、焦虑性神经症和神经衰弱的病因研究旨在明确区分这些疾病，并弄清具体的缘由，通过暗示提供具体的治疗。他的病因理论是黑暗中的"精彩跳跃"，从他的书信中我们看出，他认为这些发现十分伟大，而且他也陶醉于其中。

我们甚至可以从弗洛伊德在1892年所作的脚注中解读出他对各种神经症具体病因的探索热情。他反驳了沙尔科的恐惧症遗传说法，认为恐惧症更常见的病因"不在于遗传，而在于性生活的不正常，他甚至可以将病因具体化为性虐"。[35]大多数读者都准确地发现了性的诱因，我也看到了这种具体化的病因。弗洛伊德在一系列的论文中（1895—1896年）都谈到了这样的问题："是否有可能在一个特定的原因和一个特定的神经症之间建立一种恒定的病因学关系，使某一个主要的神经症归于某一个特定的病因？"他的回答非常肯定。神经衰弱是由过度的手淫或自发的性释放引起的。焦虑性神经症是由交媾中断和相关的性活动受挫引起的。女性的癔症和男性的强迫症是由性创伤引起的，这些创伤"必须发生在童年早期（青春期之前），必须包含对生殖器的实际刺激（或类似交媾的过程）"。[36]这就是所谓的癔症诱惑理论，它是神经症一般理论的一环，但也仅限于此。1897年时，弗洛伊德感到不知所措，这不是因为他不得不放弃诱惑理论，而是因为他不得不放弃自己对现代心理科学做出的最大贡献（可以与细菌理论相提并论）。

杰弗里·马森大力驳斥了弗洛伊德的行为。他的著作十分出名、目标明确，名为《对真理的攻击》。马森的意思是，弗洛伊德放弃了一个真正的理论,即癔症的诱惑理论,对真理展开了攻击。此外,因为放弃了诱惑理论,弗洛伊德也否认了儿童性虐在资产阶级之城维也纳(及其他地方)猖獗的真相。我对马森关于该事件的说法没有什么异议,但这只是一个版本。他的说法没有关注身为理论家、科学家的弗洛伊德。在学者帕特里夏·基彻(Patricia Kitcher)看来,弗洛伊德想要的是涵盖一切的大统一理论。[37]他并不在意所处社会中虐童行为的发生概率。诱惑理论并不是批判西方道德的一环(但后世的虐童研究正是如此),它是神经症系统病理学的一环。弗洛伊德最多只是偶尔关心一下受虐儿童。他真正关心的是真理和它的伙伴——因果关系,而不是真相和它的"孩子"。

再度与雅内比照,我认为弗洛伊德被一种可怕的真理意志驱使。埃伦贝格尔写道,弗洛伊德的价值观来自浪漫主义时代,雅内则如启蒙时代的理性主义者。但他的观察十分片面。雅内灵活务实,弗洛伊德才像启蒙时代专注而又严格的理论家。他早期关于神经症具体病因的理论会让17世纪的知识分子感到高兴,莱布尼茨定然喜欢。弗洛伊德一生都在追求这样的理论,像许多专注的理论家一样,他可能会为了支撑理论而篡改证据。弗洛伊德对真理抱有一种偏执的信念,他所谓的真理是近似于价值观的深层真理。这种思想信念甚至可能要求真理的探寻者睁着眼睛说瞎话。探寻者的目标令人心潮澎湃,正是不惜一切方式获得真理。

雅内对真理没有这种执念。他是一个可敬的人士,(因此我们可以说)他对真理的认知没有那么夸张。他试图让病人相信创伤从来没有发生过,以此处理患者的神经症。只要他能做到,他就会通过暗示和催眠介入。以雅内早期的一个病人为例，她在六岁的时候被迫睡在一个女孩身边，这个女孩的一侧脸部患有严重的脓疱病。这个病人的癔症因此发作，靠近脓包的一侧脸上会出现麻木甚至失明等症状。于是，雅内以催眠暗示病人，让她以为她正在抚摸六岁时躺在自己身旁的那个女孩柔软美丽的脸。然后，病人的所有症状（包括间歇失明）都消失了。雅内告诉了她一个谎言，并让她相信这个谎言，最终治愈了她。他一次又一次地这样治疗病人——让患者相信一个谎言。

雅内的崇拜者明确声明，雅内深入研究了大多数癔症的创伤性起源。他们对谎言有更委婉的说法，如"以积极的图景代替"："如果再现创伤和讲述细节是不可能实现的或不能缓解病情的，那么雅内会像米尔顿·埃里克森一样，通过催眠以中性或积极的图景代替创伤性记忆。例如，他让左眼出现癔症失明情况的女性想象她和一个'非常健康、没有生病的孩子'睡在同一张床上。"[38]

弗洛伊德与雅内完全相反。他的病人必须面对看到的真相。回过头来看，我们毫不怀疑弗洛伊德经常自欺欺人，因为他对理论过于坚守、执着。半个世纪以来针对弗洛伊德理论的研究表明，他让病人相信自己脑海中事情的做法是错误的，这些事情往往非常离奇，只有最执着的理论家才会在一开始就将它们搬到台面上来。但是没有证据表明弗洛伊德的治疗方法是让病人完全相信他自己都认为是谎言的东西。雅内欺骗了他的病人，而弗洛伊德欺骗了他自己。

因此，我们发现了一个奇怪的悖论。雅内并不像埃伦贝格尔断言的那样，是一个富有启蒙精神的人。他是第三共和国的一位可敬人士，遵循英国人所说的维多利亚式美德。我们没有理由认为他对同行（即行业中可敬的同道）撒了谎。他觉得为了帮助病人（通常是女性和穷人），让他们相信谎言再自然不过。抽象的真相对雅内来说并不重要，病人知晓的关于自身的真相也不重要。他是一个医生，一个治疗者，从各方面来说都堪称优秀。事实就是，来到雅内公共诊所的那个癔症盲人妇女显然被治愈了。我们可能会想，她很幸运，因为她不是维也纳人，也没有足够的钱财去咨询弗洛伊德。

我们得出了一个令人不安的结论。心理创伤、恢复记忆和情感释放的学说造成了一场真相危机。弗洛伊德和雅内——两位倡导相关学说、令人印象深刻的人士——以不同的方式面对这场危机。雅内毫无顾忌地对病人撒谎，制造虚假记忆，以此消除他们的痛苦。对他来说，真理并不是一个绝对的价值信念。对弗洛伊德来说，真理却是如此。也就是说，他的目标是真正的理论，其他一切都必须服从于它，他认为病人应该面对关乎自身的真相。当他开始觉得精神分析引出的记忆不够真实时，他又发展了另一种理论——当记忆被当成幻想时，该理论依然有效。他可能已经做出了完全错误的决定。这或许是他自欺欺人地放弃诱惑理论的原因。他这样做大概是因为自己被吓坏了。但在另一个层面上，弗洛伊德的动机源于对真理的理想化，他的理论讲的不是这个或那个病人生活的真相，不是世纪之交维也纳家庭生活的事实，而是更高层次的心灵真理。他对基彻说的"完全跨学科的心智科学"有着启蒙式的愿景。在实践中，他坚信精神分析学家有义务引导每个病人获得与理论相符的自我认识。

病人是否有自知之明要紧吗？为什么不跟着雅内，通过催眠把病人变成自欺欺人的人呢？我认为真正的自知之明确实很重要，但随之而来的问题也很棘手。我在本书的最后一章中阐述了自己的观点。然而，有一件事是明确的。在丢失记忆和恢复记忆的问题上，我们继承了弗洛伊德和雅内的观点。一个为真理而活的人，很可能大多数时候都在欺骗自己，甚至知道自己被骗。另一个更可敬的人，通过谎言帮助病人，他没有欺骗自己说他在追求什么。对比弗洛伊德的痛苦和雅内的自恰，20世纪末困扰我们的记忆真相辩论看上去是在无益地重演过去的争论。原因可能在于，我们被锁定在那十二年（1874—1886年）创造的基本框架之中，当时关于记忆的知识替代了针对灵魂的精神解读。创伤的心理学化是这一框架的重要组成部分，因为长期以来，灵魂遭受的精神苦难一直在为本体论服务，现在这种苦难成了隐藏的心理痛苦，它不是源于诱惑我们的内心罪恶，而是源于诱惑我们的外部罪人。创伤是这场革命的一个支点。

当雅内在1887年的《哲学评论》中发表他对心理创伤的第一个见解时，创伤就已经归入心理学范畴。就在这一年，在欧洲的另一个地方，另一个人正在完成《论道德的谱系》。尼采不负众望，成了一个先知先觉的观察者和分析者。

> 在我看来，"心理痛苦"本身并不是一个确定的事实，相反，它只是一种解释——一种对无法准确表述的现象集合的因果解释——它实际上只是一个站在瘦弱的

问号上的胖子。[39]

难道尼采在文化、语言、智识、道德方面与那些于巴黎的低级记忆领域中辛勤工作的人士不在一个世界吗？根本不是。他很可能读过雅内发表在里博负责的《哲学评论》上的文章。他确实读过里博的著作，因为他在《论道德的谱系》中几乎逐字逐句地转述了里博的《记忆缺失症》。[40]

14

记忆科学

现在,我想提出四个论点。这四个论点本身就比较难懂,它们之间的相互联系则更加晦涩。在本章和下一章中,我会提出一种理解我一直在描述的事件(包括过去的事件和最近的事件)的方法。以下是我的论点,我会以概要的形式呈现。

1. 记忆科学兴起于 19 世纪后半叶,随之而来的是新的真理或谬误类型、新的事实种类及新的知识客体。

2. 记忆已经被视为判定个人同一性的标准,成为研究灵魂的科学钥匙。因此,人们可以通过研究记忆(找到它的真相)征服灵魂这一精神领域,并用相关知识取代旧有观念。

3. 在记忆科学中发现的一些事实是表面性知识,潜藏在这些表面性知识之下的是深层次知识,即存在有待发现的关乎记忆的事实。

4. 随后,以前在道德和精神层面展开的辩论转至事实性知识维度。政治层面的辩论都需要以深层次知识为前提,也只有具备该种知识才能实现。

表面性知识和深层次知识的概念源于米歇尔·福柯所说的"认知知识"(connaissance)和"话语知识"(savoir)[1]。福柯如此定义话语知识："这些成分应由话语的实践形成，以便在可能的情况下构成某种科学的话语，这种科学的话语不仅由其形式和严密性所规定，而且还由它所涉及的对象、它所使用的陈述类型、它所掌握的概念以及所利用的策略来规定。"[2] 他在一个例子中写道，19世纪精神病学的话语知识并不是人们眼中所有与之相关的正确事实的总和，而是"一整套人们可以在精神病的话语体系中谈及的习惯、怪异情况以及患者的离经叛道的行为"。深层次知识可能不为所有人知晓，它更像是一种语法，一套潜在的规则。在本书的情况中，它决定的不是什么样的内容符合语法，而是什么是真什么是假。人们眼中真或假的特定内容是认知知识，或者我所谓的表面性知识。我使用"表面性"这个形容词，不是要暗示惯常的知识流于表面，借此加以贬低，再提醒大家确实有一些更深层的东西是我们应该知道的。我使用的术语源于乔姆斯基（Chomsky）的深层次语法和表面性语法的表述。例如，英语语法就是表面性语法，但你可能会说，该种语法十分重要。一些批评乔姆斯基的人说，不存在深层次语法这回事。而一些批评福柯的人则会说不存在他所谓的话语知识。我使用表面性知识这种说法，只是为了进行分析，而不是对知识的种类做出价

---

[1] 简单来说，认知知识是对具体事实的感知和理解，话语知识是这些具体认知知识组织起来的体系。前者是显性的，后者是隐性的。
[2] 此处译文引自《知识考古学》，生活·读书·新知三联书店1998年版（谢强、马月译），第236页，下同。

值判断。

现在还不是证明上述四个论点的时候。每一个论点都有一个复杂的故事要讲。尽管我们坚定地想要进行整合,但是关乎记忆的各种科学之间实际上并没有太多重叠的内容。你可以看看都有哪些学科:(a)对不同类型记忆所占大脑位置的神经学研究;(b)对回忆的实验研究;(c)对记忆的所谓的心理动力学研究,即使是讨厌弗洛伊德的人也必须承认其与弗洛伊德的工作密切相关。在心理学和精神病学中,"动力"一词有着曲折的历史。[2]我指的记忆研究是依据观察或推测心理活动的过程和影响实现的。

上面提到的这三门关于记忆的科学都是19世纪的产物。其中只有神经学受到了20世纪高科技发展的深刻影响,如今我们真的可以实现19世纪的一些神经学家梦寐以求的事情。在这三门较早的记忆科学之外,我们应该加上20世纪的两个科学分支。第一个分支是(d)细胞生物学领域、钾离子通道传输之类的科学研究。我们的目标当然是将其与(a)结合起来,在细胞和更小的层面说明大脑不同部分的信息存储和传输。最后,我们可以加上分支(e),在人工智能、并行分布加工和认知科学的其他分支领域对记忆进行计算机建模。

这五种科学都是认知知识,属于表面性的知识。人们认为这种知识是理所当然的。我称它们为表面性知识绝非贬低。从各个不同的层面来看,它们都很重要。有些科学目前的实际应用只占其理论知识或理论假设很小的一部分,相当于一比无限大,但这些无限多的理论或假设有可能会在未来改变我们的日常生活。很多机构就是基于这样的期望才去资助各种研究的。如果想要申请钾离子通道的研究资助，没有什么比阿尔茨海默病的论文更能提升成功概率的了。然而，记忆的心理动力学是我提到的三门古早的记忆科学中唯一对西方文化产生深刻影响的知识。今天，在一千多个实验心理学科室中，针对回忆的实验工作仍在继续。它为我们提供了某些特定的常用短语——有谁不知道短期记忆和长期记忆呢？不过，从更大的维度来看，它的主要功能可能是印证这样的深层次知识（尽管我们未曾加以说明）：在记忆科学中，还有很多事实需要我们去了解。

在此，我只会结合分支（c）——针对记忆的心理动力学研究——来证明我的四个论点。当然，心理动力学也是多重人格治疗中的一个核心方法。但我不想把目光停留在当下短暂的政治斗争之上，比如关于虚假记忆的争吵。记忆总是带有政治或意识形态的色彩，但也带有时代印记。有时我们会对前辈所言惊讶不已。让我们以一个关键的十二年为例，即1874—1886年。一场关于记忆的讲座如何准确地体现出当时的社会等级制度呢？1879年7月12日，巴黎生物协会举办的一场演讲就是例子。[3] 德拉内医生（Dr. Delannay）告诉他的听众：

——比之高等种族的人，现代劣等种族的人有更好的记忆力。黑人、中国人、意大利人和俄国人在语言学习方面有非凡的天赋（估计是学习法语或英语）。

——成年女性的记忆力比男性好。女演员在台词理解方面比男演员更快、更好。在大学学习中，女学生的表现比男学生更好。

——青少年的记忆力比成年人好。人在十三岁时的记忆力最强，此后逐渐衰减。

——弱者的记忆力比强者好。智力低的人的记忆力比智力高的人好。因背诵而获得奖励的儿童不如其他人聪明。

——巴黎高等师范学校或圣宠谷军医院中记忆力最好的学生并不是最聪明的。

——外省人的记忆力比巴黎人好。农民的记忆力比市民好。

——律师的记忆力比医生好。教士的记忆力比普通人好。

——音乐家的记忆力比其他艺术家好。一个人在饭前的记忆力比在饭后好。教育会降低记忆力，即目不识丁之人的记忆力要好于能读会写之人。一个人在早上的记忆力比在晚上好，在夏天的记忆力比在冬天好，在南方的记忆力比在北方好。

这场演讲的内容很好地涵盖了所有人群。记忆成了劣等性的一个客观指标。这是一位反教会的医生，他把教士和律师放在了相应的位置之上，其他人也被放进了貌似恰当的排序之中。

德拉内的说法结合了当时新兴的记忆科学和人体测量学。人体测量学——这个名称的出现归功于弗朗西斯·高尔顿[1]（Francis Galton）——是人类学中对人类进行测量和统计的一环。人类学主要致力于比较人类的不同种族、某个地区的不同亚种群

---

[1] 弗朗西斯·高尔顿（1822—1911），英国维多利亚时代的博物学家、人类学家、优生学家、统计学家、心理学家和遗传学家。

及两性特征。人类学衍生出了智力测量。人类学、社会学和心理学都在发展，这些学科之间相互重叠的内容就是记忆。这就是记忆科学诞生的阶段。这一新生的人类科学的意识形态倾向，特别是关乎种族歧视和性别歧视的倾向，已经被详细记录在案。然而，人们还没有注意到记忆研究中的政治内涵。但在讨论相关问题之前，我们应该停下来确认一下，从分支（a）到分支（c），记忆科学实际上是新生的，而非旧有传统中的一环。

它们与其前身的差别是科学与技术的差别，或者说是知道应为与知道何为的差别。关于记忆的新科学提供了关于记忆的新知识，而记忆的技艺则旨在教导我们如何记忆。从柏拉图时代到启蒙时代，记忆的技艺得到了最为细致的研究、最为热情的关注。也许我们应该称之为"熟记的技艺"，其中包含了各种关于记忆的技术或技巧。[4]柏拉图和亚里士多德经常提到这门技艺的一项内容，尤其是相关形式，即"归置"（placing）。学者玛丽·卡拉瑟斯（Mary Carruthers）为我们提供了一个更形象的名称：建筑记忆法[1]（architectural mnemonics）。[5]人们会在脑海中构建一个空间、一栋房子，甚至一座城市。你想记住印刷术是在1436年发明的吗？那么，你可以在市区的第一所房子的第四个房间的第三十六个记忆位置（memory place）存放这一记忆。西塞罗认为，这种记忆的技艺至关重要（在印刷术发明后仍长期存在），尤其是对演说家而言。记忆也被视为塑造道德品质的必备要素；记忆具有高度的道德性。在所谓的中世纪盛期后，记忆的技艺才逐渐衰落。最伟大的经院学者，如托马斯·阿奎那，都是记忆大

---

[1] 建筑记忆法，又称轨迹记忆法、记忆宫殿法等。

师。卡拉瑟斯认为书籍和记忆之间存在着复杂的关系。在许多情况下，书籍远非最终的客观权威，只是记忆技艺的辅助工具。建筑记忆法必须配以严格的训练和规则。人们必须在头脑中练习建造房屋和城市，并学习如何最好地进行安排，以便确定各个事物的记忆位置。人们记忆文本也是通过这种方式完成的。合格的学者都有一个巨大的数据库，这个数据库就储存在建筑记忆法构建的"建筑"中。通常情况下，他不可能随时去图书馆查一个引文或说法，当然他也没有必要去图书馆，因为他要找的内容就在他的脑子里。

有三件事需要我们注意。第一，记忆的技艺在古代世界、中世纪盛期和文艺复兴时期都十分重要。精通这门技艺的人士拥有崇高的地位，这是一种政治资产。在西塞罗的时代，这是一门演说家的技艺，最受男性推崇。在阿奎那的时代，它是为学者服务的。卡拉瑟斯提出了一个有力的论点："记忆可以被当成中世纪文化的一种模式（骑士精神可能是另一种模式）。"[6]它就像骑士精神一样，只对一些人适用，仅限于最高尚的事业。记忆的意识形态倾向不可能是到1879年才出现的，只是相关内涵在这一年发生了变化。记忆是为精英服务的，然而，就像骑士精神一样，它渗透到了全世界。卡拉瑟斯继续说："记忆本身也是一种价值观，与审慎的美德类似。价值观作为一种模式，使某些行为得以实现，也使某些行为享有更大的特权。"

第二，记忆的技艺是一项真正的技巧，知道何为而非应为。它不是一门以记忆为研究客体并向人们输出相关知识的科学。第三，记忆的技艺是外部导向型的。它最多只是附带地让个人记住自己的经历。它的全部意义在于为人们提供关乎事实、事物或文本的即时回忆。人们借助生动的画面将外部材料存放在脑海之中,以便随用随找。也许我们所说的计算机记忆及其众多技术都是直接源于记忆技艺。关于计算机记忆,语言学中的表述存在不定性。各种语言选择了不同的词语来描述记忆的概念。在德语中,"回忆"(Erinerrung)和"记忆"(Gedächtnis)都不能应用于计算机记忆的概念,所以只能使用"仓库"(Speicher)。中世纪的人通常以"仓库"来比喻记忆。

记忆的技艺在启蒙时代衰落了,但它没有被另一种技艺或科学取代。人们仍然在教授记忆技艺,但不再赋予它道德权威或声望。当然,人们并没有对记忆失去兴趣。一个关于记忆及其恢复——实际上是指记忆的闪回——的最令人动容的陈述是由一个最不可能谈论它的作者——约翰·洛克写下的:

> 大脑常常会让自己去搜寻一些隐藏在深处的想法,并且会让灵魂去审视这些想法。不过这些想法有时也会自动地浮现在脑海之中,主动地让人们去领悟;而且常常被一些泛滥猛烈的情感由它们的黑暗洞穴里唤到光明之乡中,因为我们的感情常常把那些蛰伏而不为人所注意的各种观念唤到记忆中[1]。7

在洛克的时代,没人试图系统地揭示关于记忆的真相。这种系统揭示直到19世纪末才开始。当然,每一个事物的前身也都有前身。神经学中的定位课题部分源自颅相学,即通过头骨上的

---

[1] 此处译文引自《人类理解论》,商务印书馆1959年版(关文云译),第119页。

凸起判定智力和天资。但直到1861年，才有一位解剖学家打开了大脑，并将病变与心智能力的丧失联系了起来。这位解剖学家就是保罗·布罗卡。"我们有充分的理由相信，在这个案例中，额叶损伤是语言能力丧失的原因。"[8]（回顾第十一个章节的内容，我们会记起，早在三年之前，布罗卡就满怀激情地尝试在一个脓肿外科手术中使用阿藏的催眠术麻醉患者。）布罗卡一直到去世都在从事大脑定位工作，但他在法国人类学领域中也非常活跃，其中尤其值得一提的是他对人种和种族的深入研究。我们记住他是因为布罗卡区，即大脑的运动语言中枢。布罗卡成功地开启了伟大的神经学计划，即把不同的能力定位在大脑的不同部位。这项学说沿用至今。布罗卡的发现引发了人们的研究热情。历史学者发现，在这一领域，下一个里程碑式的人物是卡尔·韦尼克[1]（Carl Wernicke），他发现了另一个储存语言（或语言图像）的区域。这是学者首次提及大脑中的某一部分是特定类型的记忆库。如果说有一篇论文能将以上所有的研究都整合到一起，那一定就是路德维希·利希特海姆[2]（Ludwig Lichtheim）在1885年对失语症的研究。[9]需要强调的是，这是一项解剖学、生理学研究。我们之所以将之称为神经学研究，是因为其中关注的部位是大脑。

现在让我们来谈谈第二种记忆科学，即回忆（recall）。1879年，赫尔曼·埃宾豪斯[3]（Hermann Ebbinghaus）为心理学研究

---

[1] 卡尔·韦尼克（1848—1905），德国医师、解剖学家、精神病学家与神经病理学家，韦尼克区即以其姓氏命名。
[2] 路德维希·利希特海姆（1845—1928），德国犹太裔医生，他是失语症方面的专家。
[3] 赫尔曼·埃宾豪斯（1850—1909），德国心理学家，他是第一个描述学习曲线的学者。

建立了一个新的范式。这绝不是第一个实验心理学研究,在它之前已有先例。例如,古斯塔夫·费希纳[1](Gustav Fechner)的心理物理学,该项研究改变了人们对身心关系的实验观察。就实验对象能够辨别的一对砝码之间的最小重量差异,费希纳总结了经验法则。在费希纳之前,德国有过类似的实验,之后也是如此。然而,学者库尔特·丹齐格(Kurt Danziger)认为埃宾豪斯开创了将心理学归入实验测量科学的先例:"赫尔曼·埃宾豪斯关乎记忆的经典著作首度谈到了心理能力测量的所有基本特征。"[10]埃宾豪斯的研究是在1885年通过他的一本重要著作《论记忆》而被公之于众的。[11]

埃宾豪斯想研究纯粹的记忆,不想受到其他知识的干扰,所以他就无意义的音节进行了回忆实验。为什么这项实验如此重要?学者戴维·穆拉伊(David Murray)声称,缪勒(G. E. Müller)[2]的影响要大得多,因为缪勒开创了遗忘的干扰理论,也因为埃宾豪斯完全是以实验为依据,没有主动推断记忆机制。[12]那么,为什么丹齐格把埃宾豪斯排在首位,与布罗卡相提并论呢?除了科学界的伟大革新者之外,首位人士被挑选出来不是因为他们的贡献多么重要,而是因为他们刚好为我们标出了一个新的起点。埃宾豪斯工作的一大亮点在于,他建立了数据的统计处理原则。埃宾豪斯对记忆的研究关注受试者回忆一系列无意义音节的能力。然后,要对其进行统计分析。埃宾豪斯首先以自己作为典型的样

---

[1] 古斯塔夫·费希纳(1801—1887),德国哲学家、实验心理学家和物理学家,心理物理学的创建者。
[2] 即格奥尔格·埃利亚斯·缪勒(1850—1934),德国生理学家、心理物理学家,因研究视觉和记忆而闻名。

本,但他只能通过仔细审阅统计结果来理解自己的行为。他的研究方法成了标准,与学习理论结合在了一起。一代又一代心理学家投入整个职业生涯,沿着埃宾豪斯的脚步不断研究。实验心理学刊物大多不会考虑审校一篇没有统计测试的研究论文。从以上的介绍中,我们能够明显看出两件结合在一起的事情:第一次在心理学中持续研究回忆和第一次在心理学中持续运用统计分析。[13]如果布罗卡的研究标志着记忆解剖学的开端,那么埃宾豪斯的研究则标志着记忆统计学的开端。

就像布罗卡和埃宾豪斯一样,记忆解剖学和记忆统计学研究对于我想阐述的内容来说只是题外话,这就是为什么我以历史为由头加以讨论。相比之下,我们从一开始就专注于心理动力学,只要你了解相关细节,就会发现其中没有所谓的首位之说。但我还是会在众多的研究者中选择一位人物作为典范——一位最好地展现第三种新的记忆科学的典范。1879年,泰奥迪勒·里博在巴黎发表了一系列以记忆障碍为主题的演讲。这些演讲于1881年出版,是他三部曲中的第一部(1883年出版的第二部作品关注意志障碍,1885年出版的第三部作品关注人格障碍)。[14]巧合的是,里博发表演讲的同一年,埃宾豪斯在莱比锡开始了他的记忆实验。里博在1885年完成了自己的三部曲,同一年,埃宾豪斯发表了他的成果。也是在这一年,利希特海姆整合了关于大脑功能定位的最新学说,其中涉及对文字的记忆。这些巧合本身并不意味着什么,但我们会发现,这三门相当不同的记忆科学差不多在同一时期起步,差不多以相同速度发展。

在不同的机构、文化或国家中,这些科学有着不同的发展路线。心理学在法国的发展与在德国或美国的发展非常不同。心理学在法国是与医学和病理学结合的。15因此，巴黎的记忆研究关注遗忘。学者迈克尔·罗思（Michael Roth）曾用优美的文笔写道，在医学对遗忘和怀旧的热忱中，带有更深层的法国文化内涵。16他指出，尽管里博书中的大部分内容都是关于遗忘的，但结尾却十分奇怪，写的是超常记忆的内容——超常记忆会被当成病态。因此，他认为里博的著作几乎是一本道德宣传册，意在界定人们应该拥有多少数量的记忆。

罗思对该书弦外之音的分析很有见地，但他应更多地考虑社会历史中的世俗事实。丹齐格在他的著作的开篇便抛出了一个惊人的观点：在德国和美国，实验心理学以实验生理学为模板，它甚至被称为"生理心理学"17。法国的情况则完全不同。自皮内尔在18世纪末"解放精神病院"以来，精神病学一直是法国医学的重要专题。神经学家沙尔科颇具号召力，他的影响从19世纪70年代初一直持续到1893年（他正是在当年去世）。在他的主导下，心智、大脑和精神疾病的关联成为科研的重中之重。因此，在19世纪70年代，当人们在巴黎从事记忆的心理学研究时，大多会先从病理、遗忘和失忆的角度出发。

以上谈到的种种影响并不局限于法国。当时，美国对欧洲的各种新科学思想抱有一种兼收并蓄的态度。在鲍德温[1]经典的《哲学和心理学词典》中，"记忆"一词的长度只有"记忆缺陷"一词的一半。后者主要关注的是记忆缺失。"记忆缺失"于1771

---

[1] 即詹姆斯·马克·鲍德温（1861—1934），美国哲学家和心理学家，普林斯顿大学心理学系的创始人之一。

年出现在法语中,它译自拉丁语,源于在疾病分类方面极有影响的一部著作,作者是绍瓦热。[18]但直到19世纪70年代,记忆缺失才成为一个重要的研究领域。然后,它成了法国新的记忆科学的核心课题。

论及这门新科学的"典范",我想选择一个不是病理学家、神经学家的人物。他不仅准备陈述事实,而且准备讨论方法。我选了里博,因为他是一位哲学家。虽然我选了他,但我必须说明,他关于记忆(与遗忘相对)的实证观点是比较老套的。他是英国联想主义心理学的忠实信徒,在他的著作的第一页,他就表达了对苏格兰学者的感激之情。[19]他坚持(这种坚持颇为有益)认为,我们不应谈论单数的记忆,因为这样只指涉一种能力,而应谈论复数的记忆。但这只是从不同类型的后天能力、技能、知识被储存在大脑的不同部位的说法中推导出来的观念。与当时大多数实证主义学者或科学学者相比,里博关于心智和大脑关系的研究不算超前,也不算落后。"记忆,"他写道,"本质上是一个生物层面的事实,但出乎意料的是,它也是一个心理层面的事实。"[20]他非常认真地对待无意识心理活动,他的想法与爱德华·冯·哈特曼[1](Eduard von Hartmann)在1869年发表的大部头浪漫主义作品《无意识的哲学》中的阐述大为不同。[21]但他这样做只是为了将无意识作为其纯粹推测性的神经生理学研究的一环。意识由神经系统中的某些特定活动(按当时的说法,尤指"放电"活动)构成,并且这些活动的持续时间要超过一定的限度。相同类型但持续时间更短的活动就属于无意识。"大脑就像

---

[1] 爱德华·冯·哈特曼(1842—1906),德国哲学家。

一个充满各种活动的实验室，成千上万的任务在这里同时进行。可以说，无意识的大脑活动是不受时间条件限制的，只占用空间，而且可能在大脑中的多个位置同时发生。意识是一扇狭窄的门，一小部分大脑活动通过它展现在我们面前。"[22]这种关于无意识的说法在里博的时代非常普遍，我们现在不能想当然地认为他预见到了雅内的"潜意识"概念。雅内在1889年的《心理自动症》之前的论文中使用了"无意识"（inconscient）。1889年时，他创造了"潜意识"（sous-conscience），以便将自己的研究与当时仍存续于德国的哈特曼的传统分开。

里博在法兰西公学拥有实验与比较心理学的教席。让我们回忆一下里博的继任者皮埃尔·雅内是怎么说的（他的话有些夸张）："如果不是因为费莉达，法兰西公学院不一定会有这样一个教职，我也不一定能在这里跟你们讲癔症患者的精神状态。"在第十一个章节中，我谈到了法国实证主义的一些情况，比如伊波利特·泰纳和埃米尔·利特雷等权威文化领袖的论点。他们的学说遵循了19世纪70年代的模式，这种模式之所以流行，是因为它回应了普法战争中的失败，是因为它带有共和主义和世俗主义的倾向。里博毫不掩饰自己的认同。他在1881年出版的关于记忆的著作的副标题是"一篇实证心理学论文"。在该书中，他讨论了"阿藏医生详细、有益的观察"。在描述了双重人格后，他写道：

> 首先，我们不要把"自我"的概念设想为一种不同于意识状态的存在。这是无用、矛盾的猜测，它对于初级阶段的心理学来说是有价值的，但它把看起来简单的

东西当作了简单的东西,用假设代替了解释。一些与我同时代的人士认为有意识的人格是一种复合体,是一种复杂状态的产物,我认同他们的观点。[23]

里博继续解释道,我们可以通过两种方法来思考"自我"。就"自我"本身而言,它是个人现有意识状态的集合,也许我们可以将其比作个人的现有视野。但是"每一个当下时刻的'自我'都在不断地更新,这种更新在很大程度上是借由记忆提供的材料完成的……总而言之,'自我'可以从两个方面加以思考:要么从实际形式的角度,从这个角度来看,它是个人的实际意识状态的总和;要么从与过去的连续性的角度,从这个角度来看,它是由记忆形成的"。[24]

在下一本关于人格障碍的书中,里博开篇就说道:"旧派的代表对〔心理学的〕情况略感困惑,指责新派的信徒'偷了他们的自我',这是意料之中的事。"[25]"旧派"就是我在第十一个章节中解释的维克托·库赞的折中唯心主义。里博及其实证主义派同行的策略不是攻击宗教上或哲学上的灵魂观念,而是提供替代这种不够科学的灵魂研究的学说。我们不应该研究一个单一的"自我",而应该研究记忆。但我们怎么知道没有统一的自我呢?费莉达还有许多双重人格患者,似乎很好地证明了人格不是由超验、形而上学或精神的单一自我构成的。因为在这些人身上,不存在单一的自我。患者有两个人格,除了失忆的空隙,他们的每个人格都由连续或正常的记忆连接。在他们的人格中,至少有一个人格不知道其他人格的存在。因此,这些患者的体内(似乎)有两个人,即一个身体里有两个灵魂。

用双重人格来驳斥超验自我，这更多是一种修辞上的做法，而不是逻辑上的做法。这种修辞上的驳斥的成功之处在于改变了思考灵魂的基础。灵魂是最后一个不受科学审查的思想堡垒。可以肯定的是，长期以来一直存在着人类是机械模型的假说，1747年拉梅特里[1]在荷兰出版的备受争议的《人是机器》中也提到了这点。法国实证主义者无疑相信，所有的心理学最终都会建立在神经学的基础之上。这是一个普遍观点，弗洛伊德和许多德语学界前辈都有这样的看法。里博及其同行的重要贡献不在于他们制定了一个计划，而在于他们提供了知识。这是新的知识，关乎记忆的科学。这种真实的知识描述了记忆的科学规律，它至今仍被称为"里博定律"[2]。这个定律是表面性知识的完美例证，陈述了记忆能力如何衰减——它假定记忆能力是一种特定的客体。他自己给这个定律起的名字是倒退或退行定律。不管出于何种病理，"记忆逐步遭到破坏"，它"遵循一个逻辑顺序，一个规律，它从不稳定逐步推进到稳定"。早期获得的记忆和技能是稳定的，近期获得的则不太稳定。他的证据来自各种类型的失忆，包括创伤性失忆和老年性痴呆。他认为自己提出的定律具有普遍性，适用于各种类型的记忆丧失。在他看来，他的定律"源于事实，是亟待认可的客观真理"。[26]我把他的陈述放在了尾注中。[27]我们关心的是它自称为何种法则。它追求客观真实。它来自事实。与其相关的事实源于病理精神病学。这是一个关于记忆丧失、关于遗忘的定律。最后，该定律统合了由身体病变引起的遗忘和由精神冲

---

[1] 拉梅特里（1709—1751），法国启蒙思想家、哲学家，机械唯物主义的代表人物。
[2] 即里博于1881年提出的遗忘定律。

[209] 击引起的遗忘。因此，它涵盖了古早意义上的创伤及即将出现（当时是 1881 年）的精神意义上的创伤。站在后世的角度去看里博的定律——忽略内容，只看形式——你会发现它预见了后来几乎所有的动力精神病学形式。

我不是说里博是弗洛伊德的先驱，是现代多重人格运动的先驱，或者其他什么。我是说，他是一个早期的例证，他的表面性知识被框定于潜藏的深层次知识的规则之中，而这种深层次知识直到今天仍然存在。现代关于感知的观点让人觉得不可思议，它认为被遗忘的东西塑造了我们的特性、人格和灵魂。这种想法从何而来？为了把握这一点，我们需要认真思考记忆知识是如何在 19 世纪末出现的。新的记忆科学的目标是什么？当然是做出发现，并为自身发展提供更多动力。尽管我只论证了一门新记忆科学的情况，但我认为各门记忆科学都是作为替代灵魂的科学、作为实验科学、作为实证科学出现的，它们会为我们提供新的知识。这些知识可以用来处理、改善和控制一直游离在人类科学之外的问题。如果我们只讨论关于记忆的表面性事实，那么记忆的政治化看起来就是一种不太寻常的意外。但是，如果想想关乎相关事实的观念是如何形成的，我们就会发现斗争似乎不可避免。

15

记忆政治

"政治"几乎可以和任何词语联系在一起使用，这对于人们来说是司空见惯的事情。如此宽泛的使用让该词失去了诸多意义，但记忆与它的结合（记忆政治）绝非一种隐喻。虚假记忆综合征基金会和倡导记忆恢复疗法的各学派之间便存在着一种政治对抗关系。在华盛顿举行的多重人格与分离性状态国际研究协会东部地区的年会上提出的"打击虐待儿童行为"，就是一项政治宣言。会议的参加者敦促人们找一个春季的夜晚上街敲锣打鼓、游行示威，借此影响立法者。这一行动的公开目标是反对虐待儿童，但其直接目标更像是鼓动司机们贴上"相信儿童"的保险杠贴纸[1]。国际研究协会认为，记忆尤其是治疗师引导出的记忆值得人们相信。在这一领域中还有很多政治示威活动，例如，反涉童罪行组织于1993年9月17日在华盛顿举行了一次大型游说

---

[1] 这是美国的一种汽车文化，司机们会在保险杠上张贴关乎政治观点、宗教文化等的信息。

活动。这次游说活动就遭到的匿名威胁发出了严正警告：会议"遭到了个人和组织的反面宣传，他们明显不希望一个积极防治涉童罪行的议程出现"。此次活动由美国政府前司法部部长埃德温·米斯（Edwin Meese）领导。

记忆政治可能有两种：个人的记忆政治和公共的记忆政治。一张大幅的大屠杀纪念碑照片的标题是《无法遗忘的恐惧：记忆的政治》。在群体的认同中，群体记忆一直发挥着重要的作用。几乎所有可见的民族都有关于起源的故事，在这种故事中，最开始的内容都是宇宙的起源，然后是民族的诞生。我们最好把西方世界的译名"民族"改为简单的"人"——例如，班图人。或者，改为按字面意思理解的"人的民族"。比如，欧洲人所说的包含"布须曼人"或"霍屯督人"的科伊科伊民族。每一个这样的族群都有自身的共同记忆，都有自身的编年历史，都有自身的英雄颂歌。群体记忆有助于界定群体，它被集合于群体的仪式之中。在每一场犹太婚礼的庄严时刻，人们都会打碎一个杯子，以此铭记圣殿被毁的过去。耶稣在最后的晚餐上指示他的门徒："要这样做，以纪念我。"这一仪式在随后的每一次弥撒或圣餐中都会重演。

可能（但也不确定）存在一种类型独特的记忆政治，它与过去被称为"有经者"（Peoples of the Book）的群体相关，即在某种程度上用神圣的经文来确认文化身份或人种身份的民族。其中包括在新月沃地兴起的宗教的信徒：犹太教、摩尼教、基督教、伊斯兰教。在每一个宗教中，神圣的经文都是群体凝结的记忆，而每一篇经文又都在后人无尽的诠释中被群体铭记。有经者不断补充记忆的文本。人们可以用这种古老的方式来理解关于集中营的大量记忆：即使这些记忆只关乎个人的苦难，但它们被置于一个储存记忆、保存故事的群体实践中，无休无止。

大屠杀的记忆非同寻常，同时指向内部与外部。内部指的是拥有这一苦难记忆的族群；外部指的是非犹太人，尤其是西方人。西方文明（我所在的文明）绝不能忘记自身必须为大屠杀负责。尽管每个人的记忆都有各自的特点，但简单来说，如果我们能从人类学的角度加以思考，并将群体记忆视作巩固群体内同一性和群体间差异性的手段，就不会失去方向。从这个角度来看，大屠杀的记忆政治是在践行古人的模式。相比之下，个人的记忆政治是一个新鲜事物。我对记忆政治的讨论可能会有失偏颇，因为我正一心探索这个问题：个人的记忆政治是如何形成的。我绝不否认群体记忆和个人记忆存在着关联。两者之间的一个明显关联就是创伤。创伤应激科学告诉我们，集中营的幸存者及其后代与虐童行为的受害者一样，都会留下心理阴影。但这似乎是一种单向的推测。也就是说，即使创伤学从未存在，即使19世纪晚期的记忆科学从未出现，大屠杀的记忆也将成为群体记忆的一部分，相关的政治活动也会随之出现。但我认为，如果没有这些学科，个人的记忆政治就不可能出现。因此，尽管我们可以从群体记忆和个人记忆的相互关联中学到很多东西，但后者才是我们需要研究的主题。

个人的记忆政治是一种特定类型的政治。它是一场围绕知识或知识的归属权展开的权力斗争。人们默认，各种特定类型的知识都可能出现。个人的事实主张被反复推敲，这个病人或者那个治疗师的主张,会与更广泛的罪恶和美德结合。在这些相互竞争的表面性知识的主张下,有着深层次的知识:关于记忆,存在或真或伪的事实。如果科学中没有关于记忆知识的假设,那么就不会出现记忆政治。权力斗争围绕不同的表面性知识展开,竞争者会把深层次知识作为他们的共同基础。双方都在竭力抵制对方,声称己方拥有更好、更准的表面性知识,证据和方法更胜一筹。恢复创伤记忆和质疑创伤记忆的两个阵营正是如此。

人们能否反过来看待此事呢?即政治让记忆科学中原本模糊的事物变得更加清晰。朱迪思·赫尔曼在著作《创伤与康复》中似乎就是这样做的。她直言不讳地阐述了政治的作用:"在过去的一个世纪中,一种特殊形式的心理创伤在公众的意识中出现了三次。每一次的调查都因其与政治运动有关而十分活跃。"[1]她所说的三次心理创伤分别是癔症、炮弹休克症、性暴力/家庭暴力。她恰当地指出,针对轰动一时的癔症(沙尔科关注的重度癔症正是典型)的研究与"19世纪法国的共和主义、反教权政治运动"有关。事实上,她说的是政治运动"滋生了"针对癔症的研究,听上去可能有些夸大其词了。她认为炮弹休克症是在"狂热的战争信仰崩溃和反战运动不断发展的背景之下"发展为创伤后应激障碍的。最后,女权主义成了唤醒人们反对性暴力和家庭暴力的政治背景。

赫尔曼列举的心理创伤和政治运动的联系是显而易见的,至于这三个复杂故事的完善、细致程度,就要看历史学家的功力了。但以上三个事件的基础都是记忆,即创伤记忆,尽管其中记忆与创伤的关系有所不同。弗洛伊德曾提出一个著名的观点,他认为癔症患者会遭受回忆的折磨。创伤后应激障碍已经完全被纳入记忆科学之中。相比之下，许多性暴力和家庭暴力事件不需要与记忆联系在一起。它们都是正在发生的事情，证据就是受害者身上的瘀伤、鲜血、浮肿的嘴唇、骨折以及分手以后被丈夫或情人尾随。然而，当我们再回到赫尔曼所说的暴力（即创伤），会发现她观点的核心是记住创伤或忘记创伤。

赫尔曼所说的三场政治运动——法国共和主义运动、反战运动、女权主义运动——是西欧和美国历史上的重要事件。在不借助公众记忆的情况下，每一场运动都可以自发出现，并且在历史中留下永久的印记。我的问题是：为什么记忆问题对于赫尔曼提到的这三个例子来说如此重要？我认为，这三个例子都利用了记忆政治，它深植于一个多世纪前出现的新兴记忆科学。记忆科学之所以意义重大，正是因为从宗教中夺来了灵魂，并将其置于科学的研究范畴之中。因此，道德对抗得从科学、客观和中立的角度进行解释——至少看上去是这样的。我的论点与赫尔曼所写的内容完全一致，但论证方向与她恰好相反。她认为创伤（尤其是遗忘创伤）研究是在这三次政治运动中产生的。我看到的则是这些运动锁定创伤的方式。创伤是记忆政治的一部分，而记忆政治是因新的记忆科学而名正言顺地出现的。尽管科学和政治彼此影响，但正是深层次知识，即存在关乎记忆与遗忘的特定事实，催生了政治运动。

我们可以从很多不同的层面对记忆的政治化展开分析。我并没有说深层次知识就是其中唯一的线索。我说的是深层次知识是其他事件的必要背景。可以预见的是，与理解记忆科学相比，想要全面理解记忆的政治化，还必须关注更多特定、限定的事件。多方利益施加影响，马虎的观察者只能看到貌似重要的权力中心及颠覆中心。许多女权主义派别在强调乱伦和其他家庭暴力受害者的不幸时发现，回忆过去的罪恶是获得权力的关键。新教基要主义的一些派别的发展依赖于恢复被埋藏的记忆，他们对撒旦仪式虐待和邪教预定行为印象深刻。许多人士同时对这两个重要的社会群体怀有不满。但几乎没有人会同时被激进的女权主义和激进的基要主义吸引，因为两者的支持者所处的社会阶层及地理位置完全不同。然而，支持者的不同却无法掩饰两者的相同之处——女权主义派别和新教基要主义派别都认为存在与记忆有关的知识。

为什么这些斗争都是建立在被遗忘的事情之上，特别是被遗忘的痛苦之上？遗忘而非我们通常所说的记忆，才是当下记忆政治的核心。但我必须在此加以澄清。首先，我们不关心记忆消退（the erosion of memory）的相关说法。记忆消退指我们正在滑向过去。即使"消退"是一个意味深长的隐喻，因为它暗示有一些事物逐渐因漫长时间和无人关心而被耗尽，但我们在此不用关注。从这个意义上来说，记忆与事物本身无关，而与回忆的能力有关。如果不刻意练习，我们会越来越难以记起往事发生的细节甚至顺序。如果不刻意练习，当我们第一次求婚或被要求在学校里背诵时，只能结结巴巴地复述为此准备的诗歌。这是记忆能力的消退，无关记忆政治。记忆政治首先是关于秘密的政治，是关于被遗忘的事件的政治，即使它们只能通过一些奇特的记忆闪回体现，依然意义深远。一个被遗忘的事件重见天日之后，我们可以通过痛苦的叙述记住它。我们更关心的是隐藏的信息，而非丢失的信息。记忆政治的背景是病理性遗忘——从字面意义上来理解，这里的病理指的是泰奥迪勒·里博及其同时代的人都非常熟悉的病理学。

我使用了"记忆政治"（memoro-politics）一词，但读过米歇尔·福柯的《性经验史》的读者知道，我参照了福柯的"解剖政治"（anatomo-politics）和"生命政治"（bio-politics）。这些是他对"由整个中间关系统合在一起的发展的两极"的称呼，是（他声称的）在17世纪出现的生命的两种权力形式。它们是权力发展的互相关联的两极。

> 其中第一极是以作为机器的肉体为中心而形成的：如对肉体的矫正、它的能力的提高、它的各种力量的榨取、它的功用和温驯的平行增长、它被整合进有效的经济控制系统之中，所有这些都得到了显示出"规训"特征的权力程序的保证。在此，"规训"就是"人体的解剖政治"。第二极是在较晚之后才形成的，大约在18世纪中叶，它是以物种的肉体、渗透着生命力学并且作为生命过程的载体的肉体为中心的，如繁殖、出生和死亡、健康水平、寿命和长寿，以及一切能够使得这些要素发生变化的条件；它们是通过一连串的介入和"调整控制"来完成的[1]。²

福柯写道："大量各种各样的用以征服群体和控制人口的技术的

---

[1] 此处译文引自《性经验史（第一卷）：认知的意志》，上海人民出版社2016年版（余碧平译），第116—117页。

爆发，标志着生命权力时代的开始。"当福柯谈到权力时，他指的并不是自上而下运行的权力。福柯想要阐述的是贯穿于我们生活之中的权力，你和我都是这种权力运行的一部分。

　　福柯的两种权力和政治都有自身的表面性知识。对于生命权力来说，有生物学的知识及关于种群和物种的知识，这些知识又产生了特定的统计技术。对于解剖权力来说，有解剖学知识及关于身体的知识。因此，两极的每一极都包含三个方面：权力、政治和科学。记忆科学的情况又如何呢？读过之前章节的结论，我们可以推断，在解剖政治这一极中，大脑功能定位学说（以布罗卡发现大脑运动性语言中枢为标志）出现得较晚。实验心理学可能诞生于生理学实验室，它也是解剖知识（anatamo-knowledge）的一环，但随着埃宾豪斯的推动，当它成为一种统计科学时，便不再关注单个事件或存在，而是关注整体的平均值和偏差值。这是泛化的生命极的一环（这种泛化使福柯可以自由使用"生命"，但实际上抓住了他的"规制性的控制"的本质）。

　　我建议扩充福柯的两极理论，即解剖政治和生命政治。这个两极理论中的不足是非常明显的，缺少关于意志、心智、灵魂的内容。福柯说过"发展的两极通过大量的关系加以整合"。我所说的记忆政治是第三个点位，（如果用测绘中的说法来比喻的话，）我们可以对三个点位进行三角测量。但我无法谈论三个极点（毕竟，地球只有两个地极），只能使用大体上的点位之意。我在三根柱子做的三脚架上种植荷包豆——一种攀缘茎类的豆子。每根柱子周围的豆子纠缠在一起，在顶端茂盛生长，这是福柯"中间关系集群"最生动的形象。

福柯曾写过人体的解剖政治和人口的生命政治的内容。但记忆政治是什么政治？它是关于自身、主体或人类心智的政治吗？或者，它是关于名词化的人称代词——自我——的政治吗？我更愿意说它是关于人类灵魂的政治。灵魂是一个在众多事物中唤起特性、反思性选择及自我理解的概念。灵魂的概念（无论是以我的世俗角度来理解还是以其他角度来理解）绝非人类的普遍性概念。无论是世俗的灵魂概念还是精神的灵魂概念，都渗透在产生记忆政治的欧洲背景之中。我从自己的文化中继承了历史性的灵魂概念，其他人却没有。这对他们来说是有好处的，他们的文化中没有记忆政治，也没有多重人格。

有人坚称欧洲的灵魂概念是压迫制度甚至是父权制的一环。[3]我相信这样的说法自有道理。在各种各样的西方传统中，灵魂的概念都是被用来维护等级制度的，在权力的运行中发挥着核心的作用。灵魂是一种将社会秩序内化于心的方式，是一种将维系社会的美德和残酷融入自身的方式。从社会学的意义上来说，这是一种彻底的功能主义灵魂观。也就是说，灵魂的概念在社会中发挥着某些作用，人们想要了解或接受这一概念，即使他们自己根本没有意识到它的作用。灵魂的概念之所以存在，是因为它有助于维护公共秩序。这是一个意想不到的功能。另一个很重要的因素是反馈。[4]当生活似乎陷入困境，西方社会即将分崩离析时，人们会大谈以各种形式复兴灵魂，如果不是复兴灵魂，就是复兴家庭的价值观。在某种程度上，我同意这种功能主义分析的说法，但我不会因此而不安。揭示一项功能的目的并非在于破坏某种价值，而是在于丰富人们的理解。现在，当家庭价值观岌岌可危时，我们听到的不是关乎灵魂的明确讨论，而是关乎它在科学中的替代品——记忆的讨论。

在西方传统中，灵魂的核心地位是容易阐明的，你可以通过引用柏拉图或亚里士多德的话迅速地为灵魂作出定位。我们大多数的其他观念和观点——无论是否具有我们所说的现代性——都分属于不同的阵营，但灵魂总是喜欢混合柏拉图主义和亚里士多德主义、诡辩学派和斯多葛学派、赖尔[1]（Ryle）和萨特的学说。灵魂无疑会让我们联想到宗教，但西方的知识分子已经变得更像雅典人而非基督徒。我们当然不是笛卡尔，我们不主张灵魂和肉体之间存在原则性、根本性的区别。但我们在这一问题上还是显得过于呆板又有些自满。我总是喜欢指出笛卡尔和维特根斯坦话语中的相似之处，以此激怒别人。[5]这些相似之处之所以存在，部分是因为灵魂的概念在西方人眼中及他们所处的自然位置中已经存续了太久。

哪一门学科的研究目标是理解灵魂？我认为是心理学，它是研究心智与心灵的科学。一个持怀疑态度的人会问：心理学是否真的教会了我们很多东西？他可能还会问：心理学对灵魂做了什么？也许心理学创造了一种可以承载实验的客体，它取代了灵魂。这是丹齐格所写的心理学史的一个主题，我之前已经引用过了。他给自己的著作起了一个颇具野心的标题——《构建主体》，书中讲述了一个将人类主体构建为研究客体的故事，尤其是具备可测量属性的研究客体。然而，该书的主线并不是我们以为的那

---

[1] 即吉尔伯特·赖尔（1900—1976），英国哲学家，日常语言哲学牛津学派的代表人物。他的《心的概念》被视为日常语言哲学的重要著作。

种心理学的历史。丹齐格关注的是大学心理学系教授的心理学，尤其是实施测量的实验心理学。这一学科迅速发展传播，已经远远超出了学术研究的范畴。它涉及对技能、智力、人际关系或亲子关系的测量，这些都是公司人事部门、监狱、学校和产房惯常使用的手段。对于上述内容的测量开始出现在心理学实验室中。这些测量有效应用于更大的范围，因为它们自身就决定了在更大的范围需要测量什么、何种结果可以视作知识。丹齐格将德国（乃至世界）实验心理学源起的制度背景推到了前台。心理学模仿了生理学研究身体的模式。从福柯的两极论来看，心理学的研究领域和模型就是身体。如果心理学实验室仍然是旧的生理学实验室的附属品或模仿品，我们可以把它归入解剖一极。但极点的中间关系集群十分明显。不过，我们确实应该承认，许多与心灵有关的研究实际上都是针对身体的。行为主义、神经病学、脑功能定位、神经哲学、改变情绪的药物或精神疾病的生化理论都可以被视为研究身体的科学。它们催生了解剖政治权力，在用电击或化学品控制混乱的头脑时，这种权力表现得最为极端。当然，我们这样算是理解了灵魂，但我们是通过身体知识、通过生理学和解剖学办到的。

与灵魂的三角观测有关的第二个重点，不在于身体的层面，而在于人口的层面，它是对人的种类的汇集、划分和统计。于是，我们有了种类的观念，即人的不同种类的观念，这与古代的园艺家、播种者和育种者给出的植物的种类是一个道理。[6]统计学作为一种应用科学，是生命权力的引擎。实验心理学可能是以生理学实验室为模板发展起来的，但那只是一个开始，因为现在它已经成了一门统计科学。实验心理学的这种现代转变是在埃宾豪斯的记忆实验的基础之上推进的。正是在对记忆的研究中,实验室心理学从研究人类的个体转向了研究人类的群体,从解剖转向了生命,从个体事件转向了统计数字。如果我们把心灵研究的领域限制在福柯的两极,在解剖这一极的下面是布罗卡,在生命这一极的下面是埃宾豪斯。

但对于我们正在寻找的记忆权力来说,是不是找错了地方?我们应该去多重人格患者的传记中寻找线索吗?洛克有一个独特的观点,他认为一个人的一生不是由自身的传记构成的,而是由一部被他人铭刻的传记构成的。我们讲述"生活"——就像普鲁塔克的《希腊罗马名人传》、圣徒的传记、奥布里[1]的《名人小传》——只要我们有一个被书写下来的过去。但这些生活都十分罕见。典型圣人的典型生活总是在教导我们要清心寡欲。他们的事迹传唱各地"更多地是要赢得我们的钦佩,而不是激励我们去效仿"。然后,名人的传记中还包括公开的忏悔。奥古斯丁、彼得拉克、卢梭,难道我们每个人都承认自己有过他们这样的生活吗?不。这些人都不是普通人。每个人都应该有自己的传记,甚至是底层人民,这种想法从何而来?

传记的意象无处不在。人的一生被视为一个故事。一个国家被视为它自身历史的集合。一个物种被视为进化的对象。一个灵魂被视为一段人生旅程。行星地球被视为女神盖亚。人们非常清楚,传记、档案、医疗记录或法律记录是如何化为越轨者、违法者和疯癫者的生活的。如果对这些档案追本溯源,我们会发现它

---

[1] 即约翰·奥布里(1626—1697),英国古文物研究者。

们的创造者对其作用的描述非常准确。例如，在19世纪的英国，托马斯·普林特[1]（Thomas Plint）明确地说，一旦罪犯被他们的传记生平确定了身份，最终社会将会更为安全。7毋庸置疑，身份识别（将某个事件与被告席上的人联系起来）最后必须依靠新的解剖学技术完成，首先是耳纹技术（法国的每个警察局中都存有耳朵的标准照片），然后是指纹技术。我们现在也一样，是DNA技术。

同样地，尽管病史在18世纪的疾病分类方案中已经付诸实践，但它直到19世纪中期才被广泛应用。正如学者扬·戈尔茨坦在她的著作中所说，这是"安慰与分类"（她的书名）的一环。8但它也提供了病人的生活故事。起初，病人说的话和罪犯说的话一样不可信。但在1859年，也就是普林特于伦敦讲述如何书写罪犯的生活故事后不久，保罗·布里凯开始在巴黎讲述如何书写癔症妇女的生活故事。9有时，他会指出这些妇女在早年经历了可怕的事情，她们的父亲甚至是罪魁祸首。布里凯的癔症教科书是19世纪中期的经典作品。现在回过头来看，我们可以发现这位医生对他的女病人讲述的过去感到惊恐。

记忆政治之所以在19世纪出现，是因为人们在该世纪中期开始系统地记录无聊的无名小卒的生活吗？这些人的生活被记录下来只是因为他们令人讨厌。记忆政治来自大量罪犯的生活记录及经常编造过去之人的生活记录吗？是不是还有讲述精神惶恐的妇女生活的记录？这些郁郁寡欢的人、身患疾病的人、离经叛道

---

[1] 托马斯·普林特（1797—1857），著有《英国罪行》一书，详细介绍了19世纪上半叶的英国犯罪活动。

的人、令人恐惧的人的传记是改变现代风俗的一环吗，是改变我们现在观念——我们是谁，什么造就了我们——的一环吗？当然，这些事情虽然不是无关紧要的，但也不是问题的核心。例如，无论我们在布里凯的书中发掘出了什么内容，在他生前这些内容都不可能从虐待儿童的角度加以解读，而且我认为这些内容也不可以从虐待儿童的角度加以解读。此外，其中也不存在遗忘的问题。布里凯的病人对发生的事情非常清楚。普林特的罪犯可能撒了谎，但从来没有人说他们忘记了什么。遗忘可能是由新的传记体裁、医疗案例、犯罪记录以及离经叛道者的记忆记录构建的。但是，遗忘还需要其他东西巩固自身，那就是记忆科学，该类科学在19世纪晚期诞生于世并且发展成熟。

我并不是说我们在19世纪才开始思考记忆问题。上一章我们探讨了记忆的技艺，并参考了洛克的意见，即过去的事件"常常被一些泛滥猛烈的情感由它们的黑暗洞穴里唤到光明之乡中，因为我们的感情常常把那些蛰伏而不为人所注意的各种观念唤到记忆中"。但在19世纪之前，人们对记忆的知识没有什么概念。一个世纪是一段很长的时间，所以我毫不犹豫地将考察的时间范围缩短到1874—1886年的这十几年。当然，经历过那个时期的一代人受到了前辈思想、实践的影响，但是，深层次知识，也就是关于记忆的事实的知识，就是在那个时候出现的。为什么当时会出现关于记忆事实的知识呢？因为记忆科学可以成为公共论坛，承载之前科学无法宣之于口的东西。不可能有关于灵魂的科学，所以就有了关于记忆的科学。

我们目前围绕记忆的权力斗争是在19世纪建立的可能性空

间中出现的。如果有人含蓄地声称我们可以构建各类可能的知识，以此作为我们政治的战场，那就是在那个时候开始的。今天，当我们希望就精神问题展开道德争论时，会用民主的方式避免主观意见。我们转向客观事实，也就是科学。这里的科学是记忆科学，是在我选择的1874—1886年的时间跨度中形成的科学。我们不再研究乱伦是否为恶，这种研究是在谈论主观的价值观念。我们转向科学，问谁记得乱伦。关于记忆，可以有客观的科学知识——或者说，我们受过的教育是这样说的。

16

心灵与身体

多重人格对形而上学重要吗？我认为不重要。形而上学追问的是人格、灵魂、自我是什么，它并不会问我是谁，而会问我是什么。是什么构成了人？英国经验主义哲学给出了一个众所周知的答案，这个答案至少可以追溯到约翰·洛克的时代。一个人是由意识和记忆组成的，这一观点几乎已经是当今普世文化不可或缺的一环。以下是一本科普杂志给出的信息："人类检索自身记忆的能力的下降速度惊人，除非借助日记和照片等人工媒介，否则仅仅一个月之后，我们就会忘记超过85%的经历。鉴于我们的记忆就是我们的身份，这真是一个可怕的损失率。"[1]任何人都可以轻易地取笑这种说法。你说什么？我正在（按分钟计）失去我的身份？这太可怕了！或者我们应该得出不同的结论。我们的记忆不是我们身份的全部。

人们是在什么时候第一次想到多重人格可能与哲学问题有关呢？我能发现的最早的例子是长期担任英国医学杂志《柳叶刀》

的编者托马斯·瓦克利撰写的一篇精辟评论。1843年3月25日，周六，他以驳斥那些沉迷于纯粹理性、对事实一无所知的哲学家为篇首，开启了他对这一问题的阐述：

> 事实上，关乎人类心智的哲学根本不了解最适合探索这一问题的人士的学说，它误入歧途，成了律师、狡辩者和抽象推理者的诡术，而非有益于科学观察的理论。因此，我们发现，即使是最有能力、最为清醒的形而上学者的观点，也经常与生理学和病理学的已知事实相悖。例如，"意识是单一的"是精神哲学家中的一条公理，这些绅士对个人同一性的证明主要基于该断言所谓的普遍性或确定性。但人们认为梦游症患者具有双重意识，这些哲学家对此能发表什么言论呢？他们会说在梦游状态下的精神运转与清醒状态下的精神运转完全不同吗？对于梦游症患者来说，个人同一性的证明必须由他人而非自己完成，因为他在一种状态下丝毫不记得他在另一种状态下的思想、感觉、感知、话语或行为。[2]

瓦克利提到了洛克式的传统，但说来也怪，洛克本人可能不为所动。因为根据他明确提出的标准，我们可以有一个相同的"人身"、两个不同的"人格"。这也许是一个荒谬的结论，但它是洛克一贯坚持的观点。洛克是一位内科医生，也许他可以通过双重意识阐明他的个人同一性理论，但在1693年时，还没有关于双重意识的报道。洛克对梦游症很熟悉，但当时处于梦游状态的人还不具备掌控两种不同生活状态的能力，或者当时的医生还没有发现人们具备这种能力。

瓦克利是对的吗？双重意识或多重人格能否表明什么是人格，什么是人的心灵，什么是自我的本质，什么是主体？我不认为双重意识或者多重人格能够办到，它们只能间接展现相关内容。西方历史中的多重人格的发展进程至多告诉我们，普通人或者专家会对多重人格发表什么样的言论，他们会以怎样的意愿与精神不健全的人互动。就人类可能出现的不同心灵情况，我们没有找到对应的天然实例，这些实例是每个研究心灵的哲学家都应该关注的。我们找到的是医生、患者居于核心地位的社群中的一些事实。这些社群的核心圈子正在快速地触及家庭、法律与秩序、雇主。由于媒体的曝光，这类圈子已经触及北美地区的"每个人"，因为现在大家都知道多重人格。电视上不会播放真正的疯狂人士参与的节目。也许人们以伯利恒疯人院残忍的展演为乐的时代已经一去不复返。但情况并非如此，人们现在想要享受的是奇异的功能失调带来的视觉刺激，而非疯癫或精神紧张的人带来的视觉刺激。电视节目只会关注那种患有奇怪但可控的精神障碍的人。如果多重人格是一场自然试验，我认为它关注的是人类社群。

我必须做出区分。多重人格与人的心灵并没有直接的联系。也就是说，它没有为关于心灵（或自我等）的实质性哲学主题提供任何证据。多重人格的现象当然有可能说明一些与心灵有关的主张，但这些主张存在的原因与多重人格现象无关。多重人格现象难道不是支持相关哲学主张的证据吗？不是，我坚持认为这些现象根本就没有为相关哲学主张提供任何证据。除了增添一些趣味，这些现象没有任何作用。现实生活中的实例似乎是一种有力的证据，但需要被阐明的学说却根植于与多重人格无关的原则。多重人格的存在无法印证这些学说。我将引用三位存在明显差异的当代哲学家的学说来论证我的观点。他们都非常关注多重人格的医学文献或现象。瓦克利很难指责他们。其中一位是斯蒂芬·布劳德，他一直密切参与多重人格与分离性状态国际研究协会的患者和专家的圈子。另一位是丹尼尔·丹尼特，他和合作者尼古拉斯·汉弗莱（Nicholas Humphrey）几乎主导了多重人格的民族志研究。第三位是凯瑟琳·威尔克斯（Kathleen Wilkes），她专注于过去的多重人格文献。布劳德和丹尼特都是美国人，他们可以跟很多多重人格患者和临床医生交谈，但威尔克斯是英国人，至少在家乡，她必须从文献中收集相关知识。

但在此之前，首先让我们来看看两位典型人物，在一个世纪前最有影响力的两位哲学大师：威廉·詹姆斯（William James）和艾尔弗雷德·诺思·怀特海（Alfred North Whitehead）。詹姆斯的《心理学原理》中包含了他对交替人格相关文献的全面回顾。[3]他对法国的文献了如指掌。他还面见了美国著名的神游症患者安塞尔·伯恩。[4]最后，他一直与波士顿的通灵研究者保持着密切关系——通灵研究与新英格兰地区的人们对多重人格高涨、持续的兴趣有关。詹姆斯的讨论是在题为《自我意识》一章的末尾（这是在他著作更著名的第十一个章节[1]《思想之流》之后的内容）进行的。在关于自我意识的"漫长的一章"中，他总结了自己所说的"自我的突变"的三种类型：记忆丧失或虚假记忆、交

---

[1] 此处原文有误，应为第九个章节。

替人格和通灵状态。继里博之后，他也认为交替人格首先应该是一种记忆障碍，因为一个人格对早先表现出来的另一个人格的情况一无所知。詹姆斯更偏好的表述是"麻木、'失忆'的癔症患者是一个人"。当"你让一位女士进入催眠出神状态，恢复她被压抑的情感和记忆时，她就变成了另一个人，换句话说，当你把她的情感和记忆从'分离'状态中解救出来，让其再度融入其他情感和记忆时，她就变成了一个不同的人"。[5]但他此处所说的"人"并没有太大的分量，或者说没有太大的哲学意义上的分量，如同我们通常说的一个人在喝了几杯酒后就变成了另一个人一样。不过，威廉·詹姆斯确实是所有研究心灵的哲学家的典范。詹姆斯没有从交替人格的现象中推导任何哲学理论。[6]

艾尔弗雷德·诺思·怀特海晚期的哲学与威廉·詹姆斯的哲学读起来非常不同。想要读懂前者，需要长期专心治学才行。我希望怀特海的拥趸能够原谅我，因为我对他在《过程与实在》中谈及多重人格的方式做了一些肤浅的评论。在他看来，通常可被我们视作实体的每一个事物都是一个集合体。例如，电子就是一个电磁场合的集合体。"我们的当下时代是由电磁场合的集合体所支配的。[1]"[7]由此看来，他认为每一个有机体都是一个集合体。但人类是特殊的：

> 在高级动物中存在着一种核心趋向，这种趋向表明每一种动物躯体中都包含着某种或多种有生命的个体。我们的自我意识直接意识到我们自己就是这类个体。这

---

[1] 此处译文参照《过程与实在》，中国城市出版社2003年版（杨富斌译），下同。

种对躯体的统一控制是有局限性的，它预示着人格分离、多重人格连续切换甚至共同占据一具躯体。[8]

从怀特海的角度来看，多重人格太容易出现了。因为正如他接下来说的，"需要解释的不是人格分离，而是人对自己的统一控制，因为我们不仅可以被他人观察到的统一行为，还有对统一经验的意识"。[9]怀特海对多重人格的运用是无可挑剔的。他运用多重人格是为了说明而不是证明一个论点。怀特海知道的任何现象——当然不是他在波士顿从莫顿·普林斯处或通灵研究中了解到的那些现象——都不能成为他的宇宙论的证据。在我看来，这是心灵哲学与多重人格的理想关系。怀特海在自己的哲学中为多重人格预留了一个现成的位置，但他的哲学无法靠多重人格现象加以印证。他的宇宙论既没有预测也没有解释任何现象的细节。反过来说，多重人格障碍的临床结构完全独立于怀特海的宇宙论。

最近，越来越多的哲学家开始试图将多重人格作为自己的依据。丹尼尔·丹尼特便是其中之一，他是《意识的解释》的作者，该书涉及心灵哲学，最近被人们广泛阅读。尼古拉斯·汉弗莱是一位执业的精神病医生。这两个人考察了多个临床医生和患者的社群，他们的合作催生了一篇备受争议的文章——《为我们自己发声》。他们观察到整个白蚁群朝着一个单一的目标行动，即使每只白蚁都在做自己的事情。对此，他们的观点是集体能动性似乎并不需要监管者。"地球上大多数看起来有中央控制者（中央控制者总被视为发挥作用的因素）的系统其实并没有中央控制者。"¹⁰汉弗莱和丹尼特将这一事实部分地套入了人是什么的问题之上——人是一个具有许多子系统的存在。但我们如何才能描述纯粹的人格呢？他们用美国做了一个比喻。我们可以谈一谈美国的特点，包括它的傲慢、它对越南的记忆、它对永远保持活力的幻想。但美国并没有一个控制实体来体现这些特质。"没有所谓的美国先生，但确切地说，世界上每个国家都有一位国家元首。"人们认为美国总统应该灌输并代表国家的价值观，并成为"与其他民族国家打交道时的发言人"。这两位作者认为，一个国家需要一个与其完美匹配的元首。

巧合的是，怀特海也使用了几乎相同的类比。他指出，作为人，我们需要统一的控制，他写道："很明显，我们不能要求用另一种心智来主导其他这些现实的存在（类似于山姆大叔，高居于所有美国公民之上）。"¹¹本着同样的精神，汉弗莱和丹尼特指出，重要的是他们所说的总统不是山姆大叔式的人物，而是另一个公民，即临时性的公民首脑。

根据汉弗莱和丹尼特的观点，我们可以认为一个人是由多个子系统组成的。然而，有一个子系统从各个方面来说都非常重要；这个子系统与其他人的关系，也非常重要。从那个总统的比喻来看，它主要是在代表子系统集合的公众观点。这个比喻暗示我们可以用一种简洁的方式来思考多重人格。有几个正在运行或运行不良的子系统会轮流作为代表、总统，特别是在处理系统的不同问题的时候。对于其中的哲学背景，我们必须求助于丹尼特最知名的著作《意识的解释》，它将人格障碍描述为"自然进行的大试验之一"。¹²

这些试验教会了我们什么？丹尼特对"自我"这一概念的怀疑如今已经广为人知。他的意识理论贬斥人们对"自我"这一概念的态度，他讽刺道："它必定是全或无，而且是一个当事人一个自我。"[13]他指出，多重人格能够很好地说明他的理论是如何挑战这种态度的。在同一页的内容中，他提到了一对四十岁的双胞胎的故事。这对双胞胎从不分开，她们彼此会补充对方没有说完的句子，会一起展开行动。这是一个人格拥有两个身体，即分式人格障碍（fractional personality disorder）！分式人格障碍真假与否并不会影响它作为例证的效力。丹尼特对"人"的看法使之变得合理。多重人格对丹尼特和怀特海来说都不稀奇。令丹尼特感到惊讶的不是多重人格，而是一些儿童在骇人的条件下长大。如临床医生所说，他们出现了精神分离的症状。

> 这些孩子通常都是在如此骇人、混乱的环境中生活。令我更惊讶的是，他们最终在心理层面上保全了自己，我做不到这样。他们拼命地重新划定界限，以此保护自己。当面对巨大的冲突和痛苦时，他们所做的就是"逃离"。他们创造了一个界限，这样一来，恐怖的事情就不会发生在他们身上。那些恐怖的事情要么不发生在个人身上，要么发生在别的自我身上，这个自我能在猛烈的冲击下更好地维持它的"组织"——至少根据他们尽最大努力所能记起的内容来看，他们说他们就是这样做的。[14]

这就是丹尼特所说的"自然大试验"的结果吗？他不是第一个将

多重人格视为自然的试验的人士。在很多人眼里，多重人格都是研究人类心灵的重要试验。1944年，一份经典的早期多重人格调查报告的作者在文末引用了弗朗西斯·培根的话，并说道："多重人格案例是大自然试验的荧光素。"[15]研究催眠术的知名学者欧内斯特·希尔加德也有类似的表述："[分离理论家]研究的那种外显的多重人格似乎是一种相当罕见的自然试验。"[16]

维特根斯坦在他的《数学基础评论》中说道，如果一个试验的图像是难以驳倒的，那么这个图像根本不算试验。[17]他对在数学证明中使用图像提出了自己的观点，但他所说的基本上是正确的。作为试验，多重人格的案例无法印证丹尼特的心灵哲学。这些案例仅能起到说明的作用。但它们说明了什么？双重意识患者或多重人格患者出现已经有两个世纪了，但他们直到最近才开始按照丹尼特注意到的症状术语模式谈论自己。如今，他们都是这样做的，或者至少觉得自己应该这样做。他们在治疗中学会了如何描述自己。他们并不会想起太多精神分离的情况，反而会想起体内众多的次人格经历过的恐怖过往。在过去的二十年里，患者对自己的描述发生了根本性的变化。

丹尼特谈到了大自然进行的大试验。这些试验到底是什么？对我们成年人来说，这就好像是大自然在"荒岛"上造出了一些人，这些人所说的话语与丹尼特指出的内容吻合。试验会涉及一个正在接受治疗的病人，通常是接受过若干年治疗的患者，她的出现就是为了说出那些话语。这种试验受到了严格的控制，如果她不说出相关话语，她甚至可能因为太抗拒、太抵制而被解除治疗。这其中的问题不在于儿童是否受到恶劣的对待，也不在于如果他们的童年是不堪的,他们长大后是否会患上严重的心理障碍,而在于他们之后出现的典型多重人格行为是大自然的试验之一吗?还是说,这是北美地区的某一类成年人在接受怀有特定信念的医生的特定治疗时表现出的行为方式吗?对于汉弗莱和丹尼特就多重人格运动所做的清晰且深入的报告,我从未有过任何质疑。这份报告与丹尼特的心灵哲学的基本原则无关。他们的研究是独立于理论的,这是我在这里的唯一观点。多重人格也许可以为丹尼特的哲学理论提供一个形象的说明,但当今复杂的多重人格现象无法教给我们任何关于他的子系统理论的东西。与怀特海的哲学一样,他的哲学也没有得到这些现象的印证。

  汉弗莱和丹尼特在短时间内对多重人格的情况进行了仔细的研究。斯蒂芬·布劳德更像是一个参与观察者。他的著作《第一个多人格的人:多重人格和心灵哲学》出版于1991年(丹尼特的《意识的解释》于同年出版),他在其中表达的哲学观点与丹尼特的完全不同。丹尼特对单一的根本自我概念极为不屑,他会搪塞过去。但布劳德坚定地认为这一概念有其存在的必要性。它帮助我们精准地推翻了从多重人格中得出的一些推论。我一直在说,多重人格并没教给我们任何关于心灵哲学的东西。但至少多重人格现象(似乎)与形而上学中的灵魂、具有必然统一性的自体或具有先验性的自我等概念相悖。因此,多重人格(似乎)对传统的哲学议题产生了重要影响。所以我错了吗?多重人格其实直接作用于相关的哲学问题吗?里博正是这样认为的,在某种程度上,丹尼特也是这样认为的。但布劳德的观点却恰恰相反。他认为,多重人格现象本身就要求在人格的多重性之下有一个统一性。他和里博几乎从同一个假设出发，但他的结论是其中一定有一个先验的自我。谁才是对的，里博还是布劳德？有一种可能性是两人中有一人是对的。还有一种可能性是两人都是错的，从多重人格现象中无法得出关于自我的结论。我赞同后一种观点。里博和布劳德的观点相互抵消，双方都在提醒我们，对方的论点是多么不可靠。

布劳德认为存在一个根本的自我，但他否认大家公认的模型。你可能认为有一个真正的人格正在等待被发现，这个真正的人格一直就在那里，必须在治疗中显现出来。我曾提到过关于阿藏的患者费莉达的真正状态的争论。哪一个是她的真正状态，第一个状态或者第二个状态，哪一个是她最终稳定下来的状态？早期的美国研究者普林斯及受他影响的临床医生似乎都认为自己知道什么是真正的状态。哪一个人格才是真正的比彻姆小姐？一旦发现了这个人格，医生就开始加以培育，并驱逐其他的人格（普林斯正是对一个人格采取了这样的做法，这个人格也服从他的命令）。布劳德认为，我们不需要原初的人格——该人格发生了分离，得重新找回。

布劳德关于根本自我（不是真正的自我，而是所有自我的核心）的一个观点源自对次人格的观察。他发现患者的各个次人格有很多重合的基本技能。他们可以走路，可以穿越街道，可以系鞋带。即使是一些非常罕见的次人格——他们必须进行大量的再学习，依然保留了几乎所有的常见技能。这些次人格需要再学习的只是一些炫耀性的技能，如书法、钢琴、希腊语、男性田径运动等，他们想借此展现向往的社会地位。在这些方面，患者的活泼的人格比平时较为压抑的自我做得要好。同时，患者在这种罕见的人格中也能跟人闲谈、在杂货铺里找零钱，或者驾驶汽车。当然，儿童人格可能无法完成一些事情，但该类人格正是患者试图逃避各式各样的成人世界的手段。儿童人格都具备穿过繁忙街道的基本技能，除非患者是在演戏。一定有一种底层原理能够解释次人格之间的技能重合。这种底层原理可以让患者的次人格在共通意识时互动。或许有根本、统一的自我参与其中。

布劳德喜欢说每一个多重人格患者体内都有一个以上的自我。到这里为止，布劳德和丹尼特想法相同，但之后他们的观点就有了很大分歧。布劳德称丹尼特的想法是"集群主义"的观点，因为后者用了白蚁群落的比喻。布劳德写道，根据这种观点，"不存在最终的心理统一性，只有主体、'自我'、'模块'（对于那些关注认知科学和人工智能最新成果的人来说）或内部子系统的复杂、最初的多重性"。[18]丹尼特反对上述对于模块的说法。[19]布劳德驳斥集群主义的一个关键依据是相互重合的基本技能网络，这些技能在不同的次人格之间部分地得以共享。这一观察结果是正确的，但并不像他认为的那样有力地反驳了丹尼特的观点。因为丹尼特并没有将多重人格描述成众多子系统的集合，也没有说每个子系统都神奇地拥有相同的常见技能，如穿越街道。在丹尼特看来，可能有一个子系统为身体处理过街事务。这个身体在不同时期由不同的子系统"国家元首"代表，它会与绝大多数负责穿越街道、开展业务的子系统合作。"宫廷革命（人格切换）"后，新的国家元首保留了旧有政府的大部分官僚机构。

因此，人们应该直接去考察布劳德的观点，而不是把它当成对丹尼特的成功反驳。正如我所说，他不认为次人格是从一个真正的"人格"中分离出来的。他更愿意说多重人格患者拥有多个自我，尽管他认为"自我"这一术语还有待改进。他之后就是这样做的。多重人格患者确实与大多数人不同。他们有多个截然不同的"统觉中心"（centers of apperception）。这是一个有着悠久历史的哲学术语，可以追溯到康德、莱布尼茨。字典将统觉定义为"充分觉察的意识感知"（conscious perception with full awareness）。对于布劳德来说，有多个不同的统觉中心就意味着有多个"我"。每一个"我"都有一个关于意识、看法、记忆、希望和愤怒的常规集合。每一个"我"都会将这些理念归于自己身体中的当前人格，它们就是布劳德所说的"指称"。这是最近的语言哲学中的一个术语。像"这里""现在""我"和"他们"这些词汇的指涉需要根据表达语境来判断，它们就是一种指称。当我说"我去了城里"，这里的我指的就是我。当你说这句话时，这里的我指的就是你。

布劳德充分利用了这一概念。他认为，在被催眠的人身上不存在多个独立的统觉中心。与之相比，通灵的人可能拥有多个不同的统觉中心。他们会进入出神状态。他们会完全按照"指称"的方式表达信仰、记忆和情感，与之匹配的是操着不同声音的不同自我，有祖母的声音、琐罗亚斯德的声音，等等。因此，布劳德倾向于将"多重人格障碍"这一名称中的"障碍"删除。通灵不是一件寻常的事情，通灵人士在很多地方与多重人格患者相似，但通灵状态并不是一种需要治疗的障碍。也许，很多多重人格患者的情况也是良性的。在此,我要说一下,布劳德之前出版过两本心灵研究的著作,他在书中对以上的观点也持审慎的支持态度。[20]他非常痴迷于传心致动(psychokinesis),即用意念的力量移动物体,这是 1900 年左右通灵黄金时代常见的情况,当今预测精密电子仪器产生的随机数与之类似。他非常重视通灵现象。他并没有将通灵之人视作擅长与灵魂沟通的人,而是将其视为拥有多个自我的人,当然拥有多个自我并不一定是障碍。

他的优势在于,这种理论不会使精神分离成为一个人为构建的线性连续谱。从这一点上来说,我赞同他的理论,但我们不需要借助他使用的语义学术语。他使用"指称"一词,听起来好像蕴含着深刻的逻辑学内容。他认为,多重人格患者使用代词(如称自己为"我们")的方式反映了他们潜在的认识论立场。这真是一个非常深刻的问题。对于诊所里的病人或通灵中的灵媒来说,帮助他们保持所有这些"我"的东西,可能并不像使用"我"来指称不同的统觉中心那样复杂。这是一种老式的命名做法。我们应该对专有名词的使用、滥用进行反思,而非提倡布劳德从专业语义学中引入术语的做法。

与驳斥集群主义相比,布劳德的理论还有更大的目标。他认为,从根本上来说,康德是正确的,在所有这些不同的统觉中心之下有一个"先验的感知统一体"。康德和布劳德在存在先验的自我这一结论上意见一致,但他们的论点大相径庭。众所周知,康德的论点非常晦涩,不过我认为我知道他想要表达什么意思。但我不太明白布劳德想要表达的意思,所以只能留给读者们自行理解了。里博和布劳德的论证其实是从相同的现象开始的。布劳德希望通过这些资料引导我们得出他的结论,即存在一个基本、优先或许先验的自我。里博则希望引导我们得出相反的结论,即不存在这样的事物。两个结论都不正确。多重人格为这两种论点增添了色彩,但没有提供证据。

威尔克斯的《真实的人》采取了与丹尼特和布劳德截然不同的策略。丹尼特和布劳德试图说明什么是自我、什么是人格、什么是意识或者什么是真实的事物。威尔克斯的写作遵循了日常语言哲学的传统,旨在对概念进行分析。她想了解的不是客体,而是我们对客体的概念。她想知道我们是如何思考事物的。一个熟悉的概念是通过运用词汇表达出来的。概念不仅可以通过我们实际说了什么来界定,还可以通过我们在各种不同的情况下会说什么来界定。一些足够离奇的事情可能会让我们哑口无言。当我们被要求清晰地表述真正离奇的事情时,平时那些形容普通事件的概念可能会分崩离析。当注意到这一点之后,我们会发现自己已经触及概念应用的边界。然而,正是由于这种哲学传统,威尔克斯受到了很多研究者的轻视。他们编造故事。个人同一性是最欢迎虚构的哲学领域。"如果……我们会怎么说?"这一空白被各种"怪异、有趣、混乱、无果的思想试验"填补,它们将个人同一性概念推向了极致。

在我看来,这些颇具吸引力的杜撰把讨论引向了错误的轨道;此外,这些情节严重依赖想象力和直觉,因此我们无法从中得出可靠或一致的结论。因为每个人的直觉都是不同的,想象力也会失效。更重要的是,我不认为我们需要这些杜撰或想象的东西,因为有太多真实的谜题背离了世人的想象，但我们仍然不得不承认它们是事实。[21]

威尔克斯很好地利用了一些多重人格的著名报道，尤其是莫顿·普林斯最著名的案例比彻姆小姐。她在书中写下了"我们不得不承认是事实"的谜案。我们应该对这种事实保持谨慎，并对以下这种观念保持谨慎：事实不仅比虚构的事情更离奇，而且与虚构有着本质的不同。其中的每一个环节都令我感到担忧，首先就是谎言。H. H. 戈达德对病人"诺玛"的情况说了谎。这是一个有益的提醒，它告诉我们，"事实"可能与案例记录中的情况有所不同。

莫顿·普林斯关于比彻姆小姐的大部头著作并没有详尽地说明事实。他从来没有告诉我们，他的这位病人嫁给了他的同事（这位同事后来去了棕榈泉市，专为上流人士诊治精神疾病）。琼斯先生是一个比较模糊的人物，他有可能是比彻姆的第一任丈夫，我们对他的了解比普林斯告知的多一些。我们还知道，一个著名的哥特式恐怖场景导致比彻姆发病。比彻姆是一家疯人院的助理，当琼斯出现在窗口的梯子上时，正值一个雷雨交加的时刻。这一切都发生在隔壁村庄的"世纪之罪"审判的前一天。这审判指的不是别的，就是那个留传至今的诗句的内容[1]：莉琪·波登拿了一把斧头/给了她母亲四十下/当她意识到她所做的事情时/她给了她父亲四十一下。所以，事实比虚构更离奇吗？或者不像威尔克斯暗示的那样，它是虚构的，不是取代了想象，

---

[1] 该诗句出自美国版的《鹅妈妈童谣》。传闻莉琪·波登于1892年8月4日上午十一点将生父和继母乱斧砍死。但司法当局给出了无罪开释的结论。

而是拔高了想象?[22]有五百多个剧作家根据普林斯的著作创作了剧本。[23]其中最优秀的是《贝姬案》。这一剧本由戴维·贝拉斯科(David Belasco)执导,在百老汇上映了六个月,并被拍成了默片。我们面对的究竟是纪录剧情片,还是剧情纪录片?

威尔克斯还提到了《三面夏娃》。夏娃在三部不同的自传中展现了三张不同的面孔。威尔克斯非常了解这些故事,并且和我一样对此抱有怀疑。由于借鉴了威尔克斯的方法,我得以继续对此进行详尽的描述。她建议我们把"自我""人格"之类的概念与她的书名——《真实的人》——放在一起进行对照。在她的书中,关于多重人格的一章主要探究了比彻姆小姐的四个人格。她问道:比彻姆的身体中有多少"人格"?她探索了我们想要说明的各种事情。她认为我们关于"人格"的概念似乎要分崩离析了。她在书中的前半部分提出了"人格的六种状态"。她问道:比彻姆的人格在多大程度上符合书中提出的人格状态?总的来说,比彻姆至少有三个次人格符合条件。

> 该论点首先表明,我们应该断定,[在某段治疗期间,]普林斯需要处理三个人。支持人格多元性的论点大大多于支持人格单一性的论点。然而,我们该说的和我们所说的往往并不一致。[24]

请注意,这是被分离性身份识别障碍临床医生认可的最新结论。他们会说,普林斯面对的这个人的三个次人格可能比其他人的三个次人格更完整。但威尔克斯的分析是严谨的。[25]我质疑的只是这样一个预设:我们被告知的是一个真实的故事,并被要求在这个案例上进行语言和哲学分析。注意，我说的是真实的案例，而不是虚构的案例。在威尔克斯的《真实的人》出版之后的几年里，多重人格患者的传记和自传很可能又增加了一倍。[26]

我并不认同如此无力的论点：即使普林斯的案例是虚构的，也没有问题。我想强调的是，体内拥有若干"自我"的整体表述已经得到一代又一代浪漫主义诗人、小说家作品（无论是伟大的作品还是一般的作品）及无数报纸、专栏（上面的内容相较于今天的普遍知识来说短暂得不值一提）的锤炼。普林斯很清楚何种描述能够让病人成为多重人格患者。我们浏览完他冗长的报告，得出一个身体里有好几个人格的结论，这有什么奇怪的吗？这并不是对我们如何使用语言来描述真实人物的检验。这是文学想象力对我们谈人的语言加以塑造的结果——无论这些人是真实的、想象的，还是生活中最常见的，抑或兼有以上几种情况。当涉及描述"自我"的语言时，我们每个人都混合了想象和现实。文学评论家卡尔·米勒（Karl Miller）在他的精彩著作中针对西方双重人格小说做了很好的总结：

> 每个人的生活都是编造的、伪装的、想象的——包括你们生活的伪善读者（旁观你们生活的人）。西碧尔的生活是由西碧尔自己编造的，当她成为一个病例时，她的生活就是由她的医生编造的，而当她的故事被写成一本书时，她的生活则是由作者编造的。她被想象出十六个自我，但我们甚至都无法完全确定，她的身体里是否有两个不一样的自我。[27]

17

过去的不确定性

采用一种更具分析性的方式来做总结是明智的选择。我认为,多重人格没有带给哲学家任何关于心灵和身体的启示。但他们所做的近乎语法层面的哲学分析,或许能帮助我们理解记忆和多重人格。本章的章名是一个非常棘手的问题,因为我们通常都认为过去的事已经固定不变了,它们是终了的,并且是确定的。在这里,我并不想继续那个老生常谈的话题,说人的记忆有不确定性。我所说的不确定性关乎实际中人们做过的事,而非记忆中人们做过的事。我的意思是,这种不确定性涉及之前的事情,关乎我们过去的行为,而非我们对过去行为的记忆。对我们影响最大的记忆,往往是我们或者他人所做的一些事情的场景或片段。精神病医生对患者被压抑的记忆——通常都是关于性交行为和残忍行为的记忆——极感兴趣。最近,这些记忆转向了残忍的性交行为,它们是儿童遭受性虐的缩影。但行为不单单是视频中呈现的活动、运动。我们要关注的是有意的行为,即人们有意而为之的行为。

故意的行为是在"特定描述下"的行为。哲学家伊丽莎白·安斯科姆(Elizabeth Anscombe)举了这样一个例子。一个男人正在按动抽水机的压杆。他正在手动地往房子的蓄水箱里送水。他正在把有毒的水抽进这所乡间的房子里,邪恶的人正聚在房子里策划坏事。他正在毒害房子里聚集的人。[1]当然,以上例子中的这个人按动压杆、抽水、毒害房子里的人的活动没有明显的先后顺序。然而,我们是不是可以说其中有许多不同的行为,如抽水的行为、毒害的行为?安斯科姆认为,其中只有一个行为,但这一行为却被置于两种不同的描述之下。每一种描述各自涉及一个更大范围的情境,但都只关乎一个有意行为。自从1959年安斯科姆出版了相关主题的专著后,发展出了一门完整的学科,名为"行为理论"。一些哲学家认为,虽然例子中的男子只有一个身体活动,但如果对这一活动进行视频记录,就会呈现前后相连的事件,即该男子采取了两种不同的行为——抽水和毒害。我们之所以会产生这种观点,部分是因为存在两种描述,并且行为一定会被置于"特定描述下"。因此,一个行为在两种描述之下是两种截然不同的行为。用安斯科姆的话来说,如果你问"那个男人正在干什么"(或者问那个抽水的男人"在干什么"),正确答案确实不止一个。但他只有一个行为,只不过这个行为被放在了多种不同的描述之下。

行为的意图引发了另一些问题。我很快就会向大家展示它们对记忆和多重人格的影响,但更重要的是,我们不能只关注那些耸人听闻的案例而忽视最普通的事件。只有弄清普通事件,我们才能知道发生了什么。试想一下，如果安斯科姆说我正在锯一块木板；我的木板在你的桌子上面；我在锯我的木板的同时，因为没有留心，也在不经意间锯了你的桌子；我不是故意要锯你的桌子；我锯自己的木板的行为和锯你的桌子的行为是一样的；这其中只有一个行为，但我做了两件事，锯我的木板和锯你的桌子；我本打算完成的，只是其中的一件事情。概括来说，我们可以区分"有明确意图的行为"（acting with an intention）、"有意行为"（acting intentionally）和"有意做出的行为"（intending to act）。[2] 有意行为指具有某些意图的行为，也就是说，被置于某些描述下的行为——在这些描述下，行为人有意做出行为。一个人有可能根据描述 A 有意行事，但这一行为也有可能被置于描述 B 之下，虽然行为人无意按照描述 B 行事。按照安斯科姆的理论，有意行为必须具备描述 A，并且行为人有意在描述 A 下做出行为，但行为人在完成描述 A 时，他有可能无意间完成了描述 B。我要说的是，由于深受维特根斯坦的影响，安斯科姆认为有意行为不是指一连串有序的举动，外加一个内在、个人和心理的行为意图。[3] 一个已经完成的事件的意图，指的不是某种精神中的实体。

"行为是描述下的行为"，这一论断对未来和过去都具有逻辑层面的影响。当我决定做某件事并且去做的时候，我是有意为之的。可能还有很多类型的行为是我不熟悉的，因此我无法描述它们。用刚才介绍的观点来讲，这就是我无法有意为之的行为。我不能选择去做这些事情。当然，我可以去做事件 A，而我所做的事件 A 有可能会产生描述 B；于是，我通过去做事件 A，完成了描述 B 中的情况，但我无意完成描述 B。这种限制不是物理上的约束或道德上的禁止。这是一个微不足道的逻辑事实，即我不能生成这些意图。这个事实不会使我感到受限，也不会使我对自己的力量不足感到遗憾。我不会因为缺乏描述而感到受限，如果我确实自发察觉到受限，我至少会对行为的描述有一丝印象，然后按此行事。

安斯科姆的观点似乎能得出一个意想不到的推论。当新的描述出现时，当新的描述在人们的思想中传播时，甚至当人们谈论或思考这种新描述时，它就会为我们的行为提供一种新意图，我们就有了新的可做之事。当我们因为新的描述或新的概念而获得了新的意图，我们将生活在一个充满机遇的新世界中。[4]我在第一个章节中的开场白就是"多重人格的流行"。在本书中，我提到了很多"流行"的事情：虐待儿童、撒旦仪式虐待、被恢复的记忆、放弃被恢复的记忆。怀疑人士认为，这种"流行"是由于人们的盲目效仿。但即使存在诸多的效仿，其中也一定有一个关乎此类"流行"的逻辑。在每一种情况中，即使是就多重人格而言，新的行为的可能性、新的描述之下的行为都会出现或传播。多重人格为人们变成一个不幸之人提供了一种新的方式。许多多重人格诊断的支持者也觉得多重人格已经成为文化层面公认的表达痛苦的方式（用一种流行的措辞来说的话）。

想一下多重人格中的那些新术语："转换""切换""人格碎片""人格跑了出来""人格去了另一个地方"，甚至是患者使用的"我们"。对多重人格感兴趣的人非常熟悉这些术语，即使它们不是我们日常英语中的一部分。一百多年以前，人们对此只有少得可怜的术语，比如"第二状态"。怀疑者常常发现，在双重人格或多重人格的浪潮中，巩固患者次人格的方式之一就是为其命名。患者一定范围内的行为、情感、态度和记忆被赋予了一个合适的名字，然后组合在一起形成了一个部分的人格。但隐藏在这种实践背后的另一个固化人格的方法却鲜为人知。描述次人格的新词汇（如"转换"）为人们思考自己是什么、应该怎么做提供了新的选择。与情绪波动相比，患者转换为迫害型人格后的行为变化更为具象。迫害型人格可以完全掌控患者的身体。当然，我并不是说在"转换"这种术语出现以前，患者就不能转换人格，或者患者的次人格就不会跑出来。玛丽·雷诺兹就转换了，她的活泼型人格跑了出来。我们总是喜欢把现在的描述套用到过去，当时这些描述还不存在，这些概念也不存在。但我们还不清楚玛丽·雷诺兹的活泼型人格是否可以有意在1816年的时候跑出来，是否有相应的描述可以供她选择。

这个例子使我们看到，"所有有意的行为都是描述下的行为"这一论点的边缘有些模糊。安斯科姆感兴趣的是行为人，即承担责任的道德行动者的意图是什么。根据如今的一种解释来看，这种人格的切换不是有意的，而是无意的。这种说法支持了多重人格的诊断及分离性身份识别障碍的命名。实际上，我们的人格残缺不全；我们没有齐整完备的人格来形成意图。有个说法与之形成了对照，它在20世纪80年代广泛传播，现在仍流传于多重人格运动的成员、文件之中。当埃丝特转换成了斯坦，斯坦跑了出来，接管了身体，并主导了埃丝特和次人格达芙妮。斯坦此时是一个行动者，负责这次转换。这次转换并非埃丝特和达芙妮的意图，但却是斯坦的意图。斯坦决定要跑出来。在新的词汇和多重人格的概念出现之前，转换对于人格碎片来说不是一个行为选项，也不是一个可以完成的有意行为。但当时间来到20世纪80年代，斯坦的转换行为就可以被描述成一个有意行为了。不过，随着分离性身份识别障碍成为官方诊断，人格的说法在理论和实践中变得无关紧要，塑造有意行为的因素可能会消失。

这给安斯科姆关于意图和行为的论点带来了压力。安斯科姆的论点要求行为人必须完整无缺、具备意图。次人格的术语则为我们提供了这样一种描述：分离的行为可以有不同的中心、人格或者至少所谓的人格碎片——这些人格碎片有足够的人格特征，我们可以将分离的行为归因于这一个又一个的碎片。你可以想一下那些有名的法庭案例，这其中不仅包括杀人犯和强奸犯，还有那名来自南卡罗来纳州的女性，她坚称自己没有通奸，最终获得了抚养费，即使她的某一个人格确实通奸了。可以这样说，达芙妮就像那个南卡罗来纳州的女性，埃丝特可能就像这个女人的通奸人格。如果埃丝特有外遇，达芙妮不会知情。在什么情况下能将有意行为更清楚地归因于埃丝特这个次人格呢？我认为只能等待新的描述和新的有意行为（行动者没有描述就没有有意行为）。

对于我刚才所说的"流行"之事，争议最小的就是虐待儿童。众所周知，虐待儿童的相关数据一直在不断地增长。所有人都好奇，除了越来越充分的报道之外，现实中的虐童行为是不是也越来越普遍。鉴于我们已经在该领域投入了巨大的努力、金钱、宣传以及善意，结论可能令人震惊。"虐待儿童"一词涉及的社会活动的范围在过去的三十年中急速扩张。之前人们不太注意的一些行为也被视为虐待。新的虐待行为应运而生。想要实施虐待行为的成年人，由于受到了全面的限制，已经很难实施公认的虐待行为，但他们现在会实施自认为（在自己的描述中）是虐待的行为。然后，他们可能会去实施之前几乎不敢去完成的事情。我称这种现象为"语义扩散"（semantic contagion）。当我们把某个行为归入某一类特定行为时，我们的思维就会转向这一类型中的其他行为。因此，用一种新的方式对一个行为加以分类可能会使我们接触到其他行为。很少有人如此推理："反正都是虐童，一不做，二不休。"但一旦某些障碍因为很多行为被归入"虐待儿童"这个统一的语义标题之下而消失，之前令人厌恶的行为可能也就不再那么令人望而却步了。我们不应该忽视这样一种可能性，即虐待儿童现象的增多部分是因为宣传活动，因为它提供了新的描述，人们可以据此实施行为，然后通过语义扩散，催生更坏的行为。宣传为某些人做某些事制造了可能性，这听起来还不错。但它并不总是善的引导，也有可能是恶的诱惑。宣传可以制造恶的可能性，就像它可以制造善的可能性一样。

但虐待儿童的发生率节节攀升是否有可能仅仅是因为模仿效应？在由模仿引发的行为和由新的概念引发的行为之间，并没有一条明确的界限。我们必须仔细分析每一个案例。无论是1811年海因里希·冯·克莱斯特[1]（Heinrich von Kleist）在万湖（Wannsee）的故事，还是1991年中西部的一群青少年的故事，轰动一时的（集体）自杀协议后来都被人模仿。我并不认为这些

---

[1] 海因里希·冯·克莱斯特（1777—1811），德意志剧作家、诗人、小说家，1811年他在柏林万湖先杀死女友，后自杀。

事件创造了一个新的概念或者提供了一个新的描述。有人认为，模仿者纯粹是受到这些事件的启发才付诸行动。但是在虐待儿童的案例中，我们应该建立我们的理解，即新的行为种类如果是开放的，它可能会成为邪恶的温床，因为新的概念和新的描述是通过大规模的传布信息及打击、预防虐待儿童的运动而扩散的。

说句题外话，我们应该注意到这一观点也适用于针对令人发指的色情作品的审查。当然，从道义上来看，传播色情内容本身就是有害、邪恶的。也有与此接近的观点：色情作品本身就是对女性的侮辱。还有一种观点：拍摄（而非撰写）色情作品必定会侵害一些妇女和儿童的权利。但大部分观点都是实用主义、结果导向的。色情作品的传播致使男性贬低女性，并可能催生暴力、残忍的行为。有人认为，最下流、最残忍的色情作品会招来人们的模仿。这一说法的证据并不充分，仔细研究的话，它可能也站不住脚。真正的邪恶可能潜藏在更深的地方。传播色情就是传播关于性行为的知识。大多数男人，包括许多性情残暴和虐待他人的男人，都是非常无知的，他们可能根本不知道色情作品中的一系列下流行为。一些色情作品就是在传播新的行为模式、新的描述，无论是语言上的还是视觉上的。这种关于邪恶的观点无疑是十分抽象的，但我们应该用严谨的逻辑和虔诚的道德解决邪恶问题。

我时常谈到人类的循环效应。一方面，这种效应是人与人之间的互动，另一方面，它是一种对不同的人及其行为进行分类的方式。当一个人在别人看来属于某类特定的人或者拥有某种特定的行为时，这种观念可能会对他产生影响。一种全新的或经过改进的分类模式可能会对被分类的人产生全面的影响，或者被分类的人可能会反抗那些知识分子及对他们进行分类的人或学科。这种形式的互动会导致被分类的人产生变化，从而改变人们的相关认知。这就是我所说的反馈效应。现在，我在其中添加了另一个变量。创造或者塑造出一种新的人或行为的分类，有可能会创造出一种新的做人方式、新的行为选择，无论这种方式或选择是好是坏。只要有了一种新的描述，就有了基于这种描述之下的新行为。从逻辑上讲，这并不是说人们发生了实质性的变化，而是说人们有了实施新的行为的机会。

到目前为止，我一直在讨论的是一个人可以选择或决定去做什么或者成为什么样的人。现在，让我们来讨论一下他人的行为。与二十年前相比，现在有更多虐待儿童的报道，这是因为现在有更多的报道机构，而且当局和许多非专业人士都更加努力地报道此类事件。与我一直在讨论的关乎未来的施虐者的假定影响相比，创造或塑造虐待儿童的概念的影响更为明显。这是毫无疑问的。我们描述此类事件，并以此做出报道，于是虐待儿童的例子就越来越多。随着虐待儿童概念的扩展，越来越多的情况会被完全置于"虐待儿童"的描述之下。于是，社会上出现了越来越多的虐待儿童的报道。这一点已经非常清楚了。当思考儿童的所见所闻时，我们就进入了一个非常棘手的领域。大约是从1978年起，人们一直致力于培养儿童的虐童认知。曾经，人们对儿童发出的通用警告是："不要接受陌生人的糖果；永远不要和你不认识的人一起散步或骑车。"然后，人们会教育孩子什么是触摸规则。人们用插图、情景和视频告知孩子们触摸规则中的各种差异。这种做法无疑为人们提供了新的词汇和新的描述模式。心理学家对孩子们能否掌握大人们所教的内容还存在争议。加利福尼亚州大量削减了相关教育内容，因为一些专家认为，从发展的角度来看，六岁的儿童还不够成熟，他们无法理解这些东西。不管这种教育有什么优缺点，从发展角度作出的批评令人生疑。有一个很好的准则（在没有令人信服的相反证据的情况下）：幼儿是极为聪明的，他们非常清楚发生了什么，即使在谈论这些事情时，他们常常感到困惑（或许是害羞，或许是觉得不应信任成年人）。[5]

最后，儿童可能比大人更清楚相关禁忌。以不那么令人发指的虐待为例。我引用了科妮莉亚·威尔伯提到的一些性虐。这其中包括成年人与九岁及以上的儿童洗澡、让儿童在父母的卧室和他们一起睡、给过了婴儿期的儿童洗澡。人们可能会告诉孩子这些行为是虐待，但父母永远不会这样分类。父亲做了什么呢？如果他和九岁的女儿一起洗澡，女儿不仅会感到不舒服，还会觉得自己受到了虐待。当被问及父亲做了什么时，她可以回答说父亲虐待她。这样问题就变得不人道了。在现实生活中，人们希望父亲可以意识到女儿的不适。我们不必非要对其进行分类。如果父亲知道女儿有些不舒服，还坚持和她一起洗澡，他就是在虐待女儿。这种虐待属于心理上的虐待还是性虐待，值得人们思考，但我们也不用太过纠结，除非是闹到了法庭上。然而，那个概念性的问题——"他在做什么？"，仍然令人困惑。更令人困惑的是，女性当事人在童年时还没有这些描述，但当她们回看童年时，有些事情却符合现在的描述。她发现自己在小时候受到了虐待，虽然不是很严重。即便如此,当她还是个孩子的时候,无论是她还是她周围的成年人都无法像今天五岁的孩子那样很好地理解正在发生的事情。追溯过去,重新描述、重新体验人的行为是最难之事。在解决这个问题之前,我们需要做更多的准备工作。

当我们回顾历史时,很多事情就不再那么个人,也不再那么紧迫。我们可以公正地看待一个历史人物,却无法公正地对待父亲与女儿一起洗澡,其中的逻辑难题十分清楚。以下也许是一个最简单的追溯过去、重新描述的例子。英国议会之前有一项私人法案,旨在赦免大约三百零七名在1914—1918年第一次世界大战期间被军事法庭判处枪决的英国、加拿大年轻士兵。这些士兵最常受到的指控是他们在交战期间当逃兵或拒绝服从命令前往前线。这些秘密审判的细节最终于1990年公布。现在,很少有人能对当年主持军事法庭的军官们感同身受。提出私人议案的议员指出,如今看来,这些人应该被诊断为创伤后应激障碍患者,他们需要精神病医生的帮助,而不是被处决。[6]这是一个极具追溯力的重新描述。但这个例子还是不够直接。它将过去的行为视为病态。这一点很重要吗?其实这个法案具有象征意义。它是反战政治的一部分,实际上仿效了一个和爱尔兰、英国有关的政治法案。该法案涉及二十四名在一战中被处决的爱尔兰志愿兵,对少数志愿兵的后代有着个人意义。如果我的一位祖先在很久之前的一场战争中因为当逃兵而被枪决,我不确定自己会不会因为这项私人法案而高兴。我想我可能会为我的祖先的智慧和他敢于放弃的勇气而骄傲,因为那是他在当时的环境中所能做出的最理性的选择。从逻辑的角度来看,这一提案的追溯性描述很有趣,因为它不会增加士兵们可做的有意行为的数量。相反，它减少了士兵们的有意行为的数量。士兵们不会再被当成逃兵，至少不会再被当成"恶劣的"逃兵。这是因为严格来说，如果他们患有创伤后应激障碍，当逃兵就不是他们的自愿行为。

上面的议案旨在挽回士兵们的声誉，我们更常遇到的是诋毁、贬低历史人物的说法。这种追溯性的描述会利用现代人的判断来诋毁某个历史人物，这种诋毁有时极具误导性。苏格兰有一个著名的探险家叫亚历山大·麦肯齐（Alexander Mackenzie），如今，他不仅被视为虐待儿童的人，还被视为猥亵儿童的人。[7]麦肯齐是第一个穿越马更些河北上到达北冰洋的欧洲人，也是第一个穿越落基山脉到达太平洋的欧洲人。他不是圣人，当然，他是一个种族主义者，但我仍然怀疑仅凭他在四十八岁时娶了一个十四岁的女孩，是否就应该将他视为虐待儿童者或猥亵儿童者。在1802年，这种婚姻既不违法，也非罕见。如今，当一个四十八岁的男人与一个十四岁的孩子发生性接触时，那就是在虐待儿童（纳博科夫的《洛丽塔》提醒我们，即使是现在，"虐待儿童"的标签也可能有点简单化和说教化，但这不是麦肯齐的问题，从相关的意义上来说，他的生活似乎没那么复杂）。我们是否应该追溯过去，在如此广泛的范围使用"虐待儿童"这样的术语？幸运的是，我们不必去上诉，因为这个问题纯粹关乎概念。

然而，正是这样的问题激发了人们的巨大热情。菲利普·阿利埃斯对几个世纪前的童年有一个设想，他认为当时的童年指在青春期之前和之后不久，为人类提供较自由、较坦率、较少性杂念生活的时期。[8]时人对儿童没有多少概念，更不用说虐待了。当时，那个年龄阶段的孩子不会受到现在儿童面对的伤害，从概念上来说，他们也不会受到一样的伤害。历史学者劳埃德·狄莫斯(Lloyd DeMause)认为这种观点是垃圾。[9]他说，至少西方文明的历史就是虐待儿童的历史。我们越往回追溯，情况就越糟糕。阿利埃斯以公众不断取笑婴儿时期和儿童时期的路易十三的生殖器为例，来证明当时没有压迫性的概念模型。当时的一位王家医生对这种取笑做了充分的描述。狄莫斯认为这个故事正是当时大量儿童遭受性虐的证据。从这一点来看，古希腊的鸡奸和1212年所谓的儿童十字军东征也是一样的。同样地，丹尼斯·多诺万认为，弗洛伊德错过了俄狄浦斯情结中的虐童。[10]他觉得弗洛伊德甚至没有注意到在索福克勒斯笔下，约卡斯塔把俄狄浦斯打残了，并把他交给了一个牧羊人，让这个牧羊人去了结他的性命。多诺万想让我们把《俄狄浦斯王》当成一个和虐待儿童及其产生的后遗症有关的故事。这当然是一个杀婴未遂的故事。如今，针对虐待儿童的法律中都明确了这一罪行。这是否意味着我们应该把这个古老的传说描述为一个以虐待儿童为开端的故事？用现代的道德观念追溯历史中的事件并加以归因，这显然是有问题的。

举一个老生常谈的例子，你可以想一下1950年发生的事实清楚但不算严重的性骚扰行为。在当时的社会环境中，这种行为并没有违反法律和习俗，甚至没有违背人们的情趣标准。如果你告诉我，在1950年，你绝对不会用"性骚扰"这样的表述，那么实施这种行为的男人是在干什么？当你回答这个问题时，你可能需要鉴别他的行为，你可能会告诉我他对自己的秘书说了什么或者他怎样跟秘书说话。但现在，当你再回答这个问题时，你可以说:"他在性骚扰自己的秘书。"同样的一个动作,在你的第一种回答中,它显得更加中性,但在第二种描述之下,它变成了一个新的行为。然而,当问及这个人是否打算骚扰他的秘书时,我们大多数人都不太确定该说什么。在如今的大多数情境中,如果某个人说没有意识到自己在骚扰别人,我们都会鄙视他。如果他不停止这样的行为,他就完蛋了。但是,当我们再思20世纪50年代的男人的这种行为时,如果他没有骚扰的想法,对他的指控就会减少。

作为一个谨慎的哲学学者,我倾向于说许多追溯性的重新描述既不是绝对正确的,也不是绝对错误的。然而,作为政治策略,在过去之上强加新的描述和认识是有用的。狄莫斯和多诺万就是这么做的。我们应该认识到他们的策略带来的逻辑后果。追溯性的重新描述几乎改变了我们的过去。这无疑是一个似是而非的说法。但如果我们以一种当时不存在的方式描述过去的行为,我们就会得到一个奇怪的结果。因为所有的有意行为都是描述之下的行为。如果一种描述在早年间还不存在或不可用,当时的人们就不能根据这种描述而有意行事。只有到了后来,人们才能意识到在早先时候,有人做出了这种描述下的行为。至少,我们能重写过去,不是因为我们发现了更多的情况,而是因为我们在新的描述下呈现了过去的行为。

也许我们最好把过去的人类行为想象成多多少少不确定的行为。让我们从性骚扰这个简单明了的例子说起。我不认为性骚扰这一重要的美国概念在1950年就形成了。刚才我让你们回顾了1950年发生的事实清楚但不算严重的性骚扰案例。我完全不确定那个案例在1950年可否被判定为有意的性骚扰行为。事实上，我强烈反对一些人的看法，他们说那肯定不是性骚扰行为。另一些人则坚持认为那当然是性骚扰行为。在这个案例中，我认为它是今人眼中1950年的有意的性骚扰行为。我并没有因为麦肯齐娶了一个十四岁的女孩就说他是一个猥亵儿童的人。其他人坚持认为他是，我能理解他们的意思。我和他们划定是否界限的方式不同，我的方式透露出一种不确定性。问题不在于"想说什么就说什么"，而在于"理解为什么我们被拉往不同方向"。当涉及追溯性地重新描述过去时，政治修辞的影响比人们的争论和反思更大。在进行追溯性描述时，我不想说服任何人在任何特定的地方划定界限。我想要表达的是，带着未来追溯性描述的过去包含巨大的不确定性。

现在，让我们回过头来思考一个与多重人格有关的问题。在本章的前几页，我讲了达芙妮的例子，她的次人格埃丝特有一个男性情人，但埃丝特并不知道已婚的达芙妮的存在。我是在20世纪80年代多重人格症状术语的背景下描述这个案例的。我们是如何进行追溯性描述的呢？在任何时代，达芙妮都可以与她的情人定期约会，她将这些会面及由此引发的情感与她的日常生活分开。假设她在作为妻子和母亲时不会真正意识到自己偷情的这一面。她不会注意到自己在一个隐蔽的地方藏着香水和内衣。就像老练的小说家常说的，她有两种生活，她把它们完全分开，甚至到了自欺欺人的程度。她在和情人秘密约会时使用埃丝特这个名字。当他们分开时，她变成了令人不快的粗暴男性斯坦。

我们应该知道，达芙妮发生婚外情的时间地点是在南北战争之前的美国南方,而不是20世纪80年代的加利福尼亚州。在那个时间和地点,人们还不知道双重意识这回事。尽管如此,在听完她的故事以后,即使她无法用双重意识来描述自己,我们也不能说出她的真实情况吗?她是一个多重人格患者,她会切换成埃丝特和情人来一场浪漫的约会,暂时远离乏味的丈夫,难道不是这样吗?我们发现,她的父亲不满足于虐待奴隶的孩子,在她很小的年纪就和她发生了关系。这还不能说明问题吗?我相信许多多重人格的支持者都会极力主张将达芙妮诊断为多重人格患者。对此,我不想提出异议。但我认为接下来的事情很重要。如果她是一个多重人格患者,所有多重人格的术语都可以对她进行追溯性描述。难道不可以吗?当然不可以。

正如我前面所说,如果是在20世纪80年代,我们可以说埃丝特会在特定的场合出现,从达芙妮的手中接过对身体的掌控权。但这对于1855年的埃丝特来说根本不可能。那时还没有稳固的次人格,甚至没有次人格的自我概念。当然,也没有作为次人格的埃丝特。同样地,对于任何人格或人格碎片来说,那时也没有"人格跑出来"这种行为的描述。我需要再重申一下,这种行为学说是符合逻辑的,虽然它令人费解,但对不同的行为或者不同的人施加新的描述可能会产生不同的影响。

我的话听起来可能太直接了。毕竟,如果达芙妮是在20世纪80年代接受治疗,她很可能已经被诊断为一个典型的多重人格患者了。埃丝特和斯坦就是她的两个次人格。难道达芙妮的身体里没有次人格吗?这是一个值得我们思考的新问题。达芙妮让(也可能是要求)自己的"性格"(该词源于哲学家)发展为完全的多重样态，就像一个茶杯，当它掉下来摔破时会分裂成多个碎片。这种"性格"属于或源于达芙妮的内在构成，就像茶杯破碎后的状态源于它的内部结构一样。所以，我们把埃丝特当作一个次人格来讨论，不合情理吗？

想知道为什么不合情理，我们就需要看一个实际的案例，即 H. H. 戈达德在 1921 年治疗的病人伯妮丝·R.。[11]我认为她绝对符合《手册》第三版的诊断标准。[12]她是一个多重人格患者。她有一个儿童人格波莉。根据戈达德的报告，我可以毫不犹豫地说，这个人格会跑出来接管伯妮丝的身体（不过，我不太确定波莉是不是有意这样做的）。我认为如果伯妮丝在 1991 年的某家诊所中接受治疗，她很可能会发展出大量的次人格。当然，家庭肯定给伯妮丝造成了诸多创伤，但我认为将伯妮丝在某种治疗模式下（可能）发展出来的人格结构投射到历史中的伯妮丝身上是错误的。这种做法之所以是错误的，不仅仅是因为我们不知道会发生什么。伯妮丝在 1921 年接受治疗的时候，她的身体里并没有一个或两个以上的次人格。1921 年 9 月，伯妮丝的身体里至少有一个次人格，也就是波莉。但如果她在 1991 年接受治疗，很有可能会产生很多次人格。也许像伯妮丝这样的患者本身就具有潜在的可能性，只要在治疗中得到适当的加强。但这只是一种潜在的可能性，并没有"现实"加以印证。唯一可以确定的相关事实是，除了次人格波莉外，有迹象表明伯妮丝还有另一个次人格路易丝。

我们可以比较这个相关事实与伯妮丝的另一个事实情况。她反复地告诉戈达德，她的父亲和她发生了性关系。戈达德确信这是一个幻想。伯妮丝在一个不听话的女孩家里待了一段时间后，就产生了这种幻想。戈达德不认为伯妮丝的这些虚假记忆与她的多重人格有关。和雅内一样，他认为他应该让这种乱伦记忆消失。他称自己曾说服她相信这种事情从未发生。在读了戈达德的报告并研究了伯妮丝秘密的家族史后，我猜测她记起的是真实的乱伦（在她所处的那个时代，乱伦意味着阴道性交），更有可能是肛交。我认为她的记忆基本上是真实的。我可能完全是错的，也可能只错了一半。当时可能发生了我们现在看来极端恶劣的性虐，但没有阴茎插入的动作。有一个事实是确定的：伯妮丝的父亲要么和她发生过性关系，要么没发生过。这也是一个"现实"，尽管我们永远无法确切地知道真相。但是，关于伯妮丝的次人格——她内在本质中的次人格，如同茶杯的碎片——的真实数量，不存在什么真相。这是不确定的。我需要再重申一遍，就这个案例而言，我们唯一能确定的事实就是伯妮丝有一个儿童人格波莉。

到此为止，我们已经讨论了新描述针对过去的人或过去的行为的追溯应用。最后，我要讨论一个最困难的问题，那就是我们自己的过去。恢复了记忆的人和拥有虚假记忆的人似乎完全不一样，但这两类人都假定某些事件，要么已经发生，他们自己经历过；要么没有发生，他们自己没有经历过。过去本身是确定的。真实的记忆可以让人们回忆起自己经历过的事件，而虚假的记忆则会让人们回忆起从未发生的事情。我们要记忆的对象都是确定的，即在记忆之前的现实。即使是传统的精神分析，也不太会去质疑过去的确定性。人们回忆起来的事件是否真实发生过，分析师对此不甚关心。回忆带来的当下的情感意义才最重要。不过，人们认为过去本身、过去涉及的经历通常是确定的。

当然，如果有一个记录时间的摄像机，双方（恢复的记忆与虚假的记忆）之间的争议都可以解决，因为摄像机可以拍下相关场景。无论一个继父有没有对他五岁的继子实施鸡奸，这都是过去的确定性的一部分。伯妮丝对乱伦的记忆要么是精确的，要么是虚假的。每一个从恢复的记忆中获得证据的庭审案件，都是围绕过去的确定事件引发的指控进行判决的。这些事件往往骇人听闻，它们要么发生过，要么没发生过。在记忆中恢复的其他许多事件同样也是确定的。然而，众所周知，大量的记忆并不会以明摆着的事实或谎言结束。如果对伯妮丝的记忆进行批判性的研究，我们甚至也会发现她对父亲的不适之感相当模糊，不像她第一次报告乱伦记忆那样激烈。也许戈达德说对了一半。伯妮丝的父亲确实对她实施了性虐，但似乎没有她记忆中那么明目张胆。当她在一个任性女孩的家中获得一套新的恐怖描述时，语义传染就开始发挥作用。也就是说，在获得新的想法后，她把它们应用于旧的行为。

现在，大多数人都能接受这样一个共识：记忆并不像摄像机，当记忆运行时，它不会像摄像机一样忠实记录事件。我们不会在记忆中重现经历过的一系列事件。我们会重新排列或修改记起的有意义的元素。有时，修改后的记忆的结构会令人困惑，甚至不再连贯（即使是不连贯的记忆，也需要不一致的元素维持一定的体系）。我们会修整、补充、删除、组合、解释和遮挡记忆中的元素。现在仍然有一种观念认为，如果我们的生活中真的有一系列隐藏的摄像机，我们的过去可以被忠实地记录下来。但假设我在一个场景看到（或记得）两个人握手达成交易，而在另一个场景看到（或记得）两个陌生人第一次见面。这两个不同场景的摄像机画面很可能是无法区分的，只有当完整的故事出现在屏幕上时才可以辨别。活动可以被记录下来，但对行为的描述却不可以。一些理论家称，我们是在以不同的方式解释这些场景，但我认为这种说法没有用处。我们需要相当多的社会知识才能明白这是两个企业家在促成交易，但即使有了这些知识，我们在正常情况下也不会"解释"自己看到的东西。我们只看到两个男人互相问候或者达成协议。但对于那些喜欢从解释层面进行分析的人来说，我看到（或记得）的是一个"已经被解释过"的场景，一个带有含义的片段。一段图像——不论是在我们脑海中的，还是在屏幕上的——不足以回答"这两个人在干什么"。

从心理角度来看，我们关注的记忆中的过去是由人类的行为（问候、促成协议）组成的世界。因此，我们设想的能够记录所有事物特定场景的空中摄像机无法记录人们在做什么。也许这关系到创伤研究。现在有一种采访，每隔一段时间就会追踪致命事故的受害者。例如，最近在加利福尼亚州发生的地震、布法罗河煤泥库溃坝、奥克兰大火、苏格兰石油钻塔事故（警察忙于清理尸体），或者一帮人劫持了一辆从乔奇拉（Chowchilla）来的校车，并且用了一天多的时间把满载孩子的车辆掩埋在加利福尼亚州的沙漠之中。以上事故中，只有最后一个更接近人为。在这个事故中，带来客观创伤的与其说是绑架，不如说是掩埋（多少带有一点戏弄的意味）。研究创伤的专家对此类事件非常痴迷，他们会研究受害者在不同的时间段对创伤的记忆（及应激症状）。莉诺·泰若（Lenore Terr）是该领域的先驱，她曾研究过乔奇拉绑架事件，她认为她眼中单一事件创伤的受害者对发生的一切都有着清晰的记忆。[13]这对于大部分自然灾害的幸存者和遭到掩埋的幸存者都适用。然而，我要指出对这种情况的记忆与被恢复的记忆之间的另一个差别。客观创伤的本质不在于人类的行为。客观创伤事件并不是被置于某种意图或描述下的行为。

因此，我认为我们在将客观条件导致的创伤的结果投射到人类行为导致的创伤时，一定要谨慎。这并不是因为两者涉及不同类型的记忆，而是因为两者记忆的事件存在逻辑上的差异。我们会描述地震的情况，但将地震置于某种描述之下是没有意义的。它只是一场地震，仅此而已。当然，泰若所说的差异（单一事件与反复创伤）与我所说的差异（客观事件与人类的有意行为）并不像看上去的那样不同。描述人类行为的方式之一，就是将其置于更大的场景之下。一个人的手上下按动水泵。我们将场景放大，就会看到他正在抽水。我们再将场景放大，就会看到他正在毒害别墅里的人。正如安斯科姆所说，行为的意向性不是附加在行为之上的个人心理活动，而是相关情境之中的活动。

我们一直在讨论对旧有行为的重新描述，尤其是重新创造出来的描述形式。在人们的回忆中，还有另一些东西。内容丰富的人为创伤场景可能会在不同的时间被赋予不同的含义。弗洛伊德在其职业生涯早期就已经非常熟悉这一现象。在他完全掌握婴儿性欲之前，他倾向于说婴儿或儿童有可能见到父母性交的场景，但这种经历不带有任何性意义。然而，青春期或更大一点的孩子对这种场景却非常敏感。由于弗洛伊德等人的研究，19世纪儿童无性论的观念不再根深蒂固——尽管儿童发展理论中还部分地保留了相关观念，在这种观念中，儿童在特定发展阶段的特定经历是"不适宜的"，很多虐待儿童的临床诊断都是建立在过度旺盛的性兴趣之上。弗洛伊德可能比许多同时代的人更相信婴儿和儿童无性，因此他在研究上的退缩更为明显。[14]我们可以将弗洛伊德的履历、诠释与他最初的见解分开。儿童经历的性的原初场景与青少年记忆中或被压抑记忆中的性的原初场景有着不同的含义，这一概念非常重要，即使它是建立在错误的假设之上。我们可以在解释特定事件或获得全新感受的层面进行思考。但我们还可以更进一步。

当旧有行为被置于新的描述之下，它可能会在人们的记忆中被重新经历一遍。如果这些新的描述在人们记住旧有行为时不适用或者根本不存在，当下人们会在记忆中体验到以前不存在的意义。这种情况中，旧有行为确实发生了，但它不是在新描述之下发生的。此外，我们不确定相关事件是否会以新描述的方式被重新经历，因为我们不确定在事件发生的未来是否会出现新描述。我要重申的是，我不否认有很多非常直接的记忆，这些记忆受到了压抑，都关乎非常明确的可怕事件。我正在研究的是边缘地带的记忆，不管它们是什么，都源于心理机制，与直接回想起的记忆不同。

因此，我提出了一个关乎人类有意行为的非常晦涩的观点。过去很多事件的重要性可能不像现在那么明确。当想起自己或他人做过的事情时，我们可能会重新思考、重新描述、重新感受这些行为。我们对过去的重新描述可能是完全正确的,也就是说,这些新描述是我们眼中关于过去的真相。然而,矛盾的是,这些新描述在过去可能不是正确的,也就是说,在过去的有意行为发生时,这些重新描述的真相是没有意义的。这就是为什么我会说过去在被追溯性地修正。我的意思是,我们不仅改变了对过去的行为的看法,而且从某种逻辑意义上来说,也改变了过去的行为。当我们对过去的有意行为的理解和情感发生改变时,从某种特定的意义上来说,它们就消失了。

对于某些人来说,这种反常的结论反而是显而易见的,他们喜欢摒弃旧有的事实、真相、推理和逻辑。很遗憾,我的话对这些人来说可能很有号召力。从我写本书的方式和我在本章阐述的内容明显可以看出,我认为真相和事实的概念是基本原则,但只是相对没有争议。我关于人类过去行为的某些不确定性的矛盾说法是严肃认真的,因为它们突破了真假对立。一些理论学家在写作时似乎假定一切都是不确定的,只是文本和描述而已,这种理论成功地动摇了我们对过去的先入之见。他们所举的例子通常能告诉我们很多东西,但他们的一般性理论却总是让人费解。在这里,我想引用一句古老的谚语:如果所有的肉体都贱如蝼蚁,国王和红衣主教也一文不值——但其他人也是如此,而我们对国王和红衣主教的了解还不多。

我们最好把过去的不确定性和记忆的两个常见问题放在一起讨论。我已经提到记忆并不是像摄像一样记录过去。记忆并不需要图像,而且仅有图像远远不够;此外,我们的记忆会消退,会被修补、合并和删除。这种观点引出了记忆的第二个问题:与记忆最类似的事情是讲故事。我们可以用叙事来隐喻记忆。在这一方面，小说家做得可能比所有的理论家更好。在《好人恐怖分子》中（我在第五个章节末尾引用了该书），多丽丝·莱辛笔下的一个主要人物爱丽丝"一直在努力使她的记忆保持稳定"，但

> 当她的意识开始迷惑时，她疯狂地想象掌握一切，然后她常常会让自己——就像现在这样——穿梭回她的童年时代那些快乐的场景，或是那些被她打磨、粉饰、重新涂上了轻快色彩的记忆，就像是走进了一个故事的开头："很久很久以前，有个小女孩叫爱丽丝，她和她妈妈多萝西生活在一起[1]。"15

记忆应被视为叙事，这种理论是记忆政治的一面。我们会通过塑造生活，也就是说，通过编织过去的故事，通过所谓的记忆来构建自己的灵魂。我们讲述的自己的故事，我们为自己讲述的故事，不是对我们所做、所感的记录。这些故事一定与世界上其他地方和其他人的故事融合了，至少从表面上来看是如此。这些故事真正的作用是帮我们创造一种生活、一种角色、一种自我。人们常常觉得这种将记忆视为叙事的观点是人文的、人文主义的和反对科学的。这种观点当然与神经学对记忆的理解不一致。在解剖学中，不同类型的记忆储存在人类身体的不同部位，即大脑的不同部位。解剖学中的记忆和被当作叙事的记忆并不一定是完全对立的。因此，虽然神经学家伊斯雷尔·罗森菲尔德（Israel Rosenfeld）在其著作《记忆的发明》（*The Invention of*

---

[1] 此处译文引自《好人恐怖分子》，作家出版社2010年版（王睿译），第347页。

Memory)中讲述了大脑功能定位的解剖学知识,但他也呼吁人们注意记忆在人类的生活中发挥着叙事分析的作用。[16]当然,毫无疑问,将记忆视作叙事往往是反科学意识形态的一环。然而,我们不应该忘记,记忆政治正是在实证心理学的科学背景下产生的。在世俗力量的驱动下,我们用所知的东西取代了未知的灵魂。诗人们并不关心世俗之事和科学知识,但即使是他们,也无法在这件事情上保持原有的看法。对此,人文主义做出了与科学不同的选择:它不是将灵魂纳入科学的范畴,而是将其视为一种叙事。普鲁斯特的《追忆似水年华》就是对法国科学主义记忆政治第一波浪潮的回应。他一本又一本地书写,都是在重写记忆,都是在复述经过改编的同类型故事。当然,普鲁斯特更像柏格森(Bergson)而非雅内,但他们的出发点都是一样的。普鲁斯特的父亲描述过一个案例,后被普鲁斯特的著作和皮埃尔·雅内的几项研究引用。[17]柏格森一直不断地借鉴雅内这位同时代的学者(也是他一生的同行)的研究。将记忆视作叙事与将记忆归入科学是同源的两个分支,它们都在将灵魂世俗化。

那么,我们应该在多大程度上将记忆视作叙事呢?莱辛将记忆和叙事生动地联系在了一起,但她的写作还是聚焦一个场景。我认为这是正确的。在这里,我想简要地提出一个比较通俗的观点:只要我们不需要通过图像记忆,在某些方面来说,记忆和感知就是差不多的。现在,我想暂时将我们的注意力从叙事上面移开。尽管我一直坚持认为人类的行为都是被置于描述之下的,但我对关乎人类状况的不断描述表示怀疑。战后日常语言哲学牛津学派的元老吉尔伯特·赖尔在1949年心灵哲学经典著作的结尾,就已经将记忆与叙述联系了起来。[18] "善于回忆就是善于表达……这是一种叙事技巧。""那么,回忆可以采取准确可靠的语言叙述形式。"[19]赖尔肯定地说,叙述是我们记忆、回忆及回想的方式之一。但这并不意味着记忆就是叙述。虽然赖尔总是在提回忆情节,但他和莱辛一样,也会谈到场景。我们通常所说的记忆涉及场景、视图和感觉,这并不意味着我们一定是通过图像进行记忆,或者在内心重现了一个场景的图像、一个感觉的后象或演绎。我们也许会用这样的方式进行记忆,但不是必须。实验心理学告诉我们,每个人将事物视觉化或图像化的能力是大不相同的。

场景隐喻很好地解释了为什么痛苦的记忆会突然恢复。这种突然恢复与一种现象很相似,即现在常说的"闪回"。这是一个取自电影领域的术语。它指的是对一个场景或情节的回忆,也许是不需要任何刺激就能无意间回忆起来的场景或情节。这种闪回有时只是匆匆一瞥,有时却是一阵汹涌而来的情感。然而,这里存在着一个问题。研究被压抑的记忆的理论家通常认为,传统的记忆与闪回或突然爆发的情感存在着差异。他们承认我们对过去的记忆就像故事一样,都是经过重新编排和"粉刷"的内容,其中充满了虚构和遗漏。当我们通过记忆直接叙述过往的经历时,这种叙述在细节、基调或内容上都是错误的。但闪回和突然涌现的情感是对过去的重新体验。从某种程度上来说,这是(或暗示出)一种受到特殊对待的体验。

所谓的受到特殊对待从何而来?毫无疑问,这与闪回带来的清晰的恐惧感有关,与阴暗的记忆带来的担忧和焦虑有关。如果这些过去的令人压抑的记忆指向的并不是真正发生的事情，它们怎么会出现呢？鉴于我们的即时感知更为"生动""鲜活"，大卫·休谟（David Hume）将其与记忆图像做了区分。遗憾的是，没有什么比可怕的记忆闪回更生动，它可能比最初的创伤更为强烈。但事实上，闪回并不是那么可靠。最近的疗法会对闪回的记忆予以强化，使它们变得更为稳定。雅内和戈达德则破坏了闪回记忆的稳定性，并移除了这种记忆，有时他们还会利用催眠暗示达成目的。

我并不想削弱可怕的记忆闪回带来的纯粹的现实感，但我想指出在相关观念——闪回带来的情绪或情感都会无情地指向事实的真相——背后存在一个不同寻常的因素。记忆即叙事这一流行观念与此相关。这里有一个逻辑推理结构。我们都认为 X 型记忆存在遗漏和虚构的内容。但有一种 Y 型记忆，它是自发的、不受控制的，与 X 型记忆不同。X 型记忆容易出错，但我们不能从中推导出 Y 型记忆也容易出错。由于 Y 类型的记忆感受强烈，我们可能会假设 Y 没错。以上这样抽象的推理，显然还没有得出结论。但我不会就此打住。因为以上的论证依赖于 X 类型记忆和 Y 类型记忆的差别。大家已经普遍承认（虽然我不承认）与叙事一样，记忆的类别非常广泛。尽管我认同赖尔的观点——将回忆视作一种叙事技巧，善于回忆就是善于表达——但我否认记忆就是叙事。我认为，我们普遍的记忆理解——常常转为语法形式——涉及场景。这种记忆通常通过叙述呈现，但它仍然是基于场景和情节的。闪回只不过指向一个让人震撼的场景。它与一般的记忆没有显著的不同，所以也不用受到特殊对待。

因此，视记忆为叙事的人往往有意削弱旨在获取过去真相的记忆的特殊性。但事实上，这些人为另一种特别的记忆创造了空间，之后这种记忆的倡导者赋予了它特殊的权利。对此，我的看法是，从人们把记忆视作叙事起，逻辑错误就已经出现了。这一点也使得闪回与其他记忆有了本质的不同。但是，如果我们将回忆视为对场景、情节的思考（及间或描述、叙述），就会发现闪回与其他记忆并无本质区别。没有任何理由让我们相信，与其他类型的记忆相比，闪回更能让我们接近事实（未经修饰）的真相。

闪回的记忆可能是非同寻常的，因为它们是痛苦的、可怕的且不受控制的。但闪回的记忆并不是特别非同寻常。闪回的记忆涉及的场景通常都非常痛苦、非常可怕，人们希望这种记忆消失，但它们并不会如此。我们有时候也无法忘却在记忆里反复出现的无关紧要的场景；这些场景很烦人，因为它们总是一再显露，而人们试图驱散它们的行为似乎只会让其变本加厉。所以，有很多闪回的记忆可能一点都不痛苦。几天前，我回到了一个很多年没有去过的地方；我想起了这里的所有场景；当时我正在和一个我不太了解但非常关心的人谈话；回忆中充满了各种情感，大部分是愉快的情感，也有一点悲伤的情感。首先我要说，以上这种经历是一次再普通不过的经历了，每个成年人可能都会碰到，每一个正在阅读本页内容的读者可能也会碰到。我们不应该让任何类型的理论家偷走这种普通的经历。

弗洛伊德的见解已经十分老套了，但还是颇有价值的。他认为被恢复的场景，无论是通过记忆闪回恢复的，还是通过记忆疗法恢复的，抑或是通过最普通的未经任何辅助的沉思恢复的，都已经被赋予了之前没有的意义。在这里我还要补充一点，在我们这个充斥着夸张的心理学词藻的年代，这些被恢复的场景中的人类行为常常会被追溯性地重新描述。也就是说，在这些行为初次发生时，这些新的描述还不适用。最近一系列令人痛心的指控和反指控涉及的记忆尤其如此。在这里我们有一个原型，是一个三十多岁的女人，她回忆起了自己五岁时发生的可怕场景。如果说她在1990年时是三十岁，在1965年时她就是五岁。那时候，虐待儿童的概念才刚刚起步，还停留在虐待婴儿的认识之上。莱辛说新鲜的"颜料"会一遍又一遍地加工记忆，使之平顺、光亮，直到人们回忆起一个场景就像走进了一个故事。这种情况一直在发生，但在历史里，还有一个附加的特征。当场景中的情节实际发生时，我们加以润色的"颜料"通常并不存在。

我不想被人们误解。我已经说过对于将当前很多道德行为上的分类——如虐待儿童——应用于至少一两代人之前的情况，自己没有什么异议。但随着我们越推越前，过去的文化和规范与现在的会越来越不同，我对追溯就产生了不安。我也拒绝将现代术语应用于古老的故事，因为其中人物的作为、发展都会被套上今天的某种意图。在关于人类的行为和状况的案例中，我将仅针对过去发生过的现实而非过去有可能的事情使用现代术语。在此，我不会拘泥于惯常出现的问题，即记忆能否准确地代表过去。在每个重要案例中，这个问题都需要通过实证加以解决。我非常关心人类过去的行为中存在不确定性的现象。从很多方面来看，过去的行为能否被置于当今的某些描述之下尚不确定。如果是这样的话，准确性的问题可能就不会出现，至少人们不会直接、简单地看问题。

接下来就是语言的扩散现象。现在，当我们回忆起一个令人不舒服的场景时，可能会使用虐待这个术语加以形容。虽然这个场景可能还算明晰，但依然疑云重重，因为它已经被埋藏了很久。我们没有用意识结构对它进行编写。但现在，有一个通用的描述可以将这些让人不适的重要行为归类，即虐待儿童。接下来，这个场景会怎样呢？这个通用的描述已经为这个场景设置了标题。于是，很多只是有可能发生的事件会进一步往里充实。正如反对虚假记忆运动通常宣称的那样，这种充实场景的行为并不需要治疗师给出直接的建议。基于场景之上的"虐待儿童"的传播源于更深层次、更合语义的机制——从根本上来看，该类机制与人类行为处于描述之下的概念相关。这个场景不仅仅是经过一次又一次地"粉刷"变得更"平顺、光亮"，它会像所有重要事件一样，被一个特定的调色板调出的颜料"粉刷"。这个调色板便是虐待儿童。

语义传染是一种容易趋于极端的效应。如果某些事件在当下被描述为 A 类事件，当它们在未来被重新描述时，可能会成为极端差或极端好的 A 类事件。多丽丝·莱辛笔下的爱丽丝的幻想让母亲陪伴她的生活焕发生机。带有指责的记忆则让过去的生活变得可怕。也有可能存在一个完全非逻辑性的因素在推动语义的扩散，即最近在那些负担得起治疗费用的中产阶级中非常流行的看法：他们是受害者。一位非裔美国精神病学家毫不客气地称之为"我也是主义"。当意识到真正的压迫时，感到困惑和沮丧

17 过去的不确定性

的人会这样安慰自己："我也是。"

目前（1994年），治疗师在多重人格和恢复记忆运动中最明智的做法是，确保自己没有暗示患者。治疗师不仅要确保自己没有暗示，而且必须确保人们明晰地看到自己没有提供暗示。如有必要，治疗师必须依靠录音甚至证人防止以后可能出现的诉讼。（唉，我听到的治疗师的一次又一次的公开讨论都是关于如何防止诉讼的，而不是关于如何避免伤害患者或其家人的。）我担心这样的做法过于简单化了。我们对暗示的运作原理了解甚少，正如尼采所说，"心理痛苦"一词还只是一个尚待了解的问题，而不是一个清晰的概念。许多接受治疗的当事人都是自助团体的成员，或者至少会阅读自助书籍。当你填写了一个调查问卷，并被证明至少符合X障碍的最低要求时，你必须足够稳健，才能不去猜想自己确实患有X障碍。这时候，最好的治疗方法就是完成每一种障碍的调查问卷。当你发现自己患有各种功能障碍时，你可能就会产生某种怀疑。很少有人有耐力采取这种做法。

对于很多患者来说，来自环境的暗示比来自治疗师的暗示更多。最难理解或最难处理的暗示就是源自患者自身的暗示，我将其称为语义扩散。当你回忆起一个场景，你就会开始勾画它，你会用一个通用的但具有追溯性描述的"调色板"勾画它。这种重新描述往往伴有最初的记忆暗示，例如，遭到虐待。多重人格就是一个特别有趣的例子，因为它将场景与叙事联系在一起。严重抑郁、没有稳定友谊和性生活的人可能会依靠自助或自疗，并在恢复和处理记忆后找到慰藉。但这其中并不涉及具体的病因。弗洛伊德初次涉足精神领域是为了寻找癔症、神经衰弱、焦虑症等精神障碍的病因。多重人格理论的现状类似于弗洛伊德早期的情况。所有的故事都需要一个起因。我们早已厌倦了编年史的讲述方式：这件事发生了，然后那件事又发生了。圣经开篇的"系谱"可能是一个伟大的史诗，但作为叙事，它无聊至极。童话故事有童话故事的起因，灰姑娘的马车变回南瓜并非偶然。在现实生活中，事物的因果链越紧密（病因越具体），叙事就越好。多重人格为恢复的记忆提供了最佳的叙事框架。

在本书的前几章，我展示了现代多重人格运动是如何在人们不断意识到虐待儿童的大环境中蓬勃发展的。我甚至毫不客气地把它比作寄居在虐待儿童这个宿主身上的寄生虫。但生态学家告诉我们，寄生虫与宿主的关系始终是双向的。除了与精神分析密切相关的人员外，从事恢复记忆工作的临床医生对多重人格的症状也非常敏感。虐待儿童领域中被恢复的创伤记忆与多重人格紧密相连，这绝非偶然。因为（尽管我没有将记忆当作叙事，但我同意赖尔的观点）当一个人掌握了将记忆转化为连贯叙事的技巧，他就会善于想起记忆中的关键部分。这正是多重人格的因果知识提供的内容，因为好的故事需要解释。精神分离被理解为一种应对机制。多重人格患者开始明白，自己之所以如此是因为在过去运用了这种应对机制。患者回忆中的适当场景是可以填充叙事结构的。

怀疑者轻蔑地认为多重人格是暗示和医源性疾病的典型案例。而支持者对这种说法是严词否认的。我认为这种说法既刻薄又肤浅。多重人格将我们引向了一类现象，但研究人类心灵的学者几乎无法加以解释。我将其中的一种现象称为语义现象，因为我们没有更好的词汇。"语义"至少有一个优点，它可以让我更多地从逻辑的层面而不是社会建构的层面进行表述。语义效应产生于这样一种方式：我们将现在的描述追溯性地应用于一个人很久以前且不那么确定的行为。另一种语义现象是语义传染，它是对第一种现象的补充。当更多的行为进入记忆，它们会被更多、更具体的描述勾画，这些描述处于最初描述的通用标题之下。第三种语义现象是当记忆提供一种叙述时，记忆是最令人满意的；当叙述有一个明确的因果结构时，叙述是最紧密的。多重人格至少在弗洛伊德放弃的地方获得了成功，即神经症的具体病因领域。痛苦的人为了自我理解而四处奔波，他会对一个具体的因果结构感到满意——这个结构主要忠于前两种语义现象产生的记忆。我们首先必须考虑患者是否更快乐，是否更好地与朋友、家人一起生活，是否更自信，是否更好地消除了恐惧。如果没有人受到任何可能已经潜入治疗方法中的虚假或幻想因素的伤害，患者重建的灵魂能否准确地记住过去和自我，这一点很重要吗？在本书中，棘手的道德问题一直存在于背景之中。现在我想把其中的一个问题摆到明面上来。

18

虚假意识

我们记忆中的事情似乎是真的发生了，或者我们的记忆对这件事情只是或多或少有些印象，这很重要吗？在日常生活的大部分时间，这个问题都挺重要的。我以为我把钱包落在了雨衣口袋里，但它不在那里。于是我会惊慌。我（似乎）记得我借给你一本帕特南的书。哦，对不起，我把它借给丽莎了。我搞混了。但那些很久以前的记忆呢？当我们所信之事影响他人时，这些记忆就很重要了。这就是虚假记忆争论的重点。如果一位女性断绝了与家人的一切联系，因为她错误地认为父亲虐待了她，而母亲知道此事却保持沉默，那么，这个家庭就受到了巨大的伤害。在这种情况下，虚假的信念（似乎就是记忆）会产生可怕的影响。但不影响他人的虚假信念又如何呢？不会造成伤害的虚假记忆有什么不妥？对于这些问题，我将根据我所谓的虚假意识给出答案。

在这里，我指的是非常普通的虚假意识——这是对自己的性格和过去形成虚假信念的人们的一种状态。我认为虚假意识是一种不好的状态，即使一个人不需要为此承担责任。虚假记忆（这个术语有些矛盾）只是虚假意识的一部分。这是因为"虚假记忆综合征"通常是指一个人对过去从未发生的事件产生了记忆。这并不是说人们对这些事件记得不准确（因为对于大多数事件，人们记得都不准确）。更确切的说法是，这些记忆中的事件从未发生过。事实上，这个所谓的综合征或许可被称为"相悖记忆综合征"，因为这些似是而非的记忆不仅是虚假的，而且是与所有现实相悖的。在这种综合征的典型案例中，一个"放弃虚假记忆的人"说，她似乎记得自己经常被叔叔强奸，但现在她意识到这类事情从未发生过。事实上，没有人强奸过她。她的叔叔是一个温柔体贴的人。她似乎记得虐待者是她的叔叔，但这不能说明他是别人的替身，因为从来没有人虐待过她。这就是我所说的相悖记忆。这就是虚假记忆综合征基金会宣传的那种"记忆"。用我的话来说，对自己最私密的生活有相悖记忆的人就会有虚假的意识。但虚假意识远不止于此。

在一种纯粹的虚假记忆（与上述的相悖记忆看似相同）中，叔叔可能是虚晃一枪，父亲才是真正的加害者。因此，在这个虚假记忆中，相关内容并非与所有现实相悖，但过去已经大大改变。另一种可能性是，在当事人六岁时，叔叔没有强奸她，但不恰当地抚摸了她。关注虚假记忆综合征的人士对这种纯粹的虚假记忆几乎不感兴趣。但这些似是而非的记忆肯定会助长我所谓的虚假意识。例如，如果受害者想要维护父亲和自己的形象，她可能会记得自己受到的虐待都是来自叔叔，那个和蔼可亲又温柔的人。[1]

与记忆有关的另一个缺陷可以被称为"错误的遗忘"。这是患者对过去一些重要之事的抑制，这些重要之事对个人的特质或本质来说不可或缺。我在这里说的是抑制，不是压抑。压抑假定一些事件会消失于有意识的记忆，一些驱动力或癖好会消失于有意识的欲望。这一假定的一环是，压抑不是任何道德行动者故意、有意的行为。一个纯化主义者[1]特别是一个精神分析领域的纯化主义者可能会说，一个没有处理过去、释放被压抑的记忆的人忍受着虚假意识的困扰。也许一个有五年空闲时间和大量金钱的人会因为恐惧而拒绝接受分析，他受到了虚假意识的折磨。但如果压抑记忆能让普通人保持稳定，能让他们维系家庭，提供家庭所需的关爱、关怀及物质，从任何方面来看，他们都不会被虚假意识干扰。然而，如果一些记忆被某人、某种方式故意地抑制了，我们可能得开始考虑其中涉及的虚假意识。

相悖的记忆、纯粹的虚假记忆、错误的遗忘，这些情况并不能穷尽所有的可能性。我把以上情况及其他可能出现的情况统归在"欺骗性记忆"之下。严格地说，我发明这些复合词汇是为了彰显这样一个事实：我们关注的并不是记忆，而是似是而非的记忆或记忆的缺失。我将关乎过去确定事实的似是而非的记忆及记忆的缺失归入了欺骗性记忆。这里我并不涉及上一章讨论的关于人类过去的不确定性。但如果存在我所说的语义传染，一个人可能就会得出明显虚假的信念，之后，这些信念可能会被纳入记忆。如果上面提到的那位女性将被重新描述为性虐的过去行为（如自己在幼年洗澡时，有成年人过分关注她的性器官）变成一

---

[1] 纯化主义者也称纯粹主义者，指追求事物本质之人。

种似是而非的记忆（如她的妈妈在给她洗澡的时候，将橡胶鸭子玩具强行塞入她身体的腔孔中），我们可以说这就是语义传染或欺骗性记忆。

记忆政治取得了很大的成功，所以我们开始认为我们自己、我们的性格及灵魂在很大程度上是由我们的过去塑造的。因此，在我们这个时代，虚假意识往往会涉及一些欺骗性记忆。大可不必如此。德尔菲神庙的谕令是"认识你自己"，这其中没有提到记忆。谕令要求我们了解自己的性格、局限、需求和自欺倾向。它要求我们了解自己的灵魂。随着记忆政治出现，记忆才成为灵魂的替代品。即使在今天，也存在多种与记忆无关的虚假意识。我们都知道那些相信自己慷慨大方、善解人意的人，实际上总是以自我为中心，对他人漠不关心。康德有一句格言："纵然有目的，更要有手段。"我知道有人是相反说法的鲜活例证。他一心为有价值的目标而奋斗，但缺乏对他人的理解和感知。因此，他不晓得什么可以作为他达成目的的手段。他想达成目标，但似乎没有手段。这也是一种虚假意识。每个读者都可以从自己的国家文化中找到类似的例子。越是确信自己没有受到虚假意识影响的读者，可能越具有虚假意识。

然而，在这里，我们关注的是记忆，因此也关注以欺骗性记忆为"养料"的虚假意识。我说虚假意识以欺骗性记忆为"养料"，是因为只有它们是不够的。为了维系虚假意识，我们必须让欺骗性记忆成为自我认知的一部分。它们必须是我们自己故事的一部分。它们必须是我们构建自己或所谓的自己受到构建的方式的一部分。

现在，有如此多关于"虚假记忆"——相悖的记忆——的慷慨激昂的废话。如果我们转而考虑错误的遗忘，内容则会干净不少。我认为皮埃尔·雅内最系统地构筑了欺骗性记忆。他这样做的最大动机是消除病人的痛苦。他的患者的症状都是由记忆不清的创伤引起的。他的治疗通常是以谈话、催眠引出患者曾经的创伤。当痛苦的原因被揭示后，他会催眠病人使其相信这些事件从未发生。我们可以回想一下之前讨论过的两个案例。玛丽被自己的月经初潮吓坏了，受到了心理创伤，她站进了一个盛满冰水的桶中，企图消除月经。她的月经确实停了一段时间，但她后来出现了癔症的低温症状，每个月都会有一阵阵可怕的寒意袭来。她不明白这是为什么，而且她的身上出现了越来越多的癔症症状。在玛格丽特六岁的时候，她不得不睡在一个面部患有恶心的皮肤病的女孩旁边，并被要求把手放在女孩的脸上，以此证明自己并不害怕。成年后，她的脸部和肢体的一侧出现了皮疹、瘫痪、麻木和失明等症状。雅内催眠了这些女人，让她们相信这些事件从未发生。玛丽在第一次月经到来时没有在冰冷的水桶里站过几个小时。玛格丽特没有睡在一个脸上有可怕皮肤病的女孩旁边。两位患者的癔症症状都消失了。

玛丽和玛格丽特并没有抑制自己的记忆，但雅内这么做了。因此，根据我的定义，她们错误地遗忘了生活中的一件大事。我们应该说这两位女性存在虚假意识吗？依据雅内告诉我们的说法，她们没有虚假的意识。雅内称，玛格丽特留下创伤是偶然的，那仅仅是她生活中的一件让她厌恶的事情。我们可能会怀疑这其中遗漏了很多情况。为什么她要睡在生病的女孩旁边？她为什么要触摸令她厌恶的皮肤？是怎样一个残忍的母亲或姑姨对她做这样的事情？这个人还对她做了什么？这到底是什么样的家庭？同样地，对于玛丽，我们想知道：她为什么如此恐惧月经？她为什么采取如此绝望的举措？两人的生活都非常值得我们了解。我们可以猜测，在经过雅内治疗后，两名女性都生活在一种完全虚假的意识状态中。但我们无法证明这一点。每个人都应该深入地理解自己，但我们很难办到。

现在，让我们来看历史上的另一个案例，同样关乎错误的遗忘。戈达德有一个十九岁的患者叫伯妮丝，她有一个叫波莉的四岁次人格，颇为令人讨厌。伯妮丝反复告诉戈达德她与父亲有乱伦的事。戈达德说服了她（我想是催眠了她），使她相信这是一个幻觉。假设伯妮丝对乱伦的记忆是非常准确的。（这只是我为了分析而做的一个假设。）假设戈达德成功地抑制了伯妮丝的记忆。（这一点有些可疑。我们从哥伦布市州立疯人院院长的信件中得知，戈达德在描述的结尾处撒了谎，他说自己成功治好并送走了她。）我使用这两个假设并不是为了呈现凯瑟琳·威尔克斯所说的"真实的人"，而是为了提供一个在许多方面类似于现实生活中事件的例子。在第一种假设下，戈达德诱发了错误的遗忘。在第二种假设下，伯妮丝相信她没有受到父亲或其他任何人的任何骚扰。但是，在第一个假设下，她受到了骚扰。

伯妮丝拥有欺骗性的记忆，这只是我们的一个小小的设想。我认为与玛格丽特和玛丽不同，她还有虚假的意识。因为她没有忘记一个事件或行为模式，而我们、她或她所在社区的人们都认为在1921年时这只是她生活中的普通事件。其实乱伦对她的成长、家庭和早年生活产生了重大影响。

但戈达德诱发出来、伯妮丝自己屈从的虚假意识有什么问题吗？从功利主义看，它的问题非常明显。这可能会产生可怕的后果。例如，事实上，在1921年，伯妮丝有许多弟弟妹妹，其中就包括三岁的妹妹贝蒂·简（Betty Jane）。她们的父亲三年前死于肺结核，不久之后，她们的母亲也死于肺结核，家庭破裂了。贝蒂·简被社区中的一个正直家庭收养，还改了姓。现在，很多社工会打赌：在伯妮丝十六岁的时候，贝蒂·简还是个幼儿，如果她们的父亲还没去世，厄运很快就会降临在妹妹身上。如果真是这样，戈达德可能会造成很可怕的后果。伯妮丝原本可以给妹妹发出警告，但现在不行了。她已经记不清曾经的那些事情了。对于功利主义者来说，虚假意识并不是什么错误。问题的症结在于事实上，伯妮丝记忆中对年幼的贝蒂·简至关重要的一条信息被夺走了。

对过去的虚假信念可能也会产生不那么严重的后果。我们大多数人都觉得被反驳很尴尬，即使是在无关紧要的事情上。但在上述的故事中，没有出面反驳伯妮丝的幸存者。她的双胞胎姐妹很可能在十一岁时因遭到袭击而死亡。在我根据历史事实改编的这个故事中，伯妮丝完全没有受到任何反驳。这一切推后三十年，情况会有所不同。如果1951年（而非1921年）时伯妮丝十九岁，她可能会认为乱伦从未发生。但到了1981年，当她四十九岁时，她几乎无法摆脱媒体对儿童性虐待和乱伦的报道。至少我们可以预见到一场严重的中年危机，因为她隐约感到自己被一种模糊的感觉撕裂：很久以前发生过可怕的事情。

然而，在更接近历史情况的故事中，贝蒂·简在她的收养家庭中是安全的（我们希望如此），其他的孩子几乎都已经去世了。鉴于伯妮丝的健康记录，我预计她在乱伦成为头版新闻之前就去世了。她不会再出现任何认知失调的情况。因此，我特意讲了这个故事，从功利主义来看，其中没有任何论据证明在1930年伯妮丝的虚假意识是一件坏事。这其中也没有任何不良的后果。但或许我们还是可以从功利主义的角度找到反对的理由。这其中仍然有危险存在。例如，她那个死去的父亲可能是邪教的成员。这个邪教可能会继续伤害儿童，而记忆被抑制的伯妮丝无法告发。甚至有可能到了1930年，伯妮丝被抑制的记忆会再次浮现在脑海中。然后，她会因为缺乏足够的证据而忍受心理上可怕的自我折磨。雅内也很清楚这种危险，有时，他发现有必要对病人进行再催眠，让她们重新忘记自己的创伤。他半开玩笑地说，他希望自己能比病人活得更久，因为如果他不抑制那些重新浮现的记忆，患者就会陷入困境。

功利主义者不得不越来越努力地工作，试图在虚假意识中找到反对的依据。这并不奇怪，因为在虚假意识中，（我认为）令人反感的是其本身，而非其结果，但功利主义者反对的必须是结果。让我们假设戈达德的治疗是有效的。伯妮丝就是一个相对完整的人，她能够继续生活，从事轻松的秘书工作（她并不是一个非常健全的人），能够符合那个时代的社会规范，能够结婚、养家。如果这种治疗没有造成不良后果，它又有什么错呢？

正如设想的那样，伯妮丝肯定违背了古老的"认识你自己"的谕令。可能她真的不知道自己是怎么变成这样的，不知道是她与父亲之间发生的可怕事件（根据今天的精神分离病因学的研究）导致自己崩溃。但那又怎样？伯妮丝已经有了一个连贯的灵魂。她的灵魂是正常的，或者就我们所知是这样。她还需要什么更好的真相？治疗师也许会说，她不需要任何真相了，他很高兴让她恢复了几乎正常的生活。对此，戈达德的报告有点不同。他在1926年发表的文章的结尾说，伯妮丝每天工作半日很开心。他在第二年出版的著作更接近历史真相，我们了解到"她还需要一段时间才能变得足够健康，才能自力更生"。我们先把这些放在一边。假设伯妮丝在戈达德让其离开后过得很好。实用主义者可能会说，伯妮丝不需要某些"历史"真相，她的灵魂运转得很好。

但我并不满足于此。我们对灵魂和自我认识还有另一种看法。这种看法的基础是什么呢？它来自对何为成熟之人的深刻信念、感知。这些是西方道德传统的一部分，即伯妮丝、戈达德和我的道德传统。第一，亚里士多德提出了一种古老的目的论认识，即一种对一个人存在的目的的认识：成长为一个自知的完整之人。第二，以约翰·洛克为代表的唯名论者认为，记忆是个人同一性的判据，也许是个人同一性最基本的判据。第三，存在一种自主性观念，即我们有责任构建道德自我，这也许是康德伦理学最经久不衰的一个方面。第四，最近的记忆政治教导或迫使我们相信，一个人格或灵魂（用更古老的语言来说），是由记忆和本性构成的。任何类型的遗忘都会导致自我的一些东西丢失。如果自我被虚假记忆构筑的非我取代，那会多么糟糕。

这种承自过去的看法的第三部分在伯妮丝和其他许多受害妇

女的例子中颇为引人关注。让我们考虑一下伯妮丝·R. 小姐的虚假意识中曾经出现和没出现过的记忆材料。她被重构并置于戈达德医生的世界中。在这个由男性主导的世界中，很少有父亲调戏女儿；如果年轻女性的精神有问题，兼职秘书这种清闲的工作有助于治疗。伯妮丝成了一个干净、有礼的文员，工作日只要上半天班。这个非常虚弱的女人的所有自主性实际上都被消除了。

这种对戈达德行为的批评带有强烈的女权主义色彩。但它也源于基本的"现代"道德理论，无论是带有康德的色彩，还是卢梭的色彩，抑或是福柯的色彩。[2] 这些人的思想以自主和自由的理念为主导。他们要求人们意识到该如何为自己的性格、自己的成长和自己的道德负责。这些哲学家的想法已经压倒了古希腊人的想法（后者认为人类和自然界的其他事物一样，都有一个完全明确的目的，而我们自然会奔向这个目的）。在现代观念中，我们必须自己选择目标。这是一个坚定的信条：只有当我们明白自己为什么选择目标时，我们才能成为完全道德的人。实事求是地说，我们并不指望伯妮丝强大到满足卢梭、康德或福柯设想的要求。但戈达德绝对妨碍了伯妮丝的自由。他残酷地改造了她，抑制了她的过去。这样的做法是一种父权制的策略，但即使不是女权主义者的盟友，人们也能看到其中的不妥。

我们不应该抱有幻想。拥有了自主性并不意味着就能轻松惬意。如果伯妮丝生活在 20 世纪 90 年代，她不会轻易遗忘乱伦的记忆。即使在今天，像伯妮丝一样的人的情况也不会太好。但在今天，凭着所能获得的意识及大量女性的支持，她至少可以找到一个值得相信的自我。然而，我们也要对伪善的言论有所警觉。

90年代的伯妮丝全面了解那些杂乱的事情之后，就能比历史中的伯妮丝更快乐，过上更好的生活吗？应该没有人抱有十足的信心。一个更真实的意识可能是一片荆棘，与之相比，真实的伯妮丝的虚假意识是一个荆棘玫瑰园。

自知本身就是一种美德。我们尊重人们通过不带感情的自我理解来实现自己的本性。尽管我们有种种缺点，但成长为一个成熟到可以面对过去和现在的人是件好事——这样的人知道本性（无论是优点还是缺点）是如何由人生中发展起来的相互交织的偏好和禀赋构成的。这种成长和成熟的概念是亚里士多德式的而不是康德式的。这类古老的价值观是没人能完全实现的理想，但它们都是朴素的，不寻求超越生命的意义，而是在生活中寻找闪光点。它们尊重生命及其潜力。这类价值观意味着虚假意识本身就是不好的。

虚假意识可能会成为人们担忧多重人格及其治疗方法的核心问题。我在本书开始的部分问道：这种障碍是否真的存在？我说的这个问题常常代替另一类问题，即关乎后果的问题。临床医生需要知道帮助患者的最佳方式是什么。现在最迫切的问题是最有用的治疗方法是什么。反对者说多重人格不是真的疾病，他们经常谈论治疗方法。他们认为，鼓励发展明显与童年创伤的记忆相关的次人格是一个坏主意。他们觉得其他治疗方式会有更好的效果。支持者则认为，反对者的这种"善意忽视"会使患者永远无法摆脱多重人格。这些说法似乎涉及经验，但没有与之相关的临床实验予以证明。人们对多重人格的批判和修正来源于多重人格运动本身。从多重人格障碍到分离性身份识别障碍的转变不只是名称上的。这是一种摆脱固化的次人格概念——应对创伤——的表现；新的名称想强调的是患者的人格解体、整体性丧失及人格缺失。

然而，这些内部辩论都是围绕后果展开的，带有功利主义的色彩。我认为这其中还牵涉一个更深层次的问题，我可能会将其称为道德问题。一些批判者是见多识广、善解人意且谦逊有礼的人。尽管他们一直试图帮助那些因受到粗心大意的治疗而不见好转的人，但他们并没有鼓吹虚假记忆的罪恶。在面对相关问题时，他们相当冷静，不会轻信身边愚蠢的争论。他们可能会默默地问：人们是否相信多重人格是真实的？但他们担心之事不该用是否真实加以表述。这些谨慎的怀疑者会为患者感到担忧，因为他们想到经历了治疗的病人会与十几个次人格产生联系，并相信这些人格是自己在童年时为了应对创伤（通常包含性虐待）而产生的。

自信、大胆的怀疑者愿意将所有的一切都视为幻想，但在我看来，这些怀疑者并不傲慢，相反，他们更加深思熟虑。他们认为患者产生的自我是这样的：一个包括戏剧性事件的叙述，一个关于次人格成因的故事，一个关于次人格之间关系的叙述。这是一种自我意识，一个灵魂。怀疑者认为这些才是真实的情况。他们对精神层面的痛苦和无力太熟悉了。他们尊重那些让患者更加自信、继续生活的临床医生。但是，他们担心治疗会诱发虚假意识。他们并不会明目张胆地说，早期虐待的显著记忆一定是错误的或扭曲的——这些记忆可能足够真实。然而，这些记忆会让我们觉得其最终的产物是一个精心打造的人。这个精心打造的人并不追求人应该追求的目标。这个人不是自知之人，而是带着一套貌似理解自己的花哨说辞的糟糕之人。一些批评多重人格的女权主义者似乎也有这种道德判断。他们补充说，太多的治疗隐隐体现了旧有的男性话语模式：女性患者逆来顺受，无法生活下去，只能追溯性地编造了一个关于自己的故事，她在其中就是一个脆弱的器皿。

  踌躇、谨慎的怀疑者会问多重人格是否真实。他们不是哲学家，他们觉得必须从功利主义的角度继续保持怀疑，并且提出了什么是最有效的治疗方法的问题。但既然我是哲学家，我现在就应该代表他们说话。我认为，在他们看来，多重人格治疗会诱发虚假意识。这是一种深刻的道德判断。它基于这样一种认知，即虚假意识与一个了解自己的人的成长和成熟是相悖的。这与哲学家所说的自由相反。这与我们对人的最佳愿景背道而驰。

注释

序言

1. Hacking 1986b.

01 它是真的吗?

1. Boor 1982.

2. American Psychiatric Association 1980, 257.

3. Horton and Miller 1972, 151. Such figures are always underestimates; more extensive literature surveys inevitably turn up more cases.

4. None: see Merskey 1992. Eighty-four: this is one count up to 1969; see Greaves 1980, 578. The 1791 case was noticed in Ellenberger 1970, 127.

5. Coons 1986.

6. Incidence rates are discussed in chapter 7. For the 5 percent figure, see Ross, Norton, and Wozney 1989. For "exponential increase" see Ross 1989, 45.

7. Brook 1992, 335. The first type of splitting involves dissociation. The second type is the splitting of objects and affects into those which are good and those which are bad, into objects of affection and objects of hostility. The third type is the splitting of the ego into an acting part and a self-observing part. Freud made comments about splitting throughout the whole of his forty-five years of writing about psychology and psychoanalysis.

8. World Health Organization 1992, 151—161. For critical comments on *ICD-10*, from members of the multiple movement, see the essays by F. O. Garcia, Philip Coons, David Spiegel, and W. C. Young in *Dissociation* 3 (1990): 204—221.

9. American Psychiatric Association 1980, 259. Kirk 1992 is a study of how *DSM* criteria become established, and how the manual itself achieved its present status as definitive.
10. 1987 criteria of *DSM-III-R* (American Psychiatric Association 1987, 272) were:

    A. The existence within the person of two or more distinct personalities or personality states (each with its own relatively enduring pattern of perceiving, relating to, and thinking about the environment and self).

    B. At least two of these identities or personality states recurrently take full control of the person's behavior.
11. This summary is from Putnam 1993 but was in force for the first survey of patients with multiple personality, Putnam et al., 1986.
12. Austin 1962, 72.
13. Ross 1989, 52. "True" is not the same word as "real." Austin held that "real" is the most general adjective of a class of which "true" was an instance. I am not sure he was right, but here it seems immaterial whether the APA or Colin Ross used the adjective "real" or the adjective "true."
14. For one review, see Wilbur and Kluft 1989, 2197—2198. The most usually addressed question about iatrogenesis is whether multiple personality is induced by hypnosis. The skeptic has something more general in mind and may observe with some justice that the most reliable predictor of the occurrence of multiple personality is a clinician who diagnoses and treats multiples.
15. For the phrase "benign neglect," see, for example, ibid., 2198. For the cautious approach see Chu 1991. Chu is not a skeptic; he is the director of the Dissociative Disorders unit at McLean Hospital, Belmont, Mass. He has written about how to help patients overcome their own resistance to the diagnosis of multiple personality; see Chu 1988.
16. For a proud statement of Dutch contributions, see van der Hart 1993a and 1993b. In 1984 and thereafter leading American advocates of multiple personality— Bennett Braun, Richard Kluft, Roberta Sachs—conducted workshops in Holland. For these and other events of the early days, see van der Hart and Boon 1990.
17. Frankel 1990. For the extraordinarily ambiguous relationships between

hypnotism and psychiatry, especially in France, from 1785 to the present, see Chertok and Stengers 1992.
18. Braun 1993. This was the opening talk of the conference, in the first plenary session; I have quoted the first paragraph of Braun's abstract.
19. Ross, Norton, and Wozney 1989, 416. For a balanced discussion of the idea of superordinate diagnosis in this context, see North et al. 1993.
20. Merskey 1992, 327. Merskey's denunciation of multiple personality produced an outpouring of angry letters in subsequent issues of the journal in which he published. So did Freeland et al. 1993, an account of how Merskey and his colleagues treated four apparent cases of multiplicity.
21. One pioneering book which gives the impression that multiplicity is part of human nature is Crabtree 1985. Another work with a milder version of this idea is Beahrs 1982. For one patient who also rejects the idea that multiple personality is a disorder, see note 28, chapter 2 below. Rowan 1990 is a fascinating account of group therapies in which every member of the group creates a number of subpersonalities, expressing different aspects of character. Each individual's subpersonalities interact with other subpersonalities that emerge in group discussion. But although these subpersonalities acquire distinct names, there is no suggestion that they were "really there" as entities all along, waiting to be revealed by therapy.
22. Coons 1984, 53.
23. Braun 1986.
24. To get a sense of evolving opinions, notice how in 1989 Colin Ross agreed to this way of speaking: "I personally use the terms alter, alter personality and personality as synonyms. I call more limited states fragments, fragment alters, or fragment personalities." But in 1994 he opined that "although MPD patients are, by definition, diagnosed as having more than one personality, in fact they don't." And: "Much of the scepticism about MPD is based on the erroneous assumption that such patients have more than one personality, which is, in fact, impossible." Ross 1989, 81; Ross 1994, ix.
25. Putnam 1989, 161.
26. Putnam 1993; cf. Putnam 1992b.
27. Spiegel 1993b.

28. Lewis Carroll, *Alice's Adventures in Wonderland* (1865), the third to last paragraph of chapter 1.
29. Bowman and Amos 1993.
30. Spiegel 1993a.
31. Torem et al. 1993, 14. I have spelled out the abbreviation DD as Dissociative Disorders.
32. Spiegel 1993b, 15.
33. American Psychiatric Association 1994, 487. The addition of the amnesia condition C was the culmination of a decade-long debate.
34. *DSM-IV*, clause B, deletes the word "full" from the corresponding clause of *DSM-III-R*, note 10 above. An alter need no longer take full control—just control. This is because in the current phenomenology of multiple personality, an alter in control may still be forced to listen to the jabbering of another alter who is sitting just inside the left ear. The one in control is not in full control.
35. Spiegel 1993a.

02 它是什么样子的?

1. Hacking 1994.
2. For example, Ross 1989, 82—83.
3. Putnam 1993, 85.
4. Ross 1989, 83.
5. Whewell 1840, 8.1.4.
6. There are a number of different ways to understand Wittgenstein on family resemblances, and there is real reason to doubt that he would have been happy seeing his concept of family resemblance applied to dogs or multiple personality. But the phrase that he coined is so well known that it may help to fix ideas. For complete references to Wittgenstein, and detailed textual discussion, see Baker and Hacker 1980, 320—343.
7. See, for example, Rosch 1978.
8. The idea of a radial class is from Lakoff 1987, which provides a rich theory and also full references to Rosch's pathbreaking work on prototypes. Note that "prototype" is used in a semitechnical way. It refers to the examples of members of a class, like the class of birds or multiple personalities, that are most readily

produced by people comfortable with using the name of that class, "bird," or "multiple personality." Prototypes are not to be confused with stereotypes, which are usually derogatory pictures of the people in a given class.

9. Spitzer et al. 1989.
10. Torem 1990a. For a workshop including recordings of an anorexic patient switching, consult Torem 1992.
11. For "contracting" see Putnam 1989, 144—150.
12. Schreiber 1973.
13. Ludwig 1972. Wilbur was a coauthor of this paper. She diagnosed and treated the patient; the other authors tested him in various ways.
14. Putnam et al. 1986. The results of this survey had been in circulation since 1983.
15. The *State*, Columbia, S. C., 11 February 1992, 1B. Dr. Nelson gave expert testimony that he had treated Carol R. since 1988, and that he had identified twenty-one of the twenty-two personalities in Carol. He also testified in court that Carol suffered from major depression, arthritis, hypothyroidism, nymphomania, and multiple personality disorder, a list that includes a more generous ration of psychiatric illness than most experts would want, plus one disorder, nymphomania, that is not to be found in the *DSM*.
16. Yank 1991.
17. Coons, Milstein, and Marley 1982. Coons 1988.
18. Putnam, Zahn, and Post 1990.
19. Bliss 1980, 1388.
20. Pitres 1891, 2: plate 1.
21. Wholey 1926; for stills, see Wholey 1933. The patient was in many ways like the recent prototype but had fewer alters. She was absolutely enamored of motion pictures and had fantasies of appearing on the silver screen. Wholey wrote up and showed the case as if it were a film, complete with a printed "Screen Presentation" including a list of dramatis personae, namely, the alters.
22. Smith 1993, 25.
23. This material is from *Dissociation Notes*: *Newsletter of North Carolina Triangle Society for the Study of Dissociation* 4, no. 3 (July 1994). Peterson's letter is on p. 1; the life story occupies pp. 3—4.

24. Some of the philosophical country, in its psychiatric and psychoanalytic context, is elegantly and accessibly mapped in Cavell 1993, 117—120.
25. Casey with Fletcher 1991.
26. From the flyleaf of the paperback edition of *The Flock* (New York: Fawcett-Columbia, 1992).
27. Dailey 1894.
28. This information is taken from Ms. Davis's intervention at the end of the taped conversation, Ross 1993.
29. Hacking 1986b, 233. At the time of this 1983 lecture I casually and wrongly referred to multiples as splits; I have corrected the wording here.

03 这场运动

1. Thigpen and Cleckley 1957.
2. Thigpen and Cleckley 1954.
3. Lancaster 1958.
4. Sizemore and Pitillo 1977.
5. Sizemore 1989.
6. Thigpen and Cleckley 1984.
7. Schreiber 1973.
8. For autobiography, see Wilbur 1991. For an interview of Wilbur with reminiscences, see Torem 1990b.
9. Wilbur 1991, 6.
10. For the number of other patients, see Schreiber 1973, 446.
11. For an account of uses of Amytal (amobarbitol) interviewing, see deVito 1993. On p. 228: "MPD patients experienced Amytal as bringing about a more profound narcosis and, hence, a stage in which alters could emerge with greater ease." Critics say this is an all too easy way to create alters, or any set of beliefs whatsoever. They say that Amytal is not a truth drug but a suggestibility serum. Herbert Spiegel, a distinguished emeritus psychiatrist from Columbia University, treated "Sybil" briefly. Recently he has said in interviews for television and *Esquire* that her alters are artifactual. Fifth Estate 1993, Taylor 1994.
12. According to Kluft 1993c. For the number of formal therapy sessions, see Schreiber 1973, 15.

13. Ellenberger 1970.
14. The man and his work have been affectionately described in Micale, ed. 1993. See especially the biographical and analytic introduction, 3—86.
15. Janet was initially receptive to Freud and Breuer's 1893 use of trauma, memory, and the subconscious. Even then he was careful to say he got there first: "We are glad to find that several authors, particularly Breuer and Freud, have recently verified our interpretation, already somewhat old, of subconscious fixed ideas in cases of hysteria." Janet 1893—1894, 2: 290 (here and hereafter, translations are mine unless otherwise noted). He became increasingly disaffected; see Janet 1919, 2: chapter 3. What made the situation worse for Janet, French patriot and patrician, was being overwhelmed by a movement that was both Germanic and Jewish.
16. James 1890, chapter 10. Prince 1890.
17. He has stated that his own early enthusiastic reporting of success may have seriously misled other therapists and produced overly sanguine expectations of easy cures. Kluft 1993c.
18. Kluft 1993b, 88. I added the word "who" to make sense of the sentence as printed.
19. Ellenberger 1970, 129—131.
20. See my discussion in chapter 10, pp. 156—157 below.
21. Greaves 1980.
22. Fourteen cases are described or mentioned by name in Allison with Schwartz 1980. Another case is described in Allison 1974b. The total of thirty-six cases comes from Allison 1978b, 12.
23. Allison 1978a, 4. Personal letter, Allison, 21 November 1994.
24. Allison with Schwartz 1980. For a more recent sense of his enthusiasms, see his fruitless "search for multiples in Moscow," Allison 1991.
25. Allison 1974a.
26. Kluft 1993c, referring to Allison 1974b.
27. For example, "Psychotherapy of Multiple Personality," presented at the annual meeting of the American Psychiatric Association, Atlanta, May 1978.
28. Allison circulated his notes as "Diagnosis and Treatment of Multiple Personality" (Santa Cruz, 1977) and "Psychotherapy of Multiple Personality" (Broderick,

1977).
29. Allison with Schwartz 1980, 131—132.
30. Ibid., 161.
31. Allison 1978b, 12.
32. Putnam 1989, 202. For a literature survey of the ISH, see Comstock 1991.
33. Quoted in Putnam 1989, 203, from a paper "Treatment Philosophies in the Management of Multiple Personality," presented at the same session of the American Psychiatric Association as Allison's paper cited in note 27 above, Atlanta, May 1978.
34. Hawksworth and Schwartz 1977.
35. "Is Treatment of Inmates with MPD Possible in Prison?": printouts of debate between Ty Culiner (affirmative) and Ralph Allison (negative), 1994 ISSMP & D Fourth Annual Spring Conference, Vancouver, Canada, 6 May 1994.
36. Keyes 1981.
37. Essays by the expert witnesses are Allison 1984; Orne, Dingfes, and Orne, 1984; and Watkins 1984. For a bitterly ironic account of the trial by an opponent of multiple personality, see Aldridge-Morris 1989. Martin Orne, who argued for the prosecution, has become something of a bête noire in the multiple movement. He seems to have convinced the jury that the dissociative phenomena were a mix of acting and hypnotism. Orne is best known to the general reader as the psychiatrist of poet Anne Sexton. He kept, and allowed the publication of, some of the tapes of her therapy: Middlebrook 1991; see xiii—xviii for Orne's foreword. For the opinion of the multiple movement about this professional practice, see Faust 1991. On Sexton as multiple, mistreated by Orne, see Ross 1994, 194—215.
38. Azam 1878, 196. I have translated *aliénistes* by "psychiatrists."
39. Brouardel, Motet, and Garnier 1893. These three authors were the prosecution witnesses, respectively dean of the Paris Faculty of Medicine, doctor-in-chief of the House of Correctional Education, and doctor-in-chief of the psychiatric infirmary adjacent to the main Paris prefecture of police. They were opposed to the team of Charcot, Ballet, and Mesnet. There was a particularly vivid diagnostic confrontation between Paul Brouardel and a fourth defense witness, Auguste Voisin, a colleague of Charcot's. The loss of face by Voisin in the

trial, and the corresponding challenge to his diagnoses, was worse than that experienced by any of the expert witnesses in the Hillside Strangler trial, but only in degree. The terminology of the debates is unfamiliar, being conducted in terms of somnambulism and latent epilepsy, but the terrain is very similar to that of the Hillside Strangler case.

40. See, for example, Ondrovik and Hamilton 1990, Perr 1991, Slovenko 1993, Steinberg, Bancroft, and Buchanan 1993, Saks 1994a and 1994b.
41. Lindau 1893. For discussion of the play by leading psychiatrists of the day, see Moll 1893 and Löwenfeld 1893.
42. *TV Guide*, 23 April 1994, 34.
43. For full milking of current multiple lore in the thriller department, try *A Great Deliverance* (George 1988). Runaway Gillian, whose Bible-toting father has been gruesomely decapitated, was a promiscuous tart for the village youths, but the sweetest and most innocent living thing for women and children. Her sister, who has a gross eating disorder, and who was the second to be molested by dad, did him in order to protect a child who would soon come under his sway. We have to wade on for 298 pages before the psychiatrist reveals that Gillian dissociated; "taking it to its furthest extreme, it becomes multiple personalities."
44. *Time*, 25 October 1982, 70. The consultant expert on multiple personality was Nathan Rothstein of the William B. Hall Psychiatric Institute in Columbia, S. C. Neither he nor his present colleague Larry Nelson—cf. chapter 2, note 15—is a movement activist. When interviewed about Eric, Rothstein said that multiple personality is rare—he had seen five cases only and did not expect to see many more. Yes, he thought youthful trauma could be connected to the disorder, but it was connected to many other disturbances too. The *State*, Columbia, S. C., 7 November 1982, F1.
45. The psychologist in Daytona Beach who obtained consent was Malcolm Graham. The *State*, Columbia, S. C., 4 October 1982, 3A. Consent is obviously a real problem. See Greenberg and Attiah 1993 for current wisdom.
46. Greaves 1992, 369. Throughout this chapter I have been deliberately commenting on the movement's self-image. From other perspectives other events might seem more important. For example, Margherita Bowers, writing in 1971, in a standard journal, set out many of the principles of subsequent multiple

diagnosis and therapy. Her work has played no significant role in movement literature: Bowers et al. 1971; cf. Bowers and Brecher 1955. Confer 1983 was never taken up, although it has all the intellectual ingredients of an early textbook on multiplicity. From the point of view of psychiatrists not in the movement, Hilgard 1977 seems like the most important work reviving the concept of dissociation—see, for example, Frankel 1994. Movement writers do cite Hilgard, one of the great students of experimental hypnosis, but it is not clear that his work much influenced them. The canonization of certain works, and the exclusion of others, provides an important illustration for the social history of knowledge and power.

47. *American Journal of Clinical Hypnosis*, *Psychiatric Annals*, *Psychiatric Clinics of North America*, and *International Journal of Clinical and Experimental Hypnosis*.
48. Greaves 1987. He was apologizing for the fact that he could not answer all his telephone calls.
49. Kluft literally owns the journal, and Rush-Presbyterian-St. Luke's in a sense owned the annual ISSMP & D conference, according to Ross 1993.
50. Putnam 1993, 84.

04 虐待儿童

1. Herman 1992, 9.
2. Ariès 1962.
3. Wong 1993.
4. There is a vast literature on child abuse, to which I have contributed Hacking 1991b and 1992. Since both these essays include a great deal of documentation, I shall be sparing of notes here. I emphasize how child abuse has been molded into different shapes at different times. But perhaps it has simply been suppressed by interested parties. For this argument and references, see Olafson, Corwin, and Summitt 1993.
5. Briquet 1859.
6. Kempe et al. 1962, 23.
7. Braun 1993.
8. Belsky 1993, 415.
9. Kempe et al. 1962, 21.

10. Helfer 1968, 25.
11. Sgroi 1975.
12. Herman and Hirschman 1977 emphasized that the phenomenon had been well known for decades, even in detailed statistics, but had passed without comment. For full discussion, see Herman 1981.
13. In published work (assume a lag of several years between the topic's initial currency and its publication) this extension of the concept starts about 1977, a watershed year for consciousness-raising about child abuse, comparable to 1962. See Browning and Boatman 1977, Forward and Buck 1978.
14. Wilbur 1984.
15. Kinsey 1953, 121. Landis 1956 obtained a 30 percent prevalence rate for males and 35 percent for females.
16. Finkelhor 1979 and 1984.
17. Browne and Finkelhor 1986, 76.
18. Kendall-Tackett, Williams, and Finkelhor 1993, 164, 175, 165. The authors conjectured that there may also be more evidence of post-traumatic stress disorder, but since that disorder was being formulated at the time of the studies it was not well incorporated into most research designs.
19. Malinosky-Rummell and Hansen 1993, 75.
20. Nelson 1984.
21. Belsky 1993, 424.
22. M. Beard, *Times Literary Supplement* 14—20 (September 1990): 968.
23. Greenland 1988.
24. *New York Times*, 28 June 1990, A13.
25. Romans et al. 1993.
26. O'Neill 1992, 121.
27. Pickering 1986.
28. Latour and Woolgar 1979.
29. Gelles 1975.

05 性别

1. Goff and Simms 1993 analyze 52 cases reported in the English language, 1800—1965, and obtain 44 percent males, compared to 24 percent of 54 recent cases.

2. Bliss 1980 has a series of 14 patients, all of whom were women. Bliss 1984 has 32 patients, 20 of whom were female. Seven of the 8 patients of Stern 1984 were women. Horevitz and Braun 1984 have 33 patients, 24 of whom were women. Kluft 1984 has another 33, 25 of whom were women. We should not conclude that a quarter of diagnosed patients were men, because there was a conscious desire to include men in some of these series. Most individual reports are of females, and the prototype of multiple personality is female.
3. Putnam et al. 1986.
4. Ross, Norton, and Wozney 1989.
5. Wilbur 1985.
6. Allison with Schwartz 1980, in "Discovering the Male Multiple Personality," chapter 7.
7. Ross 1989, 97. The claim that men and women do not differ in dissociative experiences is based on measurement by the Dissociative Experiences Scale discussed in chapter 7 below.
8. In a short series of adolescents, 7 out of 11 were male (Dell and Eisenhower 1990). In a series of child multiples, 4 out of 6 were boys (Tyson 1992).
9. Brodie 1992.
10. Loewenstein 1990.
11. This is certainly true of great fiction. After each wave of multiples, the balance is to some extent corrected by soppy novels with female heroines. Thus in addition to Jekyll and Hyde, Ellenberger (1970, 165—168) summarizes eight stories published after the French wave of doubling. There were four doubled men and four doubled women. In our day we have, for example, Stowe 1991 and Clarke 1992, with female or child multiples.
12. Hoffmann knew G. H. von Schubert, whose lectures had ample accounts of doubling, as in Schubert 1814, especially 108—111. On Hoffman and Schubert, see Herdman 1990, 3. On the doubling relations between Hogg, author of *The Private Memoirs and Confessions of a Justified Sinner*, and Dr. Robert McNish, author of *The Philosophy of Sleep*, see Miller 1987, 9. Robert Louis Stevenson corresponded with Pierre Janet while writing *Dr. Jekyll and Mr. Hyde*. Dostoyevsky's Mr. Golyadkin of *The Double* seems to suffer from what was once diagnosed as autoscopy, seeing oneself from behind or at a

distance. That was thought to be a condition of epilepsy, which afflicted Dostoyevsky. Autoscopy would now count as depersonalization disorder, which is still listed among the dissociative disorders in *DSM-IV*.

13. Kleist 1988, 265. The translator has brilliantly adapted the lines of scene 24: "Küsse, Bisse／Das reimt sich, und wer recht von Herzen liebt,／Kann schon das eine für das andre greifen." Kleist attended Schubert's lectures in Dresden; see Tymms 1949, 16. In a famous letter to his half sister he said that the play contained all the filth and brightness of his soul, but some have wondered whether when he wrote *Schmutz* (filth), he meant to write *Schmerz* (pain). There is no doubt that with the exception of Stevenson's rather trivial Jekyll and Hyde, most of the great doubling stories were about the pain of the author—*and* about his feeling of filth.
14. Berman 1974. Kenny 1986 urges a similar thesis for nineteenth-century American doubles.
15. Olsen, Loewenstein, and Hornstein 1992.
16. Rush 1980.
17. Rivera 1988.
18. Rivera 1991.
19. MacKinnon 1987.
20. Leys 1992, 168 and 204. Rose 1986.
21. Dewar 1823.
22. For example, a young married woman who falls in love with her physician-hypnotist and has a child by him. This tale is dramatically told by Bellanger 1854. Parts are summarized in Gilles de la Tourette 1889, 262—268.
23. Rosenzweig 1987.
24. An alter in Dewey 1907 was lesbian. Male personality fragments appear in the first woman multiple to be portrayed in a movie, Wholey 1926 and 1933. The list of sixty-seven cases called multiple personality in a survey of Taylor and Martin 1944 includes some that are not a close fit with present-day *DSM* criteria, but it is striking that in those days of relative silence about homosexuality, there are nine instances of gender ambivalence involving either a homosexual alter or a male alter for a female host.
25. Schreiber 1973, 214.

26. Bliss 1980.
27. For a young woman with a ninety-year-old male alter, see Atwood 1978. Why stop at people? How about stereotypical animals for alters? I'm not making this up; see Hendrikson, McCarty, and Goodwin 1990 for birds, dogs, cats, and the panther. The childhood scenes described in this article are repulsive, but if one stands back for a moment, one notices the remarkable ease with which the authors' analysis can fit all too many slices of life, both vile and mundane. The animal alters may be traced to " (1) being forced to act or live like an animal, (2) witnessing animal mutilation, (3) being forced to engage in or witness bestiality, or (4) experiencing traumatic loss of or killing of an animal. Clinical clues to the animal alter phenomenon that emerge during therapy are (1) over identification with an animal, (2) hearing animal calls, (3) excessive fears of animals, (4) excessive involvement with a pet, and (5) cruelty to animals" (p. 218).
28. Rivera 1987.
29. Rivera and Olson 1994.
30. Ross 1989, 68.
31. Lessing 1986, 34.
32. Ibid., 146.
33. Ibid., 148.

06　病因

1. Greaves's "paraphrase" of a talk by Richard Loewenstein, "Dissociative Spectrum and Phenomenology of MPD," Paper presented at the First Eastern Conference on Multiple Personality and Dissociation, Alexandria, Virginia, 24 June 1989. Greaves 1993, 371.
2. For a classic modern statement of this old idea, see Davidson 1967. For a classic modern challenge to this doctrine, see Anscombe 1981.
3. Wilbur and Kluft 1989, 2198.
4. Greaves 1993, 375. Spiegel 1993a.
5. Wilbur 1986, 136.
6. Marmer 1980, 455.
7. There can be no such thing as the unequivocal psychoanalytic understanding of

trauma and multiple personality, especially since Freud so wanted to distance himself from the phenomenon of multiplicity. For a perspective from the early days of the multiple movement, see Berman 1981. For a recent one, see the special issue of *Bulletin of the Menninger Clinic* (1993).

8. Saltman and Solomon 1982.
9. Coons 1984, 53. Cf. Coons 1980.
10. Kluft, ed. 1985.
11. Putnam 1989, 45. Quotations that follow are from pp. 45—54.
12. Van der Kolk and Greenberg 1987, 67.
13. See Hacking 1991c.
14. See, e. g., Cartwright 1983.
15. Putnam refers to Wolff 1987. He argues the comparison between infants and multiples in Putnam 1988.
16. *American Heritage Dictionary*, 3d ed. (1992). Donovan and McIntyre 1990 paraphrase and quote a good deal of Putnam's discussion on their pp. 55—70. Although they use Putnam's "normative," they relapse into "normal" with a section titled "Normal and Pathological Dissociation" (p. 58), which speaks of Putnam's first normal substrate—Putnam had written "normative substrate" (e. g., Putnam 1989, 51).
17. Donovan and McIntyre 1990. The longest exact quotation, on p. 57, of thirteen lines from Putnam's (1989) p. 51, has no qualifiers, although Putnam's next sentence begins "One can postulate that.... "
18. Kluft 1984.
19. Peterson 1990. Reagor, Kaasten, and Morelli 1992. Tyson 1992.
20. I am grateful to Dr. Lauren D. LaPorta for correcting the account given in the first printing of this book, and regret having been inaccurate in my previous mention of her work.
21. In a letter dated 9 September 1994, Denis Donovan has kindly granted me permission to print this paraphrase of his own précis of a confidential summary of the case.

07 测量

1. Putnam 1989, 9.

2. Ibid., 10, my italics.
3. Frankel 1990.
4. Bernstein and Putnam 1986, 728.
5. Ross 1994, x—xi.
6. The most recent edition of *Tests in Print* (Mitchell 1983) listed 2,672 English-language psychological tests that are published on their own for testing purposes. The most recent edition of the *Mental Measurements Handbook* (Krane and Connoly 1992) reviews 477 tests. The forthcoming 12th edition will review the DES for the first time. For a recent review by psychologists not directly involved with multiple personality, see North et al. 1993.
7. Binet 1889 and 1892. For a selection of his papers prepared for an American editor, see his 1890.
8. Jardine 1988 and 1992. Jardine uses the idea of calibration more generally, for the way in which a new theory may substitute for an old one. We cannot simply have scientific revolution in the manner of Thomas Kuhn; an old theory, as Kuhn always insisted, must agree with many of the phenomena covered by a predecessor theory. A successful new theory is calibrated to an old one.
9. Carlson and Putnam 1993 explain their use of "construct validity" very clearly. They say it "refers to an instrument's ability to measure a construct, in this case dissociation." They continue, "The most obvious evidence of the construct validity of the DES is the fact that those who are expected to score high on the test do score high, and those who are expected to score low do score low." They also distinguish "convergent validity and discriminant validity." "To establish convergent validity, one shows that the new instrument correlates well with other measures of the same construct." "Discriminant validity is established by showing that scores on the new instrument do not correlate highly with variables thought to be unrelated to the construct of interest." In short: their research on the DES has to do with comparing scores on the DES against other judgments or measures of dissociation, and with making sure that irrelevant factors are not producing the scores.
10. Thus women scored better than men. This showed that the tests were defective. Questions on which women did better than men were deleted, while questions on which men did better than women were added (Terman and Merritt 1937,

22f., 34). More recently we have become familiar with debates about the culture and class discrimination built into the far more diverse body of tests now available.
11. Newer self-report questionnaires include QED, the Questionnaire of Experiences of Dissociation (Riley 1988), and DIS-Q, the Dissociative Questionnaire (Vanderlinden et al. 1991).
12. Putnam 1993, 84.
13. Braun, Coons, Loewenstein, Putnam, Ross, and Torem.
14. Carlson and Putnam 1993.
15. For each of the twenty-eight experiences we are asked to "circle a number to show what percentage of the time this happens to you." What percentage of *what* time? The first question is about the experience of suddenly realizing, on a trip, that you cannot recall part of the trip. What percentage of the time does that happen to you? Literally, the percentage of the time when I have the experience of "suddenly realizing" (anything) is minute. At most twenty seconds of my day are dedicated to sudden realizations. Sensible people charitably take the question to mean, during what proportion of the trips you take do you suddenly realize you cannot recall part of the trip? Each question has to be made sense of it its own way.
16. Gilbertson et al. 1992.
17. Kluft 1993a, 1.
18. Carlson et al. 1993, 1035. The authors note that symptom learning is discussed in Putnam 1989 and Kluft 1991.
19. My own second-year undergraduate class most recently given the questionnaire on the first day of class is drawn about fifty-fifty from arts and sciences. Their average score was 17, with no significant differences between humanists and scientists.
20. Let N (≤ 100) be the highest dissociative score observed on any tested individual, and M (≥ 0) be the lowest. Then the no-gap hypothesis states that for any discriminable segment of scores between M and N, there are individuals whose scores fall in that segment. A discriminable segment is one that is meaningfully distinguished by the test, and that might be set in a test protocol at, say, 4 percent. Obviously on a test with twenty-eight questions

scored in ten-percentiles, any two nonidentical scores must differ by 10/28 of a percent, i. e., about 0.035 percent.
21. One needs to add that there is no discriminable threshold M such that the lowest scorers score either 0 or M, with none in between.
22. Frankel 1990, 827.
23. Actually Ross, Joshi, and Currie 1991, in a sample of 1,055 Canadians, found that almost 7 percent answered 0 to all twenty-eight questions. I do not interpret this to mean that 7 percent of my fellow citizens never daydream, get caught up in movies, or ignore pain (etc.), but that we are a cagey lot and, as has been determined on a larger scale by repeated constitutional referenda, many of us will say no to anything (thank goodness).
24. These commonplace notions of smoothness are naturally defined in terms of monotone increase, monotone decrease, and at most a single inflection point.
25. Bernstein and Putnam 1986, 728.
26. "Clearly this distribution is not normal, and statistical analysis of the data should be handled in a nonparametric fashion." Ibid., 732. There are two distinct technical issues, normality and the use of parametric tests. I say nothing of the latter and so omit this clause from the text. In their subsequent paper Carlson and Putnam (1993) allow use of parametric statistics for groups of more than thirty subjects. But they also may think that scores are normally distributed after all.
27. It makes no real-world sense. To use R. A. Fisher's parlance, one could consider the statistical distribution of scores in the hypothetical infinite population constituted by 5.3 percent normals, 6.2 percent schizophrenics, 9.1 percent agoraphobics (etc.) —the proportions chosen by Bernstein and Putnam for their study—but this population does not model anything in the real world whatsoever.
28. Ross, Joshi, and Currie 1990.
29. Ross, Heber, and Anderson 1990.
30. Ellason, Ross, and Fuchs 1992.
31. Steinberg 1985, 1993.
32. Draijer and Boon, 1993.
33. Carlson and Putnam 1993, 20, referring to a presentation at the eighth annual

(1991) meeting of the ISSMP & D. They mention a "confirmatory study" presented at the same meeting by Schwartz and Frischolz.
34. Ross, Joshi, and Currie 1991.
35. Ray et al. 1992.
36. It also demands attention to technical detail. If scores on the DES really are skewed, then traditional factor analysis is problematic anyway.
37. Frankel 1990, 827.
38. Undergraduates furnish the fodder for a great many psychology tests. Bernstein and Putnam refer to their eighteen-to twenty-two-year-old "college students" as "adolescents." Compare the study of "college students" by Ross, Ryan, and colleagues: 385 were selected by a process stated to be random. The mean age of these randomly selected "college students" was twenty-seven (Ross, Ryan et al. 1992). On the basis of this sample Ross infers that 5 percent of all college students are pathologically dissociative (Ross 1989, 90—91, referring also to Ryan 1988), but in the 1992 paper suggests a higher incidence rate.
39. Ross 1990, 449. Fernando 1990, 150; I have slightly rearranged the grammar of Dr. Fernando's sentence.
40. See, for example, Chu 1988.
41. Chu 1991.
42. Diana L. Dill has published jointly with Chu; see, for example, Chu and Dill 1990.
43. Fogelin and Sinnot-Armstrong 1991, 123—126. "Self-sealing arguments," the authors write, "are hard to deal with, for people who use them will often shift their ground."
44. Root-Bernstein 1990.
45. The classic paper is Kahneman and Tversky 1973.
46. Carlson and Putnam cite figures from advocates of multiple personality ranging from 2.4 percent to 11.3 percent of psychiatric inpatient samples: Bliss and Jeppsen 1985; Graves 1989; Ross 1991; Ross et al. 1991.

08 记忆中的真实

1. Mulhern 1995.
2. Ganaway 1989, 211.

3. Van Benschoten 1990, 24.
4. Kluft 1989, 192.
5. Fine 1991.
6. Ganaway 1989, 207.
7. Notice in *FMS Foundation Newsletter*, 1 April 1992.
8. Ganaway 1993.
9. Bryant, Kessler, and Shirar 1992, 245.
10. Spencer 1989.
11. The book is Stratford 1988, reissued 1991; the exposé is Passantino, Passantino, and Trott 1990.
12. Fraser 1990, 60.
13. Young et al. 1991.
14. The challenge was Mulhern 1991b; the response was Young 1991.
15. Putnam 1993, 85. Cf. Putnam 1991.
16. Goodwin 1994 suggests that this is an important reason for the name change, but more seems to be at stake.
17. Abuse within a Malevolent Context: Identifying and Intervening in Severe Intra-Familial Abuse, sponsored by the Justice Institute of British Columbia, Vancouver, B. C., 23 September 1994.
18. Lockwood 1993.
19. Ibid., final print section of book (n. p.), containing a synopsis of prosecutions 1984—1992, prepared by Cavalcade Productions of Ukiah, Calif. Cavalcade, nestled in gorgeous California ranch land, makes instructional films about abuse.
20. The *Independent* (London), 3 June 1994. Emeritus professor of sociology Jean La Fontaine chaired the committee.
21. I think it possible that there have been and will be ongoing satanic rituals by organized sects in which children are viciously abused. I know that in my hometown, which has an undeserved reputation for being the most decent, safe, urbane, and dull large city in North America, goats are sacrificed to Satan on the roofs of warehouses only a few streets from my home. I fear that once any idea, no matter how depraved, is in general circulation, then someone will act it out. Even if a decade ago no goat-sacrificing satanists tortured children,

my lack of faith in human nature leads me to think it possible that some do so now. When vile stories are rampant, minds that are sufficiently confused, angry, and cruel will try to turn fiction into fact. It is possible that some local secret society, with loose relationships to other groups in other places, has gone completely off the deep end. Perhaps somebody, somewhere, has used an adolescent to breed a baby for human sacrifice. I sadly do not think it is impossible for such things to happen—or even terribly unlikely. Hence in my view a person could in principle have rather accurate memories of such events.

22. Goodwin 1989.
23. Mulhern 1995 and 1991b.
24. P. Kael, *5001 Nights at the Movies* (New York: Holt, 1991), 462.
25. Condon 1959. The card was the queen of diamonds.
26. I have here had to abandon my resolve to use only matters of public record. The following account is based on a report by an observer other than me but is consistent with observations that I have made.
27. For one of the first printed discussions of this, see Smith 1992 and the reply, Ganaway 1992.
28. The *Toronto Star*, 16, 18, and 19 May 1992.
29. Ibid., 28 May 1992.
30. Fraser 1987. Fraser had three personalities.
31. Krüll 1986.
32. She also attacked "syndrome" when she took on the foundation in a middlebrow monthly. *Saturday Night* 109 (March 1994): 18—21, 56—59.
33. *FMS Foundation Newsletter* 3, no. 1 (1994): 1.
34. P. Freyd 1991 and 1992.
35. J. F. Freyd 1993.
36. The quotation and all facts asserted in this paragraph are given by the *New York Times*, 8 April 1994, A1 and B16. There are endless cases and countercases in process.
37. According to Taylor 1994, Herbert Spiegel said that Sybil asked him if she was obliged to talk like alter Helen; Dr. Wilbur would want her to. Spiegel said no, and there was no further discussion of multiples. He described a row with Schreiber, the author of *Sybil*, when he refused the diagnosis of multiplicity.

He did think Sybil had a dissociative disorder.

38. Fifth Estate 1993. Ross's book was not published for another three years: Colin J. Ross, *Satanic Ritual Abuse* (Toronto: University of Toronto Press, 1996). On the same television show that we see a chapter from Ross's book, Spiegel is filmed saying almost exactly what he said to Taylor for the *Esquire* article, except that the alter he mentions is named Flora and not Helen. We also see an old clip of Spiegel hypnotizing an NBC correspondent; Spiegel showed this to Taylor as well.
39. Ofshe and Watters 1994.
40. Loftus and Ketcham 1994.
41. Van der Kolk 1993.
42. Comaroff 1994.
43. *Crime and Punishment*, part 6, chapter 5.
44. Tymms 1949, 99.

09　精神分裂症

1. Bleuler 1924, 137—138.
2. Breuer and Freud, in Freud, S. E. 2: 15f., 31—34, 37f., 42—47, 238.
3. Rosenbaum 1980.
4. Putnam 1989, 33.
5. Greaves 1993, 359.
6. Ellenberger 1970, 287.
7. Bleuler 1908.
8. Bleuler 1950 (1911), 8.
9. Ibid., 298—299.
10. Greaves 1993, 360.
11. M. Prince 1905, B. C. A. 1908.
12. For an informal account of Bonaparte, which uses the adjective "redoubtable" more than once, see Appignanesi and Forrester 1992, 329—351.
13. Even before the turn of the century there was talk of *so-called* multiplicity, or rather *dédoublement*—for example, Laupts 1898. The diagnosis is pretty much at the end of the road even by the time of Arsimoles 1906.
14. Micale 1993, 525f.

15. Janet 1889, 1893—1894, and 1907; 1909, 256—270.
16. Janet 1919, 3: 125. For another interpretation, see Hart 1996.
17. Hart 1926, 247. For a revised version of this article, see Hart 1939, vi: "It is hoped that the addition [of a chapter titled "The Conception of Dissociation"] will serve to amplify and make more intelligible the point of view that [I have adopted], particularly with regard to the respective contributions of Janet and Freud."
18. Jones 1955, 3: 69.
19. Goettman, Greaves, and Coons 1991.
20. Absolute counts of numbers of articles per year in the *Index Medicus* can be misleading because the total number of published articles is increasing year by year. Using rounded numbers, in 1903 there were 100 articles on hysteria, and 140 in 1908. Then there was a steady drop to 20 in 1917, followed by a brief jump to more than 50 in 1920, and then steady decline. Articles on neurasthenia have the same pattern, with slightly smaller numbers, but no bounce up after the war. The bounce was caused by studies of shell shock that were still regarded as cases of hysteria. The only way in which Rosenbaum's counts for multiple personality do not shadow counts for hysterical articles is that hysteria was way down in 1917, and multiple personality had not yet started to plummet.
21. M. Prince 1920.
22. Hacking 1988.
23. Myers 1903.
24. W. F. Prince 1915—1916. Add in 216 pages on Doris's mother, W. F. Prince 1923, and you have some story.
25. Braude 1991.
26. Irwin 1992 and 1994.
27. Ross 1989, 181.
28. Adams 1989, 138.
29. Putnam 1989, 15. There is also a discussion of Breuer and Freud on 16—17.
30. Putnam 1992a presents Anna O. as a multiple. Like so many others of Freud's cases, Anna O. has been amply rediagnosed; I know of more than thirty distinct diagnoses that have been advanced over the years.

31. Rank 1971.
32. Bach 1985, chapter 1.
33. Schreiber 1973, 117.
34. Laing 1959.
35. Zubin et al. 1983.
36. Lay opinion seems to divide; some of us think the drugs are miracles, and others of us think they are mind-control with gross side effects and irreversible brain destruction. Hence a few balancing remarks are in order. Some patients experience overactivity (extrapyrimidal symptoms): muscular rigidity, tremors, rolling eyes, salivation and drooling, jerky movements, blurred vision, and a shuffling gait. Others experience underactivity (tardive diskeniesia). Between 5 and 20 percent of schizophrenics do not respond to the antipsychotic drugs at present prescribed, and another 5 to 20 percent have side effects that overwhelm any improvement in symptoms. The most recent drug, clozapine, after some lethal misdosage, is now available again in the United States and helps some of the patients who cannot be treated with other psychotropic medicine. For one survey, see Safferman et al. 1991.
37. Andreasson and Carpenter 1993.
38. Crose 1985.
39. This was implicit in R. D. Laing and the antipsychiatry movement; for a book-length exposition, see Boyle 1990.
40. Schneider 1959 (which includes a translation of Schneider's 1939 paper).
41. Kluft 1987.
42. Ross, Norton, and Wozney 1989.
43. Ross 1994, xii.
44. John P. Wilson, quoted on p. 2 of the eight-page brochure of the conference, presented by Kairos Ventures Ltd. and organized by Anne Speckland and Denis M. Donovan.

10 记忆科学出现之前

1. Völgyesi 1956; Völgyesi published in German in 1938. In Germany and Russia (where Völgyesi studied), a "praying mantis" is "one who prays to God."
2. Spiegel 1993a.

3. Darnton 1968.

4. Braid 1843.

5. Lambek 1981.

6. Douglas 1992.

7. Bourreau 1991 and 1993.

8. Hacking 1991a. My survey is incomplete but indicates the lay of the land.

9. *Encyclopédie ou dictionnaire raisonée* (Neufchatel: Faucher, 1765; facsimile reproduction by Readex Microprints), 15: 340.

10. Azam 1876c, 268.

11. Gauld 1992a.

12. Crabtree 1993.

13. Mitchill 1817; from the issue of February 1816.

14. Breuer and Freud (1893), in Freud, *S. E.* 2: 12 (emphasis in original), where despite identical spelling French is intended, not English.

15. Carlson 1981 and 1974. Kenny 1986.

16. Gauld 1992b.

17. Ward 1849, 457.

18. Wilson 1842—1843.

19. H. Mayo 1837, 195. Not in previous editions. Herbert Mayo has somehow escaped the notice of the modern multiple movement; his classic case is not cited in Goettman, Greaves, and Coons 1991. It was often referenced during the nineteenth century; "Dr. Mayo's case" refers to Herbert, and not to Thomas Mayo (1845) whose case has been picked up in the recent multiple literature as a case of "adolescent" multiplicity; cf. Bowman 1990.

20. Carlson et al. 1981, 669.

21. J. C. Browne 1862—1863. Globus is the sensation of a lump in the throat, then commonly taken to be a symptom of hysteria.

22. These concerns were fired by Alan Ladbroke Wigan 1844, esp. 371—378. The classic studies of the dual brain are Harrington 1985 and 1987.

23. It is to be remembered that on average nineteenth-century children were older at the onset of puberty than children are today. Thus a famous Scottish case of 1822 concerns a woman of sixteen, who became well only after her first period. Dewar 1823.

24. I quote this plea at length in chapter 16, p. 221—222 below.
25. Bertrand 1827, 317—319.
26. Despine 1838 (issued October 1839). This has less polish and less public-relations savvy than the piece usually cited, Despine 1840. For a fairly neutral resumé, see Ellenberger 1970, 129—131.
27. Shorter 1992, 160f.
28. Fine 1988.
29. Janet 1919, 3: 86.
30. Janet 1893—1894.

11 人格的双重化

1. Azam 1893, 37—38. Azam republished his pieces in a number of forms. Azam 1893 contains all his main contributions to psychology, lightly edited. Azam 1887 contains slightly different editings of the same or related pieces up to 1886. Azam's son-in-law, a Latinist at the Collège de France, published an annotated bibliography of 180 items: Jullian 1903. The books and the bibliography are quite hard to lay hands on. Hence I will cite both the books and the original journal articles, many of which are easy to locate in research libraries.
2. Janet 1907, 78.
3. See bibliography entries for Azam, 1876 to 1879.
4. Babinski 1889, 12. Cf. Didi-Huberman 1982.
5. For a deeply insightful essay, which refers back to a generation of work but is also an important contribution in its own right, see Showalter 1993. For two bibliographies of historiography of hysteria, see Micale 1991 and 1992.
6. Alam and Merskey 1992, 157.
7. Taine 1870, 1: 372.
8. Taine 1878, 1: 156.
9. Littré 1875, 344.
10. Ribot 1988, 107.
11. Janet 1888, 542.
12. Warlomont 1875.
13. Azam 1876a, 16. Warlomont's study was commissioned in 1874, not 1875.
14. Azam 1893, 90.

15. Egger 1887, 307.
16. And "pure metaphysics will become only a memory," he continued. Azam 1887, 92.
17. Ibid., 143—153.
18. Janet 1876, 574. Bouchut 1877. The most interesting contribution is Dufay 1876.
19. Ladame 1888, 314.
20. Hacking forthcoming.

12 第一个多重人格患者

1. My free translation of "des cas d'hystérie fruste." Voisin 1886, 100. Cf. Voisin 1885.
2. Bourru's account appears directly after Voisin 1885. Cf. Bourru and Burot 1885 and 1886b.
3. A. T. Myers 1896, "The Life-History of a Case of Double or Multiple Personality." Myers's more famous brother used another name for the same case. F. W. H. Myers 1896, "Multiplex Personality."
4. Binet and Féré 1887.
5. Binet 1886. Binet was reviewing Bernheim 1886.
6. Babinski 1887. For a summary, see Babinski 1886.
7. For the road from metallotherapy to Luys, see Gauld 1992a, 332—336.
8. Ibid., 334f.
9. Bourru and Burot 1888. Crabtree 1993, 303.
10. Camuset 1881. Abstracted in Ribot 1882, 82—84.
11. Not my words but those attributed to the doctor in charge of l'asile St.-Georges; I translate *habilement* as "slyly." Bourru and Burot 1888, 24.
12. Voisin 1886, 105.
13. The conquest of Indochina was technically complete by 1883, but the north was in constant rebellion. According to Bourru and Burot, Vivet joined up to fight in Tongking; Azam speaks of him as just doing his obligatory military service. Certainly in one of his states he passionately did not want to go to Tongking. Perhaps he was arrested for yet another theft of clothes and effectively impressed into the military?

14. Bourru and Burot 1886a.
15. "Le premier soin qui s'imposait était d'essayer l'action des métaux et de l'aimant." Bourru and Burot 1888, 35.
16. Ibid., 39.
17. Gauld 1992a, 453.
18. Bourru and Burot 1888, 263.
19. Ibid., 299f.
20. Gauld 1992a, 365f. Myers 1903, 1: 309.

13 创伤

1. Fischer-Homberg 1975, 79.
2. Micale 1990a, 389n. 112.
3. Gilles Deleuze, "Zola et la fêlure" (1969), preface to Emile Zola, *La Bête humaine* (1889) (Paris: Gallimard, 1977), 21.
4. Fischer-Homberg 1972.
5. Schivelbush 1986, 134—149.
6. The lectures were published as Erichsen 1866.
7. Ibid., 127. He became more favorable to the comparison with hysteria in later work.
8. Reynolds 1869a, 378. Summary of the lecture's contents and discussion.
9. Reynolds 1869b. A fuller version of the paper.
10. Trimble 1981.
11. Charcot 1886—1887, lectures 18—22 and appendix 1.
12. In this and many other explanatory details I follow Micale 1990a.
13. But they were tainted with degeneracy, itself an inherited condition. *Degénerescence* was an all-purpose notion one of whose primary connotations was the decline of France compared to Britain and Germany. It was connected throughout the century with low birth rates, and hence with suicide, prostitution, homosexuality, alcoholism, insanity, vagrancy, and, after 1880 and abetted by Charcot, with hysteria. See Nye 1984.
14. Charcot 1886—1887, 335ff.
15. Pitres 1891, 28. A table for age at onset, classified by sex, is given on p. 15. The original lectures were given during the summer semester of the academic

year 1884—1885. Notes taken by J. Davezac were published in serial form beginning 4 April 1886, in *Journal de médecine de Bordeaux*.

16. J. Davezac in his review-homage to Pitres in *Journal de médecine de Bordeaux* 20 (1891): 443.
17. Guinon 1889. Freud, *S. E.* 3, see index.
18. Fischer-Homberg 1971. Cf. Micale 1990a, 391n. 118.
19. Lunier 1874.
20. From a French medical thesis of 1834, cited by Schivelbush 1986, 137.
21. Lunier 1874, cases 12, 111, 288, and 300.
22. Rouillard 1885, 87.
23. Ibid., 10.
24. Review by Camuset, *Annales médico-psychologiques* 44 (1886): 478—490. The *thèse* was 252 pp. long; most *thèses* for the Faculty of Medicine in Paris were only a little over 100 pp. in length.
25. Azam 1881. Azam 1893, 157—197.
26. Even Charcot, who usually preferred his own neologisms, uses Azam's terminology, 1886—1887, 442.
27. J. Janet 1888.
28. "Preliminary Communication" (1893), *S. E.* 2: 12.
29. Crocq and de Verbizier 1989.
30. "Hysteria" (1888), *S. E.* 1: 41—57.
31. Gelfand 1992; cf. Gelfand 1989.
32. "The Psychopathology of Everyday Life," *S. E.* 6: 161.
33. *S. E.* 1: 137 (emphases in original).
34. A more cautious statement of this analogy is to be found in Carter 1980.
35. *S. E.* 1: 139.
36. "Further Remarks on the Neuro-psychoses of Defence" (1896), *S. E.* 3: 162—190, 163 (emphasis in original).
37. Kitcher 1992.
38. Van der Kolk and van der Hart 1989, 1537—1538.
39. Friedrich Nietzsche, *Zur Genealogie der Moral* (1887), pt. 3, sec. 16. I translate *seelische Schmerz* as "psychological pain," and, more freely, *eines sogar spindeldüren Fragezeichen* as "a skinny question mark."

40. Lampl 1988.

14　记忆科学

1. Foucault 1972, 182. There are now many ways to read Foucault. For my take on *savoir* and *connaissance*, see Hacking 1986a.
2. Ellenberger 1970, 289—291. Although his own book is subtitled *The History and Evolution of Dynamic Psychiatry*, he notes that the word "dynamic" was used in psychiatry "with a variety of meanings that often entailed some confusion."
3. Dr. Delannay, as reported in *Gazette des Hôpitaux*, no. 81 (1879): 645.
4. The classic modern studies are Rossi 1960 and Yates 1966.
5. Carruthers 1990, 71, prefers this term to the widely used name brought into currency by Frances Yates, Ciceronian mnemonic.
6. Carruthers 1990, 260.
7. John Locke, *An Essay Concerning Human Understanding* (1693), 2. 10. 7.
8. Broca 1861.
9. Lichtheim 1885. My periodization of early work on localization follows Rosenfeld 1988.
10. Danziger 1991, 142.
11. Ebbinghaus 1885.
12. Murray 1983, 186.
13. It should be clear from the text that I take "firsts" as markers, not as prizewinners. For an anticipation of Ebbinghaus on the use of nonsense units (digits) and of statistics, see Stigler 1978. Ebbinghaus was not the first to use probability in psychology. That palm goes to Fechner; see Heidelberger 1993. Fechner was nonstatistical; he used the Gaussian (Normal) distribution as an a priori model for psychophysics, whereas Ebbinghaus used empirical statistics, curve fitting, and measures of dispersion.
14. Ribot 1881, 1883, and 1885.
15. Brooks 1993.
16. Roth 1991a and 1991b.
17. Danziger 1991, 24—27.
18. Sauvages 1771, 1: 157.
19. Associationist psychology had been his point of departure in psychology:

Ribot 1870.
20. Ribot 1881, 107.
21. Hartmann 1869. For a brief but rich account of Hartmann and his intellectual surroundings, see Ellenberger 1970, 202—210.
22. Ribot 1881, 26—27.
23. Ibid., 82, italics in original. I have left *moi* in various passages because I cannot uniformly translate it as "self" or "ego," let alone "me."
24. Ibid., 83.
25. Ribot 1885, 1.
26. Ribot 1881, 94, 95 (emphasis in original).
27. "In the case of *general* dissolution of the memory, loss of recollections [*souvenirs*] follows an invariable course: recent events, ideas in general, feelings, acts. In the best known case of *partial* dissolution (forgetfulness of signs [aphasia]), the loss of recollections follows an invariable course: proper names, common nouns, adjectives and verbs, interjections, gestures. In both cases ... there is a regression from the complex to the simple, from the voluntary to the automatic, from the least organized to the best organized." Ibid., 164, in the conclusion to the book, and which summarizes 90—98.

15 记忆政治

1. Herman 1992, 9.
2. Foucault 1980, 139 (emphasis in original).
3. Comaroff 1994.
4. Functionalism is not in fashion. For criticism, see Elster 1983. For rebuttal, see Douglas 1983, chapter 3.
5. Hacking 1982.
6. For an early sketch of this idea, see Hacking 1983. The most systematic study of the relationship between the census and making up kinds of people is Desrosières 1993.
7. Plint 1851.
8. Goodstein 1988.
9. Briquet 1859.

16　心灵与身体

1. McCrone 1994 (my emphasis).
2. Wakley 1843 (emphasis in original).
3. James 1890.
4. James 1983, 269.
5. James 1890, 384—385.
6. Ibid., 401.
7. Whitehead 1928, 141. On 147: "The point of a 'society', as the term is here used, is that it is self-sustaining... To constitute a society, the class-name [the name for the entity or type] has got to apply to each member, by reason of genetic derivation from other members of the same society."
8. Ibid., 164.
9. Ibid. (my emphasis).
10. Humphrey and Dennett 1989, 77.
11. Whitehead 1928, 164.
12. Dennett 1991, 419.
13. Ibid., 422.
14. Ibid., 420.
15. Taylor and Martin 1944, 297.
16. Hilgard 1986, 24 (and cf. 18).
17. Wittgenstein 1956, for example I-80.
18. Braude 1991, 164.
19. Dennett 1992.
20. The second and more considered of these two books is Braude 1986. I have explained why I disagree with the main theses of this book in Hacking 1993.
21. Wilkes 1988, vii (emphasis in original).
22. There are many studies to help us learn more about Miss Beauchamp. One of the most informative is Rosenzweig 1987.
23. Moore 1938.
24. Wilkes 1988, 128.
25. She has been challenged by Lizza 1993.
26. North et al. 1993 have two appendixes about this genre. Appendix A (pp. 186—229) summarizes the plots of book-length accounts and discusses the symptoms

described in those plots. Appendix B (pp. 231—251) gives the results in tabular form. The majority of books are written in the "as told to" or "with" format of authorship. Books per year in the eighties: 1981—2, 1982—2, 1985—1, 1986—1, 1987—3, 1988—1, 1989—2.

27. Miller 1987, 348.

17 过去的不确定性

1. Anscombe 1959, especially 37—44.
2. This is Donald Davidson's trio, slightly different in formulation from Anscombe's. Davidson tends to agree with Anscombe on the issues that matter to the present chapter, but differs from her on questions about the reasons for and causes of an action. She keeps them apart; Davidson argues that many reasons are causes. See Davidson 1980 for a sequence of essays commenced in 1963.
3. At first Davidson was of this opinion but later revised it. Thus in the first essay of *Essays in Actions and Events*, he thought (as he says on p. xiii of Davidson 1980), "that 'the intention under which an event was done' does not refer to an entity or state of any kind," but the fifth essay "partially undermined" that theme. These matters are far too complex to discuss here. I shall write like an Anscombian hard-liner.
4. I have discussed this in the final sections, "Old Worlds" and "New Worlds," pp. 223—230, of Hacking 1992.
5. See Reppucci and Haugaard 1989 for a discussion of prevention programs and how little we know about their efficacy.
6. *Globe and Mail* (Toronto), 5 July 1994, A6.
7. Joan Barfoot reviewing *Caesars of the Wilderness* by Peter Newman, *New York Times Book Review*, 20 December 1987, 9.
8. Ariès 1962.
9. DeMause 1974.
10. Donovan 1991.
11. Goddard 1926 and 1927.
12. Hacking 1991c. For the purposes of the present example, I shall treat Goddard's reports as accurate and reasonably complete. They are not.
13. Terr 1979 and 1994.

14. Carter 1983 notes that Freud can hardly be said to have "discovered" infant sexuality; the Viennese medical and psychological literature of his day was rife with the idea.
15. Lessing 1986, 454.
16. Rosenfeld 1988.
17. It was a case of fugue, but it was also described in the literature as double consciousness. A. Proust 1890. This story appears in "Le temps retrouvé"; see M. Proust 1961, 3: 716. And in Raymond and Janet 1895.
18. Ryle 1949, 272—279.
19. Ibid., 279, 276.

18 虚假意识

1. Early Freud is still the best read on screen memories. See "Screen Memories," S. E. 3: 304—322. For secondary material my first choice is Spence 1982.
2. People are so busy calling Michel Foucault postmodern that they seldom notice how old-fashioned he was. For a brief remark about Foucault's Kantian construction of himself, see Hacking 1986c.

参考文献

Adams, M. A.
  1989 Internal Self Helpers of Persons with Multiple Personality Disorder. *Dissociation* 2: 138—143.

Alam, C. M., and H. Merskey
  1992 The Development of the Hysterical Personality. *History of Psychiatry* 3: 135—165.

Aldridge-Morris, R.
  1989 *Multiple Personality: An Exercise in Delusion*. Hove, England, and London: Lawrence Erlbaum.

Allison, R. B.
  1974a A Guide to Parents: How to Raise Your Daughter to Have Multiple Personality. *Family Therapy* 1: 83—88.
  1974b A New Treatment Approach for Multiple Personalities. *American Journal of Clinical Hypnosis* 17: 15—32.
  1978a On Discovering Multiple Personality. *Svensk Tidskrift för Hypnos* 2: 4—8.
  1978b A Rational Psychotherapy Plan for Multiplicity. *Svensk Tidskrift för Hypnos* 3—4: 9—16.
  1984 Difficulties Diagnosing the Multiple Personality Syndrome in a Death Penalty Case. *International Journal of Clinical and Experimental Hypnosis* 32: 102—117.
  1991 In Search of Multiples in Moscow. *American Journal of Forensic Psychiatry* 12: 51—65.

Allison, R. B., with T. Schwartz
   1980   *Minds in Many Pieces*. New York: Rawson, Wade.
American Psychiatric Association
   1980   *Diagnostic and Statistical Manual of Mental Disorders*. 3d ed. Washington, D. C.: American Psychiatric Association. Called *DSM-III*.
   1987   *Diagnostic and Statistical Manual of Mental Disorders*. 3d ed., rev. Washington, D. C.: American Psychiatric Association. Called *DSM-III-R*.
   1994   *Diagnostic and Statistical Manual of Mental Disorders*. 4th ed. Washington, D. C.: American Psychiatric Association. Called *DSM-IV*.
Andreasson, N. C., and W. T. Carpenter Jr.
   1993   Diagnosis and Classification of Schizophrenia. *Schizophrenia Bulletin* 19: 199—214.
Anscombe, G. E. M.
   1959   *Intention*. Oxford: Blackwell.
   1981   Causality and Determinism. 1971. In *Metaphysics and the Philosophy of Mind: Collected Papers*, 2: 133—147. Minneapolis: University of Minnesota Press.
Appignanesi, L., and J. Forrester
   1992   *Freud's Women*. Basic Books: New York.
Ariès, P.
   1962   *Centuries of Childhood*. London: Jonathan Cape.
Arsimoles, L.
   1906   Sitiophobie intermittente à périodicité regulière- Double personnalité coexistante. *Archives Générales de Médecine* 82: 790—797.
Atwood G. E.
   1978   The Impact of *Sybil* on a Patient with Multiple Personality. *American Journal of Psychoanalysis* 38: 277—279.
Austin, J. L.
   1962   *Sense and Sensibilia*. Oxford: Clarendon Press.
Azam, E.
   1860   Note sur le sommeil nerveux ou hypnotisme. *Archives générales de médecine*, ser. 5, 15: 1—24. In Azam 1887, 1—59; Azam 1893, 13—33.
   1876a Amnésie périodique, ou dédoublement de la vie. *Annales médico-*

psychologiques, ser. 5, 16: 5—35.

1876b Amnésie périodique, ou doublement de la vie. *Revue scientifique*, ser. 2, 5: 481—487. In Azam 1893, 41—65. [Published 20 May 1876.] Reprinted in *Journal of Nervous and Mental Disease* 3 (1876): 584—612.

1876c Le dédoublement de la personnalité, suite de l'histoire de Félida X***. *Revue scientifique*, ser. 2, 6: 265—269. In Azam 1893, 73—86. [Letter dated 6 September 1876.]

1876d Névrose extraordinaire, doublement de la vie. *Mémoires et Bulletins de la Société de Médecine et de Chirurgie de Bordeaux*, 11—14. [Read on 14 January 1876.]

1877a Amnésie périodique, ou dédoublement de la personnalité. *Séances et travaux de l'Académie des Sciences Morales et Politiques*. Comptes Rendus 108: 363—413. In Azam 1887, 61—144. [Read by an Academician in Paris, 6 and 13 May 1876.]

1877b Le dédoublement de la personnalité et l'amnésie périodique. Suite de l'histoire de Félida X ... : relation d'un fait nouveau du même ordre. *Revue scientifique*, ser. 2, 7: 577—581. In Azam 1887, 145—169, 221—229.

1877c La double conscience. *Association Française pour l'Avancement des Sciences*. Compte rendu de la 5e session, Clermont-Ferrand, 1876, 787—788. [Read on 23 August 1876.]

1878 La double conscience. *Revue scientifique*, ser. 2, 8: 194—196. In Azam 1887, 176—186; 1983, 194—196. [Read on 26 August 1878.]

1879a La double personnalité. Double conscience. Responsibilité. *Revue scientifique*, ser. 2, 8: 844—846. In Azam 1887, 191—202. [Letter dated 16 September 1878.]

1879b Sur un fait de double conscience, déduction thérapeutique qu'on peut tirer. *Mémoires de la Société des Sciences Physiques et Naturelles de Bordeaux*, ser. 2, 3: 249—256. In Azam 1878, 203—213; 1893, 111—118.

1880 De l'amnésie rétrograde d'origine traumatique. *Gazette hébdomadaire des sciences médicales de Bordeaux* 1: 219—222. Included in Azam 1881.

1881 Les troubles intellectuels provoqués par les traumatismes du cerveau. *Archives générales de médécine*, February. In Azam 1893, 157—198.

1883 Les altérations de la personnalité. *Revue scientifique*, ser. 3, 3: 610—618.

In Azam 1887, 231—280; 1893, 119—141.

1887   *Hypnotisme, double conscience, et altérations de la personnalité*. Paris: Baillière.

1890a   Le dédoublement de la personnalité et le somnambulisme. *Revue scientifique* 2 (August): 136—141.

1890b   Les troubles sensoriels organiques et moteurs consécutifs aux traumatismes du cerveau. *Archives générales de médecine*, May.

1891   Un fait d'amnésie rétrograde. *Revue scientifique* 47: 412.

1892   Double consciousness. In *A Dictionary of Psychological Medicine*, edited by D. Tuke, 401—406. Philadelphia: Balkiston.

1893   *Hypnotisme et double conscience. Origine de leur étude et divers travaux sur des sujets analogues*. Paris: Félix Alcan.

B. C. A. (Nellie Parsons Bean)

1908   My Life as a Dissociated Personality. *Journal of Abnormal Psychology* 3: 240—260.

Babinski, J.

1886   Recherches servants à établir que certaines manifestations hysteriques peuvent être transferées d'un sujet à un autre sujet sans l'influence de l'aimant. *Revue philosophique* 22: 697—700. This summarizes a longer essay with the same title, Paris: Publications du progrès médicale (1887).

1889   *Grand et petit hypnotisme*. Paris: Publications du progrès médicale.

Bach, S.

1985   *Narcissistic States and the Therapeutic Process*. New York: Aronson.

Baker G. P., and P. M. S. Hacker

1980   *Wittgenstein: Understanding and Illusion. An Analytical Commentary on the Philosophical Investigations*. Vol. 1. Chicago: University of Chicago Press.

Beahrs, J.

1982   *Unity and Multiplicity*. New York: Brunner/Mazel.

Bellanger, A. -R.

1854   *Le magnétisme: vérités et chimères de cette science occulte*. Paris: Guillermet.

Belsky, J.

1993   Etiology of Child Maltreatment: A Developmental-Ecological Analysis. *Psychological Bulletin* 114: 413—434.

Berman, E.

1974 Multiple Personality: Theoretical Approaches. *Journal of the Bronx State Hospital* 2: 99—107.

1981 Multiple Personality: Psychoanalytic Perspectives. *International Journal of Psychoanalysis* 6: 283—300.

Bernheim, H.

1886 *De la suggestion et ses applications à la thérapeutique*. Paris: Doin.

Bernstein, E. M.

1986 Development, Reliability and Validity of a Dissociation Scale. *Journal of Nervous and Mental Disease* 174: 727—735.

Bertrand, A. -J. -F.

1827 *Traité du somnambulisme et des différents modifications qu'il présente*. 1823. Paris: Dentu.

Binet, A.

1886 Review of Bernheim 1886. *Revue philosophique* 22: 557—563.

1889 Recherches sur les altérations de la conscience chez les hystériques. *Revue philosophique* 17: 377—412, 473—503.

1890 *On Double Consciousness, with an Essay on Experimental Psychology in France*. Chicago: Open Court.

1892 *Les altérations de la personnalité*. Paris: Baillière.

Binet, A., and C. Féré

1887 *Le magnétisme animal*. Paris: Alcan.

Bleuler, E.

1908 Die Prognose des Dementia Praecox: Schizophreniengruppe. *Allgemeine Zeitschrift für Psychiatrie* 65: 436—464.

1924 *Textbook of Psychiatry*. Translated by A. A. Brill from the German of 1916. New York: Macmillan.

1950 *Dementia Praecox, or the Group of Schizophrenias*. 1911. Translated by Joseph Zinkin. New York: International University Press.

Bliss, E. L.

1980 Multiple Personalities: A Report of Fourteen Cases with Implications for Schizophrenia and Hysteria. *Archives of General Psychiatry* 37: 1388—1397.

1984 A Symptom Profile of Patients with Multiple Personalities, including MMPI Results. *Journal of Nervous and Mental Disease* 172: 197—202.

Bliss, E. L., and E. A. Jeppson

    1985   Prevalence of Multiple Personality among Psychiatric Inpatients. *American Journal of Psychiatry* 142: 250—251.

Boon, S., and Draijer, N.

    1993   *Multiple Personality Disorder in the Netherlands: A Study on Reliability and Validity of the Diagnosis*. Amsterdam: Swets and Zeitlinger.

Boor, M.

    1982   The Multiple Personality Epidemic: Additional Cases and Inferences Regarding Diagnosis, Dynamics and Cure. *Journal of Nervous and Mental Disease* 170: 302—304.

Bouchut, F.

    1877   De la double conscience et de la dualité de moi. *Séances et travaux de l'Académie des Sciences Morales et Politiques. Comptes Rendus* 108: 414—417.

Bourgeois, M., and M. Géraud

    1990   Eugène Azam (1822—1899): Un chirurgien prècurseur de la psychopathologie dynamique ("Hypnotisme et double conscience"). *Annales médico-psychologiques* 148: 709—717.

Bourreau, A.

    1991   Satan et le dormeur: une construction de l'inconscient au Moyen Age. *Chimère* 14: 41—61.

    1993   Le sabbat et la question de la personne dans le monde scholastique. In *Le sabbat des sorciers en Europe XVe—XVIIIe*, edited by N. Jacques-Chaquin. Paris: Jérôme Millon.

Bourru, H., and P. Burot

    1885   Un cas de la multiplicité des états de conscience chez un hystéroepileptique. *Revue philosophique* 20: 411—416.

    1886a   *La suggestion mentale et l'action à distance des substances toxiques et médicamenteuses*. Paris: J. B. Baillière.

    1886b   Sur les variations de la personnalité. *Revue philosophique* 21: 73—74.

    1888   *Variations de la personnalité*. Paris: J. B. Baillière.

Bowers, M. K., and S. Brecher

    1955   The Emergence of Multiple Personalities in the Course of Hypnotic Investigation. *International Journal of Clinical and Experimental Hypnosis* 3:

188—199.

Bowers, M. K., et al.
 1971 Therapy of Multiple Personality. *International Journal of Clinical and Experimental Hypnosis* 19: 57—65.

Bowman, E. S.
 1990 Adolescent Multiple Personality Disorder in the Nineteenth and Early Twentieth Centuries. *Dissociation* 3: 179—187.

Bowman E. S., and W. E. Amos.
 1993 Utilizing Clergy in the Treatment of Multiple Personality Disorder. *Dissociation* 6: 47—53.

Boyle, M.
 1990 *Schizophrenia: A Scientific Delusion?* London: Routledge.

Braid, J.
 1843 *Neurypnology or the Rationale of Nervous Sleep.* London: J. Churchill.

Braude, S.
 1986 *The Limits of Influence: Psychokinesis and the Philosophy of Science.* London: Routledge.
 1991 *First Person Plural: Multiple Personality and the Philosophy of Mind.* London: Routledge.

Braun, B. G.
 1986 Issues in the Psychotherapy of Multiple Personality Disorder. In *Treatment of Multiple Personality Disorder*, edited by B. G. Braun, 1—28. Washington, D. C.: American Psychiatric Press.
 1993 Dissociative Disorders: The Next Ten Years. In *Proceedings of the Tenth International Conference on Multiple Personality/ Dissociative States*, edited by B. G. Braun and J. Parks, 5. Chicago: Rush-Presbyterian-St. Luke's Medical Center.

Briquet, P.
 1859 *Traité clinique et thérapeutique de l'hystérie.* Paris: Baillière.

Broca, P.
 1861 Perte de la parole, ramollisement chronique et destruction partielle du lobe antérieur gauche du cerveau. *Bulletin de la Société d'Anthropologie* 2: 235—237.

Brodie, F.

    1992   *When the Other Woman Is His Mother*. Tacoma, Wash.: Winged Eagle Press.

Brook, J. A.

    1992   Freud and Splitting. *International Review of Psychoanalysis* 19: 335—350.

Brooks, J. L., III

    1993   Philosophy and Psychology at the Sorbonne, 1885—1913. *Journal of the History of the Behavioral Sciences* 29: 123—145.

Brouardel, P., A. Motet, and P. Garnier

    1893   Affaire Valrof. *Annales d'hygiène publique et de médecine légale*, ser. 3, 29: 497—525.

Browne A., and D. Finkelhor

    1986   Impact of Child Sexual Abuse: A Review of the Research. *Psychological Bulletin* 99: 66—77.

Browne, J. C.

    1862—1863   Personal Identity and Its Morbid Manifestations. *Journal of Mental Science* 8: 385—395, 535—545.

Browning, D. H., and B. Boatman

    1977   Incest: Children at Risk. *American Journal of Psychiatry* 134: 69—72.

Bryant, D., J. Kessler, and L. Shirar

    1992   *The Family Inside: Working with the Multiple*. New York: Norton.

Camuset, L.

    1881   Un cas de dedoublement de la personnalité. Période amnésique d'une année chez un jeune homme. *Annales médico-psychologiques*, ser. 6, 7: 75—86.

Carlson, Eve Bernstein, and Frank Putnam

    1993   An Update on the Dissociative Experiences Scale. *Dissociation* 6: 16—27.

Carlson, Eve Bernstein, F. W. Putnam, et al.

    1993   Validity of the Dissociative Experiences Scale in Screening for Multiple Personality: A Multicenter Study. *American Journal of Psychiatry* 150: 1030—1036.

Carlson, E. T.

    1974   The History of Multiple Personality in the United States: Mary Reynolds and Her Subsequent Reputation. *Bulletin of the History of Medicine* 58:

72—82.

1981 The History of Multiple Personality in the United States: 1. The Beginnings. *American Journal of Psychiatry* 138: 666—668.

Carlson, E. T., et al., eds.

1981 "Benjamin Rush's Lectures on the Mind." *Memoirs of the American Philosophical Society* (Philadelphia) 144: 669.

Carruthers, M. J.

1990 *The Book of Memory: A Study of Memory in Medieval Culture*. Cambridge: Cambridge University Press.

Carter, K. C.

1980 Germ Theory, Hysteria, and Freud's Early Work in Psychopathology. *Medical History* 20: 259—274.

1983 Infantile Hysteria and Infantile Sexuality in Late Nineteenth-Century German-Language Medical Literature. *Medical History* 23: 186—196.

Cartwright, N.

1983 *How the Laws of Physics Lie*. Oxford: Clarendon Press.

Casey J. F., with L. Fletcher

1991 *The Flock: The Autobiography of a Multiple Personality*. New York: Knopf.

Cavell, M.

1993 *The Psychoanalytic Mind: From Freud to Philosophy*. Cambridge: Harvard University Press.

Charcot, J.-M.

1886—1887 *Leçons sur les maladies du système nerveux*. Paris: Progrès Medicale.

Chertok, L., and I. Stengers

1992 *A Critique of Psychoanalytic Reason: Hypnosis as a Scientific Problem from Lavoisier to Lacan*. Translated by M. N. Evans. Stanford: Stanford University Press.

Chu, J. A.

1988 Some Aspects of Resistance in the Treatment of Multiple Personality Disorder. *Dissociation* 1 (2): 34—38.

1991 On the Misdiagnosis of Multiple Personality Disorder. *Dissociation* 4: 200—204.

Chu, J. A., and D. L. Dill

1990　Dissociative Symptoms in Relation to Childhood Physical and Sexual Abuse. *American Journal of Psychiatry* 149: 887—893.

Clark, M. H.

1992　*All Around the Town*. New York: Simon and Schuster.

Comaroff, J.

1994　Aristotle Re-membered. In *Questions of Evidence: Proof, Practice, and Persuasion across the Disciplines*, edited by J. Chandler, A. I. Davidson, and H. Harootunian, 463—469. Chicago: University of Chicago Press.

Comstock, C. M.

1991　The Inner Self Helper and Concepts of Inner Guidance: Historical Antecedents, Its Role within Dissociation, and Clinical Utilization. *Dissociation* 4: 165—177.

Condon, R.

1959　*The Manchurian Candidate*. New York: McGraw-Hill.

Confer, R.

1983　*Multiple Personality*. New York: Human Sciences Press.

Coons, P. M.

1980　Multiple Personality: Diagnostic Considerations. *Journal of Clinical Psychiatry* 41: 330—336.

1984　The Differential Diagnosis of Multiple Personality: A Comprehensive Review. *Psychiatric Clinics of North America* 7: 51—67.

1986　The Prevalence of Multiple Personality Disorder. *Newsletter. International Society for the Study of Multiple Personality and Dissociation* 4 (3): 6—8.

1988　Psychophysiological Investigation of Multiple Personality: A Review. *Dissociation* 1: 47—53.

1993　The Differential Diagnosis of Possession States. *Dissociation* 6: 213—221.

Coons, P. M., V. Milstein, and C. Marley

1982　EEG Studies of Two Multiple Personalities and a Control. *Archives of General Psychiatry* 39: 823—825.

Crabtree, A.

1985　*Multiple Man: Explorations in Possession and Multiple Personality*. Toronto: Collins.

1993　*From Mesmer to Freud: Magnetic Sleep and the Roots of Psychological Healing*. New Haven: Yale University Press.

Crocq, L., and J. de Verbizier

    1989   Le traumatisme psychologique dans l'oeuvre de Pierre Janet. *Bulletin de psychologie* 61: 483—485.

Crose, T. J.

    1980   Molecular Biology of Schizophrenia: More Than One Disease Process. *British Medical Journal* 280: 66—86.

    1985   The Two Syndrome Concept—Origin and Current Status. *Schizophrenia Bulletin* 11: 471—486.

Dailey, A. H.

    1894   *Mollie Fancher: The Brooklyn Enigma*. Brooklyn: Eagle Book Printing Department.

Danziger, K.

    1991   *Constructing the Subject*. Cambridge: Cambridge University Press.

Darnton, R.

    1968   *Mesmerism and the End of the Enlightenment in France*. Cambridge: Harvard University Press.

Davidson, D.

    1980   Causal Relations (1967). In *Essays on Actions and Events*, 149—162. Oxford: Clarendon Press.

Dell, P. F., and J. W. Eisenhower

    1990   Adolescent Multiple Personality Disorder: A Preliminary Study of Eleven Cases. *Journal of the American Academy of Child and Adolescent Psychiatry* 29: 357—365.

DeMause, L.

    1974   The Evolution of Childhood. In *The History of Childhood: The Untold Story of Child Abuse*, edited by L. deMause, 1—73. New York: Psychohistory Press.

Dennett, D. C.

    1991   *Consciousness Explained*. Boston: Little Brown.

    1992   Letter to the *London Review of Books*, 9 July, 2.

Despine, C. H. A.

    1838   *Observations de médecine pratique. Faites aux Bains d'Aix-en-Savoie*. Anneci: Aimé Burdet (dated 1838, issued October 1839).

1840 De l'emploi du magnétisme animal et des eaux minérales dans le traitement des maladies nerveuses. Suivi d'une observation très curieuse de guérison de névropathie. Paris: Germer Baillière.

Desrosières, A.

1993 La politique des grands nombres. Paris: Découverte.

deVito, R. A.

1993 The Use of Amytal Interviews in the Treatment of an Exceptionally Complex Case of Multiple Personality Disorder. In *Clinical Perspectives on Multiple Personality Disorder*, edited by R. P. Kluft and C. G. Fine, 227—240. Washington, D. C.: American Psychiatric Press.

Dewar, H.

1823 Report on a Communication from *Dr Dyce* of Aberdeen, to the Royal Society of Edinburgh. "On Uterine Irritation, and Its Effects on the Female Constitution." *Transactions of the Royal Society of Edinburgh* 9: 365—379.

Dewey, R.

1907 A Case of Disordered Personality. *Journal of Abnormal Psychology* 2: 142—154.

Didi-Huberman, C.

1982 *Invention de l'hystérie: Charcot et l'iconographie photographique de la Salpêtrière*. Paris: Editions Macula.

Donovan, D. M.

1991 Darkness Invisible. *Journal of Psychohistory* 19: 165—184.

Donovan, D. M., and D. McIntyre

1990 *Healing the Hurt Child: A Developmental-Contextual Approach*. New York: Norton.

Douglas, M.

1983 *How Institutions Think*. Syracuse: Syracuse University Press.

1992 The Person in an Enterprise Culture. In *Understanding the Enterprise Culture: Themes in the Work of Mary Douglas*, edited by S. H. Heap and A. Ross, 41—62. Edinburgh: Edinburgh University Press.

Draijer, N., and S. Boon

1993 The Validation of the Dissociative Experiences Scale against the Criterion of the SCID-D Using Receiver Operating Characteristics (ROC) Analysis.

Dissociation 6: 28—37.

Dufay, R.

1876 La notion de la personnalité. *Revue philosophique*, 2d ser., 5: 69—74.

Ebbinghaus, H.

1885 *Über das Gedachtnis. Untersuchungen zur experimetallen Psychologie*. Leipzig: Duncker & Humblot.

Egger, V.

1887 Review of Azam's *Hypnotisme, double conscience et altérations de la personnalité*. *Revue philosophique* 24: 301—310.

Ellason, J., C. A. Ross, D. Fuchs, et al.

1992 Update on the Dissociative Disorders Interview Schedule. In *Proceedings of the Ninth International Conference on Multiple Personality/ Dissociative States*, edited by B. G. Braun and E. B. Carlson, 54. Chicago: Rush-Presbyterian-St. Luke's Medical Center.

Ellenberger H.

1970 *The Discovery of the Unconscious*. New York: Basic Books.

Elster, J.

1983 *Explaining Technical Change*. Cambridge: Cambridge University Press.

Engel, E.

1872 Beitrage zur Statistik des Krieges von 1870—71. *Zeitschrift des Königlich preussischen statistichen Bureaus* 12: 1—320.

Erichsen, J. E.

1866 *On Railway and Other Injuries of the Nervous System*. London.

Faust, G. H.

1991 The Sexton Tapes, *News. International Society for the Study of Multiple Personality & Dissociation* 9 (6): 7—8.

Fernando, L.

1990 Letter. *British Journal of Psychiatry* 157.

Fifth Estate (Canadian Broadcasting Corporation)

1993 Multiple Personality Disorder (8 P.M., 9 November 1993). Toronto: Media Tapes and Transcripts.

Fine, C. G.

1988 The Work of Antoine Despine: The First Scientific Report on the Diagnosis of a Child with Multiple Personality Disorder. *American Journal of Clinical Hypnosis* 31: 33—39.

1991 President's Message. *News. International Society for the Study of Multiple Personality & Dissociation* 9 (1): 1—2.

Finkelhor, D.

1979 What's Wrong with Sex between Adults and Children? Ethics and the Problem of Sexual Abuse. *American Journal of Orthopsychiatry* 49: 692—697.

1984 *Child Sexual Abuse: New Theory and Research*. New York: Free Press.

Firschholz, E. J., et al.

1991 Construct Validity of the Dissociative Experiences Scale (DES): I. The Relationship between the DES and Other Self-Report Measures of Dissociation. *Dissociation* 4: 185—189.

Fischer-Homberg, E.

1971 Charcot und die Ätiology der Neurosen. *Generus* 28: 35—46.

1972 Die Büchse der Pandora: Der mythische Hintergrund der Eisen-bahnkrankheit des 19 Jahrhunderts. *Sudhoff's Archiv* 56: 296—317.

1975 *Die Traumatische Neurose: vom Somatischen zum sozialen Leiden*. Bern: Huber.

Fogelin, R., and W. Sinnott-Armstrong

1991 *Understanding Arguments: An Introduction to Informal Logic*. 4th ed. New York: Harcourt Brace Jovanovich.

Forward S., and C. Buck

1978 *Betrayal of Innocence: Incest and Its Devastation*. Harmondsworth: Penguin.

Foucault, M.

1972 *The Archaeology of Knowledge*. New York: Harper and Row.

1980 *A History of Sexuality*. Vol. 1, *An Introduction*. New York: Vintage.

Frankel F. H.

1990 Hypnotizability and Dissociation. *American Journal of Psychiatry* 147: 823—829.

1994 Dissociation in Hysteria and Hypnosis: A Concept Aggrandized. In *Dissociation: Clinical and Theoretical Perspectives*, edited by S. J. Lynn and J. W. Rhue, 80—93. New York: Guilford.

Fraser, G. A.

1990 Satanic Ritual Abuse: A Cause of Multiple Personality Disorder. *Journal of Child and Youth Care*, Special Issue: 55—66.

Fraser, S.

1987 *My Father's House: A Memoir of Incest and Healing*. Toronto: Doubleday.

Freeland, A., et al.

1993 Four Cases of Supposed Multiple Personality Disorder: Evidence of Unjustified Diagnoses. *Canadian Journal of Psychiatry* 38: 245—247.

Freud, Sigmund

1953—1974 S. E. (*The Standard Edition of the Complete Psychological Works of Sigmund Freud*). Translated from the German under the general editorship of James Strachey. 24 vols. London: The Hogarth Press and the Institute of Psycho-Analysis.

Freyd, J. F.

1993 Theoretical and Personal Perspectives on the Delayed Memory Debate. In *Proceedings: Controversies around Recovered Memories of Incest and Ritualistic Abuse*, 69—108. Jackson, Mich.: The Dissociative Disorders Program, The Center for Mental Health at Foote Hospital, 7 August 1993.

Freyd, P. (Jane Doe)

1991 How Could This Happen? Coping with a False Accusation of Incest and Rape. *Issues in Child Abuse Accusations* 3: 154—165.

Freyd, P. (Anonymous)

1992 How Could This Happen? In *Confabulations: Creating False Memories, Destroying Families*, edited by Eleanor Goldstein with Kevin Farmer, 27—60. Boca Raton, Fla.: SIRS Books.

Ganaway, G. K.

1989 Historical Truth versus Narrative Truth: Clarifying the Role of Exogenous Trauma in the Etiology of Multiple Personality Disorder and Its Variants. *Dissociation* 2: 205—220.

1992 On the Nature of Memories: Response to "A Reply to Ganaway." *Dissociation* 5: 120—122.

1993 Untitled presentation. In *Proceedings: Controversies around Recovered Memories of Incest and Ritualistic Abuse*, 42—68. Jackson, Mich.: The Dissociative Disorders Program, The Center for Mental Health at Foote Hospital, 7

August 1993.

Gauld, A.

   1992a   *A History of Hypnotism*. Cambridge: Cambridge University Press.

   1992b   Hypnosis, Somnambulism and Double Consciousness. *Contemporary Hypnosis* 9: 69—76.

Gelfand, T.

   1989   Charcot's Response to Freud's Rebellion. *Journal of the History of Ideas* 50: 293—307.

   1992   Sigmund-sur-Seine: Fathers and Brothers in Charcot's Paris. In *Freud and the History of Psychoanalysis*, edited by T. Gelfand and J. Kerr, 27—42. Hillsdale, N. J.: Analytic Press.

Gelles, R. J.

   1975   The Social Construction of Child Abuse. *American Journal of Orthopsychiatry* 45: 363—371.

George, E.

   1988   *A Great Deliverance*. New York: Bantam.

Gilbertson, A., et al.

   1992   Susceptibility of Common Self-Report Measures of Dissociation to Malingering. *Dissociation* 5: 216—220.

Gilles de la Tourette, A.

   1889   *L'hypnotisme et les états analogues au point de vue médico-légale*. Paris: Plon.

Goddard, H. H.

   1926   A Case of Dual Personality. *Journal of Abnormal and Social Psychology* 21: 170—191.

   1927   *Two Souls in One Body? A Case of Dual Personality. A Study of a Remarkable Case: Its Significance for Education and for the Mental Hygiene of Childhood*. New York: Dodd Mead.

Goettman, C., G. B. Greaves, and P. M. Coons

   1991   *Multiple Personality and Dissociation, 1791—1990: A Complete Bibliography*. Atlanta, Ga.: G. B. Greaves.

   1994   *Multiple Personality and Dissociation, 1791—1992: A Complete Bibliography*. 2d ed. Lutherville, Md.: Sidran Press.

Goff D. G., and C. A. Simms

1993 Has Multiple Personality Disorder Remained Constant over Time? *Journal of Nervous and Mental Disease* 181: 595—600.

Goldstein, J.

1988 *To Console and Classify: The French Psychiatric Profession in the Nineteenth Century*. Chicago: University of Chicago Press.

Goodwin, J.

1989 Satanism: Similarities between Patient Accounts and Pre-Inquisition Historical Sources. *Dissociation* 2: 39—44.

1994 Sadistic Abuse: Definition, Recognition and Treatment. In *Treating Survivors of Ritual Abuse*, edited by V. Sinason, 33—44. London: Routledge.

Graves, S. M.

1989 Dissociative Disorders and Dissociative Symptoms at a Community Health Center. *Dissociation* 2: 119—127.

Greaves, G. B.

1980 Multiple Personality: 165 Years after Mary Reynolds. *Journal of Nervous and Mental Disease* 168: 577—596.

1987 President's Letter. *Newsletter. International Society for the Study of Multiple Personality & Dissociation* 5 (2): 1.

1993 A History of Multiple Personality Disorder. In *Clinical Perspectives on Multiple Personality Disorder*, edited by R. P. Kluft and C. G. Fine, 355—380. Washington, D. C.: American Psychiatric Press.

Greenberg, W. M., and S. Attiah

1993 Multiple Personality Disorder and Informed Consent. Letter to the editor. *American Journal of Psychiatry* 150: 1126—1127.

Greenland, C.

1988 *Preventing C. A. N. Deaths: An International Study of Deaths Due to Child Abuse and Neglect*. London: Routledge, Chapman & Hall.

Guinon, G.

1889 *Les agents provocateurs de l'hystérie*. Paris: Progrès Medical.

Hacking, I.

1982 Wittgenstein the Psychologist. *New York Review of Books*, 1 April, 42—44.

1983 Biopower and the Avalanche of Numbers. *Humanities and Society* 5:

279—295.

1986a The Archaeology of Foucault. In *Foucault: A Critical Reader*, edited by D. C. Hoy, 27—40. Oxford: Blackwell.

1986b Making Up People. In *Reconstructing Individualism: Autonomy, Individuality and the Self in Western Thought*, edited by T. C. Heller et al., 222—236. Stanford: Stanford University Press.

1986c Self-Improvement. In *Foucault: A Critical Reader*, edited by D. C. Hoy, 235—240. Oxford: Blackwell.

1988 Telepathy: Origins of Randomization in Experimental Design. *Isis* 79: 427—451.

1991a Double Consciousness in Britain, 1815—1875. *Dissociation* 4: 134—146.

1991b The Making and Molding of Child Abuse. *Critical Inquiry* 17: 253—288.

1991c Two Souls in One Body. *Critical Inquiry* 17: 838—867.

1992 World-Making by Kind-Making: Child Abuse for Example. In *How Classification Works: Nelson Goodman among the Social Sciences*, edited by M. Douglas and D. Hull, 180—238. Edinburgh: Edinburgh University Press.

1993 Some Reasons for Not Taking Parapsychology Very Seriously. *Dialogue* 32: 587—594.

1994 The Looping Effects of Human Kinds. In *Causal Cognition: A Multidisciplinary Approach*, edited by D. Sperber, D. Premack, and A. J. Premack, 351—394. Oxford: Clarendon Press.

1996 *Les Aliénés voyageurs*: How Fugue Became a Medical Entity. *History of Psychiatry*.

Harrington, A.

1985 Nineteenth Century Ideas of Hemisphere Differences and "Duality of Mind." *Behavioral and Brain Sciences* 8: 617—660.

1987 *Medicine, Mind, and the Double Brain: A Study in Nineteenth-Century Thought*. Princeton: Princeton University Press.

Hart, B.

1926 The Conception of Dissociation. *British Journal of Medical Psychology* 6: 247.

1927 *Psychopathology*: *Its Development and Its Place in Medicine*. Cambridge: Cambridge University Press.

Hartmann, E. von

1869 *Philosophie des Unbewussten*. Berlin: Duncker.

Hawksworth H., and T. Schwartz

1977 *The Five of Me*. Chicago: Regnery.

Healy, D.

1993 *Images of Trauma* : *From Hysteria to Post-Traumatic Stress Disorder*. London: Faber and Faber.

Heidelberger, M.

1993 *Die innere Seite der Natur*: *Gustav Theodor Fechners wissennschaftliche Weltaufassung*. Frankfurt: Klostermann.

Helfer, R.

1968 The Responsibility and Role of the Physician. In *The Battered Child*, edited by R. E. Helfer and C. H. Kempe. Chicago: University of Chicago Press.

Hendrikson, K. M., T. McCarty, and J. Goodwin

1990 Animal Alters: Case Reports. *Dissociation* 3: 218—221.

Herdman, J.

1990 *The Double in Nineteenth-Century Fiction*. London: Macmillan.

Herman, J. L.

1981 *Father-Daughter Incest*. Cambridge: Harvard University Press.

1992 *Trauma and Recovery*. New York. Basic Books.

Herman J., and L. Hirschman

1977 Father-Daughter Incest. *Signs* 2: 735—756.

Hilgard, E.

1977 *Divided Consciousness*: *Multiple Controls in Human Thought and Action*. New York: Wiley.

1986 *Divided Consciousness*: *Multiple Controls in Human Thought and Action*. Expanded ed. New York: Wiley.

Horevitz, R. P., and B. G. Braun

1984 Are Multiple Personalities Borderline? An Analysis of Thirty-Three Cases. *Psychiatric Clinics of North America* 7: 69—88.

Horton, P., and D. Miller
1972 The Etiology of Multiple Personality. *Comparative Psychology* 13: 151—159.

Humphrey, N., and D. C. Dennett
1989 Speaking for Ourselves. *Raritan* 9: 68—98.

Irwin, H. J.
1992 Origins and Functions of Paranormal Belief: The Role of Childhood Trauma and Interpersonal Control. *Journal of American Society for Psychical Research* 86: 199—208.
1994 Childhood Trauma and the Origins of Paranormal Belief: A Constructive Replication. *Psychological Reports* 74: 107—111.

James, W.
1890 *The Principles of Psychology*. 2 vols. New York: Holt.
1983 Notes on Ansel Bourne. In *Essays in Psychology*, 269. Cambridge: Harvard University Press. The notes were taken in 1890.

Janet, J.
1888 L'hystérie et l'hypnotisme, d'après la théorie de la double personnalité. *Revue scientifique*, ser. 3, 15: 616—623.

Janet, Pierre
1886a Deuxième note sur le sommeil provoqué à distance et la suggestion mentale pendant l'état somnambulique. *Revue philosophique* 22: 212—223.
1886b Note sur quelques phénomènes de somnambulisme. *Revue philosophique* 21: 190—198.
1886c Les actes inconscients et la dédoublement de la personnalité pendant le somnambulisme provoqué. *Revue philosophique* 22: 577—592.
1886d Les phases intermédiaires de l'hypnotisme. *Revue scientifique* 23: 577—587.
1887 L'anesthésie systématisée et la dissociation des phénomènes psychologiques. *Revue philosophique* 23: 449—472.
1888 Les actes inconscients et la mémoire pendant le somnambulisme provoqué. *Revue philosophique* 25: 238—279.
1889 *L'automatisme psychologique*. Paris: Alcan.
1892 Etude sur quelques cas d'amnésie antétograde dans la maladie de la

désagrégation psychologique. In *International Congress of Experimental Psychology*, Second Session, London, 26—30. London: Williams and Norgate.

1893 L'amnésie continue. *Revue générale des sciences* 4: 167—179.

1893—1894 *Etat mental des hystériques*. 2 vols. Paris: Bibliothèque médical Charcot-Delbove.

1903 *Les obsessions et la psychasthénie*. 2 vols. Paris: Alcan.

1907 *The Major Symptoms of Hysteria*. London: Macmillan.

1909 *Les névroses*. Paris: Flammarion.

1919 *Les médications psychologiques. Etudes historiques, psychologiques et cliniques sur les méthodes de la psychothérapie*. 3 vols. Paris: Alcan.

Janet, Paul.

1876 La notion de la personnalité. *Revue scientifique*, ser. 2, 5: 574.

1888 Une chair de psychologie expérimentale et comparée au Collège de France. *Revue de deux mondes*, ser. 3, 86: 518—549.

Jardine, N.

1986 *The Scenes of Inquiry*. Oxford: Clarendon Press.

1991 *The Fortunes of Inquiry*. Oxford: Clarendon Press.

Jones, E.

1955 *Sigmund Freud: Life and Work*. 3 vols. London: Hogarth Press.

Jullian, C.

1903 *Notes bibliographiques sur l'oeuvre du docteur Azam*. Bordeaux: Gounouilhou. Reprinted from *Actes de l'Académie Nationale des Sciences et Belles Lettres de Bordeaux*, ser. 3, 63 (1901).

Kahneman, D., and A. Tversky

1973 On the Psychology of Prediction. *Psychological Review* 80: 237—251.

Kempe, C. H., et al.

1962 The Battered Child Syndrome. *Journal of the American Medical Association* 181 (1): 17—24.

Kendall-Tackett, K. A., L. M. Williams, and D. Finkelhor

1993 Impact of Sexual Abuse on Children: A Review and Synthesis of Recent Empirical Studies. *Psychological Bulletin* 113: 164—180.

Kenny, M.

1986 *The Passion of Ansel Bourne*. Washington, D. C.: Smithsonian.

Keyes, D.
  1981 *The Minds of Billy Milligan*. New York: Random House.
Kinsey, A. C.
  1953 *Sexual Behavior in the Human Female*. Philadelphia: W. B. Saunders.
Kirk, S.
  1992 *The Selling of DSM: The Rhetoric of Science in Psychiatry*. New York: de Gruyter.
Kitcher, P.
  1992 *Freud's Dream: A Complete Interdisciplinary Science of Mind*. Cambridge: MIT Press.
Kleist, H. von
  1988 *Five Plays*. Translated by Martin Greenberg. New Haven: Yale University Press.
Kluft, R. P.
  1984 Treatment of Multiple Personality Disorder: A Study of Thirty-Three Cases. *Psychiatric Clinics of North America* 7: 69—88.
  1987 First-Rank Symptoms as a Diagnostic Clue to Multiple Personality Disorder. *American Journal of Psychiatry* 144: 293—298.
  1989 Editorial: Reflections on Allegations of Ritual Abuse. *Dissociation* 2: 191—193.
  1991 Clinical Presentations of Multiple Personality Disorder. *Psychiatric Clinics of North America* 14: 605—629.
  1993a The Editor's Reflective Pleasures. *Dissociation* 6: 1—3.
  1993b The Treatment of Dissociative Disorder Patients: An Overview of Discoveries, Successes, and Failures. *Dissociation* 6: 87—101.
  1993c The Treatment of Multiple Personality Disorder—1984—1993. Tape VIIE-860—93. Alexandria, Va.: Audio Transcripts.
Kluft, R. P., ed.
  1985 *Childhood Antecedents of Multiple Personality*. Washington, D. C.: American Psychiatric Press.
Krane, J. J., and J. C. Connoly
  1992 *The Eleventh Mental Measurements Handbook*. Lincoln, Nebr.: Buros Institute of Mental Measurement.

Krüll, M.

    1986   *Freud and His Father*. German ed. 1979. Translated by A. J. Pomerans. New York: Norton.

Ladame, P. L.

    1888   Observation de somnambulisme hystérique avec dédoublement de la personnalité, guéri par la suggestion hypnotique. *Annales médico-psychologiques* 46: 313—320.

Laing, R. D.

    1959   *The Divided Self: A Study of Sanity and Madness*. London: Tavistock.

Lakoff, G.

    1987   *Women, Fire, and Dangerous Things: What Categories Reveal about the Mind*. Chicago: University of Chicago Press.

Lambek, M.

    1981   *Human Spirits: A Cultural Account of Trance in Mayotte*. Cambridge: Cambridge University Press.

Lampl, H. E.

    1988   *Flair du Livre. Friedrich Nietzsche und Théodule Ribot, eine trouvaille. Hundert Jahre "Zur Genealogie der Moral."* Zurich: am Abgrund.

Lancaster, E. (i. e., Chris Costner Sizemore)

    1958   *The Final Faces of Eve*. New York: McGraw-Hill.

Landis, J. T.

    1956   Experiences of Five Hundred Children with Adult Sexual Deviation. *Psychiatric Quarterly Supplement* 30: 91—109.

Laporta, L. D.

    1992   Childhood Trauma and Multiple Personality Disorder: The Case of a Nine-Year-Old Girl. *Child Abuse and Neglect* 16: 615—620.

Latour, B., and S. Woolgar

    1979   *Laboratory Life: The Social Construction of a Scientific Fact*. London and Beverly Hills: Sage.

Laupts, Dr.

    1898   Les phénomènes de la distraction cérébrale et les états dits de dédoublement de la personnalité. *Annales médico-psychologiques*, ser. 8, 8: 353—372.

Lessing, D.

1986 *The Good Terrorist* (1985). New York: Vintage.

Leys, R.

1992 The Real Miss Beauchamp: Gender and the Subject of Imitation. In *Feminists Theorize the Political*, edited by J. Butler and J. Scott, 167—214. London: Routledge.

1994 Traumatic Cures: Shell Shock, Janet, and the Question of Memory. *Critical Inquiry* 20: 623—662.

Lichtheim, L.

1885 On Aphasia. *Brain* 7: 433—484.

Lindau P.

1893 *Der Andere*. Dresden: Teubner.

Littré, E.

1875 La double conscience: fragment de physiologie physique. *Revue de philosophie positive* 14: 321—336.

Lizza, J. P.

1993 Multiple Personality and Personal Identity Revisited. *British Journal for the Philosophy of Science* 44: 263—274.

Lockwood, C.

1993 *Other Altars: Roots and Realities of Cultic and Satanic Ritual Abuse and Multiple Personality Disorder*. Minneapolis: CompCare Publishers.

Loewenstein, R. J.

1990 The Clinical Psychology of Males with Multiple Personality Disorder: A Report of Twenty-One Cases. *Dissociation* 3: 135—143.

1991 Psychogenic Amnesia and Psychogenic Fugue: A Comprehensive Review. *Review of Psychiatry* 10: 189—222.

Loftus, E., and K. Ketcham

1994 *The Myth of Repressed Memories: False Memories and Allegations of Sexual Abuse*. New York: St. Martin's Press.

Löwenfeld, L.

1893 Paul Lindaus "Der Andere" und die ärztliche Erfahrung. *Medicinische Wochenschrift* 40: 835—838.

Ludwig, A. M.

1972 The Objective Study of a Multiple Personality. *Archives of General*

Psychiatry 26: 298—310.

Lunier, L.

1874　*De l'influence des grands commotions politiques et sociales sur le développement des maladies mentales*. Paris: F. Savy.

MacKinnon, C.

1987　*Feminism Unmodified: Discourses on Life and Law*. Cambridge: Harvard University Press.

Malinosky-Rummell, R., and D. J. Hansen

1993　Long-term Consequences of Childhood Physical Abuse. *Psychological Bulletin* 114: 68—79.

Marmer, S. S.

1980　Psychoanalysis of Multiple Personality. *International Journal of Psychoanalysis* 61: 439—459.

Masson, J. M.

1984　*The Assault on Truth: Freud's Suppression of the Seduction Theory*. New York: Farrar, Strauss and Giroux.

Mayo, H.

1837　*Outlines of Human Physiology*. 4th ed. London: Renshaw.

Mayo, T.

1845　Case of Double Consciousness. *London Medical Gazette, or Journal of Practical Medicine*, n. s., 1: 120—121.

McCrone, J.

1994　Don't Forget Your Memory Aide. *New Scientist*, no. 1911 (5 February): 32.

Merskey, H.

1992　The Manufacture of Personalities: The Production of Multiple Personality Disorder. *British Journal of Psychiatry* 160: 327—340.

Micale, M. S.

1989　Hysteria and Its Historiography: A Review of Past and Present Writings. *History of Science* 27: 223—261.

1990a　Charcot and the Idea of Hysteria in the Male: Gender, Mental Science, and Medical Diagnosis in Late Nineteenth-Century France. *Medical History* 34: 363—411.

1990b Hysteria and Historiography: The Future Perspective. *History of Psychiatry* 1: 33—124.

1993 On the Disappearance of Hysteria: A Study in the Clinical Deconstruction of a Diagnosis. *Isis* 84: 496—526.

Micale M. S., ed.

1993 *Beyond the Unconscious: Essays of Henri F. Ellenberger in the History of Psychiatry*. Princeton: Princeton University Press.

Middlebrook, D. W.

1991 *Anne Sexton: A Biography*. New York: Houghton Mifflin.

Miller, K.

1987 *Doubles: Studies in Literary History*. 2d ed., corrected. Oxford. Oxford University Press.

Mitchell, J. V.

1983 *Tests in Print III*. Lincoln, Nebr.: Buros Institute of Mental Measurement.

Mitchill, S. L.

1817 A Double Consciousness, or a Duality of Person in the same Individual: From a Communication of Dr. MITCHILL to the Reverend Dr. NOTT, President of Union College. Dated January 16. 1816. *The Medical Repository of Original Essays and Intelligence Relative to Physic, Surgery, Chemistry and Natural History* etc. 18 [or New Series 3] From the issue of February 1816.

Moll, A.

1893 Die Bewusstseinspaltung in Paul Lindaus neuen Schauspiel. *Zeitschrift für Hypnotismus, Psychotherapie, sowie andere psychophysiologische und psychiatrische Forschungen* 1: 307—310.

Moore, M.

1938 Morton Prince, M. D., 1854—1929: A Biographic Sketch and Bibliography. *Journal of Nervous and Mental Diseases* 87: 701—710.

Mulhern, S.

1991a Embodied Alternative Identities: Bearing Witness to a World That Might Have Been. *Psychiatric Clinics of North America* 14: 769—785.

1991b Letter. *Child Abuse and Neglect* 15: 609—611.

1991c Satanism and Psychotherapy. In *The Satanism Scare*, edited by J. T. Richardson, J. Best, and D. G. Bromley, 145—173. New York: Aldine de

Gruyter.

1993 A la recherche du trauma perdu. Le trouble de la personnalité multiple. *Chimères* 18: 53—86.

1995 Deciphering Ritual Abuse: A Socio-Historical Perspective. *International Journal for Clinical and Experimental Hypnosis*.

Murphy, J. M., et al.

1987 Performance of Screening and Diagnostic Tests: Application of Receiver Operating Characteristic Analysis. *Archives of General Psychiatry* 44: 550—555.

Murray, D.

1983 *A History of Western Psychology*. Englewood Cliffs, N. J.: Prentice-Hall.

Myers, A. T.

1896 The Life-History of a Case of Double or Multiple Personality. *Journal of Mental Science* 31: 596—605.

Myers, F. W. H.

1896 Multiplex Personality. *Proceedings of the Society for Psychical Research* 4: 596—514.

1903 *Human Personality and Its Survival of Bodily Death*. 2 vols. London: Longmans, Green.

Nelson, B.

1984 *Making an Issue of Child Abuse: Political Agenda Setting for Social Problems*. Chicago: University of Chicago Press.

North, C. S., et al.

1993 *Multiple Personalities, Multiple Disorders: Psychiatric Classification and Media Influence*. New York: Oxford University Press.

Nye, R. A.

1984 *Crime, Madness and Politics in Modern France: The Medical Concept of National Decline*. Princeton: Princeton University Press.

Ofshe, R., and E. Watters

1994 *Making Monsters: False Memories, Psychotherapy and Sexual Hysteria*. New York: Charles Scribners' Sons.

Olafson, E., D. L. Corwin, and R. C. Summit

1993 Modern History of Child Sexual Abuse Awareness: Cycles of Discovery and Suppression. *Child Abuse and Neglect* 17: 7—24.

Olsen, J. A., R. J. Loewenstein, and N. Hornstein
 1992 Mini-Workshop: Gender Issues and Influences in the Treatment of MPD. Ninth International Conference of Multiple Personality and Dissociative States, Tape E-770-92. Alexandria, Va.: Audio Transcripts.

Ondrovik, J., and D. M. Hamilton
 1990 Multiple Personality: Competency and the Insanity Defense. *American Journal of Forensic Psychiatry* 11: 41—64.

O'Neill, P.
 1992 Violence and Its Aftermath: Introduction. *Canadian Psychology* 33: 119—127.

Orne, M. T., D. F. Dingfes, and E. C. Orne
 1984 On the Differential Diagnosis of Multiple Personality in the Forensic Context. *International Journal of Clinical and Experimental Hypnosis* 32: 118—169.

Passantino G., B. Passantino, and J. Trott
 1990 Satan's Sideshow: The True Laura Stratford Story. *Cornerstone* 18: 24—28.

Perr, I. N.
 1991 Crime and Multiple Personality: A Case History and Discussion. *Bulletin of the American Academy of Psychiatry and Law* 19: 203—214.

Peterson, G.
 1990 Diagnosis of Childhood Multiple Personality Disorder. *Dissociation* 3: 3—9.

Pickering, A.
 1986 *Constructing Quarks*. Chicago: University of Chicago Press.

Pitres, A.
 1891 *Leçons cliniques sur l'hystérie et l'hypnotisme faites à l'hôpital Saint-André à Bordeaux*. 2 vols. Paris: Doin.

Plint, T.
 1851 *Crime in England: Its Relation, Character and Extent, as Developed from 1801 to 1848*. London: Charles Gilpin.

Prince, M.

1890 Some of the Revelations of Hypnotism: Posthypnotic Suggestion, Automatic Writing, and Double Personality. *Boston Medical and Surgical Journal* 122: 463—467.

1905 *The Dissociation of a Personality: A Biographical Study in Abnormal Psychology*. New York: Longmans, Green.

1920 Babinski's Theory of Hysteria. *Journal of Abnormal Psychology*. 20: 312—324.

Prince, W. F.

1915—1916 The Doris Case of Quintuple Personality. *Proceedings of the American Society for Psychical Research* 9: 23—700; 10: 701—1419.

1923 The Mother of Doris. *Proceedings of the American Society of Psychical Research* 17: 1—216.

Proust, A.

1890 Automatisme ambulatoire chez un hystérique. *Bulletin de médecine* 4: 107—109.

Proust, M.

1961 *A la recherche du temps perdu*. 3 vols. Paris: Gallimard.

Putnam, F. W.

1988 The Switch Process in Multiple Personality Disorder and Other State-Change Disorders. *Dissociation* 1: 24—32.

1989 *Diagnosis and Treatment of Multiple Personality Disorder*. New York: The Guilford Press.

1991 The Satanic Ritual Abuse Controversy. *Child Abuse and Neglect* 15: 95—111.

1992a Altered States: Peeling Away the Layers of Multiple Personality. *The Sciences*, November/December, 30—38.

1992b Are Alter Personalities Fragments or Figments? *Psychoanalytic Inquiry* 12: 95—111.

1993 Diagnosis and Clinical Phenomenology of Multiple Personality Disorder: A North American Perspective. *Dissociation* 6: 80—86.

Putnam, F. W., T. P. Zahn, and R. M. Post

1990 Differential Autonomic Nervous System Activity in Multiple Personality Disorder. *Psychiatric Research* 31: 251—260.

Putnam F. W., et al.

    1986   The Clinical Phenomenology of Multiple Personality Disorder: A Review of One Hundred Recent Cases. *Journal of Clinical Psychiatry* 47: 285—293.

Rank, Otto

    1971   Translated and edited by Harry Tucker, Jr. *The Double: A Psychoanalytic Sudy*. University of North Carolina Press.

Ray, W. J., et al.

    1992   Dissociative Experiences in a College Population: A Factor Analytic Study of Two Dissociative Scales. *Personal and Individual Differences* 13: 417—424.

Raymond, F., and Pierre Janet

    1895   Les délires ambulatoires ou les fugues. *Gazette des hôpitaux*, 754—762, 787—793. [Notes taken by Janet of Raymond's lecture.]

Reagor, P. A., J. D. Kaasten, and N. Morelli

    1992   A Checklist for Screening Dissociative Disorders in Childhood and Early Adolescence. *Dissociation* 5: 4—19.

Reppucci, N. D., and J. J. Haugaard

    1989   Prevention of Child Sexual Abuse: Myth or Reality. *American Psychologist*, October, 1266—1275.

Reynolds, J. R.

    1869a   Certain Forms of Paralysis depending on Idea. *British Medical Journal* 2: 378.

    1869b   Remarks on Paralysis, and Other Disorders of Motion and Sensation, Dependent on Idea. *British Medical Journal* 2: 483—485.

Ribot, T.

    1870   *La psychologie anglaise contemporaine et expérimentale*. Paris: Ladrange.

    1881   *Les maladies de la mémoire*. Paris: Baillière.

    1883   *Les maladies de la volonté*. Paris: Alcan.

    1885   *Les maladies de la personnalité*. Paris: Alcan.

Richards, D. G.

    1991   A Study of the Correlation between Subjective Psychic Experiences and Dissociative Experiences. *Dissociation* 4: 83—91.

Riley, K. C.

1988   Measurement of Dissociation. *Journal of Nervous and Mental Disease* 176:
149—150.

Rivera, M.

1987   Am I a Boy or a Girl? Multiple Personality as a Window on Gender Differences. *Resources for Feminist Research/Documentation sur la Recherche Féministe* 17 (2): 41—43.

1988   "All of Them to Speak: Feminism, Poststructuralism, and Multiple Personality." Ph. D. diss., University of Toronto.

1991   Multiple Personality Disorder and the Social Systems: 185 Cases. *Dissociation* 4: 79—82.

Rivera, M., and J. A. Olson

1994   Treating Multiple Personality in Its Social Context: A Feminist Perspective. Abstract for 1994 ISSMP&D Fourth Annual Spring Conference. Vancouver, Canada.

Romans, S. E., et al.

1993   Otago Women's Health Survey Thirty Month Follow-up. I. Onset Patterns of Non-psychotic Psychiatric Disorder. II. Remission Patterns of Non-psychotic Psychiatric Disorder. *British Journal of Psychiatry* 163: 733—738, 739—746.

Root-Bernstein, R. S.

1990   Misleading Reliability. *The Sciences*, March/April, 44—47.

Rosch, E.

1978   Principles of Categorization. In *Cognition and Categorization*, edited by E. Rosch and B. B. Lloyd, 27—48. Hillside, N. J.: Lawrence Erlbaum.

Rose, J.

1986   *Sexuality in the Field of Vision*. London: Verso.

Rosenbaum, M.

1980   The Role of the Term Schizophrenia in the Decline of Multiple Personality. *Archives of General Psychiatry* 37: 1383—1385.

Rosenfeld, I.

1988   *The Invention of Memory: A New View of the Brain*. New York: Basic Books.

Rosenzweig, S.

1987　Sally Beauchamp's Career: A Psychoarchaeological Key to Morton Prince's Classic Case of Multiple Personality. *Genetic, Social and General Psychology Monographs* 113: 5—60.

Ross, C. A.

1987　Inpatient Treatment of Multiple Personality Disorder. *Canadian Journal of Psychiatry* 32: 779—781.

1989　*Multiple Personality Disorder: Diagnosis, Clinical Features and Treatment*. New York: Wiley.

1990　Letter. *British Journal of Psychiatry* 156: 449.

1991　Epidemiology of Multiple Personality and Dissociation. *Psychiatric Clinics of North America* 14: 503—517.

1993　Conversations with the President of ISSMP&D. Tape XIIE-860-93. Alexandria, Va.: Audio Transcripts.

1994　*The Osiris Complex: Case Studies in Multiple Personality Disorder*. Toronto: University of Toronto Press.

Ross, C. A., G. Anderson, W. P. Fleisher, and G. R. Norton

1991　The Frequency of Multiple Personality among Psychiatric Inpatients. *American Journal of Psychiatry* 148: 1717—1720.

Ross, C. A., S. Heber, and G. Anderson

1990　The Dissociative Disorders Interview Schedule. *American Journal of Psychiatry* 147: 1698- -1699.

Ross, C. A., S. Heber, et al.

1989　Differences between Multiple Personality Disorder and Other Diagnostic Groups on the Structured Diagnostic Interview. *Journal of Nervous and Mental Disease* 177: 487—491.

Ross, C. A., S. Joshi, and R. Currie

1990　Dissociative Experiences in the General Population. *American Journal of Psychiatry* 147: 1547—1552.

1991　Dissociative Experiences in the General Population: A Factor Analysis. *Hospital and Community Psychiatry* 42: 297—301.

Ross, C. A., S. D. Miller, et al.

1990　Structured Interview Data on 102 Cases of Multiple Personality Disorder from Four Centers. *American Journal of Psychiatry* 147: 596—601.

Ross, C. A., G. R. Norton, and K. Wozney
1989   Multiple Personality Disorder: An Analysis of 236 Cases. *Canadian Journal of Psychiatry* 34: 413—418.

Ross, C. A., L. Ryan, L. Vaught, and L. Eide
1992   High and Low Dissociators in a College Student Population. *Dissociation* 4: 147—151.

Rossi, P.
1960   *Clavis Univeralis: Arti Mnemoniche e logica combinatoria de Lulle a Leibniz*. Milan: Ricardi.

Roth, M. S.
1991a   Dying of the Past: Medical Studies of Nostalgia in Nineteenth-Century France. *History and Memory* 3: 5—29.
1991b   Remembering Forgetting: *Maladies de la mémoire* in Nineteenth Century France. *Representations* 26: 49—68.
1992   The Time of Nostalgia: Medicine, History, and Normality in Nineteenth-Century France. *Time and Society* 1 (2): 271—286.

Rouillard, A. -M. -P.
1885   *Essai sur les amnésies principalement au point de vue étiologique*. Paris: Le Clerc.

Rowan, J.
1990   *Subpersonalities: The People Inside Us*. London and New York: Routledge.

Rush, F.
1980   *The Best Kept Secret: Sexual Abuse of Children*. New York: McGraw-Hill.

Ryan, L.
1988   Prevalence of Dissociative Disorders and Symptoms in a University Population. Ph. D. diss., California Institute of Integral Studies, San Francisco.

Ryle, G.
1949   *The Concept of Mind*. London: Hutchinson.

Safferman, A., et al.
1991   Update on the Clinical Efficiency and Side Effects of Clozapine. *Schizophrenia Bulletin* 17: 247—261.

Sakheim, D., and S. E. Devine

1992　*Out of Darkness: Exploring Ritual Abuse.* New York: Lexington.

Saks, E. R.

1994a　Does Multiple Personality Disorder Exist? The Beliefs, the Data and the Law. *International Journal of Law and Psychiatry* 17: 43—78.

1994b　Integrating Multiple Personalities, Murder and the Status of Alters as Persons. *Public Affairs Quarterly* 8: 169—182.

Saltman V., and B. Solomon

1982　Incest and Multiple Personality. *Psychological Reports* 50: 1127—1141.

Sanders, B.

1992　The Imaginary Companion Experience in Multiple Personality. *Dissociation* 5: 159—162.

Sauvages, F. Boissière de la C.

1771　*Nosologie methodique* (Latin 1768). 3 vols. Paris: Hérissent et fils.

Saxe, G. N., et al.

1993　Dissociative Disorders in Psychiatric Inpatients. *American Journal of Psychiatry* 150: 1037—1042.

Schivelbush, W.

1986　*The Railway Journey.* Berkeley and Los Angeles: University of California Press.

Schneider, K.

1959　*Clinical Psychopathology.* Translated by M. H. Hamilton. New York: Grune and Stratton.

Schreiber, F. R.

1973　*Sybil.* Chicago: Regnery.

Schubert, G. H. von

1814　*Die Symbolik des Traumes.* Leipzig: Brockhaus.

Sgroi, S.

1975　Sexual Molestation of Children: The Last Frontier of Child Abuse. *Children Today*, May—June 1975, 18—21 and continuation.

Shorter, E.

1992　*From Paralysis to Fatigue: A History of Psychosomatic Illness in the Modern Era.* New York: Free Press.

Showalter, E.

1993 Hysteria, Feminism and Gender. In *Hysteria beyond Freud*, edited by S. L. Gilman et al., 286—344. Berkeley and Los Angeles: University of California Press.

Sizemore, C. C.
1989 *A Mind of My Own*. New York: Morrow.

Sizemore, C. C., and E. S. Pitillo
1977 *I'm Eve*. Garden City, N. Y.: Doubleday.

Slovenko, R.
1993 The Multiple Personality and the Criminal Law. *Medicine and Law* 12: 329—340.

Smith, M.
1992 A Reply to Ganaway: The Problem of Using Screen Memories as an Explanatory Device in Accounts of Ritual Abuse. *Dissociation* 5: 117—119.
1993 *Ritual Abuse: What It Is, Why It Happens, How to Help*. San Francisco: Harper.

Spence, D. P.
1982 *Narrative Truth and Historical Truth: Meaning and Interpretation in Psychoanalysis*. New York: Norton.

Spencer, J.
1989 *Suffer the Child*. New York: Pocket Books.

Spiegel, D.
1993a Dissociation, Trauma and *DSM-IV*. Lecture to the Tenth International Conference on Multiple Personality/Dissociative States, Chicago, 15—17 October; Tape VII-860-93. Alexandria, Va.: Audio Transcripts.
1993b Letter, 20 May 1993, to the Executive Council, International Society for the Study of Multiple Personality and Dissociation. *News. International Society for the Study of Multiple Personality & Dissociation* 11 (4): 15.

Spitzer, R. L., et al.
1989 *DSM-III-R Casebook: A Learning Companion to the Diagnostic and Statistical Manual*. 3d ed., rev. Washington, D. C.: American Psychiatric Press.

Steinberg, M.
1985 *Structured Clinical Interview for the DSM-III-R Dissociative Disorders (SCI-D)*. New Haven, Conn.: Yale University Graduate School of Medicine.

1993 *Interviewer's Guide to the Structured Clinical Interview for DSM-IV Dissociative Disorders*; *Structured Clinical Interview for DSM-IV Dissociative Disorders* (*SCI-D*). Washington, D. C.: American Psychiatric Press.

Steinberg, M., J. Bancroft, and J. Buchanan

1993 Multiple Personality Disorder in Criminal Law. *Bulletin of the American Academy of Psychiatry and Law* 21: 345—355.

Steinberg, M., B. Rounsaville, and D. V. Cicchetti

1990 The Structured Clinical Interview for *DSM-III-R* Dissociative Disorders: Preliminary Report on a New Diagnostic Instrument. *American Journal of Psychiatry* 147: 76—82.

1991 Detection of Dissociative Disorders in Psychiatric Patients by a Screening Instrument and a Structured Diagnostic Interview. *American Journal of Psychiatry* 148: 1050—1054.

Steinberg, M., et al.

1993 Clinical Assessment of Dissociative Symptoms and Disorders: The *Structured Clinical Interview for DSM-IV Dissociative Disorders* (*SCI-D*). *Dissociation* 6: 3—15.

Stern, C. R.

1984 The Etiology of Multiple Personalities. *Psychiatric Clinics of North America* 7: 149—160.

Stigler, S. M.

1978 Some Forgotten Work on Memory. *Journal of Experimental Psychology, Human Learning and Memory* 4: 1—4.

Stowe, R.

1991 *Not the End of the World*. New York: Pantheon.

Stratford, L.

1988 *Satan's Underground*. Harvest House. Reissued. Gretna, La.: Pelican Publishing Co., 1991.

Suryani, L., and G. D. Jensen

1993 *Trance and Possession in Bali: A Window on Western Multiple Personality, Possession Disorder, and Suicide*. New York: Oxford University Press.

Taine, H. -A.

1870 *De l'intelligence*. 2 vols. Paris: Hachette. Vol. 1.

1878 *De l'intelligence*. 2 vols. Paris: Hachette. 3d ed. Vol. 1.

Taylor, J.

1994 The Lost Daughter. *Esquire*, March, 76—87.

Taylor, W. S., and M. F. Martin

1944 Multiple Personality. *Journal of Abnormal and Social Psychology* 39: 281—300.

Terman, L. M., and A. Maud

1937 *Measuring Intelligence*. London: Harrap.

Terr, L.

1979 Children of Chowchilla: A Study of Psychic Trauma. *Psychoanalytic Study of the Child* 34: 547—623.

1994 *Unchained Memories: True Stories of Traumatic Memories, Lost and Found*. New York: Basic Books.

Thigpen, C. H., and H. Cleckley

1954 A Case of Multiple Personality. *Journal of Abnormal and Social Psychology* 49: 135—151.

1957 *The Three Faces of Eve*. New York: McGraw-Hill.

1984 On the Incidence of Multiple Personality Disorder. *International Journal of Clinical and Experimental Hypnosis* 32: 63—66.

Tissié, P.

1887 *Les aliénés voyageurs*. Paris: Doin.

Torem, M. S.

1990a Covert Multiple Personality Underlying Eating Disorders. *American Journal of Psychotherapy* 44: 357—68.

1990b A Dialogue with Dr. Cornelia Wilbur. *Trauma and Recovery* 3: 8—12.

1992 Mini-Workshop—Eating Disorders in MPD patients. Tape C-770-92b. Alexandria, Va.: Audio Transcripts.

Torem, M. S., et al. (ISSMP&D Executive Council)

1993 Letter, 17 May 1993, to David Spiegel. *News. International Society for the Study of Multiple Personality & Dissociation* 11 (4): 13—15.

Trimble, M. R.

1981 *Post-Traumatic Neurosis: From Railway Spine to the Whiplash*. New York: Wiley.

Tymms, R.
　1949　*Doubles in Literary Psychology*. Cambridge: Bowes and Bowes.

Tyson G. M.
　1992　Childhood Multiple Personality Disorder/Dissociative Identity Disorder: Applying and Extending Current Diagnostic Checklists. *Dissociation* 5: 20—27.

van Benschoten, S. C.
　1990　Multiple Personality Disorder and Satanic Ritual Abuse: The Issue of Credibility. *Dissociation* 3: 22—30.

van der Hart, O.
　1993a　Guest Editorial: Introduction to the Amsterdam Papers. *Dissociation* 6: 77—78.
　1993b　Multiple Personality in Europe: Impressions. *Dissociation* 6: 102—118.
　1996　Ian Hacking on Pierre Janet: A Critique with Further Observations. *Dissociation* 9: 80—84.

van der Hart, O., and S. Boon
　1990　Contemporary Interest in Multiple Personality in the Netherlands. *Dissociation* 3: 34—37.

van der Kolk, B.
　1993　The Intrusive Past: The Flexibility of Memory and the Engraving of Trauma. Tape XIII-860-93A. Alexandria, Va.: Audio Transcripts.

van der Kolk, B. A., and B. A. Greenberg
　1987　The Psychobiology of the Trauma Response: Hyperarousal, Constriction, and Addiction to Traumatic Reexposure. In *Psychological Trauma*, edited by B. A. van der Kolk. Washington, D. C.: American Psychiatric Press.

van der Kolk, B. A., and O. van der Hart
　1989　Pierre Janet and the Breakdown of Adaptation in Psychological Trauma. *American Journal of Psychiatry* 146: 1530—1540.

Vanderlinden, J., et al.
　1991　Dissociative Experiences in the General Population in the Netherlands: A Study with the Dissociative Questionnaire (DIS-Q). *Dissociation* 4: 180—184.

Vibert, C.

1893 Contribution à l'étude de la névrose traumatique. *Annales d'hygiéne publique et de médecine légale*, ser. 3, 29: 96—117.

Voisin, J.

1885 Un cas de grande hystérie chez l'homme avec dédoublement de la personnalité. *Archives de neurologie* 10: 212—225.

1886 Note sur un cas de grande hystérie chez l'homme avec dédoublement de la personnalité. Arrêt de l'attaque par la pression des tendons. *Annales médico-psychologiques*, ser. 7, 3: 100—114.

Völgyesi, F. A.

1956 *Hypnosis of Man and Animals*. Translated by M. W. Hamilton from the German edition of 1938. London: Methuen.

Wakley, T.

1842—1843 (Unsigned editorial). *The Lancet* 1: 936—939.

Ward, T. O.

1849 Case of Double Consciousness Connected with Hysteria. *Journal of Psychological Medicine and Mental Psychology* 2: 456—461.

Warlomont, J. C. E.

1875 *Louise Lateau: Rapport médical sur la stigmatisée de Bois-d'Haine fait à l'Académie Royale de Médecine de Belgique*. Brussels: Muquardrt; Paris: Baillière.

Watkins, J. G.

1984 The Bianchi (L. A. Hillside Strangler) Case: Sociopath or Multiple Personality. *International Journal of Clinical and Experimental Hypnosis* 32: 67—101.

Whewell, W.

1840 *Philosophy of the Inductive Sciences*. London: Longman.

Whitehead, A. N.

1928 *Process and Reality*. Cambridge: Cambridge University Press.

Wholey, C. C.

1926 Moving Picture Demonstration of Transition States in a Case of Multiple Personality. *Psychoanalytic Review* 13: 344—345.

1933 A Case of Multiple Personality (Motion Picture Presentation). *American Journal of Psychiatry* 12: 653—688.

Wigan, A. L.

1844 *The Duality of the Mind Proved by the Structure Functions and Diseases of the Brain and by the Phenomena of Mental Derangement, and Shown to Be Essential to Moral Responsibility.* London: Longman, Brown, Green and Longmans.

Wilbur, C. B.

1984 Multiple Personality and Child Abuse. *Psychiatric Clinics of North America* 7: 3.

1985 The Effect of Child Abuse on the Psyche. In *The Childhood Antecedents of Multiple Personality*, edited by R. P. Kluft, 21—36. Washington, D. C.: American Psychiatric Press.

1986 Psychoanalysis and Multiple Personality Disorder. In *Treatment of Multiple Personality Disorder*, edited by B. Braun, 135—142. Washington, D. C.: American Psychiatric Press.

1991 Sybil and Me: How I Got to Be This Way. *Trauma and Recovery* 4: 4—7.

Wilbur C., and R. P. Kluft

1989 Multiple Personality Disorder. In *Treatments of Psychiatric Disorders*, 3: 2197—2234. Washington, D. C.: American Psychiatric Association.

Wilkes, K. V.

1988 *Real People: Personal Identity without Thought Experiments.* Oxford: Clarendon Press.

Wilson, J.

1842—1843 A Normal and Abnormal Consciousness Alternating in the Same Individual. *The Lancet* 1: 875—876.

Wittgenstein, L.

1956 *Remarks on the Foundations of Mathematics.* Oxford: Blackwell.

Wolff, P. H.

1987 *The Development of Behavioral States and the Expression of Emotions in Early Infancy.* Chicago: University of Chicago Press.

Wong, J.

1993 On the Very Idea of the Normal Child. Ph. D. diss., University of Toronto.

World Health Organization

1992 *The ICD-10 Classification of Mental and Behavioural Disorders: Clinical Descriptions and Diagnostic Guidelines.* Geneva: World Health Organization.

Yank, J. R.

1991 Handwriting Variations in Individuals with Multiple Personality Disorder. *Dissociation* 4: 2—12.

Yates, F.

1966 *The Art of Memory*. London: Routledge and Kegan Paul.

Young, W. C.

1991 Letter. *Child Abuse and Neglect* 15: 611—613.

Young, W. C., et al.

1991 Patients Reporting Ritual Abuse in Childhood: A Clinical Syndrome. Report of Thirty-seven Cases. *Child Abuse and Neglect* 15: 181—189.

Zubin, J., et al.

1983 Metamorphoses of Schizophrenia: From Chronicity to Vulnerability. *Psychological Medicine* 13: 551—571.

索引

(页码为原书页码,即本书边码)

abuse, child, 3, 13—15, 28, 39—40, 50—51, 55—68, 112, 210, 219, 237—239; medicalization of, 58; physical, 64; satanic (or sadistic) ritual, 33—35, 113, 116—117, 284n.21; sexual, 28, 62—68, 194, 262

abused, so abusive, 60—61

accident, 185

action: under a description, 192, 234, 247; intentional, 234; memory of, 249; rediscription of, 192, 249

age regression, 34, 179

AIDS, 15

Albert Dad., 31, 170

alcoholism, 26, 72, 73, 103

Alice in Wonderland, 18

Allison, R. B., 40, 45—51, 70

alternating personality, 69, 128, 223

alters, 18, 226, 266; age of, 51, 76, 279n.27; angelic, 157; child, 29, 37, 43, 228; contracts with, 28; cult, 119; and false consciousness, 266; fragments, 17, 27, 236, 271n.24; gender of, 51, 69, 76—79; number of, 21, 51, 77; persecutor, vicious, 24, 71, 77, 151, 168, 236; protective, rescuer, 28, 47, 49, 77; shared skills of, 228

Alzheimer's disease, 3, 199

ambulatory automatism, 170

American Medical Association, 58

American Psychiatric Association, 8, 9, 11, 47, 51

amnesia, 3, 22, 23, 25, 33, 72, 184, 189, 206, 208, 223, 264; anterograde, retrograde, 190; traumatic, 208; two-way, 154, 170

Amytal interview, 42

anatomo-politics, 214, 217

Anna O., 137, 286n.30

Anscombe, G. E. M., 234, 248—249, 279n.2

anthropometry, 201

antipsychiatry, 138
anxiety neuroses, 194
apperception: centers of, 229; transcendental unity of, 230
Aquinas, T., 202
Ariès, P., 55, 242
Aristotle, 201, 216, 264, 265
As the World Turns, 50
attention deficit disorder, 145
Aubrey, J., 218
Augustine, 218
Austin, J. L., 11
autonomic nervous system, 31
autonomy, 79, 264
autoscopy, 278n.12
Azam, E., 148, 171, 207, 228; bibliography of, 288n.1; biography of, 160; and Broca, 161, 203; on criminal responsibility, 49; and hypnotism, 161; on Louis Vivet, 182; and Louise Lateau, 165; presents Félida as double personality, 159; on total somnambulism, 157; on traumatic amnesia, 190—191

Babinski, J., 135, 161, 172
Bach, S., 138
Ballet, Dr., 275n.39
Barnum, P. T., 36
battered baby syndrome, 58, 60, 61, 80
Beahrs, J., 270n.21
Beauchamp, Miss Sally, 132, 228, 231
Belasco, D., 232
Bellanger, A. -R., 279n.22
Bernheim, H., 172
Bernice R., 261—266
Bernstein, E. M. See Carlson, Eve Bernstein
Bertrand, A. -J. -F., 155
Bianchi, Kenneth, 49
Binet, A., 97—98, 172
biography, 218
bio-politics, 214
bipolar disorder, 44, 133
bisexuality, 77
Blanche Wittman, 191
Bleuler, E., 128—134, 138, 151
Bliss, E. L., 31, 277n.2
Bonaparte, M., 132
Boor, M., 52
Bouchut, F., 169
Bourne, Ansel, 223
Bourreau, A., 147
Bourru, H., 171, 177, 180
Bowers, M. K., 276n.46
Braid, J., 144, 149, 160, 161
brain, dual hemispheres of, 154, 169. See also head injury
Braude, S., 136, 223, 227
Braun, B. G., 17, 52, 60, 117, 123, 277n.2
Breuer, J., 77, 86, 129, 137, 150, 166, 181, 191, 193, 273n.5
Briquet, P., 218

Broca, P., 161, 203, 215, 217
Brouardel, P., 275n.9
Browne, J. Crichton, 153—154, 162
Burot, P., 171, 177, 180, 182

calibration, 98, 109, 281n.8
Camuset, L., 175—176
cancer, 15
cannibalism, 114, 117
Carlson, E. T., 152
Carlson, Eve Bernstein, 97, 101—102, 110, 151
Carruthers, M., 201
Carter, C. K., 295n.14
catalepsy, 160
catatonia, 138
Caul, D., 48, 51—52
cause, causation, 12—15, 59, 73, 86—95
Cavell, M., 272n.24
census, 217, 293n.6
Central Intelligence Agency, 125
Charcot, J. -M., 5, 133, 135, 169, 187, 191, 205, 275n.39; on ambulatory automatism, 170; as expert witness, 50; and Freud, 183, 192; on hypnotism, 144, 156, 171; on hysteria, 155; on metallotherapy, 172
Children's Aid Society, 56
Chomsky, N., 199
Chu, J. A., 109, 270n.15, 283n.42
Cicero, 201
clairvoyance, 154

Collège de France, chair of psychology at, 159, 165, 207
Collins, W., 189
Comaroff, J., 126
Comte, A., 163
Condillac, E. B. de, 163
Condon, R., 119
conscience, 49
consciousness, 18, 19, 150, 160, 164, 221, 225; co-consciousness, 27, 130; of self, 223
consent, by multiple personality patient, 51
construct validity, 98, 281n.9
construction. *See* social construction
Continuing Medical Education (CME), 53
conversion symptoms, 29, 162
Coons, P. M., 17, 85, 124
coping, coping mechanism, 13—14, 28, 43, 47, 74, 87, 93, 120, 226, 256
Cousin, V., 159, 163, 207
Crabtree, A., 149, 151, 173, 270n.21
cruelty to children, 56
cults, 33—35, 114, 213

Danziger, K., 204, 216—218
Davidson, D., 279n.2, 294nn. 2 and 3
Davis, D., 37
dédoublement, 160, 161—165, 171, 175—176, 207
degeneracy, 165, 290n.13

Delannay, 200
Deleuze, G., 184
DeMause, L., 242
dementia, 208
dementia praecox, 9, 130
Dennett, D., 223—228
depersonalization, 102, 137, 164, 278n.12
depression, 15, 25, 33, 35
derealization, 102
désagrégation, 44
Descartes, R., 163, 216
Despine, C. H. A., 45, 156, 288n.26
Dewey, R., 279n.24
Diagnostic and Statistical Manual (*DSM*), 15, 22, 24; *DSM-III*, 10, 20, 26, 51, 102, 107, 180; *DSM-III-R*, 10, 52, 107, 269n.10, 271n.34; *DSM-IV*, 10, 17, 18, 22, 90, 102, 107, 133, 140, 142, 188, 271n.34; *DSM-V*, 19
Diderot, D., 148
dissociation, 15, 150; "dissociation," 44; linear continuum of, 24, 89, 96—98, 107—110, 145, 230; measurement of, 89, 96—110
Dissociation, 39, 45, 52, 114, 115
dissociative disorders, 15
Dissociative Disorders Interview Schedule (DDIS), 107
Dissociative Experiences Scale (DES), 96, 100, 101, 280n.6
dissociative identity disorder, 3, 17—18, 54, 71, 232, 237, 266; criteria for, 19
Dissociative Questionnaire (DQ), 281n.11
dissociative trance disorder, 142
Donovan, D. M., 88, 91—92, 242, 280n.16
Dostoyevsky, F., 40, 72, 127, 278n.12
double consciousness, 21, 27, 69, 128, 148, 150, 164, 166, 169, 184, 216, 221; *double conscience*, 150, 160
Douglas, M., 146
Dubrow, J., 52
Durrell, L., 123

eating disorders, 16, 26, 109, 120, 151, 272n.10
Ebbinghaus, H., 204, 217
Egger, V., 168
Ellenberger, H., 40, 43, 50, 130, 151, 195—196, 269n.4, 278n.11
epidemiology, 69
epilepsy, 170, 278n.12
Erichsen, J. E., 185
Erickson, M. H., 46, 195
Estelle L'Hardy, 45, 156—157
ethical theory, types of, 65, 263
etiology, 43, 55, 61, 85, 88, 93, 114, 137. *See also* cause
Eve, 34, 40—41, 232. *See also* Sizemore, C. C.; *Three Faces of Eve, The*

exorcism, 45, 48
extrasensory powers, 154

factor analysis, 107, 283n.36
Falret, J. -P., 133, 190
false consciousness, 79, 258—267
False Memory Syndrome Foundation, 14, 54, 115, 121, 122, 210, 258
false positives, 110
family resemblances (Wittgenstein), 23
Fechner, G., 204
Félida X., 148, 159—170, 171, 176, 207, 228
feminism, 13, 28, 50—51, 57, 74, 78, 137, 213, 264—266; feminist historians, 162; Radical Feminist Conference, 62
Féré, C., 172
Fernando, L., 108
Fine, C. G., 115, 156
Finkelhor, D., 63— 65
Fischer-Homberg, E., 183—185
flashbacks, 26, 125, 126, 203, 214, 252
Flock, The, 36
Foucault, M., 4, 198, 214—218, 264, 295n.2
fractional personality disorder, 226
Franco-Prussian War, 163, 188, 207
Frankel, F., 9, 96, 105, 108, 124, 270n.17
Franklin, B., 144

Fraser, G. A., 52, 116
Fraser, S., 122
Freud, S., 4, 9, 39, 42—43, 126, 132, 133—134, 136, 150, 181, 183, 199, 209, 242, 254, 286n.17, 295nn. 14 and 1; and feminism, 137; on hysteria, 84—86, 192; and Janet, 44, 191, 195, 273n.15; and Masson, 122; on primal scene, 249; on splitting, 9, 150; and truth, 195; uses Azam's terminology, 129, 166
Freyd, J. F., 123
Freyd, P., 122—123
fugue, 31, 43, 170, 223
functionalism, 216

Galton, F., 201
Ganaway, G., 114—115, 120
Gardner, M., 124
Garnier, P., 275n.39
Gauld, A., 148, 151, 155, 173, 181
Gelfand, T., 192
gender, 29, 69—80, 170
Genesis, 87
genocide, 211
George, A., 275n.43
Geraldo Rivera. See Rivera, Geraldo
germ theory of disease, 193
glasses, prescription for, 30
globus, 153, 166, 288n.21
Goddard, H. H., 86, 97, 231, 245, 252, 261

Goldstein, J., 218
Goodman, N., 3
Graham, M., 275n.5
Greaves, G. B., 45, 52, 129, 132, 134, 269n.4

hallucinations, 140
handwriting, 30
Harrington, A., 288n.22
Hart, B., 134, 286n.17
Hartmann, E. von, 206
head injury, 183, 189—190
health insurance, 52
Hegel, 164
Herman, J., 55, 75, 212
Herodotus, 188
heterosexism, 79
Hilgard, E., 124, 226, 276n.46
Hillside Strangler, 49
Hoffman, E. T. W., 72, 278n.12
Hogg, J., 40, 72, 278n.12
holocaust, 3, 115, 210
Horevitz, R. P., 277n.2
host-parasite model, 115, 135, 256
Humane Society, 56
Hume, D., 252
Humphrey, N., 223—224
hyperesthesia, 157, 160—162
hypermnesia, 205
hypnoid state, 151
hypnotism, 15, 31, 42, 51, 71, 87, 96—97, 106, 119—120, 131, 135, 136, 143, 148, 155—162, 184, 187, 193, 223

hysteria, 5, 21, 29, 69, 84, 86, 97, 131—135, 155, 167—169, 184, 212, 219; *agents provocateurs* of, 188, 193; bibliography of, 289n.5; in Freud, 192—193; *grande hystérie*, 144, 187, 192, 212; and inheritance, 187, 192; male, 170—171, 187; statistics of, 187; and trauma, 191

iatrogenesis, 12, 256
imaginary playmates, 77, 88
impressionism, 5
incest, 5, 43, 58, 62, 86, 114, 126, 213, 246, 261—262
indeterminacy of the past, 234—257
Inner (or Internal) Self Helper (ISH), 28, 46—47
intention, 235
International Classification of Diseases (ICD-10), 10, 140, 142
International Society for the Study of Dissociation, 112
International Society for the Study of Multiple Personality and Dissociation (ISSMP&D), 17, 19, 23, 39, 45, 60, 70, 73, 81, 90, 112—113, 117, 123, 156
IQ tests, 97, 281n.10

J. H——, 153—154, 162
James, W., 44, 223
Janet, J., 191

Janet, Paul, 165, 169
Janet, Pierre, 50, 129, 131, 136, 144, 165, 251—252, 278n.12; and "dissociation," 112; on double personality as a bipolar disorder, 44, 133—134; and Ellenberger, 44; and Estelle, Despine, 157—158; on Félida, 159, 207; and Freud, 44, 191, 195, 273n.15; on hysteria, 163; his patients Marie and Marguerite, 260—261; removing traumatic memories by hypnotism, 246, 263; and R. L. Stevenson, 278n.12, 286n.17; on trauma, 86, 137; and truth, 195
Jardine, N., 98, 281n.8
Jonah, 28, 35, 42
Jones, E., 134
Kael, Pauline, 119
Kahneman, D., 110
Kant, I., 68, 164, 229—230, 260, 264—265
Kempe, C. H., 60
Kenny, M., 78, 151—152
kinds of people, 22, 59
Kinsey, A. C., 63
Kitcher, P., 194
Kleist, H. von, 72, 238, 278n.13
Kluft, R. P., 9, 78, 82, 124, 175, 277n.2; on Despine, 45, 156—157; and *Dissociation*, 52; Four-Factor Model of, 89; on MPD subculture, 38; on overuse of DES, 103; on satanic ritual abuse, 115—117
knowledge, *connaissance* and *savoir* (depth and surface), 190, 198, 212—214, 291n.1
Kraepelin, E., 130, 133
Krüll, M., 122
Kubrick, S., 47
Kuhn, T., 33, 141
Kurosawa, A., 123

La Mettrie, J. D. de, 208
labeling theory, 70
Lacan, J., 132, 144
Ladame, P. L., 169
Laing, R. D., 138
Lakoff, G., 272n.8
Lateau, Louise, 165
Lavoisier, A. L., 144
Legrand du Saulle, 190
Leibniz, G. W., 195, 229
Lóonie, 45, 136, 157, 161
Lessing, D., 79, 250
Lester, T., 50
Leys, R., 75—76
Lichtheim, L., 203
Lindau, P., 50
Littré, E., 164, 207
Locke, J., flashbacks in, 203, 219; on personal identity, 146, 164, 218, 221, 264
Loewenstein, R. J., 74, 81, 88, 93
Loftus, E., 124—125

looping effect of human kinds, 21, 61, 68, 239
Louis V. *See* Vivet, Louis
Luys, J. B., 172

Mabille, Dr., 173, 181
MacHugh, P., 124
Mackenzie, A., 242, 244
MacKinnon, C., 75
magnetism, animal, 144, 148, 151, 155—156, 165
making up people, 6, 94, 293n.6
Manchurian Candidate, The, 119—120
manic-depressive, 44
Marmer, S., 83—85
Masson, J. M., 75, 122, 137, 194
Mayo, H., 151, 154—155
Mayo, T., 288n.19
Mayotte, trance among, 145
McIntyre, D., 88, 91, 280n.16
McNish, R., 278n.12
measurement, 96—112
mediums, 48, 135, 142, 145, 229
memoro-politics, 143, 210—220, 250, 260, 264
memory, 3, 18—20, 54, 95, 113—127, 273n.15; anatomical study of, 204; art of, 4, 201—202; *bizarreries* of, 159, 165; communal, 210; and double consciousness, 154—155, 170; false, 31, 78, 121, 258—259; of Félida, 160; and hysteria, 193; psychodynamics of, 199, 204; recovered, 120, 126, 196, 212, 246; regression of, 179; repressed, 86, 234, 252; and responsibility, 146; as scene, 251; sciences of, 126, 155, 160, 198—209, 212; screen, 137, 259, 295n.1; and the social order, 200—201; and specific alter personality, 174; statistical study of, 204; as surrogate for soul, 197, 198, 207, 209, 220, 260
Memos in Multiplicity, 51
Menninger Clinic, 138
Merskey, H., 124, 269n.4, 270n.20
Mesmer, F. A., 144
Mesnet, E., 275n.39
metallotherapy, 97, 172
Micale, M. S., 133, 183
Miller, K., 233, 278n.12
Miller, Mr., of Springfield, 152
Milligan, Billy, 49, 70
mind and body, 6, 35, 204—206, 221—233
missing time, 25
Mondale, W., 64
Moonies, 119
Motet, A., 275n.39
motion pictures of multiples, 31, 272n.21
Mulhern, S., 113, 118
Müller, G. E., 204
Multiple Personality Consortium, 37
multiple personality disorder: base rates for, 109—111; benign neglect

of, 13; in childhood, 19, 34, 71, 85, 90, 151, 155; among college students, 102—103, 283n.38; and crime, 48—50, 70, 275n. 39; criteria for, 10, 22—23, 269n.10, 271n.34; disappearance of, 132—137; "disorder," 17, 37, 229; epidemic of, 8, 14, 41, 236; as an experiment of nature, 225—227; fictional, 40, 50, 72, 127, 238, 275n.43, 278nn. 11, 12, and 13; incidence of, 8—9, 110, 111, 269n.6, 283nn. 38 and 46; "multiple," 172; "personality," 17—18; and schizophrenia, 9, 128—132, 138—141; "split personality," 9, 160; as superordinate disorder, 16. See also cause; etiology; gender
multobiography, 36, 41, 116, 122, 294n.26
Murray, D., 204
Myers, A. T., 289n.3
Myers, F. W. H., 136, 182, 289n.3

narcissism, 137
narrative, 214, 218, 250
National Institute of Mental Health, 23
necessary and sufficient conditions, 22
Nelson, B., 64
Nelson, L., 30, 272n.15, 275n.44
Netherlands, multiple personality in, 14, 107

neurasthenia, 194
neurhypnology, 144
neurobiology, 208
neurology, 199, 203
Nietzsche, F., 197, 255
nominalism, 264
normative process, substrate, 87
nostalgia, 205

Oedipus complex, 242
Ofshe, R., 124—125
Oprah Winfrey. See Winfrey, Oprah
Orne, M. T., 9, 124, 274n.37
Orwell, G., 52

panic disorder, 16
paraplegia, 157
parapsychology. See psychical research
Pavlov, I. P., 119, 142
Perrier, Dr., of Caen, 157
personal identity, 146, 221, 231, 264
Peterson, G., 34, 90
Petrarch, 218
photography, 5, 178
phrenology, 203
physiology, experimental, 205, 217
Pinel, P., 205
Pitres, A., 291n.15
Plato, 201, 216
Plint, T., 218
Plutarch, 218
pornography, 239
Porter, Mary, 151, 156

positivism, 135, 163, 207, 251
possession, 149
post-traumatic stress disorder, 71, 86, 89, 103, 109, 188, 212, 241, 277n.18; of the Franco-Prussian War, 188
pregnancy, in alter state, 167, 279n.22, 288n.23
Prince, M., 44, 77, 97, 129, 132, 133, 134, 224, 228, 231
Prince, W. F., 286n.24
programming, by cults, 34, 118, 213
prototype, 24, 33—35, 82—83; of child abuse, 58; of co-consciousness, 130; of *dédoublement*, 169; of double consciousness, 72, 131, 151, 154; of multiple personality disorder, 32, 33—35, 43, 82, 102, 103, 227, 272n.21; of recanter, 258; of recovered memory, 254; of spontaneous somnambulism, 156; Sybil as, 43
Proust, A., 251
Proust, M., 123, 251
psychiatry: antipsychiatry movement, 138; dynamic, 44, 209, 291n.2; forensic, 48—49
psychical research, 48, 136, 143, 224, 230
psychoanalysis, 39, 42—44, 83, 132, 135—136, 144, 246, 280n.7
psychobiology, 85, 141, 168
psychokinesis, 230
psychology, associationist, 206; dynamic, 129; experimental, 216; laboratory, 204
psychophysics, 204
psychophysiology, 87
Putnam, F. W., 17, 46—48, 61, 129, 137; his criteria for MPD, 10, 22; and dissociative experiences scale, 96—112; on etiology of MPD, 85—89; on satanic ritual abuse, 116—118; and survey of multiple personality disorder patients, 69; on training of clinicians, 53
Puységur, A. M. J. de C., 149

Questionnaire of Experiences of Dissociation (QED), 281n.11

radial class, 24, 33
railroad, railway spine, 184, 192—193
Ramadier, Dr., 181
Randi, J., 124
Rank, O., 137
Ray, W. J., 107
reality, 11—16; "real," 11; real people, 232, 262
redescribing the past, 240—241, 249—250
reincarnation, 48
religion, 18
Renan, E., 163
repression, 134, 137, 259
responsibility, 50

retractors, 122
Reynolds, J. R., 186, 193
Reynolds, Mary, 150, 152, 236
Ribot, 159, 165—166, 197, 204, 214, 223, 228, 230; Ribot's Law, 206, 208, 292n.27
Richet, C., 136
Ridgeview Institute, 52, 114
Rivera, Geraldo, 36, 114
Rivera, M., 74, 78, 124
Rosch, E., 24
Rose, J., 75
Rosenbaum, M., 129, 132
Rosenfeld, I., 251
Ross, C. A., 11, 22, 97, 107—108, 124, 136, 271n. 2 and 24, 275n.37, 285n.38; and fragments, 271n.24; and gender in MPD, 69, 77, 79, 278n.7; and incidence of MPD, 269n. 6, 283n. 38; on scientific status of MPD, 97, 141, 276n.49
Roth, M., 205
Rothstein, N., 275n.44
Rouillard, A. -M. -P., 189
Rousseau, J. -J., 68, 218, 264
Rush, F., 62
Rush-Presbyterian-St. Luke's Hospital, 52, 123
Ryle, G., 216, 251, 256

Sachs, R., 52, 117
Sartre, J. -P., 216
Sauvages, F. B. de la C., 162

schizophrenia, 9, 16, 26, 70, 103, 128, 132, 138—141, 160; first-rank symptoms of, 140; medications for, 139, 287n.36; positive and negative criteria for, 140; schizophreniform episodes, 9, 140, 168, 176
Schneider, K., 140
Schreiber, F. R., 42
Schubert, G. H. von, 278nn. 12 and 13
second state, *état second*, *condition seconde*, 129, 166—168, 171, 236
seduction theory, 193—196
self, 215, 221, 227—228; knowledge of, 196; *moi*, 207; self-help, 37; transcendental ego, 208, 227, 230
self-sealing argument, 109, 283n.43
semantic contagion, 238, 247, 255—259
Sexton, A., 274n.37
sexual harassment, 243
shell shock, 188, 212
Shorter, E., 156—157
Showalter, E., 289n.5
Sizemore, C. C., 34, 40—41, 116, 232
sleepers, 147
social construction, 67, 112, 216, 257
Society for Psychical Research, 136
somnambulism, 147—148, 153—155, 161, 169, 182, 221—222; artificial, 149; provoked, 176; spontaneous, 165; total, 148, 157, 169

Sontag, S., 15
soul, 5—6, 20, 68, 94—95, 126, 160, 163—164, 196, 208—209, 215, 217, 219, 221, 227, 250, 260—266; of Bernice R., 263; as patriarchal, 216
Speaking for Ourselves, 52
Spiegel, D., 9, 18, 52, 89, 143
Spiegel, H., 124, 285n.37
spiritism, spiritualism, 48, 135
splitting, 9, 130, 150, 269n.7
statistics, 46, 204, 217, 292n.13
Stevenson, R. L., 50, 72, 278n.12
subconscious, 207, 273n.15
substantial forms, 147
suggestion, 15, 31, 73, 172, 193, 255—256
suicide, 33, 120
Sybil, Sybil, 28, 34, 40—45, 51, 77, 124, 138, 233, 285n.37
symptom language, 149, 154—155, 171, 174, 226

Taine, H. -A., 159, 163, 165—166, 207
telepathy, 136
television, 32
Terr, L., 248
theosophy, 46
Thomism, 147
Three Faces of Eve, The, 40
Tolstoy, L., 113
Tourette, G. de la, 279n.22

trance, 21, 31, 72, 142, 146, 148, 154, 157, 159, 223
trauma, 137, 141, 183—197, 211; of abuse in childhood, 13, 15, 20, 42, 114; Allison on, 70; Charcot on, 187; and Freud, 273n.15; hysteria and, 186—189; Janet on, 191, 195, 261, 273n.15; memory of, 212; moral, 183, 189; physical, 183—197, 208; psychological, 189, 193, 196, 209; psychologization of, 128, 191, 196; Putnam on, 85, 88; research on, 248; Rivera on, 74; single-event, 248; Wilbur on, 83
traumatic neurosis, 188
traumatic stress, 85
truth: "historical," 264; in Janet and Freud, 195—196
tuberculosis, 15
Tversky, A., 110

unconscious, 206

van der Kolk, B., 125
violence and family, 212
Vivet, Louis, 31, 171—182
voices, hearing of, 26, 140
Voisin, A., 275n.39
Voisin, J., 171, 173, 176, 181
Völgyesi, F. A., 142, 287n.1

Wakley, T., 155, 221

Warlomont, J. C. E., 166, 169
Wernicke, C., 203
Whewell, W., 23
whiplash injury, 185
Whitehead, A. N., 223—224, 277
Wholey, C. C., 272n.21, 279n.24
Wigan, A. L., 288n.22
Wilbur, C. B., 28, 36, 40, 46, 50, 62, 70, 77, 82—83, 124, 137—138, 240, 285n.37
Wilkes, K., 223, 230, 262
Winfrey, Oprah, 34, 36
Wittgenstein, L., 6, 23, 36, 216, 226, 235
World Health Organization, 10

Zola, E., 184—185

Rewriting the Soul : Multiple Personality and the Sciences of Memory
By Ian Hacking
Copyright © 1995 by Princeton University Press
All rights reserved. No part of this book may be reproduced or transmitted in any form or by any means, electronic or mechanical, including photocopying, recording or by any information, storage and retrieval system, without permission in writing from the publisher.

图书在版编目(CIP)数据

重写灵魂 : 多重人格与记忆科学 / (加)伊恩·哈金著 ; 邹翔, 王毅恒译. -- 上海 : 上海书店出版社, 2025.8. -- (共域世界史). -- ISBN 978-7-5458-2452-0

Ⅰ. B848-49

中国国家版本馆 CIP 数据核字第 2025RH2464 号

著作权合同登记号　图字:09-2025-0151 号

责任编辑　范　晶
营销编辑　王　慧
装帧设计　道辙 at Compus Studio

重写灵魂:多重人格与记忆科学

[加拿大]伊恩·哈金　著
邹　翔　王毅恒　译

出　　版	上海书店出版社
	(201101 上海市闵行区号景路 159 弄 C 座)
发　　行	上海人民出版社发行中心
印　　刷	江阴市机关印刷服务有限公司
开　　本	889×1194　1/32
印　　张	15.125
字　　数	325,000
版　　次	2025 年 8 月第 1 版
印　　次	2025 年 8 月第 1 次印刷
ISBN	978-7-5458-2452-0/B·135
定　　价	109.00 元